물리전자공학

연규호 著

머리말

과학기술의 모든 분야와 관계가 있는 물리전자공학은 전자소자와 이의 응용을 취급하는 학문으로써 그 대상 범위가 매우 광범위하다. 물리전자공학의 기초가 되는 전자소자들은 다이오드에서부터 집적회로에 이르기까지 하루가 다르게 제조기술이 급격히 변화하고 발전하여 왔다. 이와 같이 발전하고 넓은 분야를 가지고 있는 물리전자공학을 배우고자 하는 이에게는 전자물성 분야의 기초지식이 무엇보다 중요시되고 있다.

이 책은 저자가 대학에서 오랫동안 국내외의 여러 교재들을 사용하여 강의하면서 우리 실정에 알맞은 기초지식을 다룰 수 있는 교재의 필요성을 느껴오던 중 이러한 경험을 바탕으로 해서 엮은 것이다. 그 내용으로는 반도체 소자에 관한 기초적인 이론과 물리적인 개념을 설명하였고, 또한 반도체 소자에 관해서도 수록하여 공과대학 2, 3학년 기초과정 교재로, 그리고 현장 기술자의 참고서로 펴낸 것이다. 너무나 많은 분량을 골고루 다루다 보니 내용에 불충실한 부분이나 저자의 천학으로 인한 잘못된 부분도 많을 것으로 생각되므로 여러분의 교시와 충고가 있기를 바라는 마음 간절하다.

끝으로 이 책을 내는 데 수고해주신 도서출판 21세기사와 이범만 사장님께 감사드린다.

지은이 씀

차례

CHAPTER 03 결정체와 반도체결정 성장   55

CHAPTER 04 반도체 물성의 기초   85

CHAPTER 05　전자 전도 기구　121

CHAPTER 08 **PN접합 다이오드의 특성** **207**

CHAPTER 09   금속과 반도체와의 접촉   259

CHAPTER **11** **전계효과 트랜지스터** 　**353**

APPENDIX　**413**

물리전자의 기초

1.1 원자와 전자

1. 원자의 구성

물질을 기계적으로 세분하여 보면 물질 각각의 성질을 소유하는 최소 단위가 있는데 이를 분자(molecule)라 하며, 이것을 다시 화학적으로 분해하면 여러 개의 원자(atom)로 나누어진다.

이들 원자는 종류에 따라서는 큰 차이가 없이 반지름이 대개 10^{-10}[m]정도이고 그의 질량은 $10^{-27} \sim 10^{-24}$[kg]정도 된다. 또한 원자의 구성은 양(+)의 전하를 갖는 원자핵과 음(−)으로 대전된 전자(electron)로 구성되어 있다.

전자들이 지닌 음(−)전하의 총합은 원자핵이 지니고 있는 양(+) 전하와 같다. 그러므로 원자는 전기적으로 중성이다. 또한 원자핵은 양성자와 중성자 같은 소립 자로 구성되어 있다. 양성자는 전자의 전하와 같은 크기의 양전하를 가지고 있으며, 질량은 전자의 약 1,800배 정도이다.

일반적으로 원자의 질량은 원자량으로 표시하는데, 이것은 탄소(C-12) 원자의 질량을 12로 정했을 때 각 원자 질량의 상대적 크기를 나타내는 값이다. 즉 탄소(C-12) 원자 질량의 $\frac{1}{12}$, 즉 1 amu(atomic mass unit)는 1.6603×10^{-27}이다. 그러므로 임의의 원자질량은 다음 식으로 계산할 수 있다.

$$원자의 \ 질량 = 원자량 \times 1.6603 \times 10^{-27}[kg] \tag{1-1}$$

2. 전자의 성질

전자는 일정한 크기의 질량과 전하량을 가지고 있는 매우 작은 입자이다. 이것은 전자의 성질 중에서 가장 기본적인 것이며, 각각의 전자는 음(−)의 전기를 띠고 있다. 전자가 띠고 있는 전기량을 일반적으로 e 또는 q로 표시한다.

1909년 Milli Kan에 의해 전자의 전하에 대한 점성계수 등의 측정결과 전자는 일정한 최소 단위의 음(−)의 전하, 즉 $-e$를 가진 소립자(elementary particle)임이 밝혀졌다. 그러므로

$$전자의 \ 전하량 \ e = (1.6023 \pm 0.00034) \times 10^{-19}[Coulomb] \tag{1-2}$$

의 값을 갖게 된다.

전자는 전기량뿐만 아니라 일정한 크기의 질량을 가지고 있는 소립자이며, 전자 한 개의 질량은 자연계에 존재하는 질량 중 가장 작아 직접 측정할 수는 없지만 1897년 영국의 물리학자 J.J. Thomson에 의해 전자의 전하량 e와 질량 m_o의 비, 즉 $\dfrac{e}{m_0}$ 의 값을 측정하여 정지질량(rest mass) m_0를 계산하였다. 이 값을 비전하(specific charge)라 하며, 실험에 의해 다음과 같은 값을 갖는다.

$$\text{전자의 비전하 } \frac{e}{m_o} = (1.7592 \pm 0.0005) \times 10^{11}[\text{Coul/kg}] \tag{1-3}$$

$$\text{전자의 질량 } m_o = (9.1066 \pm 0.0032) \times 10^{-31}1[\text{kg}] \tag{1-4}$$

이 되며, 수소 원자 질량의 $\dfrac{1}{1836}$ 에 해당된다.

또한 전자의 크기는 반경이 약 $10^{-15}[\text{m}]$로 알려져 있다. 일반적으로 전자가 $\vartheta[\text{m/sec}]$의 속도로 운동하고 있을 때의 질량 m은 1905년에 Einstein이 제창한 특수 상대성 원리(special theory of relativity)에 의해 다음 식으로 주어진다.

$$m = \frac{m_0}{\sqrt{1 - \left(\dfrac{\vartheta}{C}\right)^2}} \tag{1-5}$$

여기서 ϑ는 전자의 속도, C는 광속이다.

따라서 물체의 질량은 속도 ϑ가 광속도 C에 접근함에 따라 크게 됨을 알 수 있다. 이 식으로 부터 전자 속도가 광속도의 15%로 되어도 질량의 증가는 불과 1%밖에 지나지 않으며, 광속의 $\dfrac{1}{5}$ 로 되어도 질량은 정지질량의 2% 증가밖에 되지 않음을 알 수 있다. 또한 속도가 크면 클수록 질량이 크게 된다는 것은 에너지(energy)와 질량이 같은 종류라는 것을 나타내며 식 (1-5)에서 $\vartheta \ll C$라 하고 2항 정리에 의해 전개해서 제3항 이하를 무시하면

$$m \cong m_0 + \frac{\dfrac{1}{2}m_0\vartheta^2}{C^2} \tag{1-6}$$

여기서 $\left(\dfrac{1}{2}\right)m_o\vartheta^2$은 속도 ϑ를 갖는 물체의 운동 에너지이며 이를 E로 표시하면

$$m \cong m_0 + \frac{E}{C^2} \tag{1-7}$$

또는 $m-m_0$를 Δm이라 하면

$$\Delta m = m - m_0 \cong \frac{E}{C^2} \tag{1-8}$$

가 되어 물체의 질량이 $\dfrac{E}{C^2}$만큼 증가하고 있다. 그러므로 질량과 에너지의 관계는

$$E = m C^2 \tag{1-9}$$

와 같이 Einstein의 식이 성립하며, 이것에 의해 1[Kg]의 질량은 9×10^{16}[J]의 에너지를 갖는다.

1.2 에너지의 단위

1. Electron Volt

MKS 단위계에서 에너지의 단위는 주울[Joule]이지만, 전자관이나 반도체 같은 전자 소자에서의 전기 전도를 고찰할 때 Joule의 단위가 너무 커서 불편한 경우가 많다. 그러므로 이러한 경우 새로운 에너지의 단위 electron volt를 사용하면 편리하다. electron volt란 1(V)의 전위차가 되는 곳을 전자가 이동해서 얻은 에너지를 1[eV]의 에너지라고 한다. [eV]는 전자볼트(electron volt)라고 읽는다. 일반적으로 전하량과 전위차의 곱은 Joule이 된다.

전하량 × 전위차 = Joule

또는

Coulomb × 볼트 = Joule (1-10)

여기서 1[eV]의 에너지를 [Joule]로 표시하면 전자의 전하량 e는
$e = 1.6023 \times 10^{-19}$[Coulomb]이므로

$$1[eV] = 1.6023 \times 10^{-19} \times 1$$
$$= 1.6023 \times 10^{-19}[J] \qquad (1-11)$$

즉, 1[eV]는 1.6023×10^{-19}[J]의 에너지와 같다.

1.3 전위와 전계

전계 내의 임의의 점에 있어서 단위 양(+)전하에 작용하는 힘의 크기와 방향을 그 점에서의 전계의 세기로 정의한다. [그림 1-1]과 같은 1차원의 전계를 생각하자. 전계의 방향은 X축 방향이며, 그 크기는 좌표 x의 함수이다.

점 x_o를 기준으로 하였을 때 임의의 점 x의 전위(electric potential) $V(x)$는 기준점 x_0로부터 점 x까지 단위 양(+)전하를 옮길 때 전계가 작용하는 힘의 방향에 반대로 작용하는 외력이 해야 할 일로써 주어진다. 그러므로 전계의 세기를 $E(x)$라 하면

$$V(x) = \int_{xo}^{x} [-E_{(X)}]dx = -\int_{xo}^{x} E_{(X)}dx \qquad (1-12)$$

전위 $V(x)$와 전계의 세기 $E(x)$와의 관계식을 얻기 위해 식 (1-12)를 미분하면

$$E_{(X,} = -\frac{dV_{(X)}}{dx} \qquad (1-13)$$

이 된다.

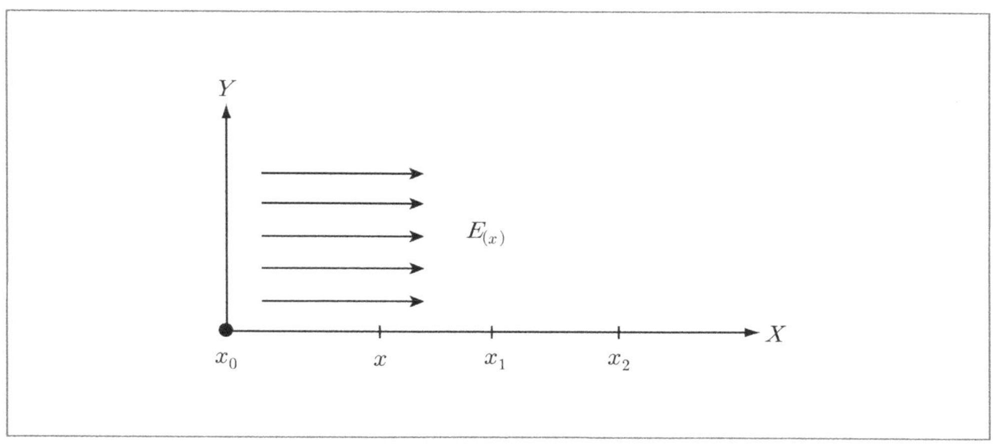

[그림 1-1] 1차원의 전계

MKS 단위계에서 전위의 단위는 Volt이며 전계의 단위는 [Volt/m]이다. 전계의 세기가 위치에 관계없이 일정할 때 이것을 균일한 전계 또는 평등전계라 한다. 평등전계 내에 두 점 사이의 전위차 V는 식 (1-12)에 의해 다음과 같이 된다. 점 A의 좌표를 x_1, 점 B의 좌표를 x_2, 또 점 A의 전위를 V_1, 점 B의 전위를 V_2라 하면

$$V = V_2 - V_1 = -\int_{x_1}^{x_2} E dx = -(x_2 - x_1) E \tag{1-14}$$

따라서

$$E = -\frac{V}{x_2 - x_1} = -\frac{V}{d} [\text{V/m}] \tag{1-15}$$

여기서 $d = x_2 - x_1$은 두 점 A, B 사이의 거리이다. 즉 평등 전계에 있어서 전계의 세기는 두 점 A, B 사이의 전위차 V를 거리 d로 나눈 것과 같다. 식 (1-15)에서 $(-)$는 전계의 방향이 전위가 높은 점에서 낮은 쪽으로 향하고 있음을 나타낸다.

1.4 전계 내에서의 전자의 운동

전하 q가 전위가 V되는 전계내의 한 점에 있을 때 전하가 가지는 위치 에너지는 qV[Joule]이다. 따라서 이 점에 전자가 위치하고 있다면 이 전자의 위치 에너지는 $-eV$[Joule]이다.

[그림 1-2]와 같은 1차원의 전계 내에서 운동하는 전하의 1차원 운동을 생각해보자.

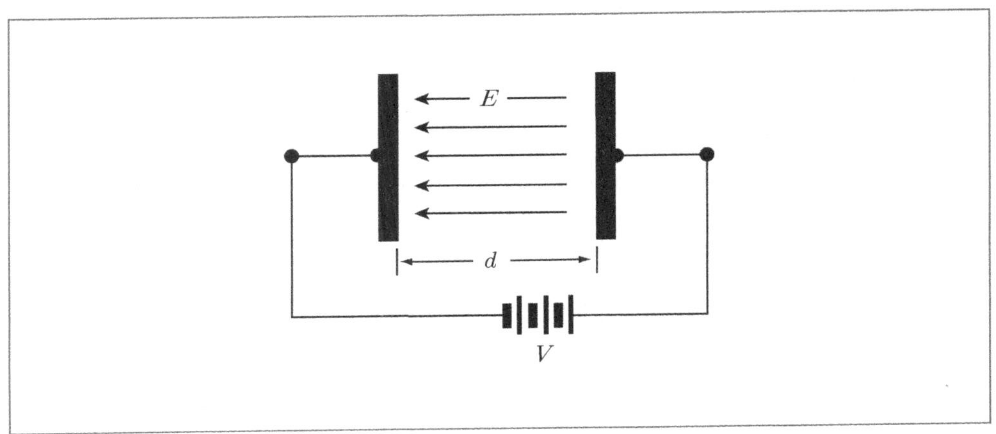

[그림 1-2] 평판 콘덴서의 평등전계

전계의 세기는 전하에 작용하는 힘과 같다. 따라서 전계의 세기가 E(Volt/m)되는 점에 있는 전하 q(coulomb)에 작용하는 힘 F는

$$F = qE \text{ [Newton]} \tag{1-16}$$

그러므로 전하의 운동 방정식은 Newton의 제2법칙에 따라 다음과 같이 된다.

$$qE = m\alpha = m\frac{d\vartheta}{dt} = \frac{d^2x}{dt^2}m \tag{1-17}$$

여기서 m은 전하의 질량, ϑ는 속도, α는 가속도이다. 전자에 작용하는 전계의 힘 F는

$$F = -eE \ [\text{Newton}] \tag{1-18}$$

이 된다. 이 식에서 (−)는 전자에 작용하는 힘의 방향이 전계의 방향과 반대임을 나타낸다.

1.5 평등전계 내에서 전자의 1차원 운동

[그림 1-3]과 같은 평행 평판전극 사이의 평등전계 내에서의 전자의 운동에 대하여 고찰하자. 전극간의 간격 d[m]에 비교하여 전극의 넓이가 충분히 넓은 경우 두 전극사이에 일정한 전압 V[volt]를 걸면 균일한 전계가 형성된다. [그림 1-3]에서 전계는 X축의 음(−)방향을 향하며, 전계의 세기 $E = \dfrac{V}{d}$이 된다. 전자는 처음에 시간 $t = 0$에서 X축 위의 점 x_0에 위치하고 있고, X방향의 초속도는 ϑ_0, Y와 Z방향의 초속도는 0이라 가정하겠다.

Y와 Z방향에 작용하는 힘은 없으므로 Newton의 제2법칙에 따라 이 방향의 가속도는 0이다. 따라서 전자의 운동은 X축 위에서 1차원 운동을 하며 그 운동 방정식은 다음과 같다.

$$eE = m\alpha \qquad \alpha = \frac{e}{m}E \tag{1-19}$$

$$m = \frac{d^2 z}{dt^2} = 0 \tag{1-20}$$

$$m = \frac{d^2 y}{dt^2} = 0 \tag{1-21}$$

$$\frac{d^2 x}{dt^2} = \alpha = \frac{e}{m}E \tag{1-22}$$

여기서 α는 가속도, E는 전계, m은 전자의 질량, e는 전자의 전하량이다. 식 (1-22)로부터 전자는 X축 위에서 등가속도 운동을 함을 알 수 있다.

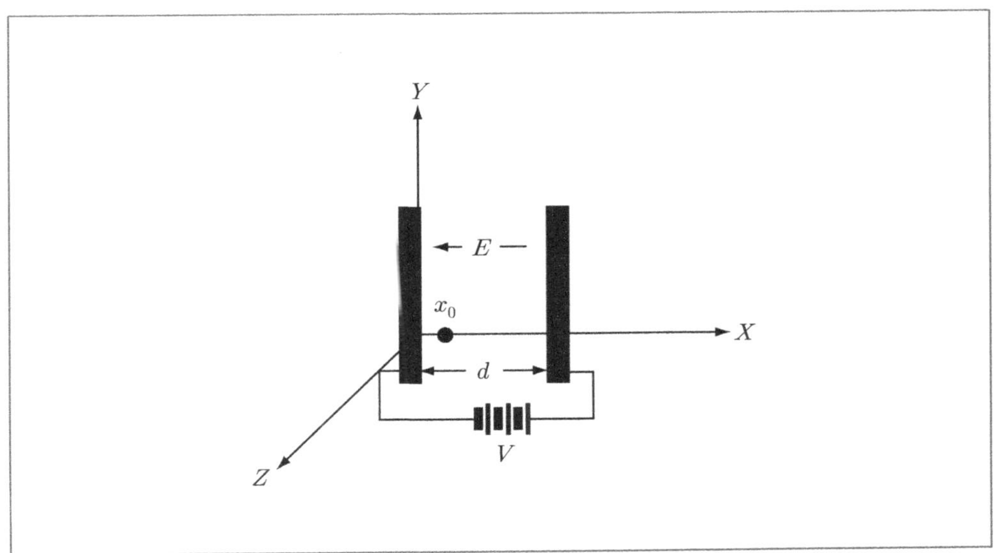

[그림 1-3] 균일한 전계에서의 전자의 운동

초기 조건, 즉 최초 시간 $t = 0$일 때 위치 $x = x_0$, 속도 $\vartheta = V_0$를 고려하여 식 (1-22)를 적분하면 임의의 시각에 있어서 전자의 속도 $\vartheta = \dfrac{dx}{dt}$ 및 위치 x는 다음과 같다.

$$\vartheta = \vartheta_0 + \alpha t \tag{1-23}$$

$$x = x_0 + \vartheta_0 t + \left(\frac{1}{2}\right)\alpha t^2 \tag{1-24}$$

처음에 시간 $t = 0$일 때, 원점 거리 $x = 0$에 있던 전자가 정지상태에서 움직이기 시작할 경우 식 (1-23),(1-24)에서 $v_0 = 0$, $x_0 = 0$로 놓으면

$$\vartheta = \alpha t = \frac{eE}{m} t = \frac{e}{m} \frac{V}{d} t \tag{1-25}$$

$$x = \frac{1}{2}\alpha t^2 = \frac{1}{2}\frac{e}{m}\frac{V}{d}t^2 \tag{1-26}$$

위의 두 식에서 시간 t를 소거하면 전자가 점 x에 있을 때의 속도 ϑ를 구할 수 있으며 다음과 같다.

$$\vartheta = \sqrt{\frac{2e}{m}\frac{V}{d}x} \ [\text{m/sec}] \tag{1-27}$$

전자가 음극을 출발하여 양극에 도달될 때의 속도를 ϑ_p라 하면 식 (1-27)에서 $x = d$일 때 이므로

$$\vartheta_p = \sqrt{\frac{2eV}{m}} = 5.93 \times 10^5 \sqrt{V} \ [\text{m/sec}] \tag{1-28}$$

이 된다. 이 때 전자의 운동 에너지는

$$\left(\frac{1}{2}\right)m\vartheta_p^{\ 2} = eV = 1.602 \times 10^{-19} V \ [\text{Joule}] \tag{1-29}$$

또한 전자가 두 전극 사이를 비행하는 데 소요되는 시간 T는 식 (1-26)에서 $x = d$로 놓고 t 에 대하여 식을 정리하면 식 (1-30)과 같이 된다.

$$T = \frac{2d}{\sqrt{2\left(\frac{e}{m}\right)V}} = \frac{d}{\dfrac{\vartheta_p}{2}} \tag{1-30}$$

1.6 평등전계 내에서 전자의 2차원 운동

[그림 1-4]와 같은 평행평판 콘덴서의 균일한 전계 속으로 전자가 전계의 방향과 직각으로 속도 ϑ_0로 운동하는 경우를 고찰하자.

두 평행평판 전극의 간격은 d이고 길이는 l이다. 두 전극 사이에 $V[\text{volt}]$의 전압을 인가하여 y축의 음$(-)$전극 방향으로 전계 $E = \dfrac{V}{d}[\text{volt/m}]$의 균일한 전계가 형성되었다고 가정하겠다.

X방향의 전계는 없으므로 X방향으로 전자는 힘을 받지 않는다. 그러므로 전자가 점 0에 서 전계 안으로 운동하는 최초의 시간을 $t = 0$으로 하면 전자의 X방향의 속도 ϑ_x는 ϑ_0이며, 임의의 시간 t에서의 전자의 위치 $x = \vartheta_0 t$가 된다.

속도 $\vartheta_x = \vartheta_0$ $\qquad$ (1-31)

위치 $x = \vartheta_0 t$ $\qquad$ (1-32)

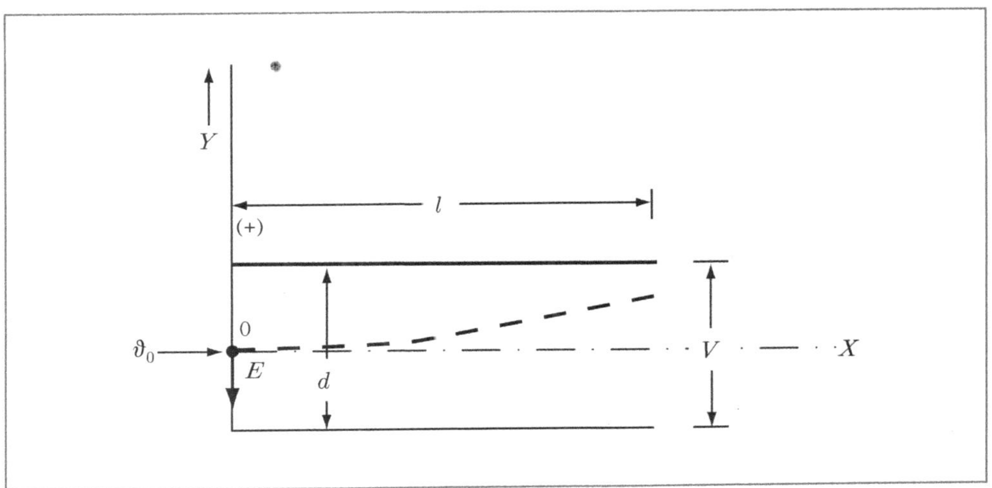

[그림 1-4] 규일한 전장에서의 전자의 2차원 운동

또한 전자는 Y축의 양(+)방향으로 작용하는 힘을 받을 것이므로 이 때 힘 $F = eE$가 된다. Y축방향의 전자의 운동은 가속도 $\dfrac{eE}{m}$ 의 등가속도 운동이다. 그러므로 식 (1-25), (1-26)에 따라 Y방향의 위치 y와 속도 ϑ_y는

$$\vartheta_y = \frac{e}{m} E\, t = \frac{e}{m} \frac{V}{d} t \qquad (1\text{-}33)$$

$$y = \frac{1}{2} \frac{e}{m} E\, t^2 \qquad (1\text{-}34)$$

$$= \frac{1}{2} \frac{e}{m} \frac{V}{d} t^2 \qquad (1\text{-}35)$$

식 (1-32)와 (1-34)에서 t를 소거하면 다음과 같은 전자의 운동 궤도식을 얻을 수 있다.

$$y = \left(\frac{1}{2} \frac{\frac{eV}{md}}{\vartheta_0{}^2} \right) x^2 \qquad (1\text{-}36)$$

이와 같은 관계를 그림으로 나타내면 [그림 1-5]에 나타낸 전자의 운동과 같이 궤도는 포물선 운동을 한다.

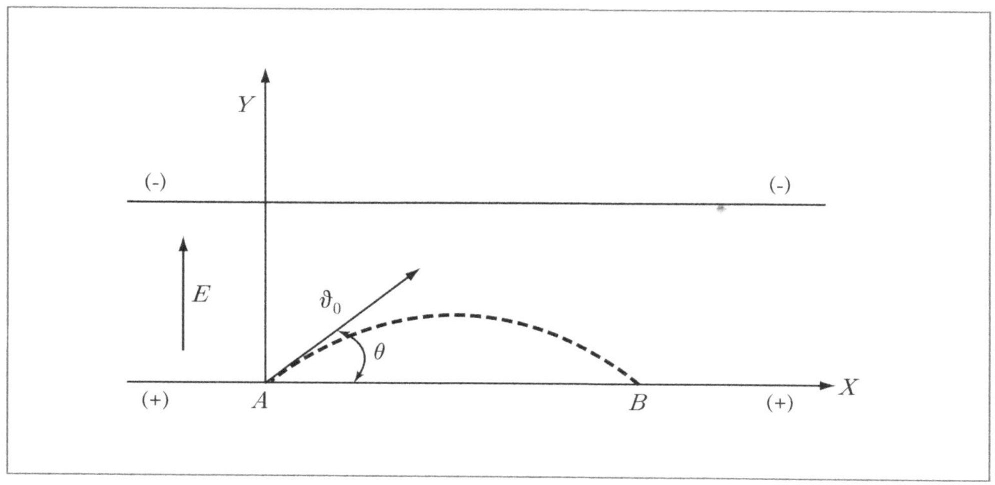

[그림 1-5] 전자의 포물선 운동

1.7 전자의 정전편향(electrostatic deflection)

[그림 1-6]은 브라운관에서의 정전편향의 원리도를 나타내었다. 그림의 열음극 K에서 방출된 전자는 양(+)극에 인가된 전자의 가속전압 V_a에 의하여 가속되어 양(+)극의 중앙 작은 구멍을 통하여 외부힘이 작용하지 않는 자유공간으로 운동한다. 이 때 전자의 속도ϑ_0는 식 (1-28)에 따라 다음과 같이 된다.

$$\vartheta_0 = \sqrt{\frac{2e\,V_a}{m}} \tag{1-37}$$

자유공간에 나온 전자는 평행평판 전극으로 구성된 편향판(deflection plate)사이의 전계에 대하여 ϑ_0의 속도로 수직으로 운동하게 된다. 전자가 편향 전계 속을 지나갈 때 Y방향으로 가속도가 생기므로 포물선을 그리면서 비행하며 그 궤도 방정식은 식 (1-36)에 의해 다음과 같이 된다.

$$y = \left(\frac{1}{\vartheta_0^{\,2}} \frac{e}{m} \frac{V_d}{d} \right) \frac{x^2}{2} \tag{1-38}$$

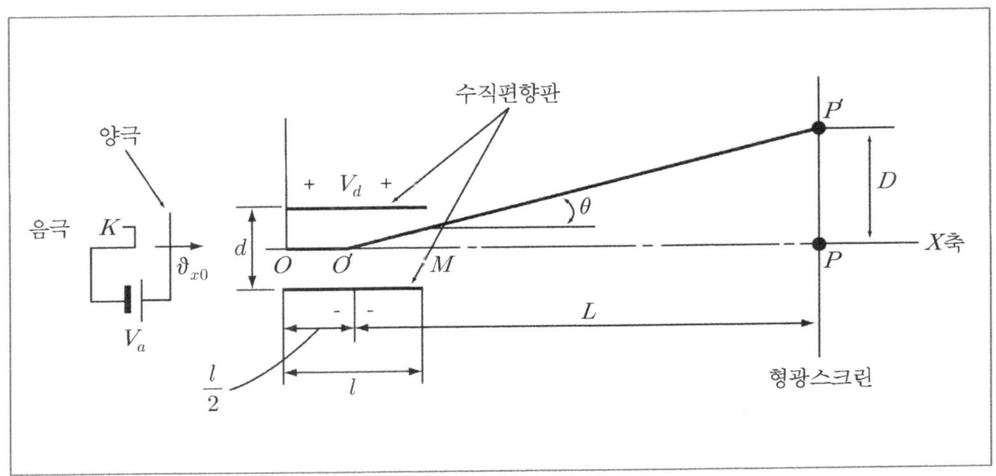

[그림 1-6] 브라운관에서의 정전편향

여기서 d는 편향 전극간의 간격, V_d는 편향전압이다.

점 M에서 자유공간으로 운동하는 전자는 그 점에서 포물선 궤도의 접선방향으로 직선적으로 비행하여 점 P'에 충돌한다.

식 (1-38)로부터 $\overline{MP'}$의 방정식은 다음과 같이 된다.

$$y = \frac{1}{\vartheta_0^{\,2}} \frac{e}{m} \frac{V_d}{d} l \left(x - \frac{1}{2} \right) \tag{1-39}$$

여기서 l은 편향 전극의 길이이다.

식 (1-39)에서 $x = \dfrac{1}{2}$일 때 $y = 0$이 된다. 즉 $\overline{MP'}$를 연장하여 X축과 만나는 점을 $0'$라고 하면 $0'$는 편향전극의 중심과 일치한다. 그러므로 점 $0'$에 있는 가상적 음극에서 나온 전자가 직선적으로 PP'면을 향하여 비행한다.

전자가 도달하는 점 P'의 위치 D는 식 (1-39)에서 $x = \left(\dfrac{1}{2} \right) + L$로 놓으면

$$D = \frac{1}{\vartheta_0^{\,2}} \frac{e}{m} \frac{V_d}{d} l L \tag{1-40}$$

여기서 L은 편향전극과 스크린과의 거리이다. 식 (1-40)에 식 (1-37)을 대입하면

$$D = \frac{lL}{2dV_a} V_d \tag{1-41}$$

편향(deflection) D는 편향전압 V_d에 비례한다.

편향감도(electrostatic-deflection sensitivity)는 단위의 편향전압에 대한 편향의 비로써 정의하며 편향감도를 S라 하면 식 (1-41)로부터 다음과 같이 된다.

$$S = \frac{D}{V_d} = \frac{lL}{2dV_a} \tag{1-42}$$

여기서 V_a는 가속전압이다. 식 (1-42)로부터 알 수 있듯이 편향감도가 가속전압 V_a에 반비례한다. 편향감도는 가속전압에 반비례하여 변화된다.

1.8 자계 내에서의 전자의 운동

자속밀도가 B인 균일한 자계 안으로 자장과 직각 방향에 전자가 속도 v로 진입하는 경우를 생각하자. 자계 내에서 속도의 크기 v는 변하지 않으므로 전자에 작용하는 힘 $F = eB\vartheta$로 일정하며 항상 운동 방향과 직각으로 작용한다. 따라서 [그림 1-7]에 나타낸 것처럼 전자는 원 궤도를 그리면서 운동하게 된다.

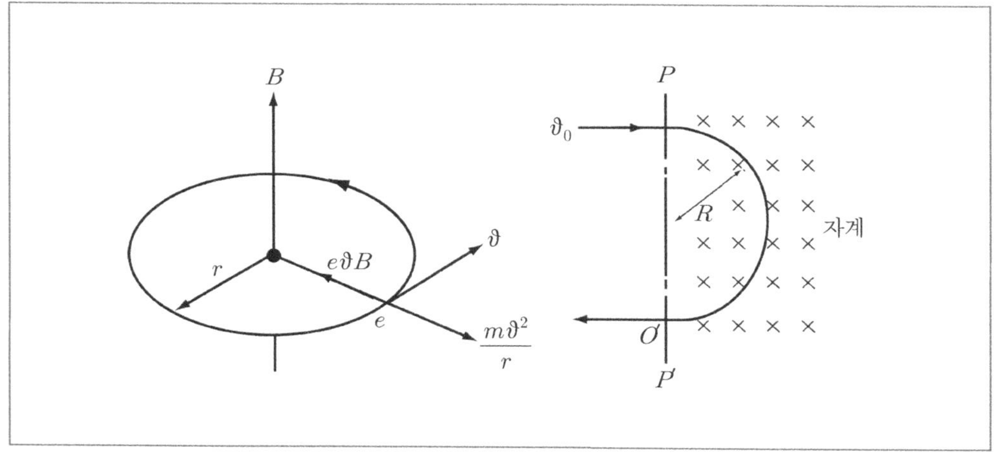

[그림 1-7] 균일한 전자장에서의 전자의 운동

이 때 원 궤도의 반지름을 R이라 하면 중심을 향하는 가속도는 $\alpha = \dfrac{\vartheta^2}{R}$로서 정의되므로 다음 식이 성립된다.

$$eB\vartheta = m\alpha = m\frac{\vartheta^2}{R} \tag{1-43}$$

따라서 원운동의 반지름 R은

$$R = \frac{m\vartheta}{eB} = 5.68 \times 10^{-12}\frac{\vartheta}{B} \tag{1-44}$$

원 궤도를 한 바퀴 회전하는 데 소요되는 시간 즉 주기(period) T는

$$T = \frac{2\pi R}{\vartheta} = \frac{2\pi m}{eB} = 3.57 \times 10^{-11}\frac{1}{B} \tag{1-45}$$

또한 원운동의 각속도를 ω[rad/sec]라 하면

$$\omega = \frac{\vartheta}{R} = \frac{2\pi}{T} = \frac{eB}{m} = 1.759 \times 10^{11}B \tag{1-46}$$

또한 $f = \dfrac{1}{T} = \dfrac{eB}{2\pi m}$ 이 되며 f를 사이클로트론(Cyclotron)주파수라고 한다. 원운동의 반지름 R은 전자의 운동속도 ϑ에 비례하지만 주기 T와 각속도 ω는 속도나 운동 반지름에 관계 없이 일정함을 알 수 있다.

속도가 빠른 전자는 큰 원 궤도를 그리며 돌고, 느린 전자는 작은 원 궤도를 그리며 돌고 있으나 궤도를 한 바퀴 도는 데 걸리는 시간은 같다.

1.9 전자의 자기편향(magnetic deflection)

[그림 1-8]은 자기편향의 원리도이다. 음극에서 출발하여 가속전압 V_a에 의해 가속된 전자는 균일한 자계 B에 의해 편향(deflection)되어 P'점에 도달하게 된다. 전자의 가속전압을 V_a라고 하면 자계에 유입되는 전자의 속도는 식 (1-28)에 의해 다음과 같이 된다.

$$\vartheta = \sqrt{\frac{2e\,V_a}{m}} \tag{1-47}$$

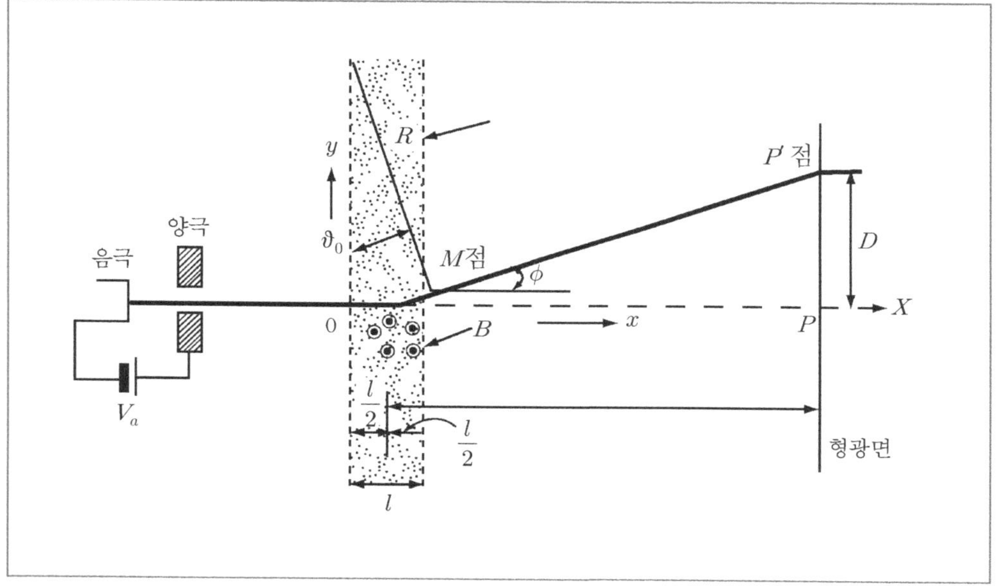

[그림 1-8] 전자의 자기편향

그러므로 자계 내에 유입된 전자는 식 (1-47)의 속도로 원을 그리며 M점까지 운동을 한다. 이 때 원의 반경 R은 식 (1-44)에 식 (1-47)을 대입하여

$$R = \frac{m\vartheta}{eB}\,\frac{1}{B}\sqrt{\frac{2m\,V_a}{e}} \tag{1-48}$$

이며, $\overline{MP'}$ 사이인 자계 밖에서는 자계의 힘이 작용하지 않으므로 전자는 원의 절선 $\overline{MP'}$ 방향으로 직진운동을 한다.

$\overline{P'M}$의 연장선과 $\overline{OP}$의 교점을 O'라 하면 편향거리 D(m)는

$$D = L\tan\phi \tag{1-49}$$

자계의 폭 l이 대단히 짧다고 한다면 편향각 ϕ도 대단히 작을 것이다. 이럴 경우

$$\tan\phi \cong \phi\frac{\text{원호}MO\text{의 길이}}{R} \cong \frac{l}{R} \tag{1-50}$$

직선 $\overline{MP'}$를 연장하여 X축과 만나는 점을 O'라고 하자. 이 때 O'는 자장 안에 있다. $\overline{OO'}$를 l'라 하면 편향 D는 다음과 같이 표시된다.

$$D = \left(L + \frac{1}{2} - l'\right)\tan\phi$$

여기서 l은 자장의 폭, L은 자장과 스크린과의 거리이다. $L \gg l$이라고 가정하면 L과 비교하여 $[(l/2) - l']$를 무시할 수 있으므로 D는 다음과 같이 된다.

$$D \fallingdotseq L\tan\phi \fallingdotseq L\frac{l}{R} = \frac{lLB}{\sqrt{V_a}}\sqrt{\frac{e}{2m}} \tag{1-51}$$

여기에 식 (1-48)을 대입하면 다음과 같이 된다.

$$D = \sqrt{\frac{e}{2m}}\frac{lL}{\sqrt{V_a}}B = 2.96 \times 10^5 \frac{lL}{\sqrt{V_a}}B \tag{1-52}$$

여기서 편향 D가 자계 B에 비례함을 알 수 있다.
자기 편향 감도는 단위의 자장에 의한 편향으로 정의된다. 따라서 자기편향감도 S_m은

$$S_m = \frac{D}{B} = \sqrt{\frac{e}{2m}}\frac{lL}{\sqrt{V_a}} = 2.96 \times 10^5 \frac{lL}{\sqrt{V_a}} \tag{1-53}$$

편향감도는 $\sqrt{V_a}$ 에 반비례하여 비전하$\left(\dfrac{e}{m}\right)$에 관계된다.

스크린에서 발사되는 빛을 세게 하려면 가속전압 V_a를 크게 해야 한다.

정전편향의 경우 V_a를 2배로 하면 편향 D는 $\dfrac{1}{2}$로 감소하나 자기편향의 경우 $\dfrac{1}{2^{\frac{1}{2}}}$이며 더 적게 감소한다. 그러므로 TV용 브라운관과 같이 큰 편향이 요구되는 경우에는 자기편향을 사용하는 경우가 많다.

그러나 오실로스코프 같은 정밀측정장치에 있어서는 큰 편향을 필요로 하지 않으므로 보다 우수한 특성을 기대할 수 있는 정전편향을 사용할 수 있다.

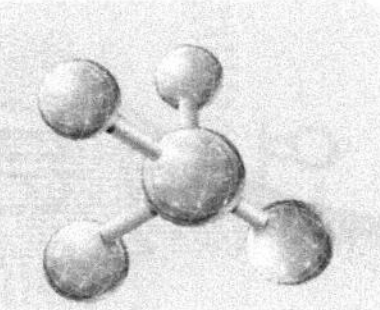

연 습 문 제

1-1 극판 간격이 2[cm]인 평행평판 콘덴서에 정현파 전압 V는 Vm sin ωt를 인가하였다. 이 때 Vm = 10[Volt]이고 주파수는 1[MHz]이다. 시간 $t = 0$에서 10^6[m/sec]의 초속도로 한쪽의 전극을 떠난 전자의 운동을 구하라. 단, 초속도의 방향은 전극면에 수직이다.

1-2 전계의 세기 E는 $E = 10^4$[V/m]의 평등전계 중에 놓인 전자에 가해지는 전자 의 가속도는?

1-3 두 전극판의 간격이 5[cm]이고, 양극간의 전위차가 200[Volt]일 때 전자의 가속도α를 구하라.

1-4 전자의 가속전압 $V_a = 300$[V]이고, 편향판전압 V_d가 20[v]인 정전형 음극선 관의 전자 편위가 4.4[cm]이었다. 가속전압을 600[V]로 변화시키면 전자의 편위는 몇[cm]인가?

1-5 100[V]의 전위차로 가속된 전자의 속도는 얼마인가? 단, 전자의 질량 $m = 9.1 \times 10^{-32}$ [kg]이다.

1-6 자속밀도 B가 5×10^{-4}[Wb/m^2]인 전자형 음극선관의 전자 편위가 4[cm]이 었다. 이 때 전자의 가속전압을 2배로 변화시킬 경우 전자 편위는 몇[cm]가 되겠는가?

1-7 초속도가 0인 전자를 250[V]의 전압으로 가속시킬 때의 전자의 속도가 9.37×10^6 [m/sec]이다. 125[V]의 전압으로 가속시킬 때의 전자의 속도는?

1-8 그림과 같이 100(eV)의 전자가 점 A에서 균일한 전계 10^4[V/m]에 들어가 며 4.77[n sec] 후에 점 B에 도착한다.
(a) AB의 거리는 얼마인가?
(b) 수평선과의 각 θ는 얼마인가?

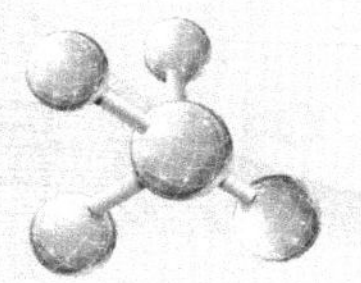

연습문제

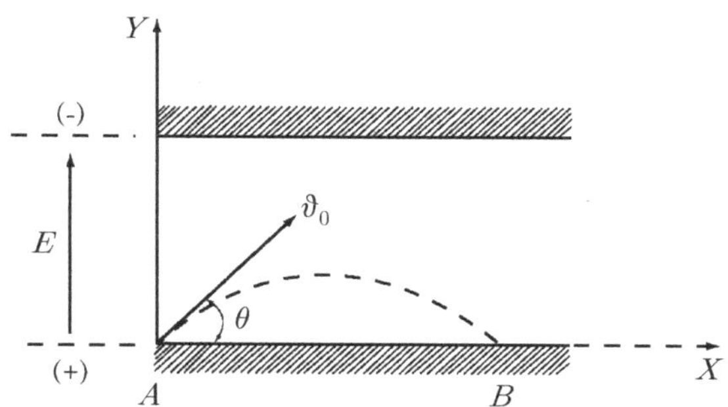

1-9 전계중의 전자의 운동에 대해서 설명하여라.

1-10 초속도 0인 1개의 전자를 400[V]의 전위차로 가속시킬 때 에너지는 몇 [eV]이고, 또 그것은 몇 [J]에 상당하며 이 때 전자가 갖는 속도는 얼마인가?

1-11 전계의 세기 E = 10^5[V/m]의 평등전계 중에 놓인 전자에 가해진 가속도를 구하라. 또 이 가속도에 의해서 1.6[cm]운동할 때의 속도는 얼마인가?

1-12 자속밀도 $B = 3 \times 10^{-3}$[Wb/m^2]의 평등자계 중에 자계와 직각방향으로 200[eV]에 상당한 속도를 가진 전자가 있을 때 전자는 어떤 운동을 하는가?

1-13 10^6[m/sec]의 속도를 가진 전자가 1[Wb/m^2]의 자장 내에 수직으로 투 입되는 전자는 원운동을 한다. 원운동의 반지름은 얼마인가?

1-14 원자번호가 55인 세슘(Cs)의 질량수는 133이다. 세슘의 전자, 양성자, 중성자 수는 각각 얼마인가?

1-15 원자번호가 32인 게르마늄(Ge)원자의 전자궤도수 및 %부하 전압변동율수는 얼마인가?

1-16 0.1[cm^2]의 Ge결정 중에 포함된 원자수는 얼마인가? 단, Ge 결정의 밀 도는 5.46 [g/cm^2], 원자량은 72.600이다.

고체내의 양자역학 기초

2.1 물리학적 모형

과학의 중요한 노력은 가급적 완전하게 그리고 간결한 형식으로 자연에서 발생되는 현상을 기술하는 데 있다.

물리학에서의 이와 같은 노력은 자연현상을 관찰하여 이들 관찰과 이미 확립된 이론과를 관련 지어 주며 끝으로 이 관찰에 대한 물리학적인 모형을 수립하여 주는 것을 의미한다. 이 모형의 일차적인 목적은 현재의 관찰로부터 얻어진 정보를 새로운 실험을 이해하는 데 이용할 수 있게 하는 데 있다. 따라서 가장 유용한 모형은 수학적으로 표시되는 것이며 이로써 새로운 실험의 양적인 설명이 기존의 원칙에 의하여 간결하게 이루어질 수 있는 것이다.

새로운 물리적 현상이 관측되면 이미 확립된 모형과 물리학의 법칙에 그것이 어떻게 합치되는가를 알아내야 한다. 대부분의 경우 이것은 새로운 문제의 특수한 상태에 대한 잘 확립된 모형의 수학을 직접 확대하는 것을 의미한다. 사실상 과학자나 기술자가 그것이 실제로 관측되기 전에 단순히 이미 존재하는 모형이나 법칙을 주의 깊게 연구하고 확대하여 새로운 현상이 발생될 것을 예언하는 것은 흔히 있는 일이다. 과학의 아름다움은 자연현상이 고립된 사상이 아니고 몇 가지 해석적으로 기술할 수 있는 법칙에 따라 다른 사상과 관련되어 있다는 것이다. 그러나 일련의 관측이 기존의 이론으로는 기술할 수 없는 경우가 종종 발생된다. 이와 같은 경우에는 가능한 한 기존법칙에 기초를 둔, 그러나 그 새로운 현상에서 발생되는 새로운 국면을 포함하는 모형을 개발하여야 한다.

새로운 물리적인 원칙을 가정하는 것은 심각한 문제이며 이것은 기존의 이론으로는 그 관측을 전혀 설명할 가능성이 없을 때만 행해져야 한다. 새로운 가정과 모형이 이루어지면 그의 정당성은 다음과 같은 의문으로 나타나게 된다. 즉 그 모형이 관측을 정확하게 기술하고 있으며 또 그 모형에 근거하여 신뢰할 수 있는 예측이 가능한가 하는 것이다.

1920년대에 원자규모의 현상을 기술하기 위한 새 이론의 개발이 필요하게 되었다. 오랜 동안의 일련의 주의 깊은 관측으로 전자와 원자를 포함하는 많은 사상이 역학의 고전적 법칙에 따르지 않는다는 것을 분명히 지적하기에 이르렀다. 그래서 이 작은 규모 입자의 동작을 기술하는 새로운 종류의 역학을 개발할 필요가 생긴 것이다. 양자역학이라는 이 새로운 접근방법은 원자현상을 매우 잘 서술하였으며 또 여기서의 첫째 관심거리이기도 한 고체 내에서의 전자 동작방식을 적절하게 예언해 준다. 여러 해 동안 양자역학은 매우 성공적이어서 이제는 자연을 합리적으로 서술하는 것으로서 고전적 법칙과 나란히 서 있다.

이 양자역학의 이론에 처음 부딪칠 때는 종종 특수한 문제가 생기는데 문제는 양자의 개념이 그 본질상 매우 수학적이며 고전역학과 관련된 상식적인 특성을 포함하지 않는다는 것이다.

그래서 처음에는 수학이 복잡하여서 그렇다기보다는 개념들이 무엇인가 현실과 격리된 것 같이 느껴지기 때문에 양자의 개념을 어렵게 여기게 된다.

이것은 당연한 반응이며 그것은 우리가 현실적인 것으로 또는 즉각적으로 납득할 수 있다고 생각하는 개념은 보통 우리 자신의 관찰에 근거를 둔 것들이기 때문이다. 그래서 운동의 고전적 법칙은 일상 우리가 운동하는 물체를 관찰하고 있기 때문에 이해가 쉬운 것이다. 한편 원자와 전자의 작용은 간접적으로만 관찰되며 자연적으로 원자규모로 일어나는 일에 대해서는 거의 감을 잡을 수 없다. 따라서 원자나 전자의 비고전적 현상에 대해 고전적 유추를 강요하려는 것보다는 오히려 실험적 결과를 예언할 수 있는 이론의 용이함에 의존하여야 한다. 이 장에서는 양자론으로 유도하는 중요한 실험적 관측을 조사하고 다음에 이 이론이 이들 관측을 어떻게 해명해 주는가를 보여주는 것이다.

이와 같은 간단한 소개에서는 양자론에 대한 논의는 필연적으로 대부분 정성적인 것이 될 것이며 고체론에 대해 가장 중요만 과제들만을 여기서는 강조할 것이다.

2.2 실험적 관측

양자론의 전개로 이끌어 주는 실험들은 빛의 성질과 원자내의 전자에너지에 대한 광학적 에너지의 관계에 관련된 것이다. 이 실험들은 다만 원자규모의 현상의 성질에 관한 간접적인 증거를 제공하였을 뿐이나 많은 신중한 실험으로부터 얻어진 축적된 결과들은 분명히 새로운 이론의 필요성을 보여준다.

1. 흑체 복사(Black body radiation)

검은 물체를 가열할 경우 저온일 때는 검게 보이나 근처에 가면 따뜻하게 느껴진다. 이것은 적외선이 방사되기 때문이다. 온도를 좀 더 높이면 물체는 빨갛게 빛을 내게 되고 처음보다 한층 따뜻해진다. 이는 붉은 색 쪽의 가시광선과 더 많은 적외선이 나오고 있음을 의미하며 더 온도를 높이는 경우 물체는 백열하게 된다. 물체의 온도가 높아지면 더 많은 빛이 나오게 되고 이때 짧은 파장의 빛이 점점 많이 나타남을 의미한다. 실험적으로 이것을 조사하면 [그림 2-1] (a)와 같이 된다. 이러한 실험적 사실을 설명하기 위해 많은 이론이 나왔다.

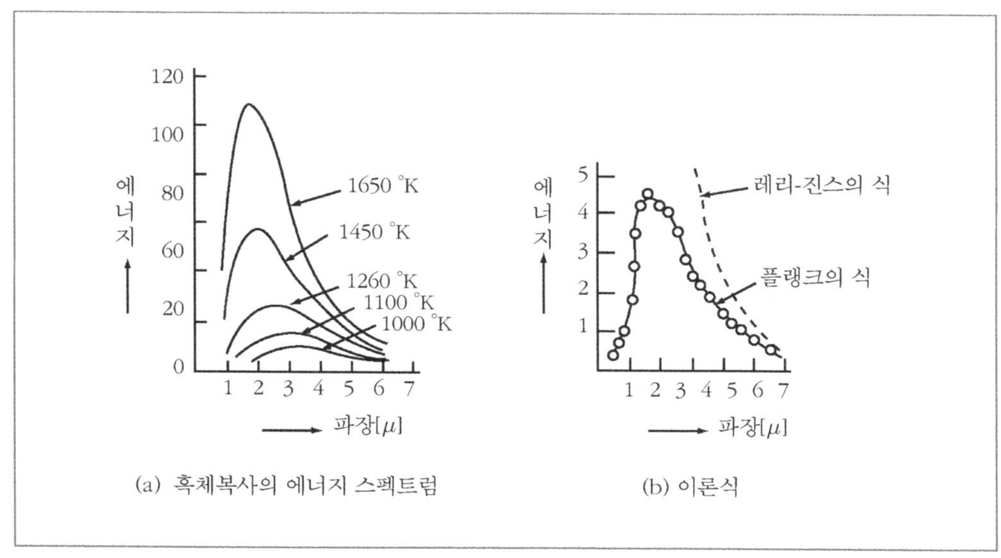

[그림 2-1] 흑체복사의 에너지 스펙트럼

레리-진스(Rayleigh-Jeans)는 에너지가 연속적으로 방사 또는 흡수한다는 이 론으로 설명하려고 했으나 [그림 2-1] (b)와 같이 실험적 결과를 잘 설명할 수 없었다. 1900년 플랭크(Plank)는 빛의 에너지가 흡수 또는 복사될 때 그 에너지가 불연속으로 복사 또는 흡수된다는 가설을 세우고 이를 정확히 설명했다. 즉, 복사되는 빛의 주파수가 f일 때 hf라는 에너지 덩어리가 방사된다고 생각하였다. 이 에너지 덩어리를 양자(Quantum)라 불렀으며 에너지의 크기는 $E = hf$이다. 따라서 h는 플랭크 상수로 6.624×10^{-34}[J.sec]의 값을 갖는다.

2. 광전효과(Photo Electric Effect)

금속표면에 빛을 쪼이면 전자가 금속표면에서 튀어나오게 된다. 이 현상을 광전효과(Photo Electric Effect)라 하며 이때 나온 전자를 광전자라 한다. 이 현상에는 다음과 같은 특이한 성질이 있다. 첫째, 광전효과를 일으키게 되는 최저주파수(이것을 한계주파수라 함)가 금속에 따라 각각 다르다. 이 한계주파수 이하의 빛은 아무리 강한 빛을 비추어도 광전자는 튀어나오지 않는다.

이것은 그 금속의 일함수가 존재함을 의미한다. 둘째, 튀어나온 전자의 최대 운동에너지는 쪼여준 빛의 주파수가 크면 커진다.

Plank의 중요한 관측에서 가열된 시료로부터 복사 에너지의 불연속적인 단위, 즉 양자(quantum, 복수는 quanta)를 단위로 하여 방출된다는 것을 가리키고 있다. 이 에너지 단위는

hv로 표시되는데 여기서 v는 복사의 주파수, h는 Plank의 상수라는 양이다.($h = 6.63 \times 10^{-34}$ [J/sec]) Plank가 이 과정을 전개한 후 얼마 안가서 Einstein은 빛의 불연속적인 성질(양자화 : quantization)을 증명하는 중요한 실험 을 설명하였다. 이 실험은 금속에서의 전자에 의한 광학적 에너지의 흡수, 그리고 흡수된 에너지의 양과 빛의 주파수와의 관계를 포함하고 있다.

단색광이 진공 속에 있는 금속판 표면에 입사되었다고 생각하자. 금속 내의 전자는 빛의 에너지를 흡수하고 그들 전자의 일부는 금속표면에서 진공으로 탈출하는 데 충분한 에너지를 받는다.

이 현상을 광전효과(Photoelectric effect)라고 한다. 탈출한 전자의 에너지를 측정하면 입사광의 주파수 v의 함수로서 그의 최대 에너지를 나타낼 수 있다.

이 탈출된 전자의 최대 에너지를 구하는 한 간단한 방법은 [그림 2-2] (a)에 나타낸 금속판 위쪽에 또다른 금속판을 놓고 이들 두 금속판 사이에 전계를 만들어 주는 것이다. 이때 두 금속판 사이를 운동하는 모든 전자를 감속시키기 위한 전압은 에너지 E_m으로 나타낼 수 있다. 시료에 입사된 빛의 특정된 주파수 v에 대하여 최대에너지 E_m은 방출된 전자들에 대하여 관측된다. 그 결과를 E_m에 대한 v의 관계로 그리면 직선이 되며 그 기울기는 Plank 상수와 같다. [그림 2-2] (b)에 나타낸 직선의 식은

$$E_m = h\nu - q\phi \tag{2-1}$$

이 된다. 여기서 q는 전자전하의 크기이다.

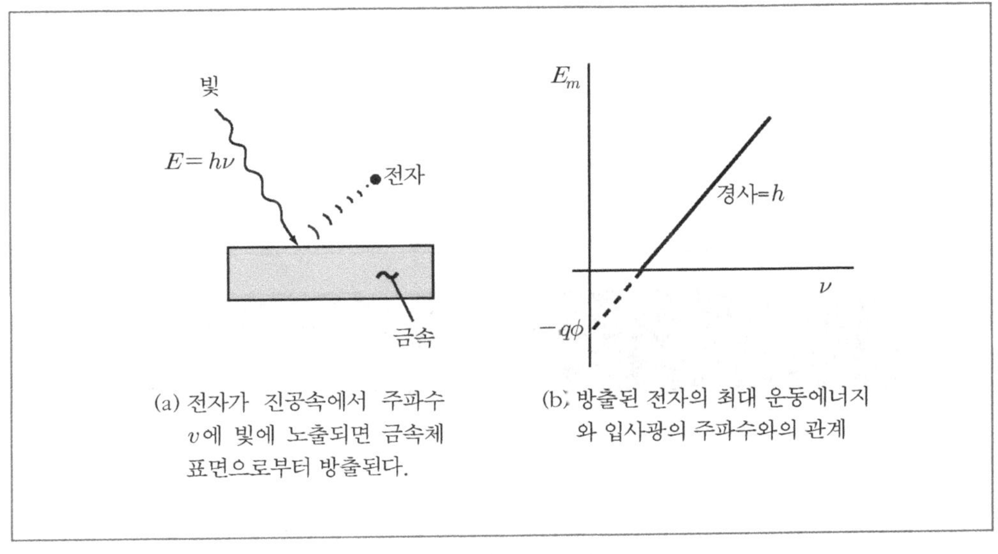

(a) 전자가 진공속에서 주파수 v에 빛에 노출되면 금속체 표면으로부터 방출된다.

(b) 방출된 전자의 최대 운동에너지와 입사광의 주파수와의 관계

[그림 2-2] 광전효과

양 ϕ([V])는 여기서 사용한 특정된 금속의 한 특성이 된다. ϕ에 전자전하를 곱하면 이 금속으로부터 진공으로 전자가 이탈하는 데 필요한 최소에너지를 나타내는 에너지 ([Joule])가 된다. 이 에너지 $q\phi$를 이 금속의 일함수(Work function)라고 한다.

이들 결과는 전자들이 빛으로부터 에너지 $h\nu$를 받고 금속표면으로부터 이탈할 때 $q\phi$의 에너지량을 잃는다는 것을 의미한다.

이 실험은 Plank의 가설(즉 빛의 에너지는 연속적인 에너지의 분포로 되어 있기보다는 불연속적인 단위로 분포되어 있다)이 옳았다는 것을 증명하는 것이다. 다른 실험들은 또 빛의 파동적인 성질에 덧붙여서 빛에너지의 양자화된 단위는 광(양)자(Photo)라고 하는 집중된 (즉 국부화된) 에너지의 다발(Pocket)로 볼 수 있음을 나타내고 있다. 어떤 실험은 빛의 파동성을 강조하며 이에 반해 다른 실험은 광(양)자의 불연속성을 밝히고 있다. 이 이중성이 양자과정의 기초이다.

3. 원자 스펙트럼

현대 물리학에서의 가장 귀중한 실험중의 하나는 원자에 의한 빛의 흡수와 방출의 분석이다. 예를 들어 방전이 가스 속에서 발생할 수 있는데 이로서 원자는 그 가스의 특유한 파장의 빛을 방출하기 시작한다. 이와 같은 효과를 네온사인(neon sign)에서 볼 수 있는데 대표적인 경우 이것은 네온 또는 혼합가스로 충만된 그리고 방전을 발생시키기 위한 전극이 들어 있는 유리관으로 되어 있다.

방출되는 빛의 세기를 파장의 함수로서 측정한다면 파장에 대하여 연속적인 분포를 하기보다는 뚜렷한 일련의 선으로 되는 것을 알 수 있다.

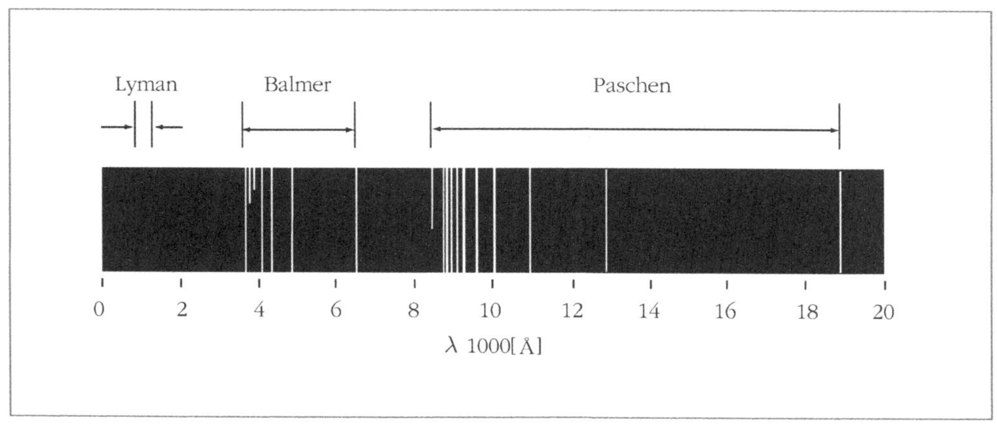

[그림 2-3] 수소의 복사스펙트럼에서의 중요한 선의 일부

1900년대 초기까지는 몇 가지 원자에 대한 이와 같은 특성적인 스펙트럼(Spectrum)이 잘 알려져 있었다. 수소의 경우에 측정된 방출 스펙트럼의 일부를 [그림 2-3]에 나타내었다.

여기서 수직선은 파장눈금으로 관측한 방출된 빛의 첨두값의 위치를 나타낸다. 파장 λ는 [Å](angstron)으로 측정하며 주파수와는

$$\lambda = \frac{c}{\nu} \tag{2-2}$$

인 관계가 있다. 여기서 C는 빛의 속도(3×10^8[m/sec])이다.

[그림 2-3]에서 선은 초기 연구자들의 이름을 따라 Laman, Balmer 및 Paschen 계열이라고 명칭이 붙은 몇 개의 군으로 나타나 있다.

이 수소 스펙트럼이 확실해지자 과학자들은 이들 선 사이에서의 몇 가지 흥미로운 관계를 알게 되었다. 이들 스펙트럼 속의 여러 가지 군(선)들은 어떤 실험식에 따라 나타남이 관측되었다.

즉

$$\text{Lyman 계열 ; } \nu = CR\left(\frac{1}{1^2} - \frac{1}{n^2}\right), n = 2\ 3,4\ldots \tag{2-3 a}$$

$$\text{Balmer 계열 ; } \nu = CR\left(\frac{1}{2^2} - \frac{1}{n^2}\right), n = 3\ 4,5\ldots \tag{2-3 b}$$

$$\text{Paschen 계열 ; } \nu = CR\left(\frac{1}{3^2} - \frac{1}{n^2}\right), n = 4,5,6\ldots \tag{2-3 c}$$

여기서 R은 Rydberg 상수라는 수이다. ($R = 109.678\,[cm^{-1}]$) 광양자의 에너지 $h\nu$를 정수 n의 계속되는 값에 대하여 그려보면 각 에너지는 스펙트럼에 나타난 다른 광(양)자의 에너지들의 합 또는 차를 취하면 얻어진다는 것을 알 수 있다.

[그림 2-4]에 나타내고 있는 바와 같이 Balmer 계열에서 E_{42}는 Lyman 계열에서의 E_{41}과 E_{21}과의 사이의 차가 된다. 이 여러(스펙트럼에서의) 계열간의 관계를 Ritz의 결합원칙 (Combination Principle)이라고 한다. 자연적으로 이들 실험적인 관측은 원자에 의하여 방출되는 광(양)자의 근원에 관해 이해할 수 있는 이론을 구성하는 데 흥미를 북돋아 주었다.

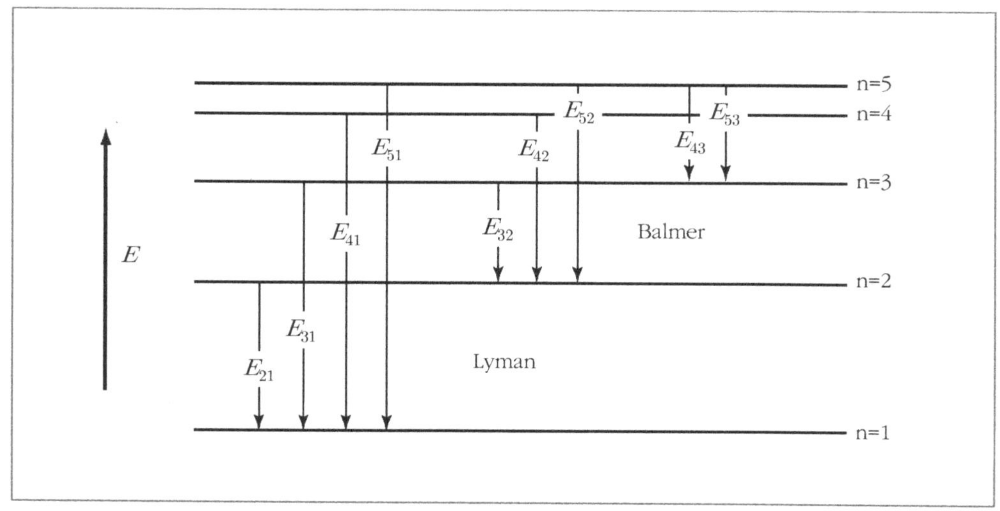

[그림 2-4] 수소 스펙트럼에서의 광(양)자의 에너지 사이의 관계

2.3 Bohr의 모형

복사 스펙트럼 실험결과는 Niels Bohr로 하여금 특성 시스템의 수학에 근거하여 수소원자의 모형을 구성하게 만들었다. 수소원자의 전자가 차지할 수 있는 특성에서와 같은 양식의 일련의 궤도를 갖는다면 그 전자는 바깥쪽 궤도로 여기되어 옮겨져 갈 수 있고 또 [그림 2-4]의 (에너지 차이에 대응하는) 선들 중의 하나에 상당하는 에너지를 방출하면서 안쪽 궤도중의 하나로 떨어져 갈 수도 있다. 이 모형을 전개시키기 위하여 Bohr는 몇 가지 가정을 하였다.

(i) 전자는 원자핵 주위의 어떠한 안정된 원형궤도에 있다. 이 가정은 이 궤도전자는 고전적인 전자기이론에서 보통 가속도를 받는 전하에 대하여 생기는 것과 같은 복사는 방출되지 않는다는 것을 암시하는 것으로서 그렇지 않으면 전자는 그 궤도에서 안정될 수 없으며 그것이 복사로 에너지를 잃음에 따라 원자핵으로 선회하여 들어갈 것이다.

(ii) 전자는 보다 높거나 낮은 에너지의 궤도로 옮겨져 갈 수 있으며 이로써 (에너지 $h\nu$인 광자의 흡수 또는 방출에 의하여) 천이 전후의 궤도에 대응하는 에너지준위의 차와 같은 에너지를 획득 또는 상실한다.

$$h\nu = E_2 - E_1 \tag{2-4}$$

(iii) 궤도에 있는 전자의 각 운동량 p는 언제나 Plank의 상수를 2π로 나눈 것($h/2\pi$는 편의상 종종 $\hbar$로 사용된다)의 정수배이다. 이 가정 즉

$$p = n\hbar, \quad n = 1,2,3,4\cdots\cdots \tag{2-5}$$

는 [그림 2-4]의 관측된 결과를 얻기 위하여 필요한 것이다.

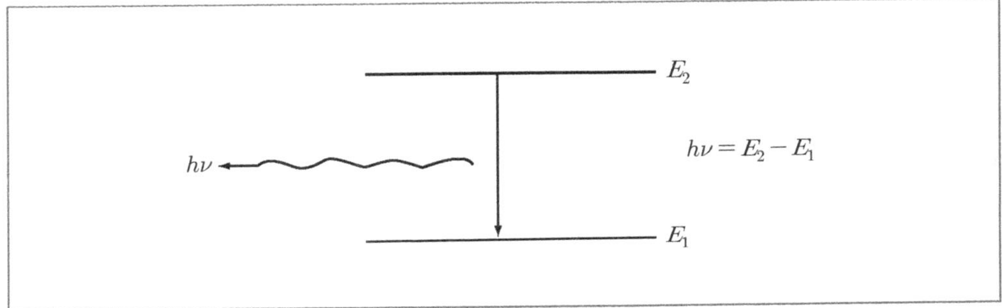

[그림 2-5] 에너지 $h\nu$인 광자의 흡수 또는 방출

수소원자의 양성자(Proton) 주위의 반지름 r인 안정된 궤도에 있는 전자를 떠오르게 한다면 전하사이의 정전적 힘은 원운동의 원심력과 같다고 할 수 있다. 즉

$$-\frac{q^2}{kr^2} = \frac{m\vartheta^2}{r} \tag{2-6}$$

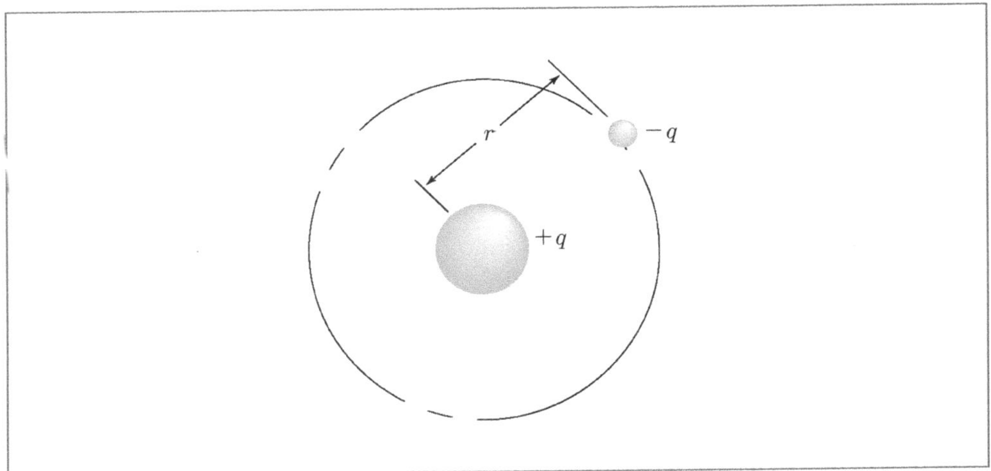

[그림 2-6] 전하사이의 정전적 힘

여기서 MKS 단위로 ϑ는 속도이다. 제3의 가정으로부터

$$p = m\vartheta r = n\hbar \tag{2-7}$$

n는 정수값만을 취하기 때문에 r를 r_n으로 써서 n번째의 궤도에 대한 것임을 나타내게 한다면 식 (2-7)은

$$m^2\vartheta^2 = \frac{n^2\hbar^2}{r_n^{\,2}} \tag{2-8}$$

과 같이 쓸 수 있다.

식 (2-8)을 식 (2-6)에 대입하면, 이 전자의 n번째의 궤도 반지름은

$$\frac{q^2}{kr_n^{\,2}} = \frac{1}{mr_n} \cdot \frac{n^2\hbar^2}{r_n^{\,2}} \tag{2-9}$$

$$r_n = \frac{kn^2\hbar^2}{mq^2} \tag{2-10}$$

와 같이 됨을 알 수 있다.

다음 이 궤도에 있는 전자의 총 에너지에 대한 식을 구하여 궤도사이에서 천이에 따른 에너지를 계산할 수 있게 하여야 한다. 식 (2-7)과 식 (2-10)으로부터

$$\vartheta = \frac{n\hbar}{mr_n} \tag{2-11}$$

$$\vartheta = \frac{n\hbar q^2}{kn^2\hbar^2} = \frac{q^2}{kn\hbar} \tag{2-12}$$

따라서 전자의 운동에너지($K.E$)는

$$K.E = \frac{1}{2}m\vartheta^2 = \frac{mq^4}{2k^2n^2\hbar^2} \tag{2-13}$$

퍼텐셜 에너지(Potential energy)($P.E$)는 전하사이의 정전기학적 힘과 거리의 곱이다. 즉

$$P.E = \frac{q^2}{kr_n} = -\frac{mq^4}{k^2 n^2 \hbar^2} \qquad (2\text{-}14)$$

그리고 n번째의 궤도에 있는 전자의 총에너지(E_n)는

$$E_n = K.E + P.E = -\frac{mq^4}{2k^2 n^2 \hbar^2} \qquad (2\text{-}15)$$

이 모형의 결정적인 검증은 궤도간의 에너지의 차이가 수소 스펙트럼에서 관측된 광(양)자 에너지에 상당하는지 여부이다. Lyman, Balmer 및 Paschen 계열에 상당하는 궤도사이의 천이를 [그림 2-7]에 나타내었다.

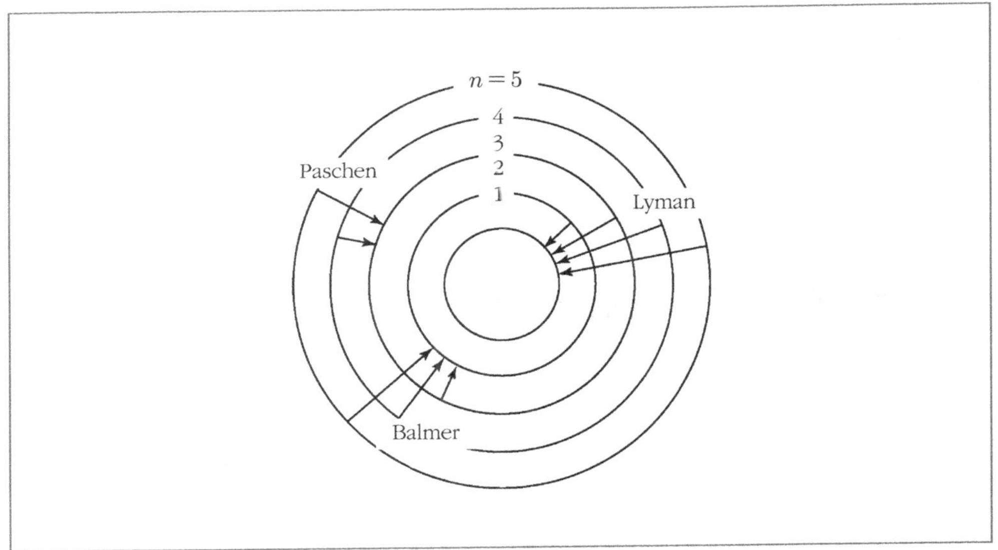

[그림 2-7] 수소원자의 Bohi 모형에서의 전자궤도와 천이

궤도 n_1과 n_2사이의 에너지 차이는

$$E_{n2} - E_{n1} = \frac{mq^4}{2k^2 \hbar^2}\left(\frac{1}{n_1{}^2} - \frac{1}{n_2{}^2}\right) \qquad (2\text{-}16)$$

이들 두 궤도사이의 천이로써 방출되는 빛의 주파수는

$$\nu_{21} = \left[\frac{mq^4}{2k^2\hbar^2}\right]\left(\frac{1}{n_1{}^2} - \frac{1}{n_2{}^2}\right) \tag{2-17}$$

대괄호 [ ]속의 계수는 본질적으로 Rydberg상수를 광속도 C배한 것이다. 식 (2-17)을 식 (2-3)으로 요약한 결과와 비교하면 Bohr의 이론이 초기의 실험적 증거에 관한 한 수소원자 내의 전자의 천이에 대한 좋은 모형을 마련해 주고 있음을 나타내고 있다.

Bohr의 모형은 정확하게 수소스펙트럼의 총체적인 특색을 기술하고 있기는 하나 상세한 점이 많이 포함되어 있지 않다.

예컨대 실험적인 증거는 이 이론으로 예측되는 에너지 준위 이외에, 이 준위들의 어떤 분열을 암시하고 있다. 또 이 모형을 수소보다 더욱 복잡한 원자로까지 확대시키는 데 있어 어려움이 생긴다. 더욱 일반적인 경우를 위하여 Bohr의 모형을 변형시키고자 시도되었으나 곧 더욱 알기 쉬운 이론이 필요하다는 것이 분명하게 되었다. 그러나 Bohr 모형의 부분적인 성공은 양자이론의 최종적인 발전으로의 중요한 한 걸음이었다. 전자를 어떤 허용된 에너지준위로 양자화하는 개념과 광(양)자 에너지와 에너지 준위사이의 천이와의 관계는 Bohr의 이론으로 확립된 것이다.

2.4 쉬뢰딩거(Schrödinger) 파동방정식

원자 이하의 미세한 현상을 설명하는 데 있어서 뉴턴의 고전역학은 합당하지 않다. 또한 전자도 파장을 갖는 파동으로 나타낼 수 있으므로 전자의 운동을 기술하는 쉬뢰딩거 방정식이 파동방정식의 형태를 가지게 됨은 크게 놀라운 것이 못된다. 그러나 쉬뢰딩거 파동방정식은 그 의미에서 입자적인 관점을 내포하고 있음을 알아야 한다. 어떤 입자의 전체에너지는 운동에너지와 위치에너지의 합으로 표시 할 수 있다

전체에너지 = 운동에너지 + 위치에너지

$$E = \frac{P^2}{2m} + V \tag{2-18}$$

여기서 E는 전체에너지를 나타내며, P는 입자의 운동량, V는 위치에너지이다. 쉬뢰딩거 파동방정식은 이 입자적인 관점에서 출발하며 다음과 같은 형태를 갖게 된다.

$$\left[\left(\frac{P^2}{2m}\right)+V\right]\Psi = E\Psi \tag{2-19}$$

여기서 P, V 및 E는 연산자(operator)라고 부르며 각각 운동량, 위치에너지, 전체에너지를 의미한다. 특히 $\frac{P^2}{2m}+V$를 H로 표시하며 전체에너지를 나타내는 Hamiltonian 연산자라 부른다.

그러므로 쉬뢰딩거 방정식은 간단한 도양으로 표시된다.

$$H\Psi = E\Psi \tag{2-20}$$

각각의 연산자는 다음과 같은 성질을 갖는다.

$$P \rightarrow \frac{\hbar}{j}\nabla = \frac{\hbar}{j}\left(i\frac{\partial}{\partial x}+j\frac{\partial}{\partial y}+k\frac{\partial}{\partial z}\right) \tag{2-21}$$

$$P^2 \rightarrow \left(\frac{\hbar}{j}\right)^2\nabla^2 = -\hbar^2\left(\frac{\partial^2}{\partial x^2}+\frac{\partial^2}{\partial y^2}+\frac{\partial^2}{\partial z^2}\right) \tag{2-22}$$

$$V = \nu \tag{2-23}$$

$$E = -\frac{\hbar}{j}\cdot\frac{\partial}{\partial t} \tag{2-24}$$

1차원적인 문제에 대하여는 식 (2-18)은

$$-\frac{\hbar^2}{2m}\frac{\partial^2\Psi_{(x,t)}}{\partial x^2}+V_{(x)}\Psi_{(x,t)} = -\frac{\hbar}{j}\frac{\partial}{\partial t}\Psi \tag{2-25}$$

와 같이 되며, $[(\partial/\partial x)^2$의 연산적 해석은 2차 도함수의 형식인 $\partial^2/\partial x^2$이며, j의 제곱은 -1이다.] 이것은 Schrödinger의 파동방정식이다. 3차원의 경우에는 이 방정식은

$$-\frac{\hbar^2}{2m}\nabla^2\Psi+V\Psi = \frac{-\hbar}{j}\cdot\frac{\partial}{\partial t}\Psi \tag{2-26}$$

여기서 $\nabla^2 \Psi$는 $\dfrac{\partial}{\partial x^2} + \dfrac{\partial}{\partial y^2} + \dfrac{\partial}{\partial z^2}$ 이다. 또한 $\hbar \equiv \dfrac{h}{2\pi}, j = \sqrt{-1}$ 을 나타낸다.

이 식은 굉장히 복잡하고 어려운 형태를 보이고 있으나 위치에너지가 위치만 의 함수이며 시간의 함수가 아닐 때는 간단한 형태로 변형될 수 있다. 식 (2-25)와 식 (2-26)의 파동함수 Ψ는 공간 및 시간 양쪽의 종속변수를 포함하고 있다. 이들 종속변수를 분리하여 계산하고 후에 그들을 합쳐주는 것이 보통이다. 더구나 많은 문제들은 시간에는 무관하고 공간변수만이 필요하다.

따라서 이 파동방정식을 변수분리의 기법으로 2개의 방정식으로 풀고자 한다.

$\Psi_{(x,t)}$를 곱 $\Psi_{(x)}\phi_{(t)}$로 나타내자. 식 (2-25)에 이 곱을 사용하면

$$\Psi = \Psi_{(x)} \cdot \phi_{(t)}$$

$$-\frac{\hbar^2}{2m}\left(\frac{d^2\Psi_{(x)}}{dx^2}\right)\phi_{(t)} + V_{(x)} \cdot \Psi_{(x)} \cdot \phi_{(t)} = -\frac{\hbar}{j} \cdot \frac{d}{dt}\Psi_{(x)} \tag{2-27}$$

양변을 $\Psi_{(x)} \cdot \phi_{(t)}$로 나누면

$$-\frac{\hbar^2}{2m} \cdot \frac{1}{\Psi_{(x)}} \cdot \frac{d^2\Psi_{(x)}}{dx^2} + V_{(x)} = -\frac{\hbar}{j} \cdot \frac{1}{\phi_{(t)}} \cdot \frac{d\phi_{(t)}}{dt} \tag{2-28}$$

위 식의 왼쪽은 x만의 함수이고 오른쪽은 t만의 함수이다. 임의의 위치에서의 좌변식의 값이 임의의 시각 t에서의 우변식의 값과 일치하기 위해서는 양변 모두 상수가 되어야 한다. 식 (2-18)에서 언급한 바와 같이 위 식의 양변은 모두 전체에너지를 의미하고 있으므로 상수를 E로 잡는다.

$$\frac{\hbar^2}{2m} \cdot \frac{d^2\Psi_{(x)}}{dt^2} + (E - V)\Psi = 0 \ \text{(시간독립 쉬뢰딩거 방정식)} \tag{2-29}$$

$$\frac{d\phi}{dt} = -\frac{j}{\hbar}E\phi \tag{2-30}$$

식 (2-30)의 미분방정식을 풀면

$$l_n\phi = -\frac{j}{\hbar}Et + A \tag{2-31}$$

$A = 0$로 두면

$$\phi = e^{-j\frac{E}{\hbar}t} \tag{2-32}$$

2.5 전위우물 속의 전자

여기서는 쉬뢰딩거 방정식을 비교적 간단하게 해석할 수 있는 전자의 위치에너지를 설정하자. [그림 2-8]에서 알 수 있는 바와 같이 $|x| < \dfrac{a}{2}$인 곳에서 전자의 위치에너지는 0이며 $x = \pm \dfrac{a}{2}$에서 위치에너지가 무한대의 값을 갖는다고 가정하자.

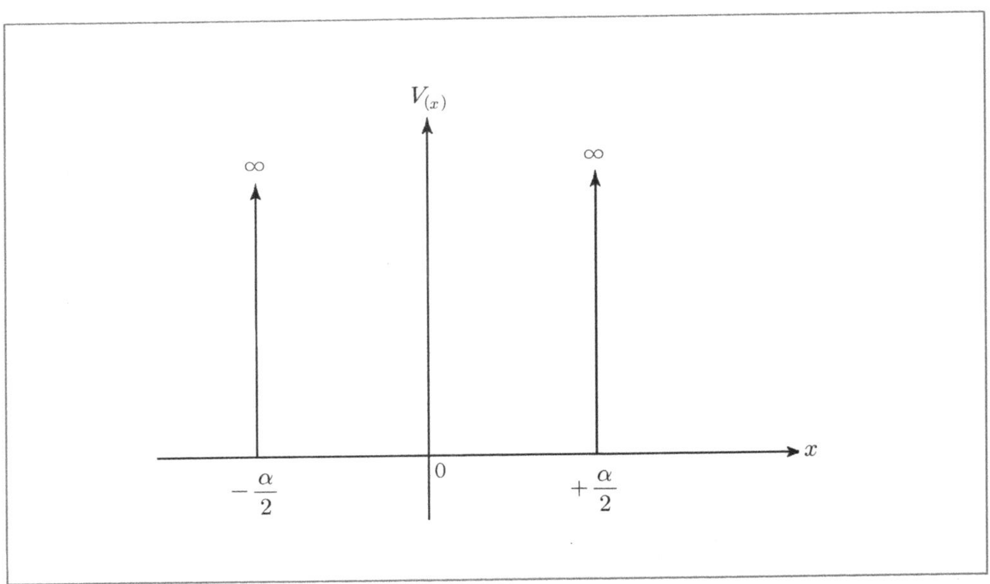

[그림 2-8] 무한대의 전위벽을 가진 전위우물

만약 이 양벽 속에 전자가 들어 있는 경우 양 옆의 구한대의 전위장벽에 의해 전자는 그 밖으로 나올 수가 없다. 그러므로 전위장벽 밖에서 전자를 발견할 확률은 0이다.

즉, $|\Psi|^2 = 0$이다. 그러므로 $|x| \geqq \dfrac{a}{2}$에서 Ψ도 0이 된다.

이러한 형태의 전자에너지를 전위우물(Potential Well)이라 부른다. 실제로 이러한 전위 우물이 존재한다고 말할 수는 없으나 유사한 형태는 있을 수 있으며, 이 전위우물을 사용함으로써 에너지의 양자화와 불확정의 원리를 쉽게 이해할 수 있다.

이 경우에 있어 $|x| < \dfrac{a}{2}$에서 1차원 시간독립 쉬뢰딩거 방정식은

$$\frac{d^2\Psi}{dx^2} + \frac{2mE}{\hbar^2}\Psi = 0 \tag{2-33}$$

이 식은 단조화 운동의 방정식과 비슷하므로 그 풀이를 다음과 같이 쓸 수 있다.

$$\Psi = A\,\sin\left(\frac{\sqrt{2mE}}{\hbar}\right)x + B\,\cos\left(\frac{\sqrt{2mE}}{\hbar}\right)x \tag{2-34}$$

A, B를 구하기 위해 경계조건을 적용해 보자.

$x = \pm\dfrac{a}{2}$에서 $\Psi = 0$이므로 $x = \dfrac{a}{2}$에서

$$\Psi = A\sin\left(\frac{\sqrt{2mE}}{\hbar}\right)\frac{a}{2} + B\,\cos\left(\frac{\sqrt{2mE}}{\hbar}\right)\frac{a}{2} = 0 \tag{2-35}$$

$x = -\dfrac{a}{2}$에서

$$\Psi = -A\,\sin\left(\frac{\sqrt{2mE}}{\hbar}\right)\frac{a}{2} + B\,\cos\left(\frac{\sqrt{2mE}}{\hbar}\right)\frac{a}{2} = 0 \tag{2-36}$$

식 (2-35)와 식 (2-36)에서 $A = 0$이거나

$\sin\left(\dfrac{\sqrt{2mE}}{\hbar}\right)\dfrac{a}{2} = 0$, 그리고 $B = 0$이거나

$\cos\left(\dfrac{\sqrt{2mE}}{\hbar}\right)\dfrac{a}{2} = 0$이다.

모든 x에 대해서 $\Psi = 0$의 무용근이 되지 않기 위해서는

$$A = 0 , \cos\left(\frac{\sqrt{2mE}}{\hbar}\right)\frac{a}{2} = 0 \tag{2-37}$$

$$B = 0 , \sin\left(\frac{\sqrt{2mE}}{\hbar}\right)\frac{a}{2} = 0 \tag{2-38}$$

식 (2-37)에서 $\left(\dfrac{\sqrt{2mE}}{\hbar}\right) \cdot \dfrac{a}{2} = \dfrac{n\pi}{2}, n;$ 홀수,

식 (2-38)에서 $\left(\dfrac{\sqrt{2mE}}{\hbar}\right) \cdot \dfrac{a}{2} = \dfrac{n\pi}{2}, n;$ 짝수

그러므로 일반해는 다음과 같은 형태의 함수를 합하여 얻어질 수 있다.

$$\Psi = B \cos\left(\frac{\sqrt{2mE}}{\hbar}\right)x \tag{2-39}$$

여기서 $\dfrac{\sqrt{2mE}}{\hbar} = \dfrac{n\pi}{a}, n = 1,3,5,7\cdots\cdots$ $\tag{2-40}$

또는 $\Psi = A\sin\left(\dfrac{\sqrt{2mE}}{\hbar}\right)x$ $\tag{2-41}$

여기서 $\dfrac{\sqrt{2mE}}{\hbar} = \dfrac{n\pi}{a}, n = 2,4,6,8\cdots\cdots$ $\tag{2-42}$

마지막으로 이 풀이를 정규화하는 상수 A, B를 구해 보자. 전 공간 내에서 전자를 발견할 확률은 1이므로

$$\int_{-\infty}^{\infty} |\Psi|^2 dx = 1 \tag{2-43}$$

$x \geq \dfrac{a}{2}$ 와 $x \leq -\dfrac{a}{2}$ 에서 $\Psi = 0$인 것을 고려하여 A, B의 값을 구하면

$$A = B = \sqrt{\frac{2}{a}} \tag{2-44}$$

식 (2-40)과 식 (2-42)에서

$$E_n = \frac{n^2 h^2}{8ma^2} \tag{2-45}$$

이때 n은 정수이며 E_n은 무한개의 정수값 n에 해당하는 불연속의 에너지 값이나 준위를 가리킨다. 이 에너지를 고유값(Eigenvalue), n을 양자수(Quantum Number)라 부른다.

만약 전위우물의 폭 a가 커지는 경우 에너지 준위 사이의 차는 점차 작아지며 폭 a가 무한대인 경우는 에너지가 연속인 자유전자로 된다.

에너지 준위 중에서 가장 낮은 상태의 에너지 $E_1 = \frac{h^2}{8ma^2}$ 이 되며 이것은 영점에너지(Zero Point Energy)를 나타낸다. 즉, 절대 $0\,$K에서라도 모든 운동이 정지하는 것은 아니다.

연 습 문 제

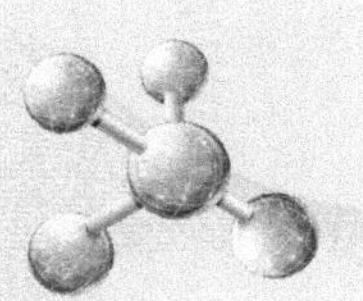

2-1 흑체 복사를 설명하라.

2-2 광전효과를 설명하라.

2-3 수소의 방출스펙트럼을 나타내어라.

2-4 수소스펙트럼에서 광자의 에너지 사이의 관계를 나타내어라.

2-5 두 궤도사이의 천이로써 방출되는 빛의 주파수를 나타내는 식을 유도하라.

2-6 쉬뢰딩거 파동 방정식에서 $\phi = e^{-j\frac{E}{\hbar}t}$ 가 됨을 증명하라.

2-7 불연속의 에너지값 E_n 을 구하라.

결정체와 반도체결정 성장

3.1 결정(crystal)

물질에 있어서 고상, 액상, 기상의 차이점은 원자들 상호간에 결합력의 차이로부터 기인된다.
온도가 높아지면 물질을 구성하고 있는 원자들의 불규칙적인 열운동이 활발해지며, 이러
한 열운동의 활성화로 원자 사이의 평균간격이 멀어지게 되고 결합력도 약해진다. 이리하여
원자 간격이 최외각 전자의 궤도 반지름인 2[Å]정도 이상으로 멀리 떨어지게 되면 원자들 사
이의 결합력은 거의 작용하지 않고 기체상태로 된다. 만일 원자 간격이 최외각 전자의 궤도
반지름과 같은 정도로 가까워지면 원자 상호간의 결합력이 강해져서 액체상태 혹은 고체상
태로 될 것이다. 최외각 전자의 궤도가 서로 겹쳐질 정도로 원자 간격이 더욱 가까워지면 원
자와 원자 사이의 힘은 대단히 강해지며, 이 때 최외각 전자 즉 가전자들은 원자 사이에 작용
하는 힘 및 원자들의 배열에 중요한 역할을 하게 된다. 대부분의 경우 고체를 형성하고 있는
원자들은 결정(crystal)을 이루고 있다. 결정이란 원자, 원자단 혹은 이온이 공간적으로 규칙
적인 배열을 이루고 있는 것을 말한다.

결정이 형성하는 입체적인 공간격자(space lattice)를 결정격자(crystal lattice)라고 한다.

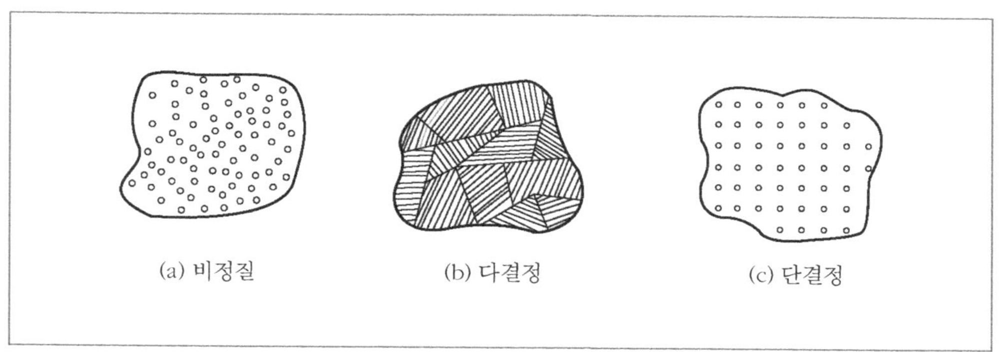

[그림 3-1] 원자 배열에 따른 고체의 3가지 분류

[그림 3-1]에서 보여주고 있는 것처럼 물질 전체가 하나의 결정을 이루고 있는 것을 단결정
(single crystal), 또 비교적 작은 단결정들이 여러 가지 방위로 모여서 된 것을 다결정
(polycrystal)이라고 한다.

액체 안의 원자 혹은 분자와 같이 무질서하게 배열된 무정형(amorphous)이라 한다. 유리
는 무정형의 대표적인 예이다.

3.2 결정 격자(crystal lattice)

물질을 형성하고 있는 여러 가지 원자배열을 검토함에 있어서 먼저 단결정과 기타의 물질 구성 양식과의 차이점을 살펴보고 결정격자의 주기성을 검토하기로 한다.

기본적인 방위구조를 갖는 결정을 참고로 하여 몇 가지 중요한 결정학적 용어를 정의하고 예시하였다. 이들 용어를 사용하면 임의의 결정구조에 있어서 격자 내에 평면이나 방향을 표시 할 수 있다.

1. 주기적 구조

결정질 고체(crystalline solid)는 결정을 이루고 있는 원자가 주기적으로 배열되어 있다. 즉 어떤 기본적인 원자배열이 전체물질을 형성하고 있는 전 고체를 통하여 되풀이된다.

그러므로 이러한 기본적인 주기성 원자배열이 발견되면 그것이 일련의 다른 등가적인 지점 에서 똑같이 그 결정의 한 지점에 나타난다. 그러나 모든 고체가 결정체는 아니며 어느 것은 비 주기적인 즉 비정질 고체(amorphous solid)로 되어 있다. 또 다른 것은 여러 개의 단결정(single crystal)물질의 영역으로 이루어진, 즉 다결정 고체(polycrystalline solid)를 이루고 있다.

이와 같은 결정체에서 원자의 주기적인 배열을 격자(lattice)라고 한다. 임의의 한 용적 내 에서 원자의 주기적인 배열양식은 다양하기 때문에 원자사이의 거리와 방향들은 여러 가지 형태일 수 있다. 그러나 어느 경우든 이 격자는 단위세포(unit cell)라는 용적을 포함하고 있 어 이것이 모여 전체 격자를 나타내며 그 결정체 전체를 통하여 규칙적으로 되풀이된다.

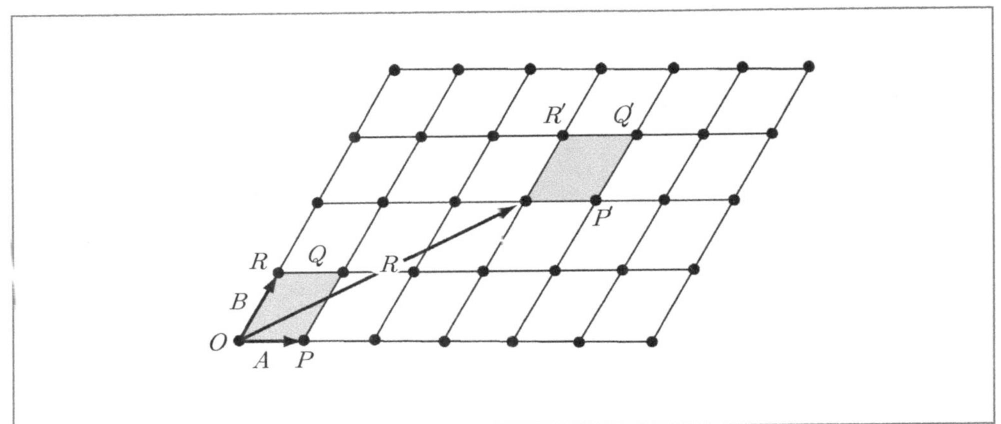

[그림 3-2] 단위 세포가 $R = 3A + 2B$ 만큼 이동하여 이루어진 것을 보여주는 2차원적 격자

[그림 3-2]는 이와 같은 격자의 예로서 단위세포 $OPQR$로 된 원자의 2차원적인 배열을 나타내었다.

이 단위세포에서 각 모서리의 원자들은 인접된 단위세포들과 공유상태를 이루고 있다. 여기서 벡터(vector) A, B를 그림과 같이 정의하면 단위세포가 이들 벡터의 정수배만큼 이동하여 처음과 동일한 새로운 단위세포인 $O'P'Q'R'$가 나타남을 알 수 있다.

이들 벡터를 이 격자에 대한 기본벡터(basis vector)라고 한다. 이 격자내의 점들은 2점 사이의 벡터 R이

$$R = PA + QB + RC \tag{3-1}$$

이면 똑같이 되어 서로 구별되지 않는다. 여기서 P, Q, R은 정수이다.

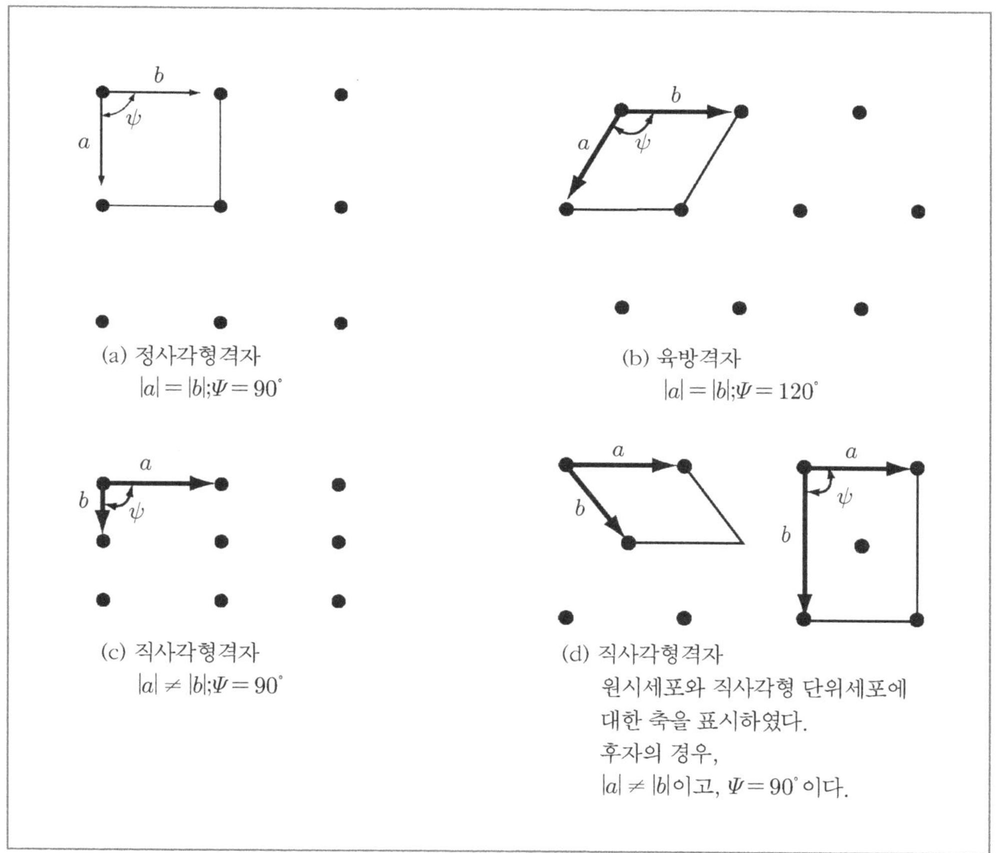

[그림 3-3] 2차원의 격자형

[그림 3-3]에 여러 가지 2차원의 격자형태에 대해서 나타내었다.

격자를 형성하는 데 있어서 되풀이될 수 있는 최소의 단위세포를 기본세포(primitive cell)라고 한다. 그러나 흔히 격자를 취급할 때 이 기본 세포가 가장 편리한 것은 아니다. 단위세포가 중요하다는 것은 대표적인 용적을 검토함으로써 그 결정체를 전체적으로 분석, 고찰할 수 있다는 것이다. 그러나 더욱 중요한 것은 전자소자의 경우 주기적인 결정격자의 성질이 전도과정에 관여하는 전자들이 취할 수 있는 허용된 에너지를 결정한다는 점이다. 따라서 격자구조는 결정의 기계적 성질뿐 아니라 전기적 성질로 결정하게 된다.

2. 입방격자

가장 간단한 3차원적 격자는 단위세포가 [그림 3-4]에 나타낸 바와 같이 입방체로 되어 있다.

단순입방(simple cubic ; sc)구조는 단위세포의 각 모서리에 한 개의 원자가 위치하고 있다. 체심입방(body centered cubic ; bcc)격자는 입방구조에서 그 중심에 원자가 하나 더 부가되어 있는 구조이고, 면심입방(face centered cubic ; fcc)격자의 단위세포에서는 8개의 모서리와 6개 측면의 중심에 원자들이 있는 구조이다.

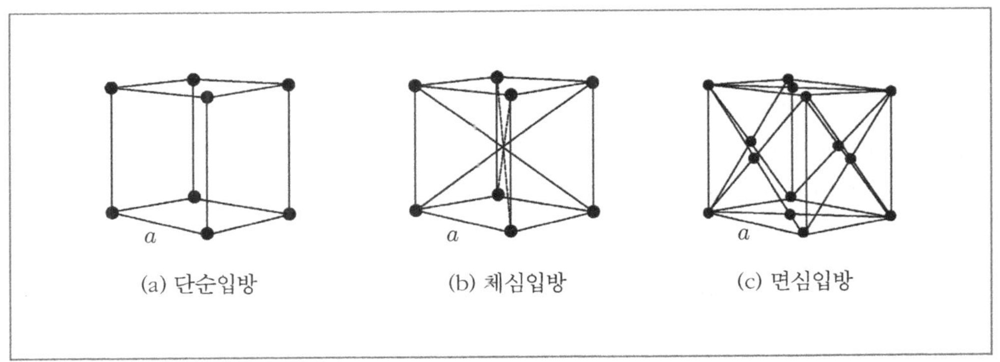

[그림 3-4] 3가지 입방격자 구조의 단위세포

이상과 같은 원자배열중의 어느 상태로든간에 원자가 격자구조로 싸여져 있어 인접된 원자 간의 거리는 그들이 서로 끌어당기는 힘과 그들을 서로 떼어 놓으려는 힘 사이의 평형이 이루어짐으로써 정해지는 것이다.

원자를 강체의 구로 근사시켜 이들 원자로서 충만시킬 수 있는 격자용적의 최대부분을 계산하면 다음과 같다. 예로써 [그림 3-5]는 변의 길이가 a인 면심입방의 한 세포에 가장 접근하여 있는 것들이 서로 접촉하도록 구들이 싸여진 상태를 나타내고 있다.

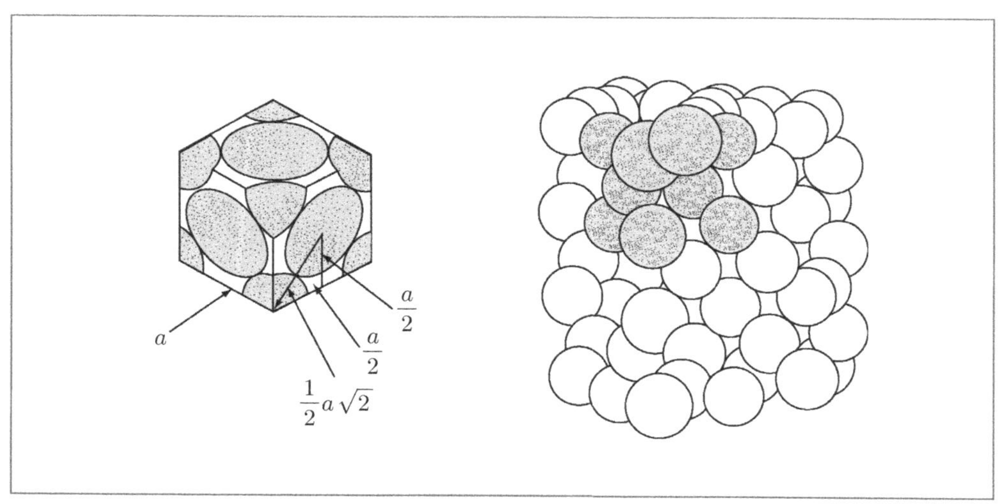

[그림 3-5] 면심 입방격자로 강구를 충전시킬 경우의 모형

하나의 입방 단위세포에 있어서 이 한 변의 길이 a를 격자상수(lattice constance)라고 한다.

면심입방격자의 경우 가장 인접된 원자 간의 거리는 면의 대각선의 반, 즉 $1/2(a\sqrt{2})$이다. 따라서 4개 면의 각 모퉁이에 있는 원자들과 접촉을 이루고 있는 그 면 위에 중심을 둔 원자의 반지름은 가장 가까이 인접된 원자간 거리의 반, 즉 $1/4(a\sqrt{2})$된다.

격자형태를 2차원에서는 점군을 다섯 가지 다른 형태의 격자와 관련시켜 고찰하였다. 3차원에서는 점대칭군은 14가지 격자형을 필요로 하고 있으며 이들을 열거하면 [그림 3-6]과 〈표 3-1〉과 같다. 일반적인 격자형은 삼사격자(triclinic lattice)이다. 14가지 격자형은 7가지 관습적인 단위세포에 의하여 다음과 같은 7가지 계로 분류하는 것이 편리하다.

즉 3사정계, 단사정계, 직방정계, 정방정계, 입방정계, 3방정계 그리고 육방정계이다.

입방정계는 3가지 격자가 있는데 단순입방(sc)격자, 체심입방(bcc) 격자 및 면심입방(fcc) 격자가 그것이다. 3가지 입방격자의 특성을 〈표 3-1〉에 요약하여 놓았다.

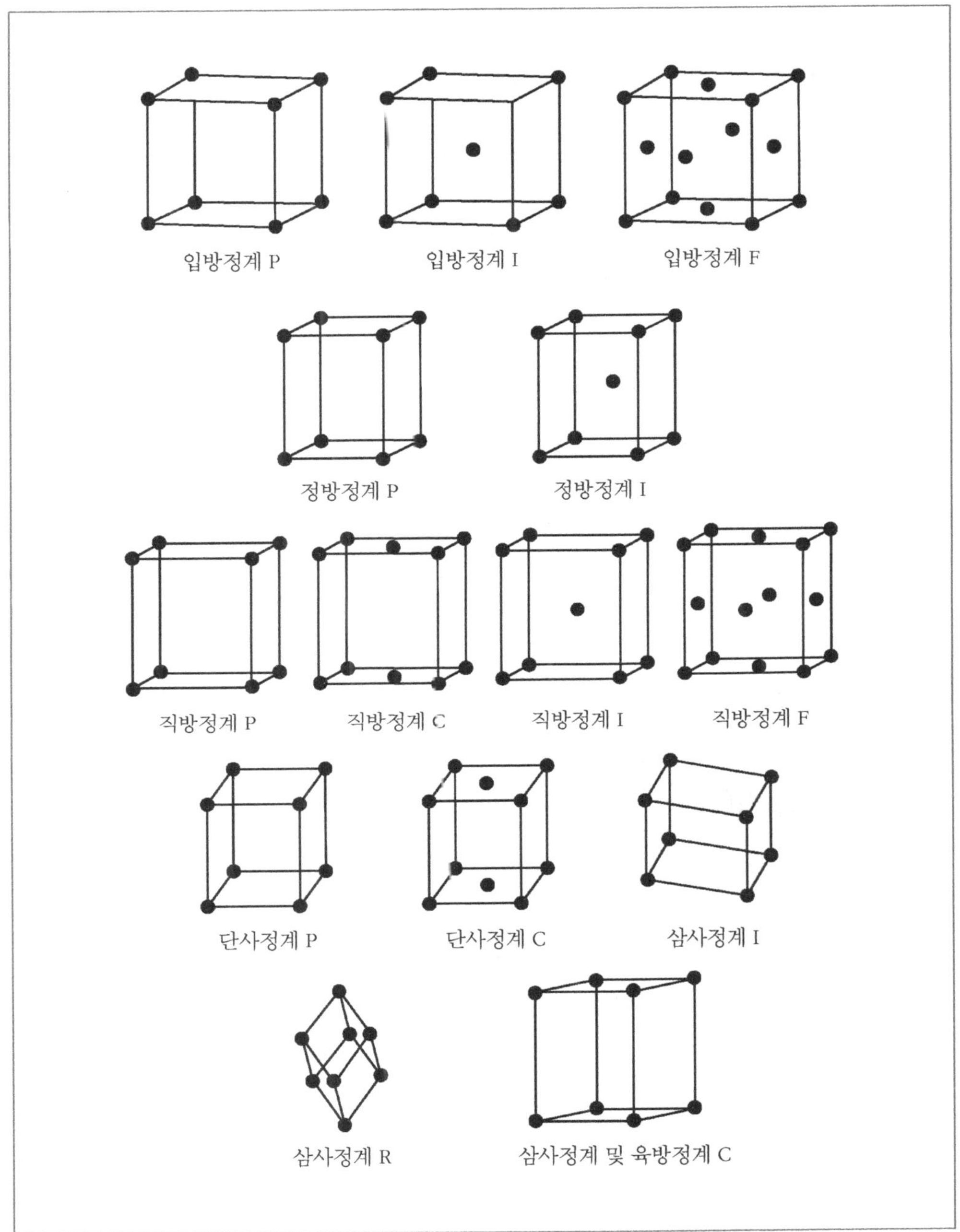

[그림 3-6] 14가지 Bravais 또는 공간 격자

〈표 3-1〉 결정계

결정계	Bravais	단순 격자	
3사정계(trinclinic)	단순 3사	$a \neq b \neq c$	$\alpha \neq \beta \neq \gamma$
단사정계(monoclinic)	단순단사 저심단사	$a \neq b \neq c$	$\alpha = \gamma = 90°$ $\beta \neq 90°$
직방정계(ortherclinic)	단순직방 저심직방 면심직방 체심직방	$a \neq b \neq c$	$\alpha = \beta = \gamma = 90°$
정방정계(tetragonal)	단순정방 체심정방	$a = b \neq c$	$\alpha = \beta = \gamma = 90°$
3방정계(trigonal)	능면체	$a = b = c$	$\alpha = \beta = \gamma < 120°$ $\neq 90°$
6방정계(hexagonal)	6방	$a = b \neq c$	$\alpha = \beta = 90°$ $\gamma = 120$
입방정계(cubic)	단순입방 체심입방 면심입방	$a = b = c$	$a = b = c = 90°$

3. 결정면과 방향

　결정의 면이나 방향을 표시하여 주는 것이 결정을 논하는 데 있어서 매우 큰 도움이 된다. 이와 같은 목적으로 채택되고 있는 표시방법에는 격자내의 평면의 위치나 벡터의 방향을 나타내는 3개의 정수로 된 시스템이 사용되고 있다. 한 특정된 면을 나타내는 3개의 정수는 다음과 같이 하여 구한다.

　① 면과 결정축과의 교점을 구하고 이들 교점을 기본벡터의 정수배로 나타낸다.
　② 과정 1)에서 구하여진 3개의 정수에 대한 역수를 취하고 이들을 최초의 정수 h, k, l 의 세트(set)로 고친다.
　③ 면(h, k, l)으로 표시한다.

　지금까지 설명한 내용을 좀 더 구체적으로 예를 들어 설명하면 다음과 같다.
　[그림 3-7]에 결정면을 나타내었다. [그림 3-7]에 표시된 면은 3개의 결정축과 $2a$, $4b$, $1c$에서 교차한다. 이들 교차점을 나타내는 정수배의 역수를 취하면 1/2, 1/4, 1/1이며, 이들 분수는

정수 2, 1, 4와 같은 관계를 갖는다(즉 각각에 4를 곱해주면 알 수 있다). 따라서 이 면은 (214)
면으로 표시 할 수 있다.

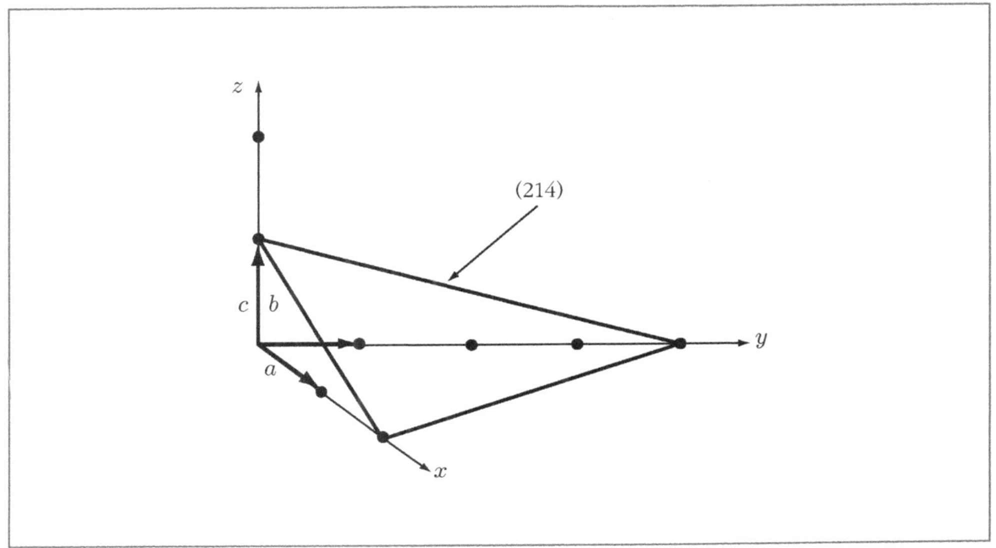

[그림 3-7] (214)결정면

이 3개의 정수 $h(2)$, $k(1)$, $l(4)$을 Miller 지수라고 하며, 이 3개의 수로 격자 내에서 서로 평행된 하나의 평면을 정의하게 된다. 이상과 같이 교차점 좌표의 역수를 취하는 것은 그 표시 방법에서 있을 수 있는 무수한 가능성을 배제할 수 있다는 데 있다. 즉 한 결정축에 관하여 평행되는 평면에 대한 교차점은 무수히 많으나 이와 같은 교차점 좌표의 역수를 0으로 취한다. 한 평면이 한 결정축을 포함하면 그 축에 평행하게 되며 교차점 좌표의 역수는 0이 된다. 또 평면이 원점을 통과하면 그것을 Miller 지수로 계산하기 위하여 평행된 위치로 병진시켜 옮겨 놓을 수 있다. 또한 결정축의 부($-$)축 상에서 교차가 이루어지면 편의상 (h, k, l)과 같이 Miller 지수 위에 부($-$) 부호를 붙여놓으면 된다.

결정학으로 보면 한 격자에 있는 여러 평면은 등가적이다. 즉 주어진 Miller 지수를 갖는 평면은 그 격자에서 간단히 단위세포의 위치와 방향을 선정함으로써 적당히 옮겨 놓을 수 있다.

이와 같은 등가적인 평면들에 대한 지수는 소괄호( ) 대신 중괄호{ }를 써서 표시한다.

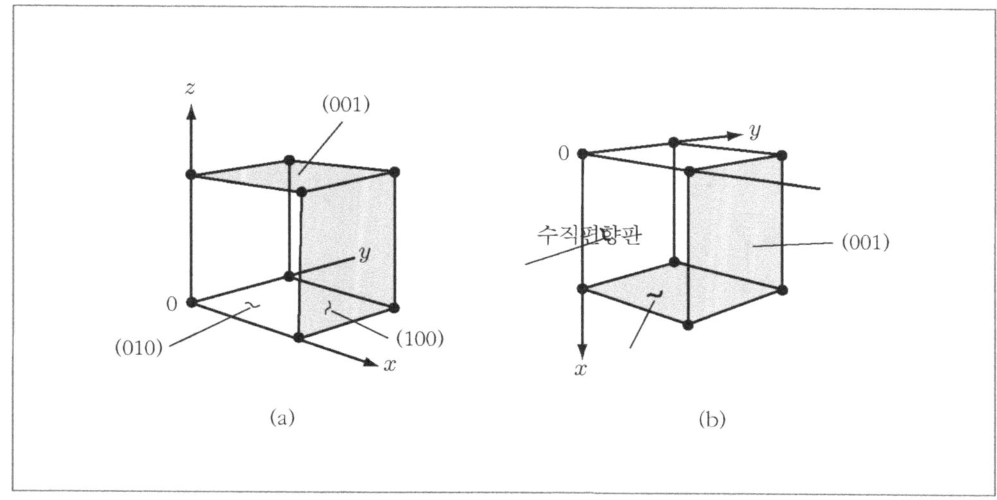

[그림 3-8] 입방격자 내에서 단위세포를 회전시켜 얻은 등가적 입방면({100}면)

예를 들면 [그림 3-8]에서 입방격자의 경우 모든 입방면(cubic face)들은 결정학적으로는 등가적이어서 이 단위세포는 여러 가지 방향으로 회전시켜도 역시 갖게 된다. 따라서 6개의 등가적인 면을 전체적으로 {100}으로 표시한다.

격자 내에서의 방향도 그 방향을 나타내는 벡터의 성분과 같은 관계에 있는 3개의 정수로 표시한다. 이 3개의 벡터성분은 기본벡터의 배수로 나타내지며 이 3개의 정수를 그들 사이의 관계는 그대로 유지하면서 그들의 최소값으로 약분한다. 예를 들면 입방격자에서 [그림 3-9] (a)와 같이 입체 대각선을 보면 이것은 $1a$, $1b$, $1c$의 3성분으로 되어 있다.

따라서 이 대각선은 [111]방향이다. 여기서 대괄호는 방향지수에 대하여 쓴다. 평면의 경우와 같이 격자구조에는 여러 개의 방향이 등가적이며 축에 대한 방향을 임의로 선정하는 데 따르게 된다. 이와 같은 등가적인 방향의 지수의 경우는 각형의 괄호인 〈 〉를 쓴다. 예를 들면 입방격자의 결정축 [100], [010], [001]은 모두 등가적이며 [그림 3-9] (b)와 같이 〈100〉방향이라고 표시한다.

[그림 3-7]과 [그림 3-8]을 비교하면 입방격자구조에서는 방향[hkl]은 평면 (hkl)에 수직임을 알 수 있다. 이 사실로 입방격자의 단위세포로 격자를 분석하는 것이 편리하지만 그러나 입방격자 시스템이 아닌 경우에는 반드시 그렇다고는 할 수 없다.

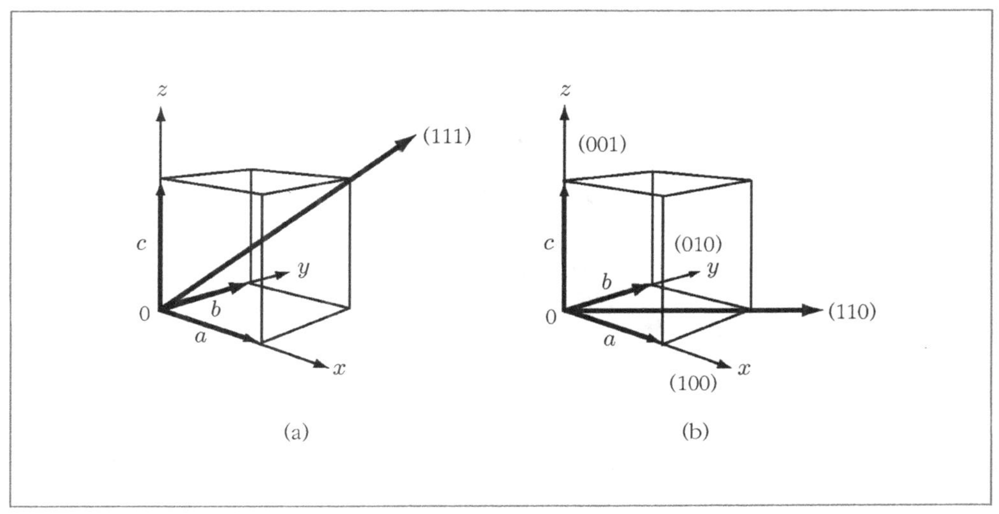

[그림 3-9] 입방격자구조에서 결정방향

4. 다이아몬드 격자구조

다이아몬드(diamond)의 공간격자는 [그림 3-10]에 표시되어 있는 바와 같이 각 원자는 4개의 최인접 원자와 12개의 차인접 원자를 가지고 있다.

반도체의 기본격자구조는 다이아몬드 격자로 되어 있으며 대표적인 원소는 Si, Ge 등이 있다.

또 여러 화합물 반도체에서는 원자가 기본적인 다이아몬드 격자구조로 배열되어 있으나 구성 원자가 [그림 3-10]에서 보여주고 있는 것처럼 격자위치에 그대로 자리잡고 있다.

이러한 결정구조를 섬아연광(Zinc blende)격자구조라고 하는데 III-V족 화합물 반도체는 주로 이러한 구조이다.

이상의 경우 모든 원자가 같으면 이 구조를 다이아몬드 격자라고 하고 다른 종류의 원자가 서로 번갈아 인접하여 배치된 상태이면 섬아연광 구조라고 한다. 예컨대 한 fcc부격자는 Ga원자로, 이 격자 속으로 침투된 부격자들은 As원자로 되어 있을 때는 GaAs의 섬아연광 구조로 된다. III-V족 화합물 반도체를 비롯하여 대부분의 화합물 반도체는 이 구조의 격자를 가지고 있으며 II-VI족 화합물 반도체 중의 일부는 이들과 약간 다른 울쓰광(wurtzite) 격자구조를 가지고 있다. 여기서는 가장 보편적으로 쓰이고 있는 대부분의 반도체 결정이 다이아몬드 및 섬아연광 격자구조로 되어 있으므로 이들에 대해서만 검토하기로 한다.

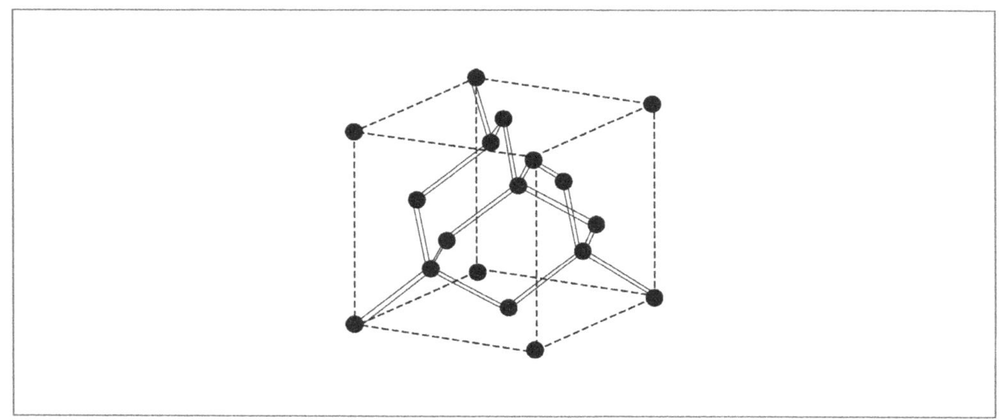

[그림 3-10] 4개의 최인접 원자와 12개의 차인접 원자의 구조를 보여주는 다이아몬트 결정구조

3.3 원자의 결합

원자와 원자사이에는 인력이 작용하며 이 인력의 힘에 의해서 2개 이상의 동종 또는 이종 원자가 분자 또는 결정을 이루고 있다.

즉 원자는 단독으로 존재할 때는 불안정한 상태를 유지하지만 원자 상호간 결합에 의하여 안정한 상태를 유지하게 된다.

이러한 결정은 구성원자를 결합시키고 있는 힘의 성격에 따라 이온결합, 공유결합, 금속결합 및 분자결합으로 분류된다.

1. 이온결합(ionic bond)

이온 결합에 의해 결정을 이루고 있는 대표적인 물질은 소금(NaCl)이다 Na는 $[(1s)^2 (2s)^2 (2p)^6 (3s)^1]$ 형태로 원자핵의 주변에 전자가 돌고 있다. 그러므로 3s에 있는 1개의 전자를 내보내고 최외각에 안정 octet를 형성하려는 경향을 가지고 있다.

한편 Cl은 $[(1s)^2 (2s)^2 (2p)^6 (3s)^2 (3p)^5]$형태로 원자핵의 주변에 전자가 돌고 있다. 그러므로 Cl원자는 Na원자와 반대로 전자를 받아들여 역시 안정 octet를 형성하려는 경향을 가지고 있다.

그러므로 Na와 Cl를 서로 접근시키면 서로 한 개의 전자를 주고받게 된다. 이때 Na은 양

(+)이온 Na^+으로, Cl는 음(−)이온 Cl^-으로 되므로 정전기력으로 서로 결합된다. 이러한 형태의 결합을 이온결합이라 한다.

[그림 3-11]은 Na^+와 Cl^-의 이온결합의 예를 나타내었다.

일반적으로 최외각에 1~2 혹은 3개의 가전자를 가진 원자들은 가전자를 방출하려는 경향을 나타내며 양(+)이온으로 되기 쉽다. 이러한 부류에 속하는 원자는 금속원소들이다. 반대로 5~6 혹은 7개의 가전자를 가진 원자들은 전자를 받아들여 안정 octet를 형성하려 한다. 이렇게 될 경우 음(−)이온으로 된다. 이러한 원자들은 비금속원소들이며 이들은 금속원소와 이온결합으로 화합하여 결정을 이룬다.

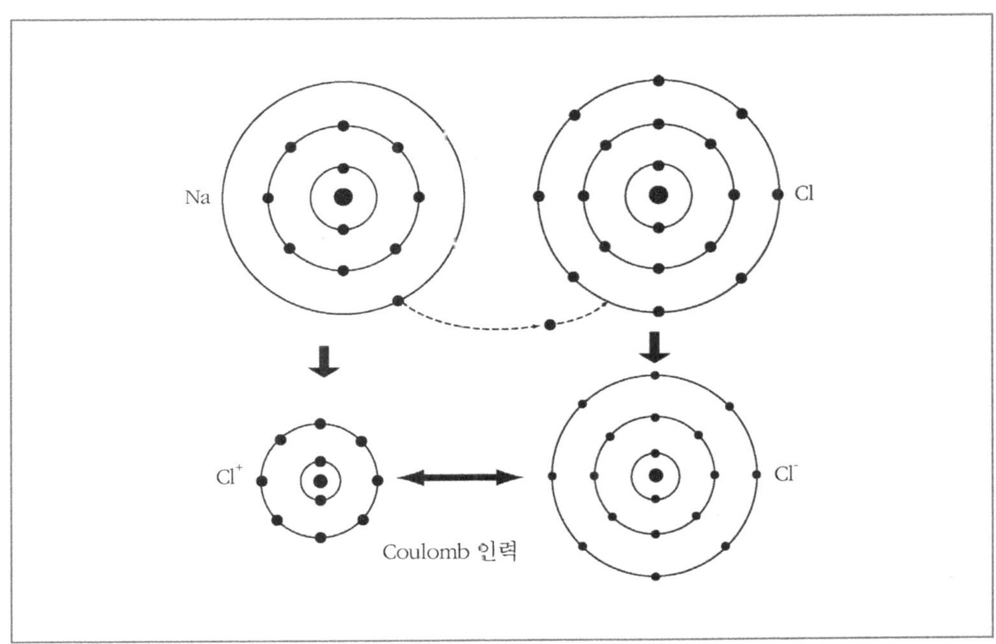

[그림 3-11] 이온결합의 예(소금 NaCl)

이와 같이 두 이온 사이에 작용하는 결합력은 Coulomb의 정전력이며 작용하는 힘 F는 $F = e^2/4\pi\varepsilon_0\varepsilon_r r^2$이 된다. 여기서 r은 이온과 이온 사이의 거리, ε_0는 진공의 유전율, ε_r은 비유전율이다. 예를 들면 물의 비유전율은 $\varepsilon_r \cong 80$정도이고 진공의 유전율 $\varepsilon_r = 1$이다.

그러므로 물 안에서는 진공일 때보다 결합력이 1/80로 감소한다. 소금이 유전율이 낮은 유기용매에는 잘 용해되지 않으나 물같이 유전율이 높은 용매에는 잘 용해되어 Na^+와 Cl^-으로 분리되는 것은 이러한 이유에서이다.

일반적으로 (+)이온과 (−)이온 사이의 정전력은 상당히 강하게 결합된다. 결정을 파괴하려면 이온사이의 인력보다 더 큰 힘이 필요하므로 이온결합결정은 상당히 단단하게 굳어 있다. 이와 같은 이유 때문에 이온결정은 잘 녹지 않으며 녹는점이 높다. 또한 이온결정은 파괴하지 않는 한 변형시키기가 어려워 무리한 힘을 가하여 변형시키고자 하면 부러지기가 쉽다.

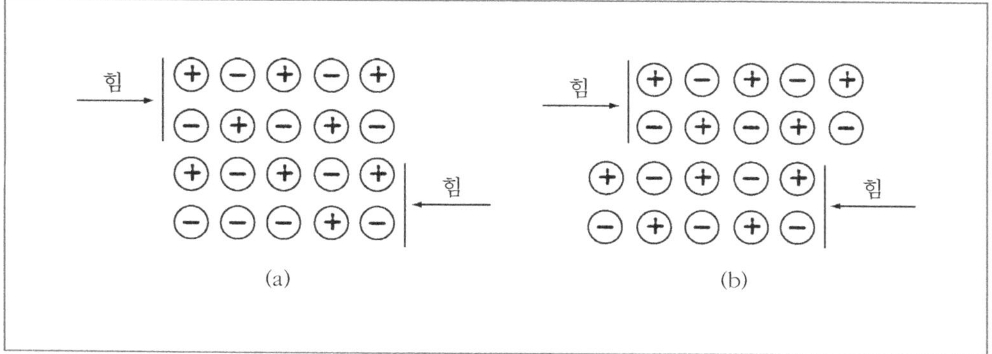

[그림 3-12]

이러한 이유는 [그림 3-12]에 나타낸 바와 같이 NaCl 결정에 외부에서 힘을 가하여 변형시키고자 한다면 [그림 3-12] (b)에서와 같이 같은 종류의 이온끼리 서로 접하게 되므로 상호간의 반발력 때문에 두 개의 층이 형성된다. 즉 이온결정을 변형시키려고 힘을 가하면 결정은 파괴되고 만다.

2. 공유결합(covalent bond)

공유결합이란 인접한 원자들이 최외각의 가전자들을 서로 하나씩 나누어 가짐으로써 이루어지는 결합을 말한다. Ge, Si, C 원자들은 4개의 가전자를 가지고 있다. 그러므로 4개의 인접원자들과 서로 가전자를 한 개씩 나누어 가진다면 각 원자들은 겉보기에 마치 8개의 전자를 최외각에 가진 것처럼 되어 안정 octet를 형성한 모양으로 된다. 이것이 공유결합에 의한 힘의 근원으로 생각된다. 다시 말하면 공유결합은 두 원자의 가전자 운동궤도가 서로 겹침으로써 생기는 파동역학적 힘에 기인하는 것이며, 인접한 두 원자 사이의 궤도를 돌고 있는 한 쌍의 전자가 두 원자를 결합시키는 역할을 하고 있는 것이다. [그림 3-13]은 Ge의 결정구조를 나타내었다.

[그림 3-13]에서 보는 바와 같이 Ge원자는 각각 4개의 인접원자들과 결합되어 있다. 이 경우 서로 인접한 두 원자들을 결합시키고 있는 힘은 공유결합에 기인한다.

공유결합은 대단히 강하며 방향성을 가지고 있는 것이 특징이다. 그러므로 공유결합결정은 대단히 굳으며 녹는점이 높다. 원자가 같은 4가의 원자들 가운데 원자번호가 적은 원자들일 수록 공유결합이 강하다. 다이아몬드가 매우 굳고 녹는점이 높은 것은 이러한 까닭이다. 다이아몬드나 silicon carbide가 절단과 연마용으로 사용되고 있는 것은 이러한 연유에서이다.

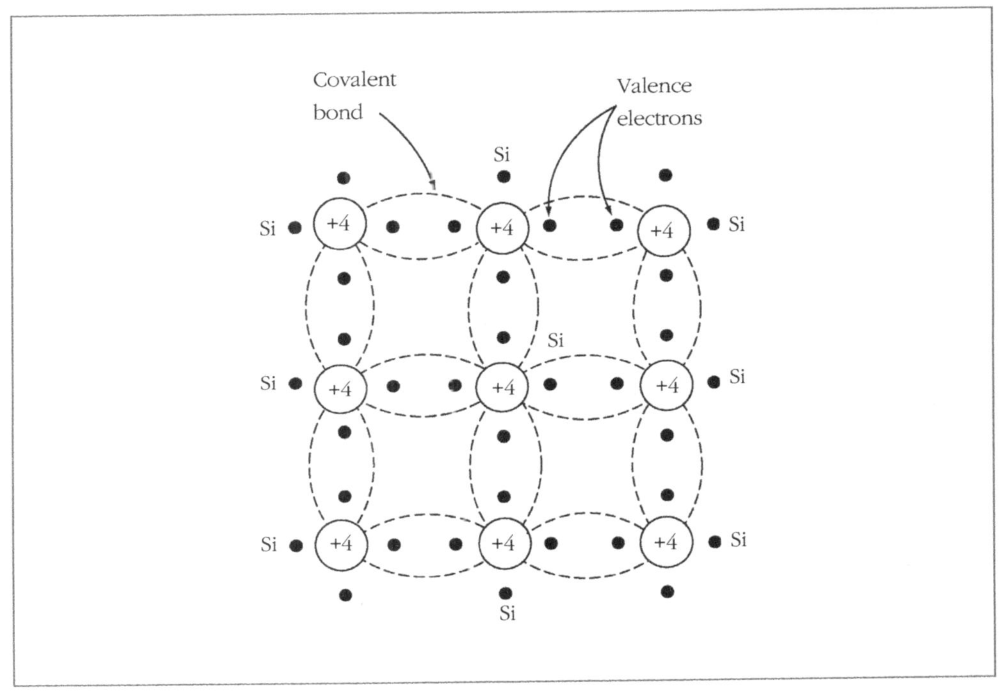

[그림 3-13] 실리콘의 결정구조

공유결합에 참여하고 있는 가전자들의 운동이 어떤 특정한 두 원자 사이에 국한되어 있지 않고 가전자가 이웃하는 자리를 서로 바꿀 수 있다. 그러므로 가전자들은 전체가 하나의 집단을 이루고 있으며 그들이 전체적으로 결정에 대해서 공유되어 있는 것으로 해석해야 한다. 즉 가전자들은 공유결합에 참여하고 있는 테두리 안에서 완전히 자유롭지는 못하지만 이 원자 사이에서 저 원자 사이로 결정 안에서 운동을 한다고 생각해야 한다.

실리콘(Si)과 게르마늄(Ge)은 전자소자에 사용되는 중요한 반도체이다. 이들의 결정구조는 단위(unit cell)가 주기적으로 3차원적인 배열을 이루고 있다. 이 단위 셀은 4면체로서 각 꼭짓점에 하나의 원자를 가진 구조이다. [그림 3-13]은 이러한 실리콘의 결정구조를 평면에 그려 놓은 것이다. 실리콘의 원자는 14개의 전자를 가지고 있으나 한 원자의 가전자는 이웃하는 두 개의 원자가 서로 결합할 때에 각 원자는 각각 하나씩의 전자를 내어주고 받아서 두 개의 전자를 공통으로 소유한다. 따라서 하나의 원자는 4개의 원자와 결합되어 있다. 이와 같은 결합방법을 전자쌍결합(electronpair bond) 또는 공유결합(covalent bond)이라고 한다. [그림 3-13]에서 점선은 이웃하는 원자가 서로 결합되어 있음을 나타내기 위한 것이다. 이와 같이 실리콘이나 게르마늄과 같은 반도체의 가전자는 이웃하는 원자를 결합시키는 데 참여하고 있으므로 원자에 구속되어 있어서 자유전자가 아니다. 그러므로 4개의 가전자를 가지고 있으나 도전율은 대단히 작다.

여기서 주의할 것은 이러한 가전자의 이동은 두 가전자가 서로 위치를 바꿈으로써만 가능하다. 그러므로 가전자들이 이동한다 하더라도 전류의 흐름은 외부에서 관측할 수 없다.

3. 금속결합(metallic bond)

금속결합은 가전자를 인접원자와 공유한다는 점에서 공유결합의 일면도 있는 반면에 이 결합이 음($-$)전하인 전자와 양($+$)이온으로 이루어진다는 점에서는 이온결합의 일면도 있다. 그러므로 금속결합은 이온결합과 공유결합의 절충형태라고 할 수 있다.

구리, 알루미늄, 리튬 및 은 같은 전기전도가 잘 이루어지는 금속들의 결정에서는 개개의 원자들이 많은 인접원자들을 가지고 있으며 높은 밀도로 원자들이 결합되어 있는 특징이 있다.

[그림 3-14] (a)는 Li의 결정을 나타내었다.

그림에서 보여주고 있는 것처럼 Li는 체심입방 결정을 이루고 있으며 각 원자들은 8개의 인접원자들을 가지고 있다.

이러한 금속들의 결정에 있어서 개개의 원자들은 이온화되어 있어서 전자의 바다(electron sea) 혹은 전자의 구름(electron cloud) 속에 떠 있는 것처럼 되어 있다. 한 예로서 Li는 Li $[(1s)^2(2s)^1]$ 원자들이 이온화되어 $[(1s)^2(2s)^0]$로 되므로 2s 전자가 전자의 바다를 형성하고 있다. 이 2s 전자들은 결정 안에서 자유롭게 운동을 한다. 그러므로 이 전자들은 이온핵 전체에 공동소유되어 있는 것처럼 된다.

이러한 결정은 양($+$)으로 대전한 이온핵과 전자의 바다 사이의 인력과 이온핵 상호간의 반발력의 평형으로 이루어져 있다. 그러므로 이러한 금속결합의 힘은 비교적 약한 편이며 방향성이 없다. 금속이 쉽게 구부러지는 것은 이러한 까닭이다.

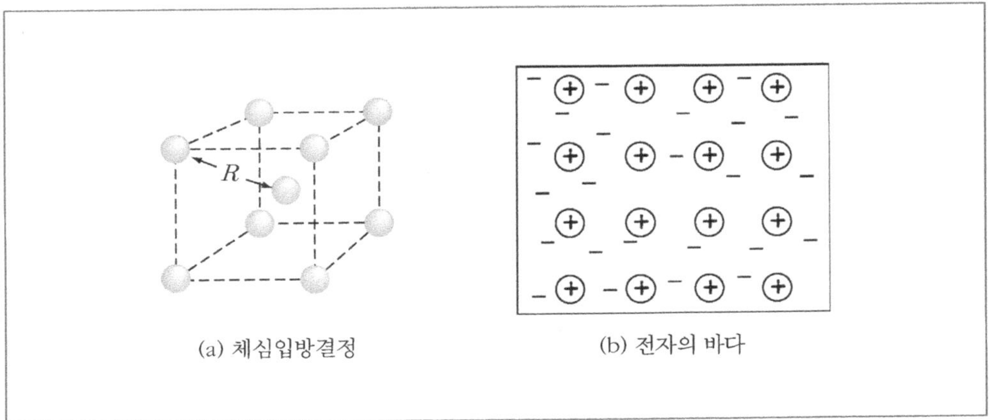

[그림 3-14] 체심입방결정(예 : Li)

[그림 3-15]는 이러한 예를 나타내었다.

그림에서 보여주고 있는 것처럼 상대적 위치가 변하더라도 결정은 파괴되지 않는다.

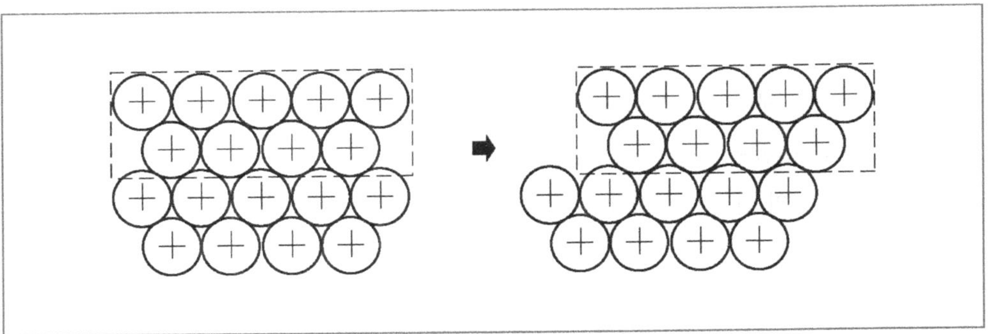

[그림 3-15] 금속결정에 있어서 변형의 효과(상대적 위치가 변화하더라도 결정이 파괴되지 않는다.)

알칼리 금속인 Na와 K 등과 같이 원자의 반지름이 너무 크든지 혹은 Li, Be, Mg, Al 등과 같이 개개의 원자 무게가 적은 경우를 제외하고는 일반적으로 금속은 비중이 크다. 이것은 공유결합 안에서의 원자 배열이 밀집되어 있기 때문이다.

금속결합에 있어서 많은 수효의 가전자들이 자유롭게 돌아다닐 수 있으므로 금속은 양도체이며 열전도율도 높다.

4. Van der Waals 결합

분자와 비금속원자 중에는 앞에서 설명한 결합형식에 속하지 않는 전자적 구조를 가진 것이 있다. 최외각이 모두 채워진 불활성 가스원자나 또는 분자결합에서 원자가 전자를 전부 사용하는 유기 분자는 이 부류에 속한다.

유기화합물의 결정에 있어서 일반적으로 전자의 궤도상의 위치 변동으로 인해 원자나 분자가 분극을 일으켜 전기 쌍극자를 형성하게 되고, 이들 쌍극자간에 작용하는 힘에 의하여 결합을 이루게 된다. 이때 쌍극자에 작용하는 힘을 Van der Waals의 힘이라고 하며, 이 작용하는 힘을 통하여 충분히 낮은 온도에서도 고체 또는 액체로 응결된다. 따라서 결합력이 매우 약하며 이러한 결합을 분자결합이라고도 한다.

3.4 반도체 재료

일반적으로 반도체는 전기전도가 금속과 절연체와의 중간 정도인 물질을 말한다. 반도체의 전기전도도는 주변 온도 변화, 광학적인 여기 상태, 불순물 함유량 등에 따라 크게 변동된다. 이러한 반도체의 전기적 성질에 있어서 그 융통성 때문에 전자소자 재료로서 매우 각광을 받고 있다.

반도체 재료는 〈표 3-2〉의 제4족 및 그 옆 칸에 들어 있는 물질들이며 이 제4족에 속하는 반도체인 실리콘(silicon)과 게르마늄(germanium)을 원소 반도체라 하며 단일 종류의 원자들로만 이루어져 있다. 이들 외에 주기율표의 제3족과 제5족에 속하는 원자들의 화합물 또는 일부 제2족과 제6족에 속하는 원자들의 화합물은 금속간 또는 화합물간 반도체를 만든다.

〈표 3-2〉에서 보는 바와 같이 반도체의 종류는 많으며 이들 중에서도 Si와 Ge가 대부분의 반도체 전자소자에 쓰이고 있으며 정류소자, 트랜지스터 및 집적회로 소자들은 주로 Si로 만든다. 또한 화합물 반도체는 빛을 방사 또는 흡수하는 데 필요한 전자소자에 광범위하게 쓰이고 있다. 〈표 3-3〉에 원소 반도체와 화합물 반도체를 나타내었다.

발광다이오드(light-emitting diode), 즉 LED는 보통 GaAs, GaP 등과 같은 화합물과 GaAsP 등과 같은 복합화합물(mixed compound)로 되어 있다.

〈표 3-2〉 반도체를 만드는 원소의 주기율 표에서의 위치

II	III	IV	V	VI
Zn Cd	B Al Ga In	C Si Ga Sn	P As Sb	S Se Te

〈표 3-3〉 원소 반도체와 화합물 반도체

원소	IV 화합물	III-V 화합물		II-VI 화합물
Si Ge	SiC	API AlAs AlSb GaP GaAs GaSb	InP InIs InSb	ZnS ZnSe ZnTe CdS CdSe CdTe

텔레비전 화면에 많이 사용되는 형광물질(fluorescent material)은 일반적으로 ZnS와 같은 II-VI(족)의 화합물 반도체이다.

형광 검출소자(light detector)는 흔히 InSb, CdSe, PbTe, PbSe와 같은 염(lead salt)류의 화합물이 사용되며 Si와 Ge도 적외선 검출소자와 방사능 검출소자로 널리 쓰이고 있다. 마이크로파 전자소자로서 많이 사용되는 건(gunn) 다이오드는 반도체 레이저(laser)와 같이 GaAs로 만든다.

이상과 같이 반도체 재료들은 여러 종류의 특성을 나타내서 전자소자나 회로 기술자들이 전자적인 기능을 갖는 물질을 설계, 제작하는 데 많은 융통성을 주게 된다.

반도체 재료의 전자적 및 광학적 성질은 불순물에 의하여 크게 영향을 받게 되며 이 불순물은 정밀하게 제어된 양을 첨가한다.

이와 같은 불순물은 반도체의 전도도를 광범위하게 변화시키고 심지어는 부전하 캐리어(carrier)에 의한 것에서 정전하 캐리어에 의한 것으로까지 전도과정의 성질을 변화시키기까지 하는 데 이용되고 있다.

예를 들면 100만분의 1에 상당하는 불순물의 농도가 불량도체인 시료 Si를 양도체로 바꾸어 주기도 한다.

이와 같은 반도체에 불순물 첨가의 조절과정을 도핑(doping)이라고 한다.

이상과 같이 반도체의 유용한 특성을 검토함에 있어서 이들 물질 속에서의 원자배열을 알아야 한다. 앞에서 논의한 바와 같이 원래의 물질에 대한 미소한 불순물 함유량의 변화가 전

기적 성질을 크게 변동시킬 수 있다면 각 반도체에 있어서의 원자의 성질과 특수한 배열이 결정적으로 중요한 역할을 할 것이다.

3.5 반도체 결정의 성장

물질의 성질은 결정의 대칭성을 보여주는 좋은 예로 이용되기도 하지만 반도체 소자를 만드는 과정에서도 매우 중요한 역할을 한다.

1948년 트랜지스터의 발명이래 고체전자소자 기술의 진보는 이와 같은 전자소자들에 대한 착상의 발달에 의존하였을 뿐 아니라 재료의 개선도 또한 크게 관련되고 있다. 예로써 오늘날 집적 회로(integrated circuit)가 제작되고 있다는 사실은 1950년대 초기 및 중기에 있어서 순수한 다결정의 Si의 성장이 대단히 성공적으로 이루어진 결과이다.

전자소자급의 반도체 결정을 성장시켜야 한다는 것은 다른 어느 재료에서보다도 절박한 문제이다. 이와 같은 경우 반도체 결정은 커다란 단결정이어야 할 뿐만 아니라 극도로 정밀한 한계 내에서 순도가 조절되어야 한다.

현재 전자소자에 사용되고 있는 Si결정에 있어서는 대부분의 불순물 농도가 100억분의 1 이하로 성장시켜야 한다. 이와 같은 순도를 얻으려면 제조과정에서 각 공정마다 재료의 취급과 처리에 각별한 주의가 필요하다. 원소인 Si와 Ge는 GeO_2, $SiCl_4$, $SiHCl_3$ 등과 같은 화합물을 화학적으로 분해하여 만든다. 일단 적당한 공정을 통하여 이들 반도체 소자가 분리되면 초벌의 정제공정을 통하여 이들을 용융시키고 주괴(ingot)로 만든다. 이와 같은 주조 과정에서 냉각됨에 따라 Si나 Ge는 다결정이 형성된다. 원자들은 이 주괴의 작은 부분에서 다이아몬드 격자구조를 이루어 배열하게 되는데 이것은 이들 물질의 극히 자연스러운 구조이기 때문이다. 그러나 이 냉각과정에서 적절한 제어조치를 취하지 않으면 이 결정영역은 본질적으로 매우 불규칙한 방향으로 형성된다. 단일 방향으로 결정이 성장하게 하려면 용융된 재료와 고체사이의 경계부분을 냉각되는 동안 세심하게 조절해야 한다.

여기서 반도체 결정을 성장시키는 몇 가지 방법을 간단히 살펴보기로 한다.

반도체 결정을 성장시키는 성장과정은 반도체 전자소자를 만들기 위한 출발물질을 얻는데 있어 중요하며, 결정방식 또한 중요한 역할을 한다.

1. 용융체로부터의 성장

용융체로부터 단결정을 성장시키는 일반적인 방법은 용융된 물질을 선택적으로 냉각시켜 특정된 결정방향으로 응고가 되게 하는 것이다. 예를 들면 [그림 3-16] (a)는 용융된 Ge이 들어 있는 실리카(silica), 즉 유리질 석영으로 된 용기를 나타낸 것이며 이것을 로속에서 응고과정이 한쪽

끝에서부터 시작되어 로관의 길이 방향으로 서서히 진행되어 내려가게 한다.

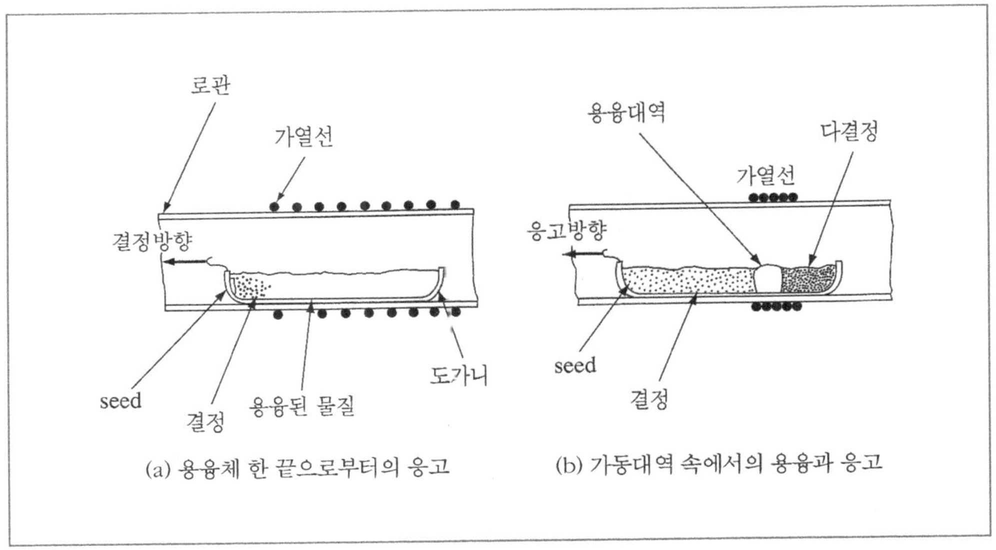

[그림 3-16] 로속의 용융체로부터의 결정성장

처음 냉각되는 끝에다 작은 시이드(seed) 다결정체를 놓으면 단결정 성장이 시작된다. 이때 냉각속도를 잘 조절하여 고체로 된 부분과 용융된 부분사이의 계면 부분의 위치를 천천히 이동시키면 Ge원자는 결정이 냉각됨에 따라 다이아몬드 격자구조로 배열된다.

Ge, GaAs 등 기타의 반도체 결정들은 흔히 이와 같은 방법을 통하여 성장되는데 이것을 수평 Bridgman방식 이라고 한다.

[그림 3-16]의 (b)는 Bridgman방식의 변형된 방식으로서 다결정 재료의 작은 부분을 용융시키고 이 용융된 대역을 로의 한쪽 끝으로 움직여 내려가는 것인데 이때 그 이동 속도는 용융된 부분이 이동함에 따라 그 대역 뒤편에서 결정이 형성되도록 위치를 낮게 하여야 한다.

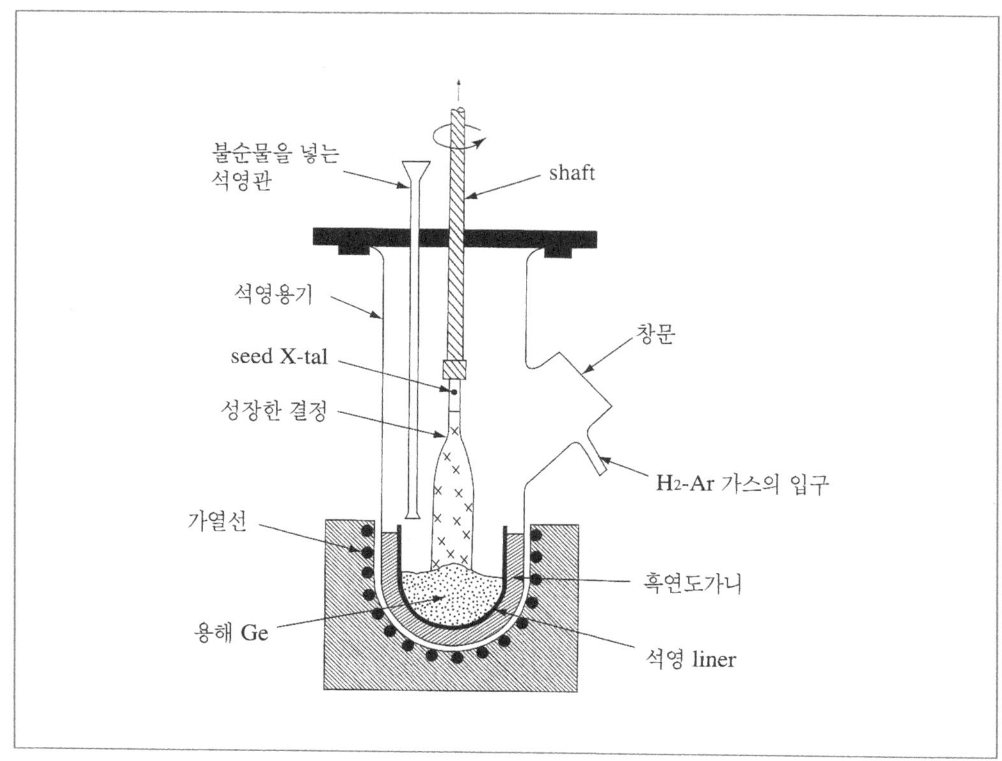

[그림 3-17] 용융체로부터의 Si 결정의 인상(Czochralsk법)

이상과 같이 로속에서 결정을 성장시킬 때의 어려운 점의 하나는 용융된 재료가 용기인 로의 측면과 접촉하게 되며 그 결과 로의 용기벽의 영향으로 응고되는 과정에서 성장된 결정에 응력(stress)이 생기게 되어 완전한 격자 구조에서 벗어나게 될 수도 있다. 이러한 경향은 특히 Si의 경우는 심각한 문제로 나타난다. Si의 경우가 특히 심각한 것은 용융점이 높아 로에 재료가 부착하려는 경향 때문이다. 이와 같은 문제를 제거하기 위한 것으로 [그림 3-17]에 나타낸 Czochralski 방법이 있다.

이 방법에서는 결정을 용융된 재료에 담갔다가 천천히 이것을 끌어올려 시이드(seed)결정 위에 단결정이 성장할 수 있게 하는 것이다.

일반적으로 이 경우 결정을 성장과 더불어 서서히 회전시켜 주는데 이와 같이 함으로써 용융체를 불균등한 응고를 일으킬 수 있는 온도의 부분적인 변화를 없애고 균등하게 만들어주기 위한 것이다. 주로 Si, Ge 및 일부 화합물 반도체 결정을 성장시키는 데 널리 쓰이고 있다.

2. 대역정제의 부유 대역 성장

[그림 3-18]에 부유 대역 결정 성장법의 개략적인 것을 나타내었다. 그림에서와 같이 이동하는 용융 대역을 이용하면 성장시키고자 하는 물질을 상당히 순수하게 만들어 줄 수 있다. 이와 같은 공정을 대역정제(Zone refining)라고 한다.

주괴(ingot)를 용융시키는 일반적인 방법에는 저항 열선을 이용한 열의 복사, 유도가열, 전자 충격에 의한 가열 등이 있다. 용융체와 고체와의 중간이 응고하는 데 있어서는 이들 두 상 사이에 일종의 불순물의 분포가 이루어진다. 이와 같은 성질을 확인하는 양이 분포계수(distribution coefficient) kd이며 평형상태에서 액상속에 있는 불순물 농도 C_L에 대한 고상 내에 있는 불순물 농도 C_S의 비로 정의된다. 즉

$$kd = C_S / C_L \tag{3-2}$$

이 분포계수는 편석계수(segregation constant)라고도 하며 물질, 불순물, 고체 와 액체의 중간층의 온도 및 성장속도의 함수이다.

즉 분포계수가 1/2이 되는 불순물의 경우는 재응고된 고체 속의 불순물농도에 대한 용융된 액체 속의 불순물의 상대적 농도가 1 : 2가 된다. 따라서 먼저 응고된 재료 부분의 불순물 농도는 시초의 불순물 농도 C_O의 반이 된다. 그러나 봉상의 주괴 한쪽 길이 방향으로 이 용융 대역을 이동시킴에 따라 불순물은 용융된 물질과 더불어 한쪽으로 쓸려 내려가 이 용융대역의 농도는 C_O / kd에 접근하기에 이른다. 이 때에는 남아 있는 불순물이 그 대역으로 들어가서 식 (3-2)는

$$C_S = C_O, \quad C_L = C_O / kd \tag{3-3}$$

가 되어 자동적으로 충족된다. 이상과 같은 용융대역의 단일 방향으로의 첫번 이동 후에는 아직도 주괴의 상당한 부분이 시초의 출발물질에서 불순물 농도를 가지고 있게 된다. 그러나 앞서와 같은 용융대역의 이동과정을 같은 방향으로 다시 행해주면 불순물은 이 대역의 이동과 더불어 한쪽으로 쓸려가고 $C_L = 2Co$의 상태에 도달한다. 이 두 번째의 이동과정으로 앞서의 조건은 봉상주괴의 더욱 끝쪽에서 생기더 순화된 부분은 더욱 길어진다. 이상과 같은 과정을 되풀이하면 주괴봉의 더욱 긴 부분이 순화될 것이며 결국은 대부분의 불순물은 봉상주괴의 끝부분으로 옮겨가기 때문에 그곳을 절단해 버리면 고순도의 결정만 남게 된다.

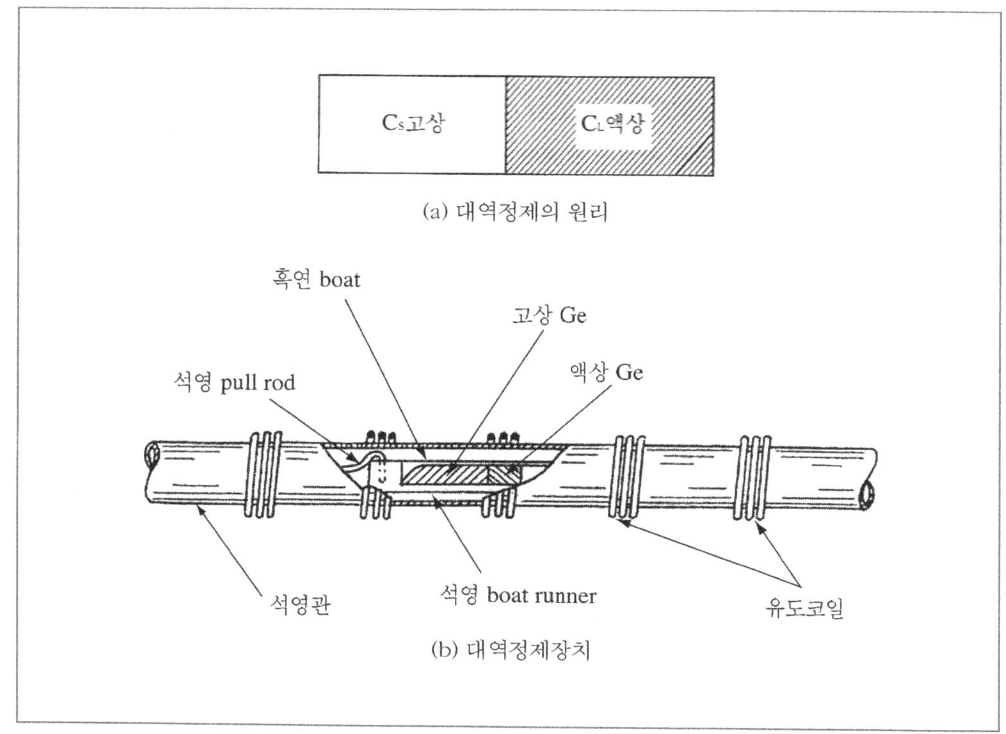

[그림 3-18] 부유대역 결정 성장법, 성장과정의 개요도

3. 액상 에피텍시(liquid phase epitaxy)

반도체와 제2원소와의 혼합물은 그 반도체 자체보다 낮은 온도에서 녹기도 하기 때문에 이와 같은 혼합물의 온도에서 용액으로 결정을 성장시키는 것이 유리할 경우가 있다.

예로서 GaAs의 용융점은 1238[℃]이지만 Ga와 GaAs의 혼합물은 혼합물의 조성비에 따라 상당히 낮은 용융점을 갖는다. 따라서 GaAs의 시이드 결정을 그것 자체가 용융되는 온도보다 낮은 온도에서 녹는 Ga+GaAs 용액에 담가둘 수 있다. 이 용액을 서서히 냉각시키면 단결정의 GaAs층이 그 종자결정 위에 성장하게 된다. GaAs가 응고하여 용액을 벗어나고 고체결정 즉 종자결정 위에서 성장됨에 따라 용액은 Ga가 더욱 농후하게 되어 용해점은 더욱 저하된다. 이것을 더 냉각시키면 GaAs는 더욱 용해액을 벗어나고 결정성장은 계속된다. 이 기법으로 충분히 낮은 온도에서 단결정을 성장시킬 수 있어 이 결정의 용융온도에서 결정을 성장시킬 때 생기는 대표적인 불순물 혼입 등의 여러 가지 문제를 제거할 수 있다.

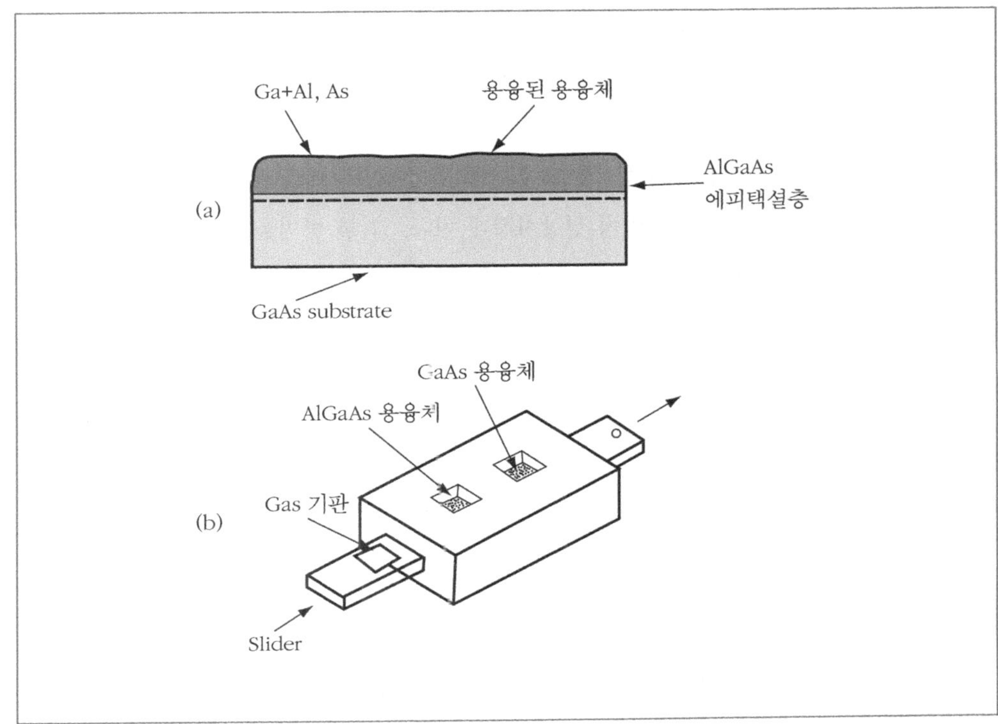

[그림 3-19] GaAs 기판 위에의 AlGaAs 및 GaAs 층의 액상 에피텍셜 성장

이 방법은 특히 주기율로 상의 제Ⅲ족 원소로서 Ga나 In 등이 이용되는 Ⅲ-Ⅴ족 화합물 반도체의 경우 유용한데 이것은 이들 금속원소를 적절하게 낮은 온도에서 용액을 만들기 때문이다.

이 기법의 응용은 기판(substrate)이라고 부르는 제2의 결정 위에다 얇은 결정층을 성장시키는 것이다. 이 공정에서는 기판은 시이드 결정으로 이용되며 그 위에 새로운 결정체가 성장되는 것이고 또 성장되는 결정의 형태를 명백하게 만들어 주는 것이다. 이 성장하는 결정층은 기판과 같은 결정구조와 결정방향을 유지한다.

이상과 같이 기판 위에 방향성 단결정층을 성장시키는 기법을 에피텍셜 성장(epitaxial growth) 또는 에피텍시(epitaxy)라고 한다.

4. 기상 에피텍시(vapor phase epitaxy)

결정층은 시이드(seed) 또는 기판 위에 반도체 재료의 화학적 증기(vapor) 또는 반도체 재료를 함유하는 화학적 증기의 혼합물로부터 성장시킬 수 있다.

GaAs와 같은 화합물 반도체는 기상 에피텍시에 의하여 보다 순수하고 결정구조를 완전하게 성장시킬 수 있다. 더구나 이런 기법을 사용함으로써 전자소자의 실제 제작에 있어 융통성이 크게 된다.

일반적으로 에피텍셜층은 Si을 함유하고 있는 화합물 증기에서부터 Si기판 위에 Si원자의 침착을 조절하여 줌으로써 기판 위에 성장시키게 된다. 그 한 방법을 예를 들면 4염화규소(silicon tetra chloride)의 가스를 수소가스와 반응시켜 Si와 무수(anhydrous) HCL로 만든다.

$$SiCl_4 + 2H_2 \rightarrow Si + 4HCl \tag{3-4}$$

이와 같은 반응이 가열된 결정의 표면 위에서 생기면 이 반응에 의하여 방출된 Si원자가 에피텍셜층으로 침착될 수 있다.

HCl은 이 반응 온도에서는 기체상태로 머물러 있게 되어 결정성장을 방해하지는 않는다. 이상과 같은 기상 에피텍시 기법에 필요한 개략적인 장치의 예를 [그림 3-20]에 나타내었다.

Si의 얇은 절편(slice)을 실리카관 속에서 가열하고 그 관에다 가스들을 주입한다. 화학반응이 이 관에서 일어나기 때문에 이것을 반응실(reaction chamber)이라 한다. 수소가스는 $SiCl_4$가 증발되어 있는 가열된 실(saturator)을 통과하며 이어서 이 두 가지 가스는 원하는 첨가 불순물 도우펀트(dopant)를 포함하고 있는 다른 가스들과 함께 리액터 내의 기판 결정 위로 도입된다. Si의 박절편은 흑연으로 된 받침그릇(susceptor) 또는 가열코일로 반응온도까지 가열할 수 있는 임의의 물질 위에 설치된다. 이 방법은 동시에 여러 개의 Si박절편 위에 정밀하게 불순물 농도가 조절된 에피텍셜층을 성장시키는 데 채택되고 있다.

$SiCl_4$의 수소환원을 위한 반응온도는 약 1250[℃]정도이며, 또 다른 반응은 약간 낮은 온도에서 이루어지는데 1000[℃]정도에서의 SiH_4의 열분해(pyrolysis)도 이에 속한다. 이 열분해는 반응온도에서 SiH_4의 해리를 의미한다. 즉

$$SiH_4 \rightarrow Si + 2H_2 \tag{3-5}$$

이 기법은 낮은 반응온도로 인하여 기판에서 성장 중인 에피텍셜층으로 불순물의 이동이 감소한다는 이점이 있다.

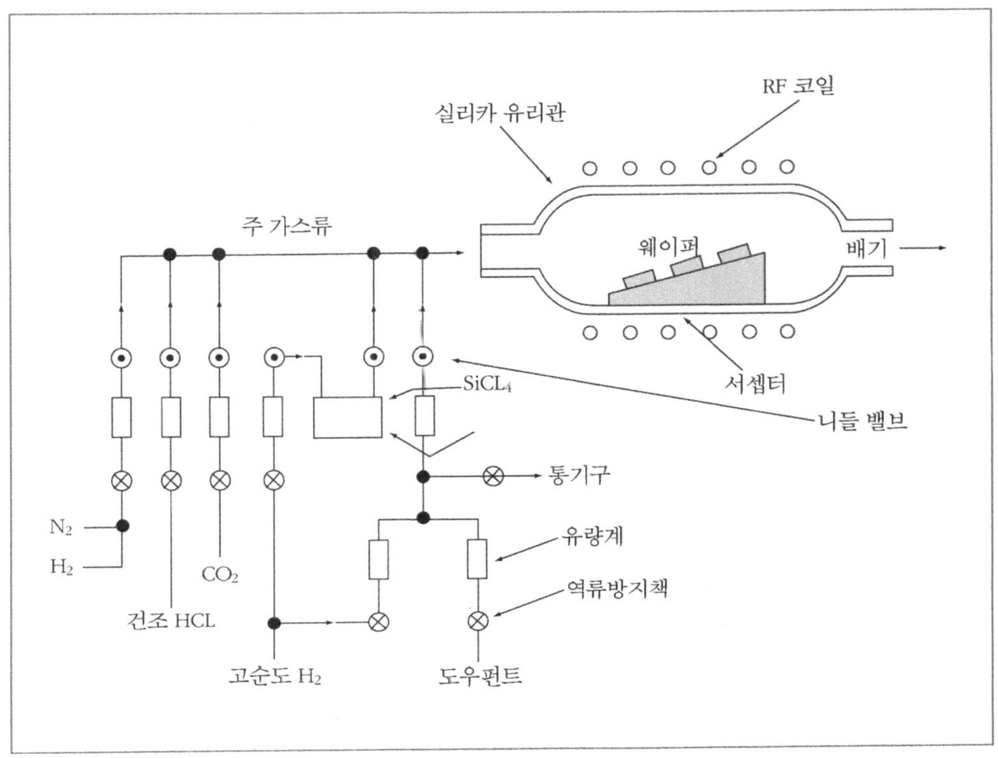

[그림 3-20] SiCl₄를 소오스로 사용한 Si 기상 에피텍시를 위한 대표적 침착 시스템

5. 분자선 에피텍시

분자선 에피텍시(molecular beam epitaxy)에 의한 결정성장 개략도를 [그림 3-21]에 나타내었다.

에피텍셜층을 성장시키기 위한 가장 많은 기능을 지닌 기법의 하나는 분자선 에피텍시라는 것이다. 이 방법에서는 기판을 고진공실에 설치하고 여러 성분의 분자선 또는 원자선을 그 기판 위에 충돌시키는 것이다.

예를 들면 GaAs 기판 위에 AlGaAs 층을 성장시킴에 있어 첨가불순물과 더불어 Al, Ga, As 등의 성분(원소)을 각각 격리된 원통형의 소실(cell)에서 가열한다. 기판을 향하여 이들 각 성분들의 선(beam)이 진공 속으로 사출되어 기판 표면 위로 향하게 된다. 이들 원자선이 기판 표면과 충돌하는 비율은 사출되는 선(beam)의 각도를 정확히 조절함으로써 매우 좋은 품질의 결정성장이 이루어진다.

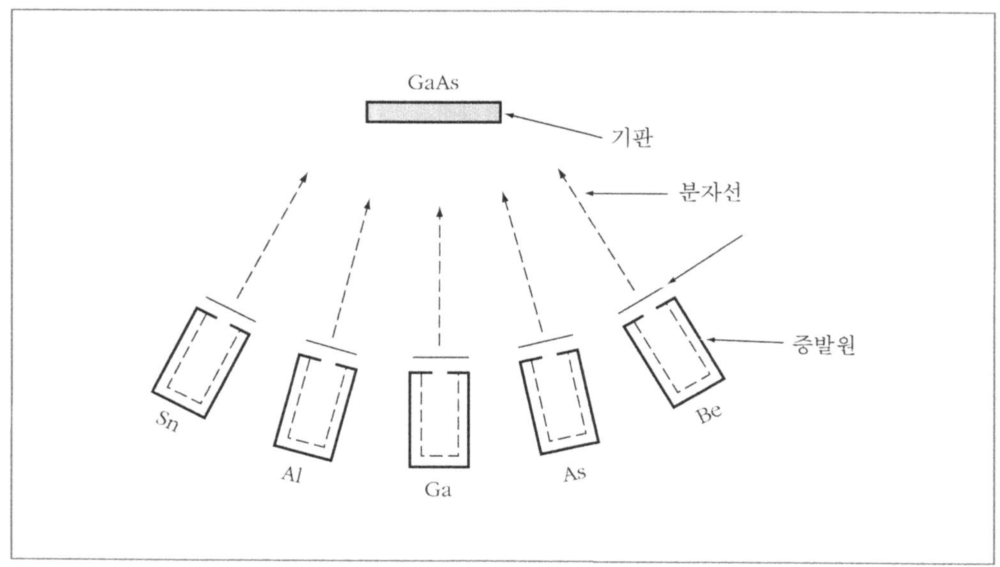

[그림 3-21] 분자선 에피텍시에 의한 결정 성장

불순물의 첨가 또는 결정의 조성, 즉 예를 들면 AlGaAs의 경우 Ga에 대한 Al의 비율을 급격히 바꾸려면 각각 선의 출구 앞 셔터(shutter)를 조절해 주면 된다.

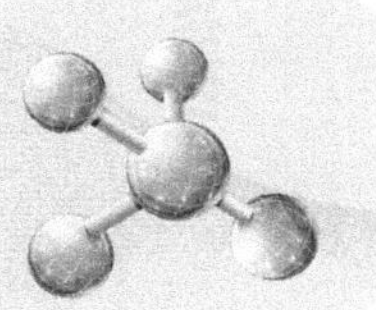

연 습 문 제

3-1 고체 내에서 원자나 분자의 결합양식에서 결정의 종류는 어떻게 분류되는가? 또 각각의 특성에 대하여 논하라.

3-2 밀러지수에 관하여 논하라.

3-3 입방결정에서 서로 인접하는 (hkl)면 사이의 거리가 $al(h^2+k^2+l^2)^{1/2}$로 주어 짐을 설명하여라. 단 a는 격자 상수이다.

3-4 입방결정에서 서로 인접하는 (111)면 사이의 거리는 어떻게 되는가?

3-5 역격자에 대하여 설명하여라.

3-6 기본격자와 단위격자의 구별에 대하여 논하라.

3-7 공유결합에 관하여 논하라.

3-8 이온결합에 의해 결정을 이루고 있는 물질을 무리한 힘을 가하여 변형시키고 자 하면 부러지기가 쉽다. 그 이유를 설명하여라.

3-9 원자의 결합 형태를 들고 설명하라.

3-10 반도체의 종류를 들라.

3-11 반도체의 결정성장방식을 들고 설명하라.

반도체 물성의 기초

4.1 Bohr의 원자모형

1911년 Rutherford의 여러 가지 실험적 사실을 통하여 원자가 양전하를 가진 무거운 핵과 전자들로써 구성되어 있다는 것이 밝혀졌다.

Newton 역학에 의하면 이러한 계는 전자가 원자핵의 주위에 어떤 궤도를 돌고 있는 조건 하에서만 평형을 유지할 수 있다는 것이다. 그러나 전자기학의 입장에서 생각해 본다면 전하를 지니고 있는 전자가 가속도 운동을 할 때 전자파를 방출할 것이므로 이러한 전자파의 에너지 방출로 전자의 에너지가 감소함에 따라 운동궤도가 작아질 것이며 이렇게 됨으로써 원자도 역시 불안정할 것이다.

전자의 에너지가 적어짐에 따라 운동궤도가 작아질 것이고, 결국 원자핵에 전자가 떨어져 버릴 것이다. 전자파의 주기는 전자의 운동주기와 일치해야 하므로 이러란 운동 상태에서 방출되는 전자파의 파장은 서서히 연속적으로 변화할 것이다.

그러나 이와 같은 결론은 실제로 관찰되는 결과와는 다르다. 원자가 이산적(discrete)인 스펙트럼을 방출한다는 것에 비추어 원자는 매우 안전성을 가지고 있다.

이러한 모순을 해결하려는 노력이 양자역학이나 파동역학으로 불리어지고 있는 새로운 이론을 발전시키게 되었다.

가장 간단한 수소 원자에 대한 Bohr의 원자모형은 원자핵과 그 주위를 원의 궤도를 그리면서 돌고 있는 한 개의 전자로써 구성되어 있다. Bohr는 이러한 원자모형에 대해서 다음과 같은 가정을 설정하였다.

1. 양자화 조건

전자는 어떤 특정한 조건을 만족하는 운동 상태에만 있을 수가 있다.

이러한 운동 상태에서는 전자가 가속도 운동을 하고 있음에도 불구하고 에너지를 방출하든가 혹은 흡수하지 않는다. 여기서 전자의 운동 상태를 특징짓는 조건이란 다음과 같다. 즉 전자의 각 운동량의 2π배가 Plank상수 h의 정수배라야 한다. 여기서 Plank상수 h의 값은 $h = 6.625 \times 10^{-34}$ [Joule/sec]이다. 반지름이 r인 원궤도를 속도 ϑ로 운동하는 전자의 각 운동량은 $mr\vartheta$이므로 이 조건은 다음 식으로 표시된다.

$$mr\vartheta = n\frac{h}{2\pi}\,(n = 1, 2, 3...) \tag{4-1}$$

여기서 n은 0이 아닌 양정수이다. 이러한 조건을 Bohr의 양자화 조건이라 한다.

2. 정상상태의 조건

원자내의 전자에는 고전 역학적으로 가능한 모든 에너지는 존재할 수 없다. 그러나 원자는 어떤 이산적인 에너지만 가질 수 있으며 이러한 이산적인 에너지를 가진 전자는 전자파를 방출하지 않는다. 이 조건을 만족하는 상태를 정상상태(stationary state)라고 한다. n의 값에 따라 허용된 운동 상태가 무수히 많은 것에 주목한다.

3. 진동수 조건

전자는 한 정상상태에서 다른 정상상태로 옮겨질 수 있다. 에너지 준위가 W_2 [Joule]의 정상상태에서 보다 낮은 에너지 준위 W_1[Joule]의 정상상태로 옮겨질 때 전자파(빛)를 방사하며 그 즉, 파수 f는 다음 식으로 표시된다.

$$hf = W_2 - W_1[\text{Joule}] \tag{4-2}$$

여기서 $W_2 > W_1$이면 에너지는 단색광의 빛, 즉 일반적으로 전자파로 방출되고 $W_2 < W_1$일 때는 흡수된다. 이것을 Bohr의 진동수 조건이라고 한다.

전자파의 주파수는 전자의 운동주기와 아무런 관련이 없기 때문에 이러한 가정도 전기자기학의 이론과 모순된다.

Bohr의 원자모형에 따라 수소원자의 상태를 좀 더 구체적으로 고찰해보자.

반지름이 r인 원궤도를 속도 ϑ로 운동하는 전자에 작용하는 원심력은 $m\vartheta^2/r$이며, 이것이 원자핵과 전자 사이에 작용하는 Coulomb의 힘과 평형되어 있어야 한다. 그러므로 다음 식이 성립되어야 한다.

$$\frac{m\vartheta^2}{r} = \frac{e^2}{4\pi\varepsilon_0 r^2} \tag{4-3}$$

여기서 $\varepsilon_o = 8.855 \times 10^{-12}$[farad/m]이며 진공의 유전율이다.

식 (4-1)과 식 (4-3)에서 ϑ를 소거하고 전자의 운동 반지름 r을 구하면 다음과 같이 된다.

$$r = \frac{\varepsilon_o n^2 h^2}{\pi m e^2} \quad (n = 1, 2, 3...) \tag{4-4}$$

다음에 전자의 에너지를 계산해보면, 퍼텐셜 에너지(Potential Energy) PE는

$$PE = -\frac{e^2}{4\pi\varepsilon_o r} \tag{4-5}$$

이며 운동 에너지(Kinetic Energy) KE는 식 (4-3)을 이용하여

$$KE = \frac{1}{2}m\vartheta^2 = \frac{e^2}{8\pi\varepsilon_o r} \tag{4-6}$$

전자의 전체 에너지는 퍼텐셜 에너지와 운동 에너지의 합이 될 것이므로 따라서 전체에너지 W는

$$W = PE + KE = -\frac{e^2}{8\pi\varepsilon_o r} \ [\text{J}] \tag{4-7}$$

전자의 에너지가 음($-$)으로 된 것은 전위의 기준을 무한원점으로 가정하였기 때문이다. 그러므로 에너지 $W = 0$은 전자가 원자핵으로부터 무한히 먼 곳에 정지하고 있음을 의미하며 원자핵으로부터의 구속에서 완전히 해방된 상태를 표시한다. 식 (4-7)에 식 (4-4)를 대입하여 정리하면 에너지 W는 다음과 같이 표시된다.

$$W = -\frac{m e^4}{8\varepsilon_o{}^2 h^2 n^2} = -\frac{RCh}{n^2}[\text{J}] = -\frac{13.6}{n^2}[\text{eV}] \tag{4-8}$$

여기서 C는 광속도(3×10^8m/sec)이며

$$R = \frac{me^4}{8\varepsilon_o^2 h^3 c}$$

$$= \frac{9.1 \times 10^{-31}[kg] \times 1.6 \times 10^{-19}[Coulomb]^4}{8 \times 8.855 \times 10^{-12}[frad/m]^2 \times 3 \times 10^8[m/\sec] \times 6.63 \times 10^{-34}[Joule/\sec]^3} \tag{4-9}$$

여기서 R은 Rydberg의 상수라고 부르며, 그 값은 109,737.303[cm^{-1}]이다.

또한 식 (4-2)에서 방사되는 파장은

$$\lambda = \frac{c}{f} = \frac{hc}{W_2 - W_1} = \frac{8h^3 c\varepsilon_o^2}{me^4}\left(n_2^2 - n_1^2\right)$$

$$= \frac{1}{R}\left(n_2^2 - n_1^2\right) \tag{4-10}$$

로 되며, 여기서 수소의 Spectrum 계열인

$n_1 = 1, n_2 = 2,3,4\cdots\cdots$ Lyman계열 (1916년 Lyman이 자외선 영역에서 발견)

$n_1 = 2, n_2 = 3,4,5\cdots\cdots$ Balmer계열 (1884년 Balmer가 적외선 영역에서 발견)

$n_1 = 3, n_2 = 4,5,6\cdots\cdots$ Paschen계열 (1908년 Paschen이 적외선 영역에서 발견)

$n_1 = 4, n_2 = 5,6,7\cdots\cdots$ Brackett계열 (1922년 Brackett가 적외선 영역에서 발견)

$n_1 = 5, n_2 = 6,7,8\cdots\cdots$ Pfund계열 (1924년 Pfund가 적외선 영역에서 발견)

등과 잘 일치된다.

에너지 준위는 전자볼트[eV]로 나타내는 것이 가장 편리하며 식 (4-8)은 하나의 전자를 가지고 있는 원자의 에너지 상태를 기본단위계로 나타낸 것이다. 식 (4-8)을 전자볼트로 나타내면

$$W_n[\text{eV}] = \frac{-1}{1.6 \times 10^{-19}}\frac{me^4}{8\varepsilon_o^2 h^2}\frac{1}{n^2}$$

$$= -\frac{13.6}{n^2}[\text{eV}] \tag{4-11}$$

로 주어진다. 식 (4-11)에서 n의 값에 따라 여러 개의 수평선이 그어질 수 있고 이 선들은 위의 식으로 계산된 값에 따라 배열되는데 이와 같은 도식적 표현을 에너지 준위도(energy level diagram)라고 말한다.

[그림 4-1]에 전자의 허용된 운동상태를 나타내었다. 여기서는 전자의 에너지를 eV로 표시하였다. 이 그림에서 한 정상상태에서보다 낮은 상태로 옮겨질 때 방사되는 빛의 파장도 표시되어 있다.

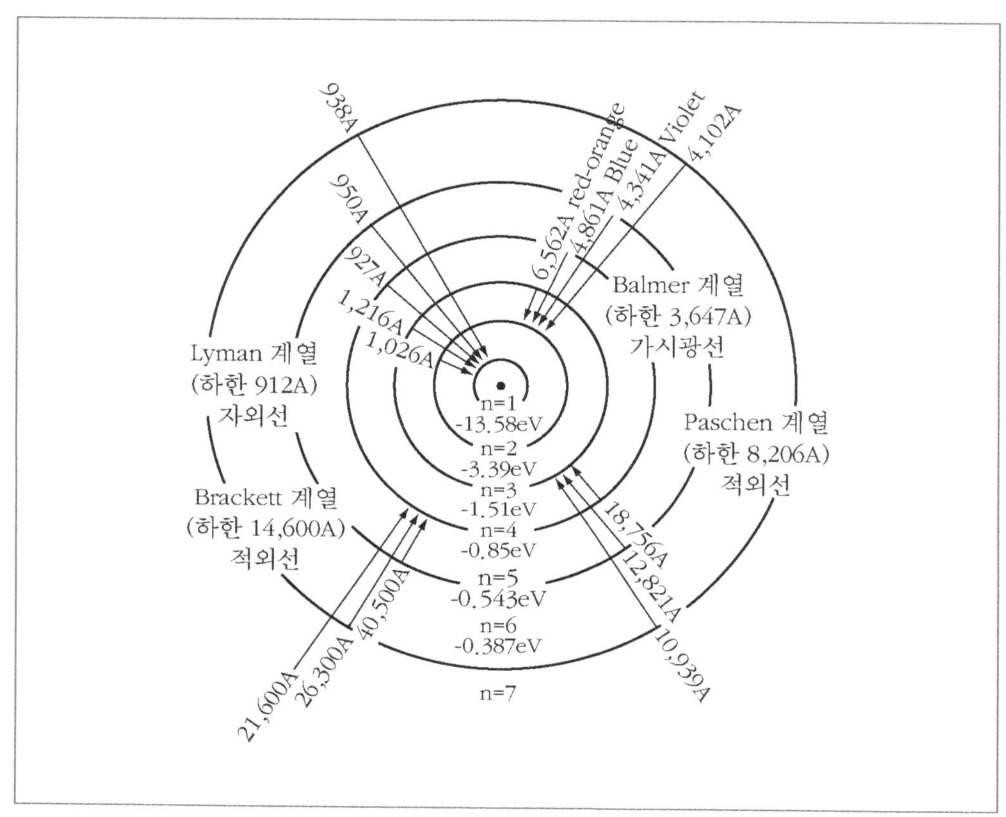

[그림 4-1] 수소 원자의 에너지 준위 및 스펙트럼 계열

식 (4-4)에서 전자의 운동 반지름 r은 $r = \dfrac{\varepsilon_o n^2 h^2}{\pi m e^2}$ 이다. 따라서 전자궤도의 반지름은 주양자수 n에 의하여 정해진다. 즉

$$r_1 = \frac{\varepsilon_o h^2}{\pi m e^2 1} = 0.53 \times 10^{-10} \times n[\text{m}], \; r_2 = 4r_1, \; r_3 = 9r_1,$$

이 되고, 이 관계를 그림으로 나타내면 [그림 4-2]와 같이 된다.

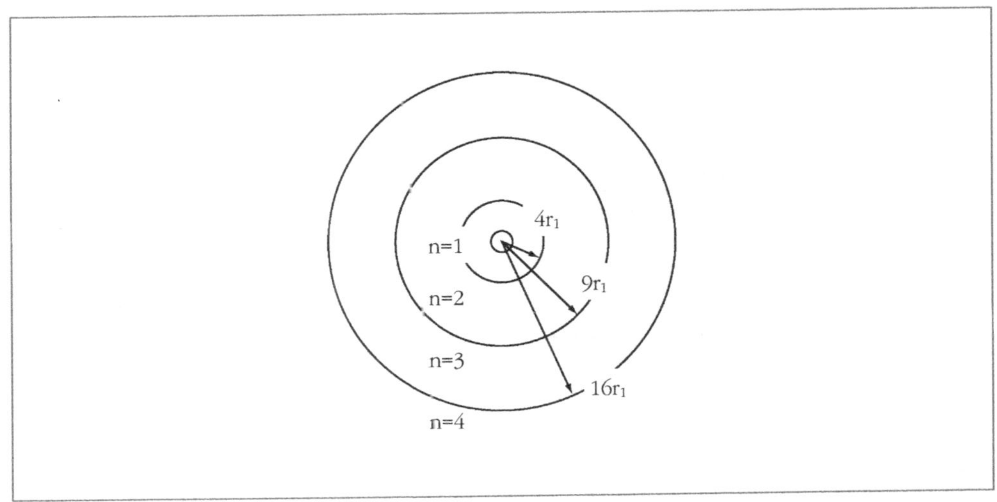

[그림 4-2] 전자의 운동 반지름

n = 1일 때 운동 반지름 및 에너지가 최소이며 그 값은 -13.58[eV] 및 0.527(Å)이다.

식 (4-4),(4-8)로부터 전자의 상태는 n의 값으로 규정될 수 있음을 알 수 있다. 그러므로 n을 전자의 상태를 규정하는 양자수(quantum number)라고 부른다. n = 1은 에너지가 최소의 상태이며 가장 안정하다고 믿어진다. 그러므로 이것을 기저상태(ground state), 또 $n \geq 2$의 상태를 여기상태(axcited state)라고 한다. 기저상태에 있는 전자가 13.58[eV]의 에너지를 얻으면 $n = \infty$의 상태로 된다. 이것은 전자가 원자핵의 구속으로부터 완전히 벗어나 무한히 먼 점에서 정지하고 있는 상태를 표시한다. 이 상태에서 원자는 $+e$로 대전한 양(+)이온으로 된다. 기저상태에 있는 원자를 이온화시키는 데 필요한 에너지를 보통 이온화 에너지라고 하며, 수소원자의 이원화에너지는 13.58[eV]이다. [그림 4-3]은 전자에게 허용된 에너지를 수평선의 상대적 높이로 표시한 에너지 준위도 (energy level diagram)이다.

전자는 임의의 값의 에너지를 가질 수 있는 것이 아니라, 이산적(discrete)인 띄엄띄엄의 값만을 가질 수 있다.

이 그림에서 점선으로 나타낸 곡선은 전자의 전위 에너지 분포인 $PE = \dfrac{-e^2}{4\pi\varepsilon_o r}$ 를 나타낸 것이며, W < 0의 양자상태에 있는 전자가 전위장벽(Potential barrier) 때문에 원자핵에 구속되어 있다. 다시 말하면 전자가 퍼텐셜의 우물(potential well) 안에 갇혀 있음을 나타낸다.

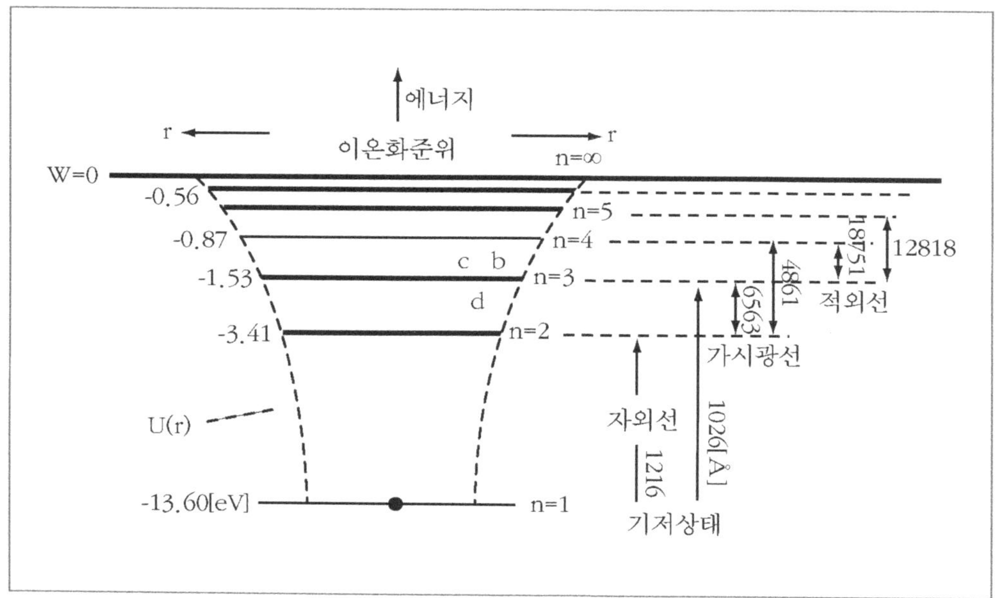

[그림 4-3] 수소 원자의 에너지 준위도

4.2 원자의 전자적 구조

1. 양자수

원자내의 전자는 1개씩 특정한 조건에 따른 상태로 존재하며 그 이외의 상태로 될 수 없다. 즉 원소를 자세히 측정해보면 에너지 준위에 미세구조가 있음을 알 수 있다.

이러한 측정 물질을 전계나 자계 속에 넣으면 에너지준위는 다시 세분된다. 이것을 Zeeman, Stark 효과라 한다.

따라서 원자에너지를 자세히 나타내려면 주양자수, 방위양자수, 자기양자수, 스핀양자수의 4개의 양자수에 의해 규정되며 이들은 다음과 같다.

(1) 주양자수(principal quantum number)

원자의 에너지상태는 주로 주양자수에 의해 결정되며, 원자 내에 있어서 전자의 존재 상태를 나타내는 양자수이다. 또한 주양자수는 원궤도 혹은 타원궤도의 크기를 결정하는 양자수라고도 불리어지며 n으로서 표시한다. n은 0이 아닌 양정수이다. 즉, $n = 1,2,3\cdots\cdots$에 따라서 원자핵에 가까운 쪽으로부터 $K, L, M\cdots\cdots$ 각이라고 궤도 명을 붙이며 각 궤도 위의 전자는 $\dfrac{nh}{2\pi}$ 의 각운동량을 가지고 있다.

$$n = 1,2,3\cdots\cdots. \tag{4-12}$$

전자의 에너지는 n의 값에 의해서 거의 결정된다.

(2) 방위양자수(azimuth quantum number)

방위양자수를 부양자수(subsidisry quantum number)라고도 하며 l로서 표시한다. 이것은 전자의 확률분포의 형을 결정한다. 즈양자수 n이 $1,2,3\cdots\cdots$ 중의 어떤 한 개의 정수라면 그 값에 대하여 방위 양자수 l은 $0\leq l\leq n$-1로 표시되고 $l = 0,1,2,3\cdots\cdots\cdots n$-1중의 하나의 값이 된다.

$$0\leq l \leq n\text{-}1 \tag{4-13}$$

방위양자수는 주어진 궤도에서 전자의 각운동량이 기본량$(h/2\pi)$의 몇 배가 되나 나타낸다. 이러한 각각의 상태에 상당하는 궤도를 s, p, d, f$\cdots\cdots$ 라 하며 l이 클수록 전자궤도가 타원이 된다. 따라서 $n = 1$인 최소궤도의 원자는 $l = 0$이 되어 각운동량을 가지고 있지 않으며 $n = 2$일 때는 $l = 0,1$으로서 궤도형 또는 이심율에 2가지가 있을 수 있다. 즉 $l = 0$인 각운동량이 없는 핵을 지나는 직선과 $l = 1$인 각운동량을 가진 타원이 가능하다. n이 더 큰 궤도에서는 각운동량이 더 크고 더욱 둥근 타원이 나타난다.

원자핵의 주위를 운동하는 전자의 운동을 동경 r의 방향의 운동과 동경방향의 운동과는 무관계한 궤도운동으로 나누어 생각할 수 있다. 전자의 궤도 방향의 속도성분을 ϑ라고 하면 전자의 각운동량 L은 다음과 같다.

$$L = m\vartheta r \tag{4-14}$$

그런데 각운동량 L과 궤도양자수인 방위양자수 l사이에는 다음과 같은 관계가 성립한다.

$$L = \sqrt{l(l+1)}\,\frac{h}{2\pi} \tag{4-15}$$

각운동량 L은 벡터량이며 크기와 동시에 방향도 명시되어야 한다.

(3) 자기양자수(magnetic quantum number)

원자가 자계 B내에 두어지면 각운동량 벡터는 세차운동을 하지만 자계 B에 대하여 임의의 방향을 가질 수 없다. 자계의 벡터 B의 방향성분 m인 자기양자수는 방위양자수가 l일 경우 $-l \leq m \leq l$, 즉 $-l, (-l+1), \cdots\cdots (l-1), l$의 $(2l+1)$개에 한정된다.

$$-l \leq m \leq l \tag{4-16}$$

따라서 $l = 1$에 대해서는 $m = -1, 0, +1$이 되고, $l = 2$에서는 $m = -2, -1, 0, +1, +2$로 벡터방향은 양자화되며 이 관계는 [그림 4-6]에서와 같이 이 회전계에 작용하는 자계로 인해 바로 잡으려는 회전능율 때문에 L벡터가 자계의 주위를 세차운동을 하게 된다. 이것을 Lamor세차라 하며 원자계에 새로운 에너지 상태를 도입하게 된다.

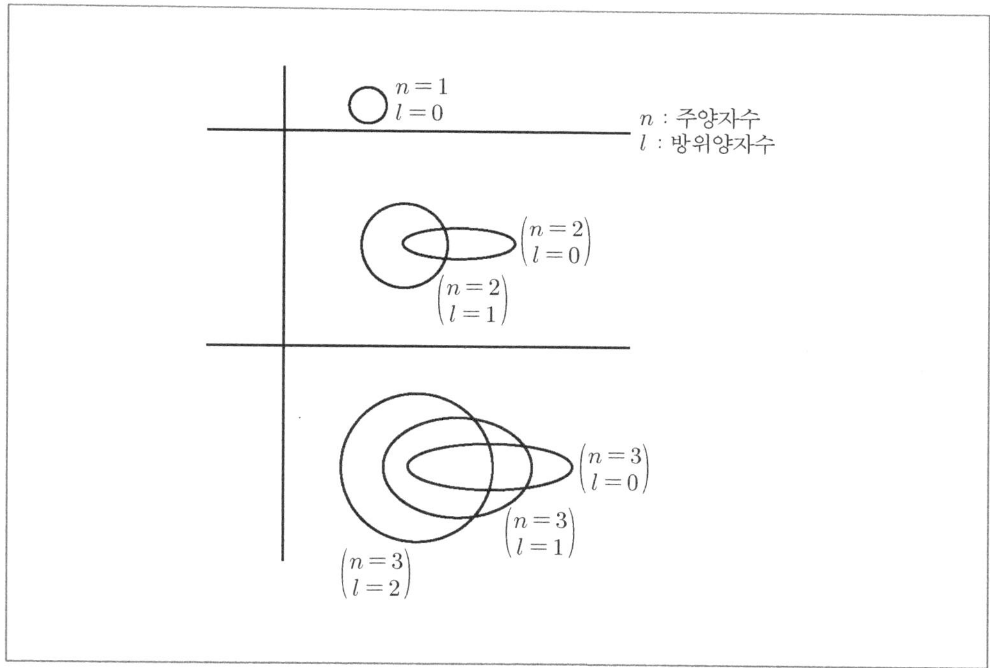

[그림 4-4] Sommerfeld의 원자모형

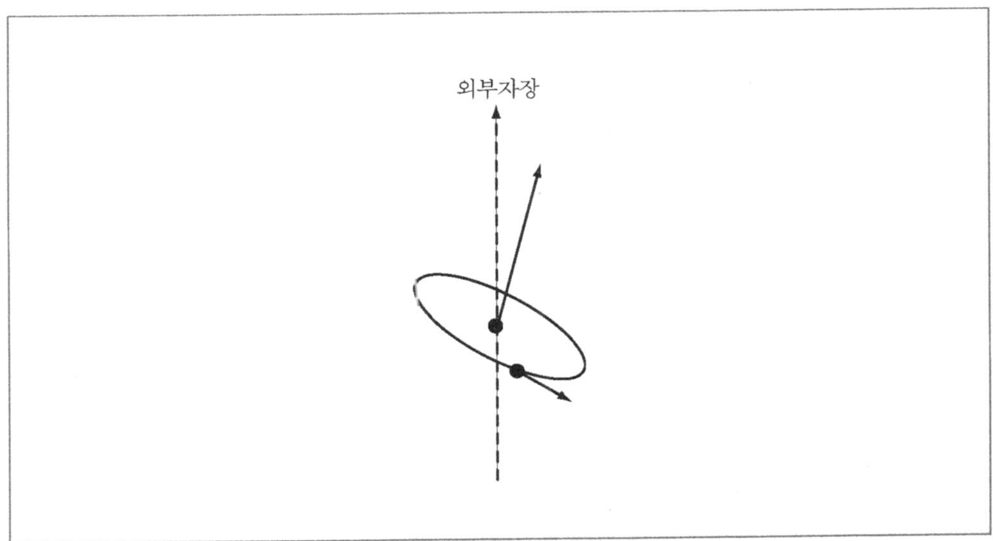

[그림 4-5] 외부자장과 궤도면의 기울기

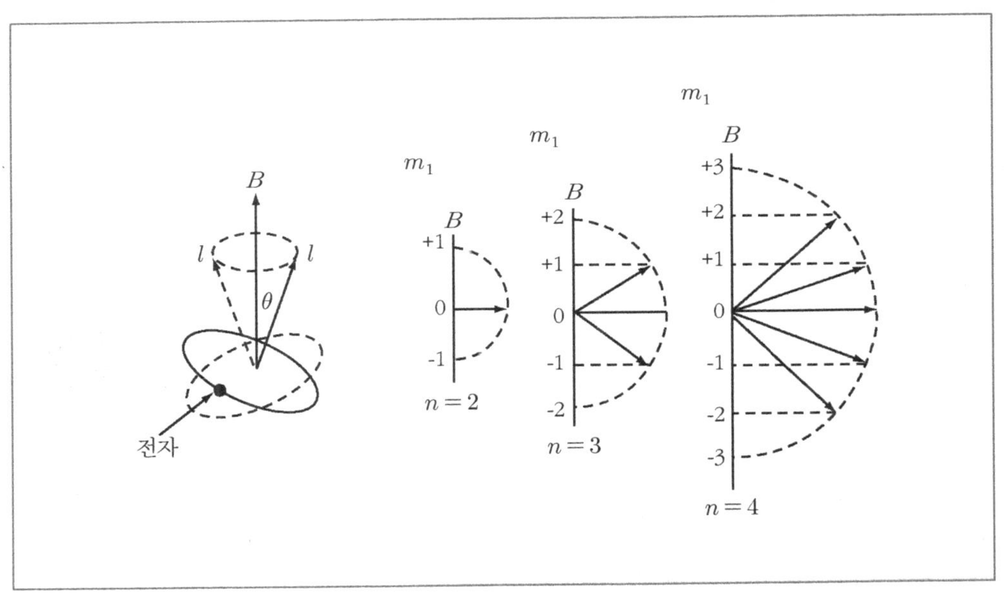

[그림 4-6] 각 운동량 벡터의 방향 양자와

따라서 자계가 존재하지 않을 때에는 동일한 주양자수 n으로 방위 양자수 l인 전자는 모두 같은 에너지를 가지므로 $(2l+1)$의 축퇴(degenerate)하여 있으나 자계를 가하면 축퇴는 풀려서 $(2l+1)$개의 상태로 나뉘어진다. 이상에서 빛이 자계 속을 통과할 때 각 스펙트럼이 다시 두선 또는 그 이상으로 갈라지는 Zeeman 효과는 자기 양자수에 의해 설명 할 수 있다.

(4) 스핀양자수(spin quantum number)

스펙트럼의 미세구조를 설명하기 위해 1925년 Uhlenbeck와 Goudsmit는 4번째의 양자수를 도입하였다. 이것이 스핀양자수이며 s로 표시한다.

이것은 전자의 자전에너지, 다시 말하자면 자전의 각운동량의 크기와 방향을 가리키는 것으로 스핀양자수 s에는 다른 양자수에 관계없이 +1/2,-1/2의 두 종류가 있다.

$$s = -1/2 \text{ 혹은 } +1/2 \tag{4-17}$$

이것은 자전의 방향이 외부자계의 방향을 축으로 하여 공전의 방향과 일치하는가 아니면 반대 방향인가를 나타내는 것이다. 그렇기 때문에 전자에는 극히 작은 에너지 차가 생긴다. 또한 전자는 궤도 각운동량 이외에 자기 자신의 고유한 각운동량을 가지고 있는데 이것을 스핀각운동량이라 부른다.

스핀각운동량 Ls의 크기는 식 (4-15)에서 주어진 궤도각운동량 L과 유사하게 다음 식으로 표시 된다.

$$Ls = \sqrt{s(s+1)}\,\frac{h}{2\pi} \tag{4-18}$$

여기서 s의 값은 $\pm 1/2$만이 허용되며 Ls의 Z방향의 성분 Lsz는 다음과 같이 표시된다.

$$Lsz = sz\frac{h}{2\pi} \tag{4-19}$$

단 Sz는 스핀각운동량의 Z방향 성분을 표시하는 양자수로서 그 값은 $\pm 1/2$만이 허용된다. 그러므로 식 (4-18),식 (4-19)에 각각 s 및 Sz의 값을 대입하면

$$Lsz = \frac{1}{2}\frac{\sqrt{3h}}{2\pi}, \qquad Lsz = \pm\,\frac{1}{2}\frac{h}{2\pi} \tag{4-20}$$

이 된다. 이상과 같이 전자의 취득 상태를 X선 분광학에서 채용한 K각에서 M각까지로 나타내면 [그림 4-7]과 같이 되고 전자들에게 허용된 양자상태는 〈표 4-1〉과 같이 된다.

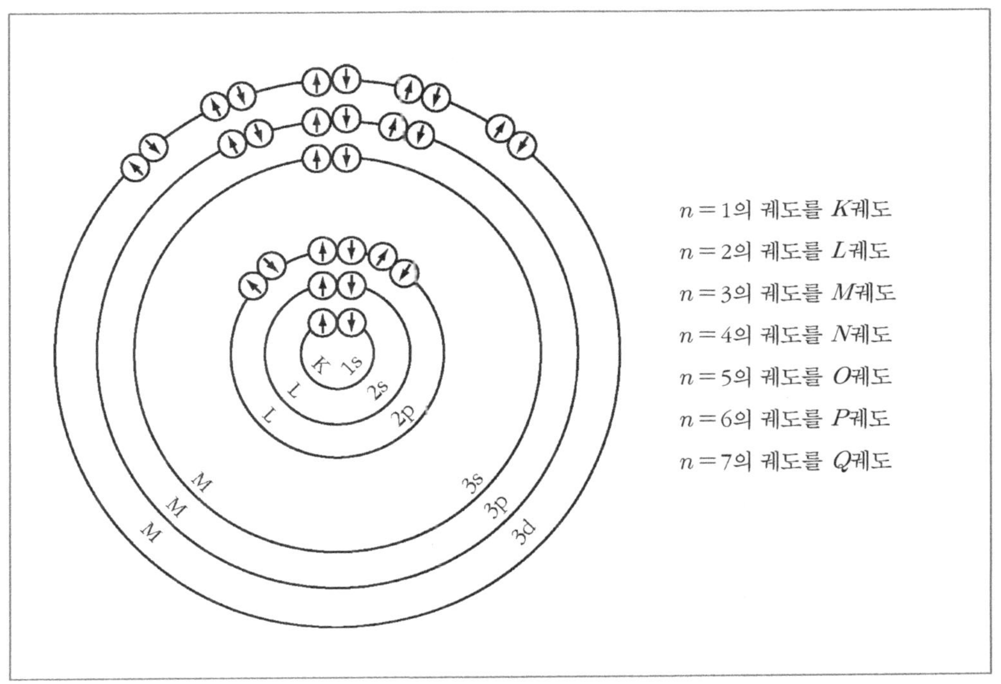

[그림 4-7] 원소의 각 전자궤도에 있어서의 전자배치

즉 $n = 1$일 때 $l = 0$, $m = 0$ 이어야 하며 S는 +1/2, -1/2을 취할 수 있으므로 두 개의 상태가 있을 수 있다. 이 상태를 $1S$상태라고 부른다. $n = 2$일 때 l은 0 혹은 1의 값을 가지며 $n = 2$, $l = 0$일 때 $m = 0$, $S = \pm 1/2$으로 두 개의 상태가 허용되는데 이것을 $2S$상태라 한다. 또한 $n = 2$, $l = 1$일 때 m은 -1,0,+1의 값을 가질 수 있으며 그들의 각각에 대하여 $S = \pm 1/2$의 값을 가지므로 합계 6개의 상태가 허용된다. 이것을 $2P$상태라고 한다. 이러한 방법으로 $n = 3,4,5,\cdots \cdots$에 대하여 모든 상태를 생각할 수 있다. 상태의 명칭에 있어서 숫자는 n의 값을 나타내며 s, p, d, f는 각각 $l = 0,1,2,3$,에 대응한다.

즉, $l = 0, 1, 2, 3, 4, \cdots$

  $s, p, d, f, g, \cdots$

〈표 4-1〉 양자수와 양자상태

각	양자수				양자상태의 명칭	양자상태의 수
	n	l	m	s		
K	1	0	0	±1/2	1s	2
L	2	0	0	±1/2	2p	6
		1	−1 0 +1	±1/2 ±1/2 ±1/2	2p	6
M	3	0	0	±1/2	3s	2
		1	−1 0 +1	±1/2 ±1/2 ±1/2	2p	6
		2	−2 −1 0 +1 +2	±1/2 ±1/2 ±1/2 ±1/2 ±1/2	3d	10

이 관례는 일찌기 분광학자들에 의하여 창안된 것으로 그들은 처음 4가지 스펙트럼군을 각각 sharp(예리한 계열), principal(주 계열), diffuse(엷게 퍼진 계열) 및 fundamental(기저 계열)이라고 불렀다. f 다음에는 알파벳순서가 쓰인다. l 에 대한 이 관례를 써서 전자의 에너지상태는 다음과 같이 쓸 수 있다.

$$3P\text{의 부각속의 6개 전자}$$
$$\downarrow$$
$$(n = 3) \rightarrow\ 3P^6$$
$$\uparrow$$
$$(l = 1)$$

예를 들면 Si(Z = 14)에 대한 전체 전자배열은 기저상태에서는 $1s^2 2s^2 2p^6 3s^2 3p^2$ 이다.

[그림 4-8]에 각 양자상태의 에너지준위도를 표시하였다. 양자상태의 에너지준위는 거의 n 의 값에 의해서 정해진다. 이 그림의 눈금은 정확한 것이 아니며 다만 각 양자상태의 에너지준위가 이산적이며 띄엄띄엄 가지는 것을 강조하였다.

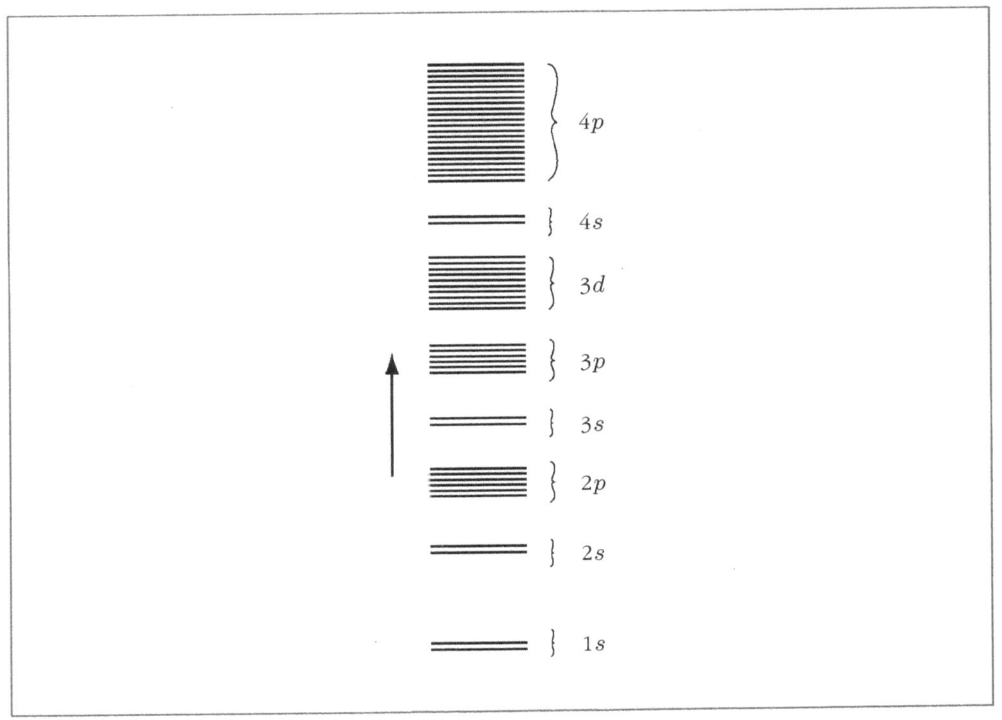

[그림 4-8] 에너지 준위도

4.3 Pauli의 배타율(pauli exclusion principle)

Pauli의 배타율은 1925년 Pauli가 실험적 법칙으로 제기한 것이며 다음과 같다 즉 양자수 n, l, m, s의 조합으로 주어지는 양자상태 혹은 에너지준위에 한 개 이상의 전자가 있을 수 없다는 것이다. 이와 같은 것이 발표된 후 양자역학의 중요한 기본원리의 하나가 되었다.

1. 원자의 각구조와 주기율표

원자의 전자적 구조(electronic structure)를 〈표 4-1〉 및 [그림 4-8]에 따라 고찰하자. 기저상태에 있는 원자에 있어서는 전자들은 가능한 한 최저의 에너지준위에 있다. 즉 계의 총에너지가 최소의 상태에 있으며 따라서 가장 안전한 상태라고 할 수 있다. 그러므로 한 개의 전자를 가진 수소 원자의 경우 전자는 가장 낮은 상태인 $n = 1$, $l = 0$, $m = 0$, $s = 1/2$인 $1s$상태에 있다. 또한 헬륨은 두 개의 전자를 가지고 있다. Pauli의 배타율에 의해서 두 개의 전자가 똑같은 양자상태 혹은 에너지준위에 있는 것이 금지되어 있으므로 두 전자들은 각각 $n=1, l=0, m=0, s=1/2$ 및 $n=1, l=0, m=0, s=-1/2$의 상태에 있을 것이다. 그러므로 $1s$상태는 〈표 4-2〉에서와 같이 이것으로 다 채워진 셈이다.

주기율표에서 세 번째에 있는 리듐은 3개의 전자로 구성되어 있다. 그들 가운데 2개는 $1s$상태에 있을 것이다 $1s$상태는 2개의 자리밖에 없으므로 세 번째의 전자는 허용된 양자상태 가운데 에너지가 가장 낮은 $n=2, l=0, m=0, s=1/2$의 상태에 있게 된다. 이렇게 되어 원자들의 전자적 구조는 〈표 4-2〉와 같이 된다. 이 표를 보면 18번의 아르곤까지는 낮은 준위부터 차례차례로 채워진다는 지극히 간단한 방법으로 전자적 구조가 이루어져 있음을 알 수 있다.

그러나 그 이후에는 이 방법이 적용되지 않는다. 한 예로서 k(No.19) 및 Ni(No.28)을 참고하라. 이러한 자세한 특징을 이해하려면 양자이론의 지식이 요구된다. 주기율표에서 제일 오른쪽줄에 표시되어 있는 He, Ne, Ar 및 Kr등은 불활성 기체로 잘 알려져 있다. 이들의 원자가 안정하다는 것은 전자들이 특별히 대칭적인 분포로서 원자핵을 둘러싸고 있기 때문에 다른 원자와 화합이 될 력장이 존재하지 않으며 또 이 원자로부터 전자를 빼내든지 혹은 덧붙이든지 하여 양 혹은 음이온을 만드는 것이 대단히 어렵다는 것을 의미하고 있다. 이러한 사실로부터 원자핵 주위를 돌고 있는 전자들은 어떤 집단을 형성하고 있다고 생각된다. He의 경우 2개의 $1s$전자가 한집단으로 되어 L각(shell)을 형성하고 있다.

〈표 4-2〉 원자의 전자적 구조

		1s	2s 2p	3s 3p 3d	4s 4p
1 2	H He	1 2			
3 4 5 6 7 8 9 10	Li Be B C N O F Ne	2 2 2 2 2 2 2 2	1 2 2 1 2 2 2 3 2 4 2 5 2 6		
11 12 13 14 15 16 17 18	Na Mg Al Si P S Cl Ar	2 2 2 2 2 2 2 2	2 6 2 6 2 6 2 6 2 6 2 6 2 6 2 6	1 2 2 1 2 2 2 3 2 4 2 5 2 6	

		1s	2s 2p	3s 3p 3d	4s 4p
19	K	2	2 6	2 6	1
20	Ca	2	2 6	2 6	2
21	Sc	2	2 6	2 6 1	2
22	Ti	2	2 6	2 6 2	2
23	V	2	2 6	2 6 3	2
24	Cr	2	2 6	2 6 4	1
25	Mn	2	2 6	2 6 5	2
26	Fe	2	2 6	2 6 6	2
27	Co	2	2 6	2 6 7	2
28	Ni	2	2 6	2 6 8	2
29	Cu	2	2 6	2 6 10	1
30	Zn	2	2 6	2 6 10	2 1
31	Ga	2	2 6	2 6 10	2 2
32	Ge	2	2 6	2 6 10	2 3
33	As	2	2 6	2 6 10	2 3
34	Se	2	2 6	2 6 10	2 4
35	Br	2	2 6	2 6 10	2 5
36	Kr	2	2 6	2 6 10	2 6

Ne[$(1s)^2(2s)^2(2p)^6$]의 경우 두 개의 $1s$ 전자가 L각을 형성하며 8개의 $2s$ 및 $2p$ 전자가 M각을 형성하고 있다. 〈표 4-1〉에서 보는 바와 같이 n의 값이 같은 상태에 있는 전자들이 한 각을 형성한다. 한 각에 속하는 전자들은 또 l값에 따라 부각(subshell)을 형성한다.

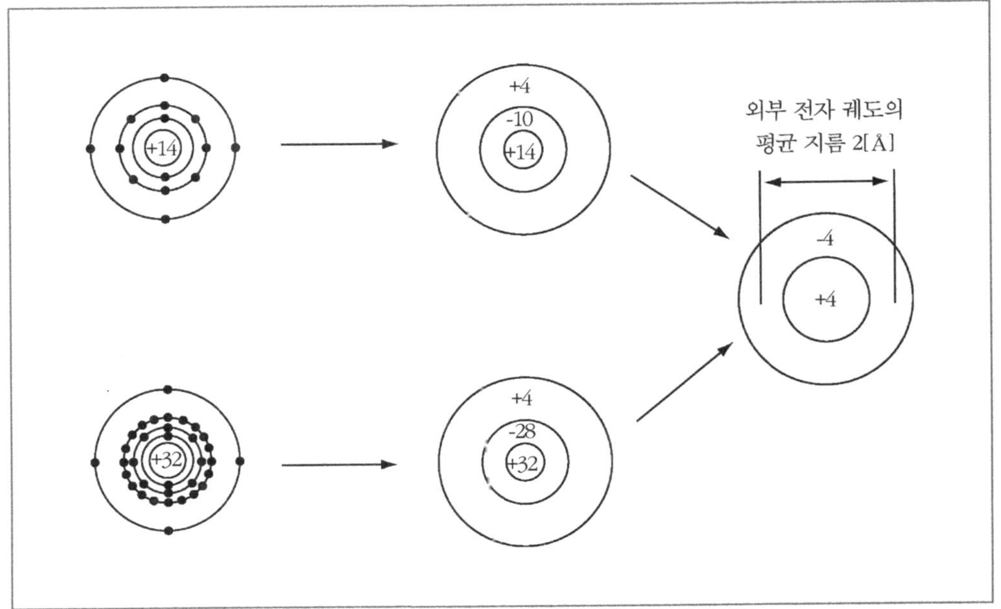

[그림 4-9] Si 및 Ge의 유각구조 및 개념도 (c)는 이온핵과 가전자만을 나타낸 간단한 개념도

He 및 Ne의 경우 각각은 수용할 수 있는 최대수의 전자를 가지고 있다. 이러한 전자적 구조를 폐각구조라고 한다. Ar은 최외각인 M각에 8개의 전자를 가지고 있다. M각은 18개의 전자를 수용할 수 있으므로 이 경우 폐각이 아닌데도 안정한 원자를 이루고 있는 셈이 다. Kr(최외각 N각), Xe(최외각 0각)도 최외각전자가 8개이다. 이와 같이 He이외의 원자들은 최외각에 8개의 전자를 가지면 화학적으로 안정하다. 이것을 안정 octet라고 한다. 최외각의 수효가 8개가 아닌 경우 화학적 활성을 나타낸다. 최외각전자들은 그들의 수효가 원소의 화학적 성질, 즉 화학결합에 있어서 원자가를 결정하므로 이들을 가전자(valence electron)라고 한다.

2. 이온핵

가전자의 상태만을 고려의 대상으로 하는 경우 [그림 4-9] (a), (b)에 나타낸 Ge및 Si의 기저상태는 [그림 4-9] (c)와 같이 간단히 표시할 수 있다. 이것은 내부궤도를 운동하고 있는 전자들이 실질적으로 원자핵의 양(+)전하를 차폐(shield)하기 때문이다. 이와 같이 가전자에서 본 실질적 원자핵을 이온핵이라 한다.

4.4 에너지대의 구조

1. 원자의 결합에 의한 에너지대의 발생

원자계의 간단한 예로서 두 개의 수소원자가 공유결합에 의해 형성된 수소분자를 생각하자. 두개의 수소원자가 서로 상호작용이 미치지 않을 정도로 충분히 떨어져 있는 경우 각 원자는 [그림 4-10]과 같은 에너지준위구조를 가지고 있을 것이다. 그러므로 이들이 하나의 계를 구성하고 있다고 생각한다면 이 원자계에서 전자가 취할 수 있는 역학적 상태 혹은 양자상태는 원자가 단독으로 있을 때의 양자상태가 이중으로 겹쳐진 상태로 된다. 그러므로 기저상태에서는 각 원자핵 주위를 돌고 있는 전자는 모두 동일한 양자상태인 $1S$상태에 있다. 그런데 두 원자핵이 서로 상호작용을 미칠 정도로 가까이 있게 된 경우는 전자의 운동상태가 다른 쪽의 원자핵의 영향 때문에 달라질 것으로 생각된다. 이러한 점은 두 개의 인접한 원자핵이 만드는 퍼텐셜장(potential field)이 [그림 4-10]과 같이 되는 것을 보면 명백하다.

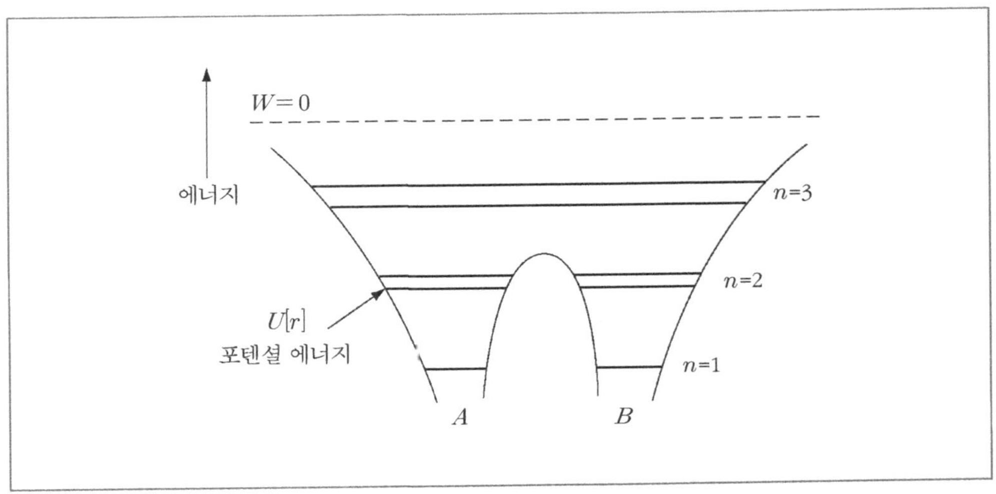

[그림 4-10] 수소분자에서의 전자의 퍼텐셜 에너지 분포(원자는 A점과 B점에 있다)

[그림 4-10]에서 두 원자핵 사이의 전위장벽이 낮아져 있다. 이것은 두 원자핵에 의한 퍼텐셜이 서로 중첩되었기 때문이다. 이때 두 원자핵과의 거리가 r_1, r_2되는 곳에서의 전위는 $(e/4\pi\varepsilon_o r_1 + e/4\pi\varepsilon_o r_2)$이다. 그러므로 두 원자핵 사이의 전위언덕(potential hill)보다 높은 에너지준위에 있는 전자는 두 원자핵 사이를 왔다갔다 할 수 있게 된다. 이러한 전자는 개개의 원자핵에 구속되어 있는 것이 아니라 두 원자핵으로 된 원자계에 구속된 형태로 되며 두 원자핵을 결합시키는 역할을 하게 된다. 또 이러한 환경에 있어서 두 개의 전자가 똑같은 상태에 있다고 기대할 수는 없다. 그 이유는 pauli의 배타율에 의하여 한 계안에 있는 전자가 동일한 양자상태에 있는 것이 금지되어 있기 때문이다. 그러므로 두 개의 전자는 원래 차지하고 있던 에너지준위와는 틀린 서로 다른 두 개의 준위에 각각 있게 된다. 이것은 원래의 준위가 새로운 두 개의 준위로 갈라졌음을 의미한다.

기저상태가 아닌 보다 높은 에너지준위에 대해서도 역시 위와 같은 논의를 되풀이할 수 있다. 그러므로 다음과 같은 결론을 얻을 수 있다. 즉, 두 개의 원자결합으로 구성된 원자계에서의 에너지준위 구조는 원자가 단독으로 고립되어 있을 때의 에너지준위가 각각 두 개로 갈라진 모양이 된다.

간단한 수소분자의 경우에 대하여 고찰한 위의 결과를 보다 일반적으로 말하면 다음과 같다. N개의 원자가 결합된 원자계에서의 에너지준위 구조는 각 원자가 단독으로 고립되어 존재할 때의 에너지준위가 각각 N개로 갈라진 모양으로 된다. 한 예로 $2P$상태의 6개의 준위는 $6N$개의 준위로 갈라진 형태로 된다. 이것을 에너지준위의 갈라짐(splitting)이라고 한다. [그림 4-11]은 N개의 원자가 결정을 이룰 때 원자 간격이 좁아짐에 따라 갈라진 준위사이의 차이가 넓어지는 모양을 나타낸 예이다.

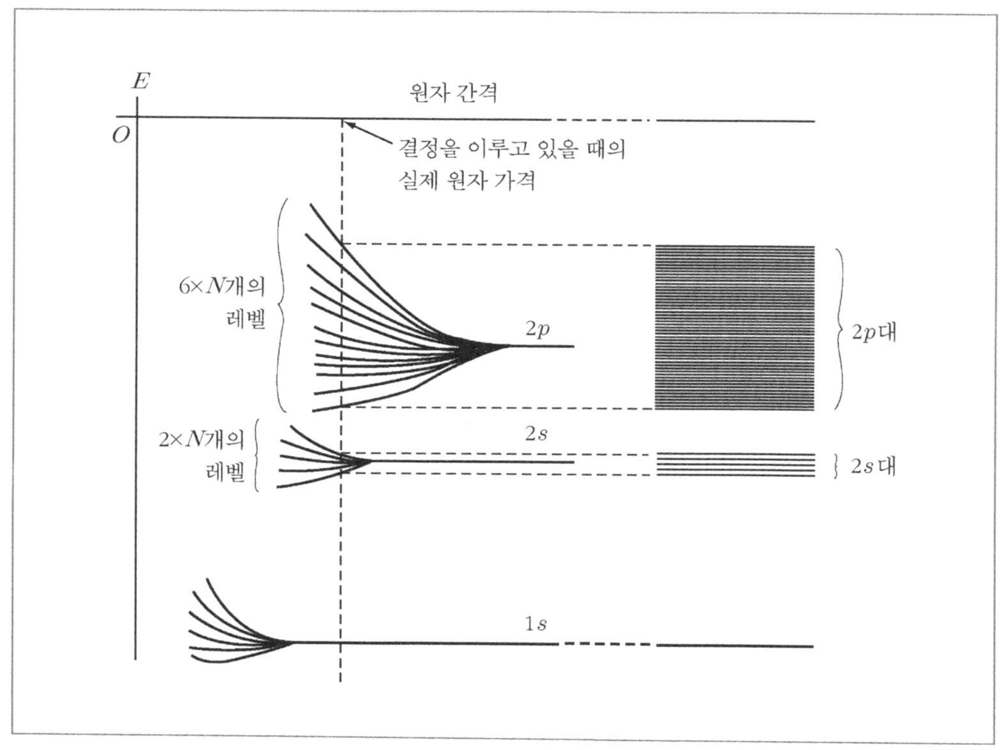

[그림 4-11] 에너지준위의 갈라짐(N은 원자의 수효)

큰 궤도를 돌고 있는 전자일수록 상호작용이 크게 작용한다. 그러므로 원자간격을 좁혀가면 높은 준위일수록 먼저 갈라지기 시작하고, 폭이 넓어진다. 실제로 결정을 이루고 있는 거리에서의 에너지준위 구조를 [그림 4-12]에 나타내었다 갈라진 에너지준위 사이의 간격은 일반적으로 대단히 작다. 한 예로 1[eV]의 에너지폭에 10^{19}개의 준위가 분포하고 있다. 즉 준위 사이의 간격이 10^{-19}[eV] 정도이다. 그러므로 이 경우 에너지준위가 연속적으로 분포되어 있다고 볼 수도 있다.

이와 같이 막대한 수효의 에너지준위가 좁은 에너지 폭에 이산적으로 분포한 것을 에너지대(energy band)라고 한다.

[그림 4-12]에 Na[$(1s)^2(2s)^2(2p)^6(3s)^1$]결정에서의 퍼텐셜분포와 에너지대 구조를 나타내었다. $1s, 2s, 2p$상태의 준위가 원자사이의 전위언덕보다 낮은 점에 주의하여라. 이것은 이 상태에 있는 전자들이 개개의 원자에 구속되어 있음을 의미한다.

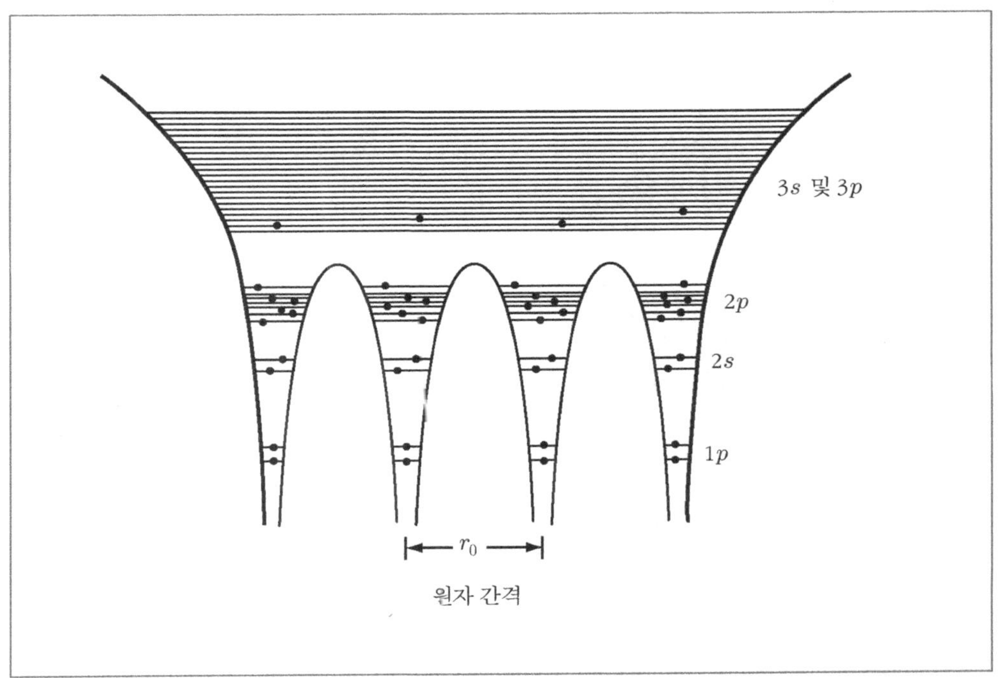

[그림 4-12] Na 결정에서의 주기적 퍼텐셜 분포와 에너지대 구조

전위언덕보다 높은 준위에 있는 에너지대는 갈라진 $3S$및 $3P$준위가 서로 겹쳐져서 하나의 에너지대를 형성한 것이다. Na원자는 각각 한 개의 $3S$전자를 가지고 있다. 이 전자들은 개개의 원자에 구속되어 있는 것이 아니라 결정 전체에 구속된 형태로 된다. 이들은 결정 안에서 자유롭게 움직일 수 있으며 자유전자가 되어 전기전도에 기여하게 된다.

(1) 절연체의 에너지대 구조

절연체의 한 예로 탄소$[(1s)^2(2s)^2(2p)^2]$의 공유결합으로 이루어진 다이아몬드의 에너지대 구조를 고찰하자. 원자들의 상대적 위치를 유지하면서 원자의 간격을 좁혀간다고 하면$2P$준위 및 $2S$준위가 갈라지는 모양은 [그림 4-13] (a)와 같이 된다. 원자간격이 R'일 때 $2P$상태 및 $2P$상태는 각각 에너지대를 형성하고 있다. 절대온도 0°K에서는 전자들은 가능한 한 가장 낮은 에너지준위를 취한다.

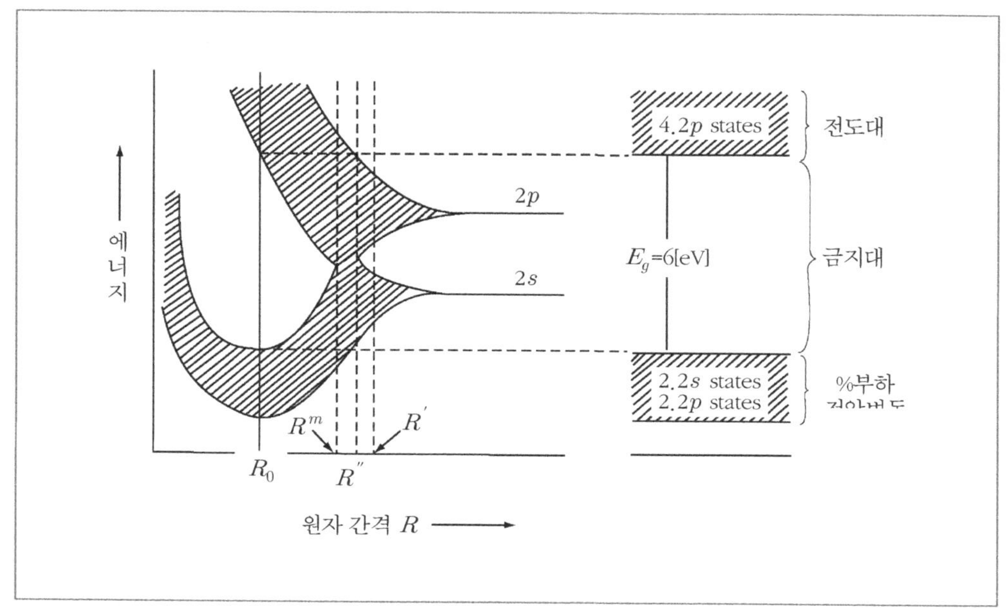

[그림 4-13] 다이아몬드의 에너지대 구조

그러므로 $2s$대에서는 $2 \times N$개의 준위에 $2 \times N$개의 $2S$전자가 자리 잡고 있으므로 이 에너지대의 모든 준위는 채워져 있는 셈이다. 여기서 N은 원자의 수이다. $3P$대는 $6 \times N$개의 준위에 $2 \times N$개의 전자가 자리 잡고 있으며 에너지대는 일부분 비어 있다. 원자간격이 $R^{''}$이하로 되면 $2P$대와 $2s$대가 서로 겹쳐지면서 하나의 에너지대를 형성하게 되며 $(2+6)N$개의 준위에 $(2+2)N$개의 가전자가 낮은 준위로부터 차례차례로 자리 잡게 된다. 원자의 간격이 $R^{'''}$에 이르면 다시 각각 $4N$개의 준위를 가진 두 개의 에너지대로 갈라지며 밑의 에너지대는 $4N$개의 가전자로 완전히 채워지고 위의 에너지대는 완전히 비게 된다. 이리하여 실제로 안정한 결정을 이루고 있는 원자간격 R_0(300°K에서 1.54Å정도)에서의 에너지대 구조는 [그림 4-13] (b)와 같이 된다. 밑의 에너지대는 가전자로써 완전히 채워져 있으며(0°K에서) 이것을 가전자대(Valence band)라고 한다. 가전자대보다 약6[eV]위에 완전히 비어 있는 (0°K에서) 에너지대가 형성되어 있는데 이것을 전도대(conduction band)라고 한다.

전도대와 가전자대 사이는 전자들에게 허용되지 않는 에너지범위이며 이것을 금지대(forbidden band)라고 한다. 또 금지대의 폭을 에너지갭(energy gap)이라고 한다. 에너지준위의 갈라짐이 왜 이러한 기묘한 모양을 가지게 되는가에 대해서 간단히 설명할 수는 없다. 단지 양자이론에 따라 이론적으로 계산할 수밖에 없다. $2p$상태보다 높은 양자상태는 전자가 보다 큰 궤도를 돌고 있을 때에 대응한다.

그러므로 실제의 결정구조에 있어서 이들의 에너지준위는 모두 겹쳐져서 $2p$상태와 하나의 에너지대를 형성하고 있는 것으로 생각된다. 이렇게 하여 전도대는 최하준위에서 0준위까지 걸치고 있을 것이다. $1s$상태는 가전자대 밑에 상당한 금지대폭을 두고 에너지대를 구성하고 있으며 그 대역폭은 대단히 좁다.

(2) 반도체의 에너지대 구조

[그림 4-14]에 Si$[(1s)^2(2s)^2(2p)^6(3s)^2(3p)^2]$의 에너지대 구조를 나타낸 것이다. 0(°K)에 있어서 $2N$개의 $3S$상태와 $2N$개의 $3p$상태로서 이루어진 가전자대는 $2N$개의 $3s$전자와 $2N$개의 $3p$전자로 이루어진 가전자대에 의해 완전히 채워져 있으며, 그 위에 폭 1.21(eV)정도의 금지대를 두고 전도대가 형성되어 있다. 전도대는 $4N$개의 $3p$상태 및 보다 높은 준위의 상태가 겹쳐져서 이루어진다. 금지대폭 Eg는 원자간격에 관련되어 있으므로 Eg가 온도에 관계할 것은 이해하기 어렵지 않다.

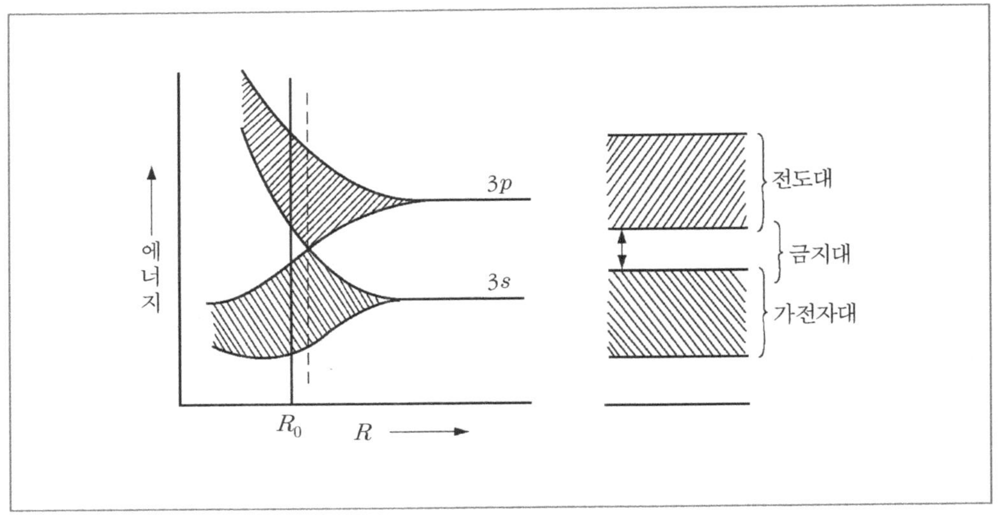

[그림 4-14] Si의 에너지대 구조

Eg가 온도에 따라 2.8×10^{-4}[eV/°K]의 비율로 감소한다는 것이 실험적으로 확인되어 있다. 그러므로 임의의 온도 T[°K]에서의 금지대폭은 다음 식으로 주어진다.

$$Eg = 1.205 - 2.8 \times 10^{-4}\,T \text{ [eV] (Si)} \tag{4-21}$$

실내온도 300[°K]에서 Si결정의 원자간격은 2.35[Å]이며, E_g = 1.12[eV]이다.

$Ge[(1s)^2(2s)^2(2p)^6(3s)^2(3p)^6(3d)^{10}(4s)^2(4p)^2]$의 에너지대 구조로 역시 Si의 경우와 똑같은 모양으로 되어 있다. 단 가전자대는 $2N$개의 $4s$준위와 $2N$개의 $4p$준위로서 형성되어 있으며 금지대폭이 다음 식으로 주어진다.

$$Eg = 0.782 \text{-} 3.9 \times 10^{-4}\, T \text{ [eV] (Ge)} \tag{4-22}$$

실내온도에서 원자의 간격은 2.44[Å]이며, $Eg = 0.67$[eV]이다. 다이몬드의 금지대폭이 5.2[eV](300°K)나 되는데 비교하여 Si 및 Ge의 금지대폭이 대단히 작다.

절연체와 반도체의 차이는 이러한 금지대폭의 크기에 기인하고 있음을 알 수 있다. 〈표 4-3〉에 Ge 및 Si의 물리적 성질을 나타내었다.

〈표 4-3〉 Ge 및 Si의 물리적 성질

물리적 병합	Si	Ge
원자번호	14	32
원자량	28.06	72.06
격자상수(실내온도, Å)	5.43	5.65
최인접원자간격(실내온도, Å)	2.35	2.44
원자수/cm^3	4.99×10^{23}	4.42×10^{23}
밀도(20℃, g/cm^3)	5.36	2.33
녹는점(℃)	1420	936
비유전율	12	16
금지대폭(실내온도, eV)	1.10	0.68~0.72

※ C.Kiltie, Introduction to Solid Physics, p.351.John Wiley & Sons, Inc, 1956

(3) 금속의 에너지대 구조

[그림 4-15]에 $Cu[(1s)^2(2s)^2(2p)^6(3s)^2(3p)^6(3d)^{10}(4s)^1]$의 에너지대 구조를 나타내었다. [그림 4-15]에서 보인 바와 같이 에너지대는 낮은 에너지준위로부터 순차적으로 채워져서 아랫부분의 에너지대는 전자가 모두 채워져 있는 상태인데 이것을 충만대(filled band)라고 한다. 상부의 에너지대도 전자가 존재할 수 있는 허용대가 있는 금속도 있으나 동과 같은 2가 원자에서는 전조대의 아랫부분 일부만 전자가 존재하고 윗부분은 존재하지 않는다. 그러나 전계가 가해지면 제일 윗부분의 위치에 있는 전자는 에너지를 얻어 상부에 연속되는 빈 준위로 옮겨지기 때문에 전류에 기여를 하게 된다. 그리고 가장 윗부분의 부분적으로 채워진 영역은 전도대로 된다. 이와 같이 금속은 전도대와 금지대의 일부분이 전자로 채워진 대역폭을 가진 고체이다.

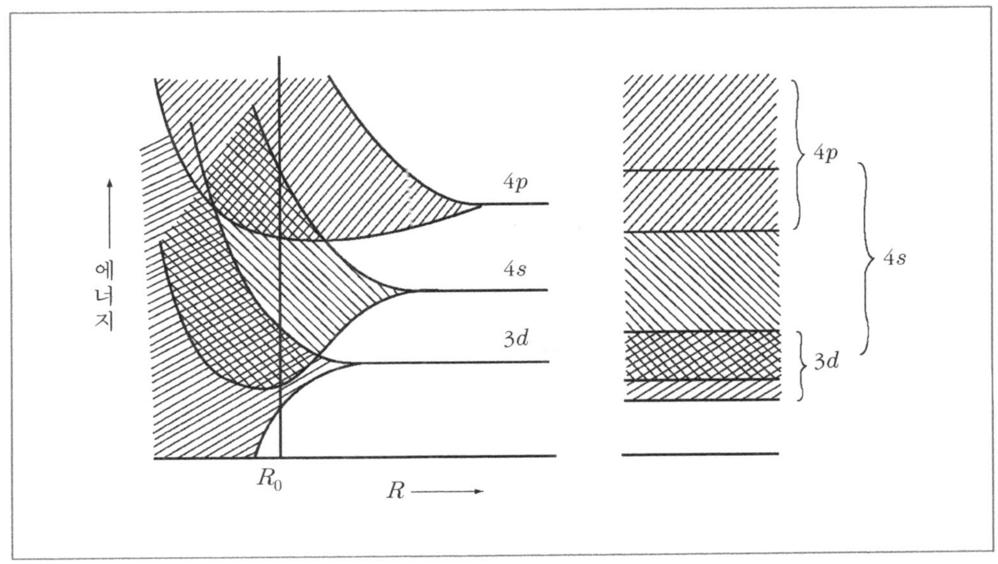

[그림 4-15] Cu의 에너지대 구조

실제로 안정된 결정을 이루고 있는 실내온도에서 원자간격 $R_0 = 2.55[\text{Å}]$에서는 $3d, 4s, 4p, \cdots$준위들은 겹쳐 있다.

4.5 자유전자와 정공

[그림 4-16] (a)는 공유결합을 강조한 간단한 2차원의 개념도이며 0°K에서 Ge 혹은 Si의 결정을 표시한다. 여기서 모든 가전자는 공유결합의 테두리 안에 속박되어 있으며 결정은 완전한 절연체이다. 또 결정전체가 전기적으로 중성일 뿐 아니라 점선으로 나타낸 원내의 개개의 원자도 역시 중성이다.

그러나 온도가 높아지면 결정의 격자원자의 열진동 때문에 [그림 4-16] (b)와 같이 가전자 혹은 결합전자가 방출된다. 이와 같이 공유결합을 깨뜨리기에 필요한 에너지 Eg를 이온화에너지라고 한다. 결정 안에 주기적으로 배열되어 있는 많은 원자들은 결합전자의 운동에 영향을 미치고 있으므로 이러한 에너지는 고립된 원자의 이온화에너지보다 작아진다. 한 예로 Ge의 경우 고립된 원자의 이온화에너지는 약 8[eV]이지만 결정 안에서는 약 0.7[eV]이다. 또한 Si에서 이온화에너지는 8[eV], 결정 안에서는 1.1[eV]정도이다. 그러므로 실내온도에서의 Ge결정에서는 10^9개의 Ge원자에 1개 꼴로 자유전자가 생긴다. Si결정에서는 Ge 경우의 약

1/1000이며 10^{22}개에 1개 꼴이 된다. 이것은 공유결합이 강하며 이온화에너지가 크기 때문이다.

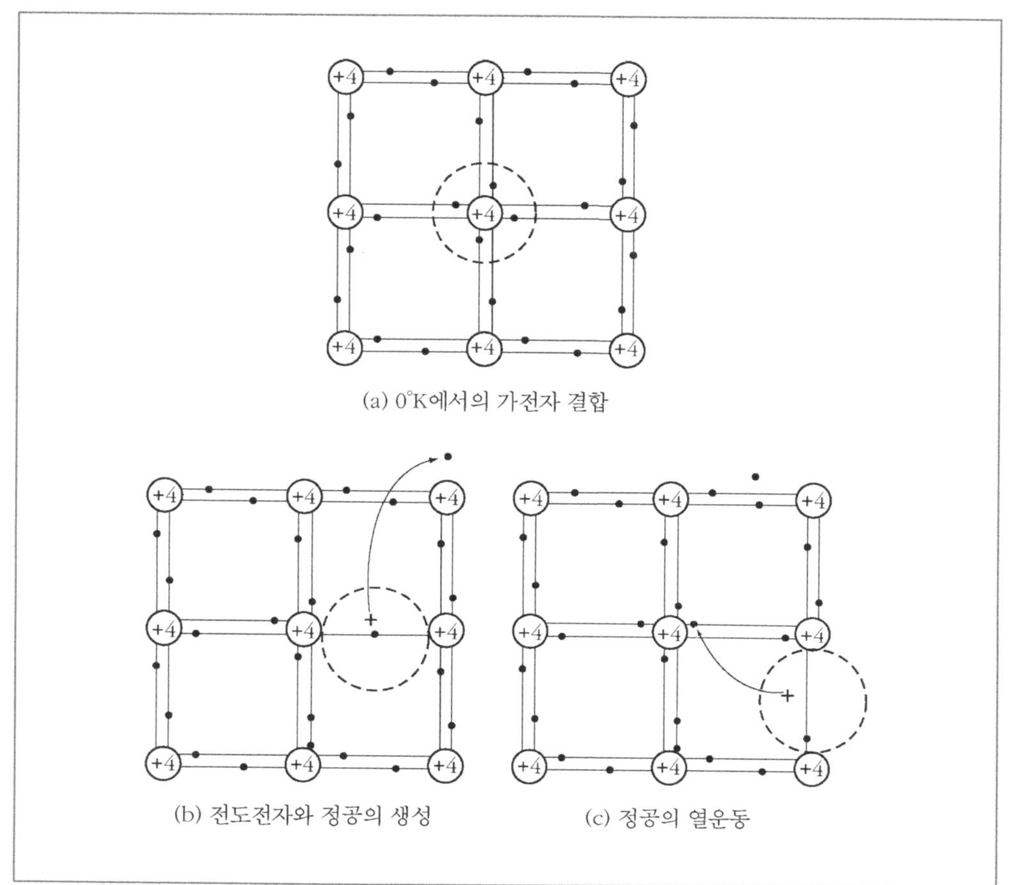

(a) 0°K에서의 가전자 결합

(b) 전도전자와 정공의 생성　　(c) 정공의 열운동

[그림 4-16] 전도전자(자유전자)와 정공

[그림 4-17]에 격자원자의 열진동에 의해서 자유전자가 발생되는 모양을 개념적으로 나타내었다.

여기서 점선으로 나타낸 작은 원은 결정격자의 평형위치를 표시한다. 격자원자의 열진동이 활발한 곳에서는 결정의 완전한 주기성이 많이 깨어져 있다.

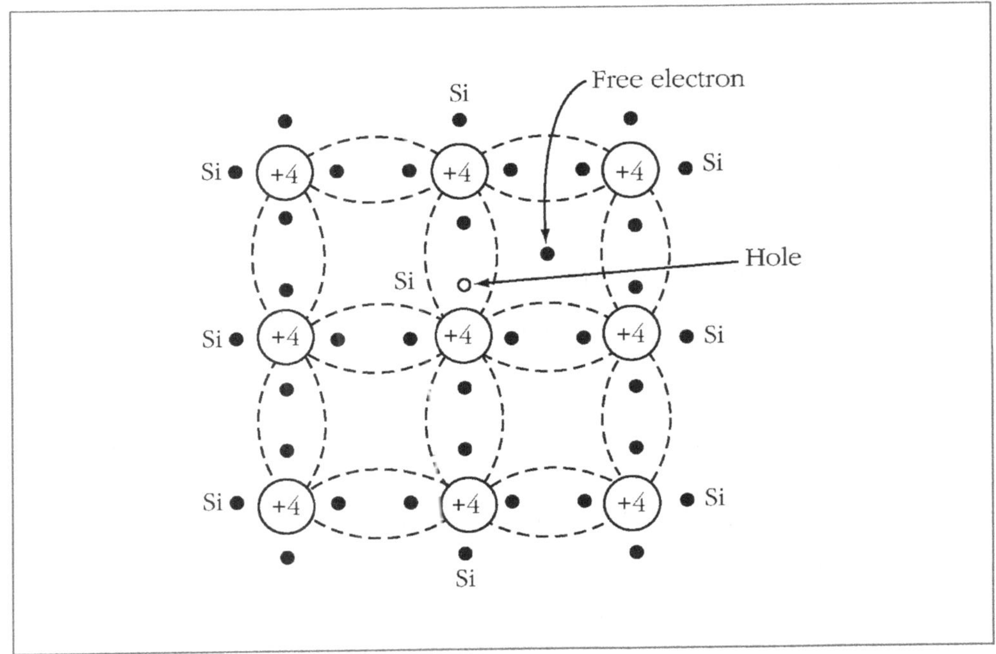

[그림 4-17] 격자원자의 열진동에 의한 자유전자 및 정공의 생성

1. 정공

금속에서 볼 수 없는 반도체에서의 특이한 성질은 결합전자가 자유전자로 되어 있어 빠져 나간 자리에 남은 공유결합의 공백(vacancy of covalent band)이 $+e$의 전하를 가지며 전자와 비슷한 질량을 가진 자유입자처럼 행동하는 것이다. 이러한 가상적 입자는 이론적인 관점에서만 유도되는 것이며 정공(hole)이라고 부른다. 그러므로 [그림 4-16] (b)에서 (+)로 표시한 것처럼 결합전자가 빠져나간 원자근처가 $+e$로 대전한다는 것은 자연스러운 것이 다. 이 것은 열진동에 의해서 이온화된 것이다. 그러나 이온화한 원자 자신은 움직이지 않는 데도 불구하고 $+e$의 전하가 움직인다는 것은 특이한 것이다. 이러한 운동을 개념적으로 나타낸 것이 [그림 4-16] (c)이다. 여기서는 오른쪽 아래에 있는 결합전자가 열운동의 결과로 [그림 4-16] (b)의 정공의 자리로 뛰어 들어가서 결과적으로 $+e$의 전하가 이동한 셈이 된다. 이와 같이 정공의 운동은 한 원자에서 다른 원자로의 이온화의 이동이라고 생각할 수 있다. 이러한 이동은 공유결합에 참여하고 있는 가전자들의 열운동에 의해서 발생되는 것이다. 그러므로 처음에 열진동에 의해서 해방된 자유전자의 운동과 정공의 운동과는 하등 관련성이 없다. 자유전자와 정공이 서로 독립적으로 행동한다는 것은 매우 흥미로운 것이다.

절대온도 0°K부근의 낮은 온도에서는 반도체의 결정구조는 [그림 4-16] (a)와 같으며 반도체는 전기적으로 절연체와 같다. 그러나 300°K정도의 상온에 이르면 열에너지가 공유결합에 참여하고 있는 가전자에 전달되기 때문에 공유결합의 어떤 부분은 파괴될 것이다. 공유결합에 참여했던 전자 중에서 충분한 열에너지를 얻은 전자는 결합에서 이탈하여 결정 안에서 불규칙적인 운동을 하는 자유전자가 될 것이다. 그러므로 반도체의 도전율은 증가한다.

상온(300°K)에서 공유결합을 파괴하는 데 필요한 에너지 Eg는 실리콘에서 1.1[eV]정도이고 게르마늄에서 0.72[eV]정도이다. 공유결합에서 전자가 부족하게 되는 상태를 [그림 4-17]에서 작은 원으로 표시하였다. 이러한 전자 결핍상태를 정공(hole)이라 부른다. 자유전자와 마찬가지로 정공도 전류를 형성하는 캐리어(carrier)이다.

공유결합으로 이루어진 결정 내에서 정공이 존재하게 되면 다른 원자는 공유결합에 참여하고 있는 가전자가 이 정공을 메우기 위해서 쉽게 이곳으로 이동한다. 이와 같은 가전자의 이동은 다른 곳에 새로운 정공을 발생시키므로 정공이 이동하는 결과가 된다. 결국에는 정공과 전자는 서로 반대 방향으로 이동하고 있는 것으로 나타난다. 위와 같은 전자와 정공의 이동이 반복되어 정공도 결정 안에서 이동하며 자유전자가 이루는 전기전도와 다른 종류의 전기전도를 형성한다.

진성 반도체(pure or Intrinsic semiconductor)에서 정공의 수는 자유전자의 수와 같다. 진성 반도체에 열을 가하면 정공과 전자는 같은 수만큼 만들어지고 반면에 재결합(recombination)에 의해 같은 수만큼 소멸한다. 정공의 밀도를 P, 자유전자의 밀도를 n이라 할 때 진성 반도체에 두 값은 같아야 하므로 다음의 식이 성립한다. $P = n = ni$ 여기서 ni를 반도체의 고유농도 또는 진성농도(intrinsic concentration)라 부른다.

2. 자유전자와 정공의 실효질량

결정에 전장이나 자장을 가하면 자유전자들은 외부전장의 힘뿐만 아니라 결정원자의 이온핵 및 많은 다른 전자로부터도 전자적 힘을 받는다. 그러므로 이러한 미시적계 안에서 작용하는 힘에 따르는 운동을 결정하려면 양자이론으로 계산해야 한다. 그리고 이러한 내부전장 혹은 격자전장의 힘에 의해서 추가될 가속도는 고전적인 Newton의 법칙으로 다룰 수 없다. 반도체에 관한 양자물리학의 이론에서 유도되는 중요한 결론의 하나는 다음과 같다. 즉 완전한 결정에 있어 외부에서 가해진 전장 혹은 자장이 격자원자에 의해서 만들어진 공간적으로 주기적인 격자전장보다 훨씬 약한 경우 외부전장 E에 기인한 자유전자의 운동을 고찰하려면 자유전자를 실효질량 $m_n{}^*$을 가진 고전입자로 보고 외부전장의 힘 eE에 대하여

Newton의 법칙을 적용하면 된다. 다시 말하면 결정 안에서의 자유전자의 운동은 다음 운동 방정식으로 결정될 수 있다.

$$m_n{}^*\alpha = -eE \tag{4-23}$$

여기서 α는 외부전장 E에 기인하는 자유전자의 가속도이다. [그림 4-18]은 이 결론의 내용을 나타낸 것이다. [그림 4-18] (a)는 결정 안의 자유전자와 외부전장 E를 표시하고 있다.

이 자유전자의 운동은 원칙적으로 격자전장과 외부전장을 고려해서 양자역학의 법칙에 따라 계산해야 한다. 이 계산에 있어 전자의 질량은 자유공간에서의 질량 m을 적용해야 한다. [그림 4-18] (b)는 실효질량 근사법(effective mass approximation)을 나타낸 것이다. 여기서는 격자원자가 제거되어 있으며 자유전자는 $-e$의 전하를 가지며 지름이 20[Å]정도 되는 고전적 입자로 대치되어 있다. 이 가상적 입자의 질량은 $m_n{}^*$이며 외부전장이 작용할 때 Newton의 법칙에 따라 운동한다. 여기서 실효질량이란 결정원자들이 만들고 있는 주기적 격자전장 안에서 자유전자가 외부전장에 의해서 운동할 때 가속되기 쉬운가를 나타내는 양자역학적 Parameter이다.

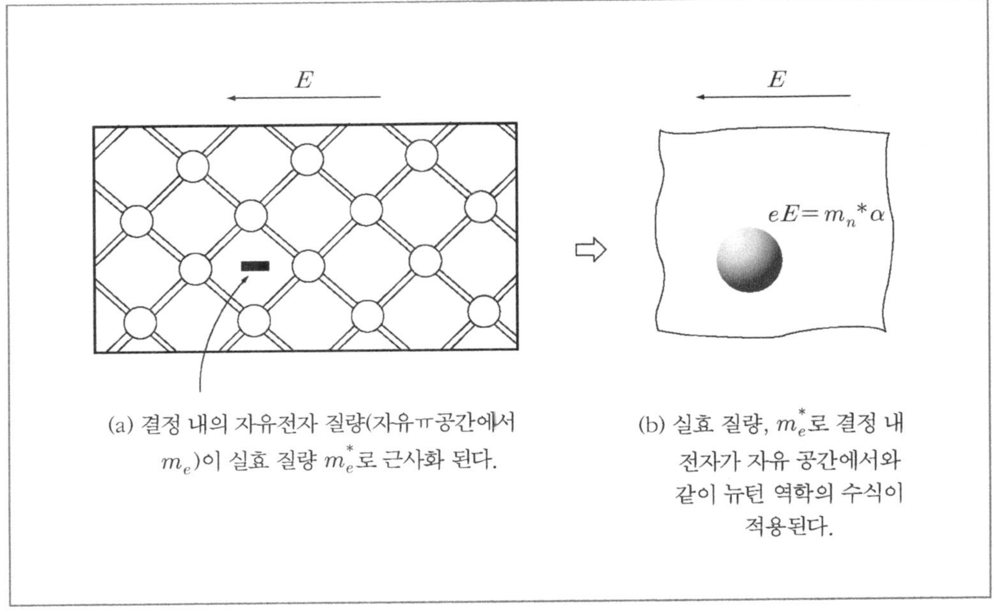

(a) 결정 내의 자유전자 질량(자유 ㅠ 공간에서 m_e)이 실효 질량 m_e^*로 근사화 된다.

(b) 실효 질량, m_e^*로 결정 내 전자가 자유 공간에서와 같이 뉴턴 역학의 수식이 적용된다.

[그림 4-18] 실효질량 근사법

결정 안에서 가전자의 운동을 대표하는 정공에 대해서도 역시 똑같은 결론을 얻을 수 있다. 즉 정공의 실효질량을 $m_p{}^*$로 표시한다면 외부전장 E를 가할 때 정공의 운동은 다음 운동방식으로 주어진다.

$$m_p{}^*\alpha = eE \tag{4-24}$$

〈표 4-4〉에서 전자와 정공의 실효질량과 자유공간에서의 전자의 질량과의 비를 나타내었다.

〈표 4-4〉 실효 질량비 m^*/m (4°K에서의 상태밀도에 의함)

실효 질량비	Ge	Si
전자 $m_n{}^*/m$	0.55	1.1
정공 $m_p{}^*/m$	0.37	1.59

4.6 에너지대의 해석

자유전자 및 정공의 개념을 다시 한 번 에너지대 관점에서 고찰하자.

0[°K]일 때 모든 전자는 가능한 한 최저의 에너지 준위를 취한다. 그러므로 에너지대 구조를 [그림 4-19]와 같이 두 가지 경우로 생각할 수 있다.

[그림 4-19] (a)는 금속의 경우에 생기는 것이며 높은 쪽의 에너지대 일부분이 전자로 채워져 있다. 예를 들면 이것은 1가의 금속에서 생긴다. 최외각의 준위에서 파생한 에너지대는 결정의 1원자 당 2개의 상태를 포함하고 있다. 그러나 실제로는 1원자 당 1개의 전자가 그 상태를 차지하고 있다. [그림 4-19] (b)는 다른 경우, 즉 금지대폭 E_g만큼 떨어진 2개의 에너지대가 가전자상태의 결합에 의해서 발생한 경우를 나타낸다. 밑의 에너지대는 원자로부터 공급되는 가전자와 똑같은 수효의 전자를 수용할 수 있는 상태를 가지고 있다. 그러므로 낮은 온도에서는 밑의 에너지대는 가전자로서 완전히 채워지며 높은 에너지대는 완전히 비어 있다. 여기서 우리는 완전히 채워진 에너지대의 의의를 생각할 필요가 있다.

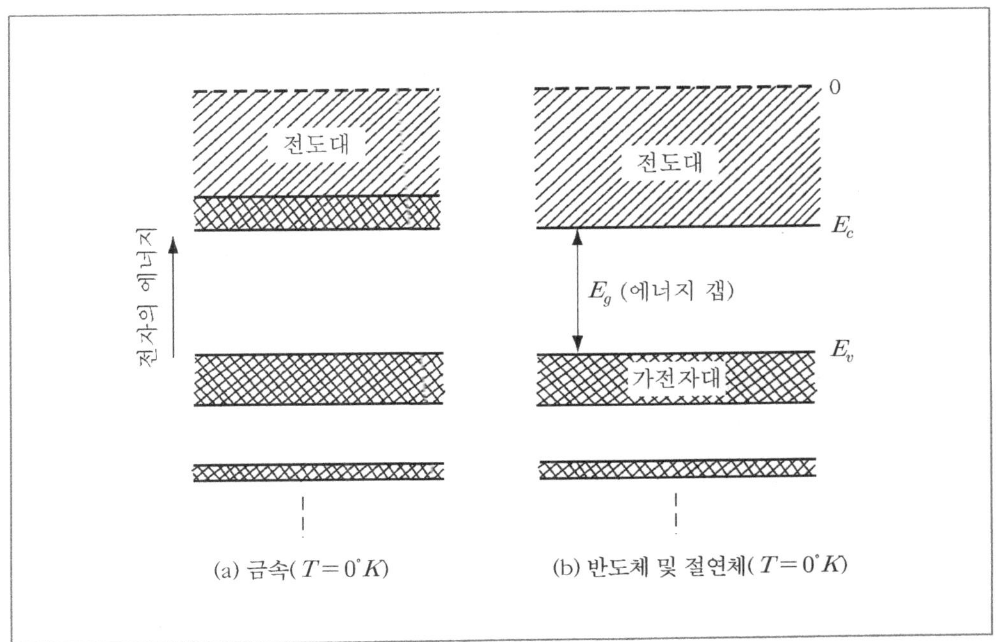

[그림 4-19] 에너지대 구조

작은 전압을 걸 때 전류가 흐르기 위해서는 고체 안에 있는 많은 전자들에게 전장의 방향으로 약간의 운동량이 주어져야 한다. 그러나 양자역학의 입장에서 말한다면 "완전히 채워진 에너지대에 있는 전자들에게 그러한 알찬값의 운동량(net momentum)을 주는 것은 불가능하다." 에너지준위 E_1에 있던 전자가 외부전장에 의해서 가속된다면 그 전자는 보다 높은 준위 E_2로 올라가야 한다. 그러나 완전히 채워진 에너지대에서는 준위 E_2는 이미 다른 전자가 차지하고 있으므로 이러한 운동은 두 전자가 서로 에너지준위를 교환함으로써만이 가능하다. 이것은 두 전자가 공간적으로 서로 반대로 운동하는 것을 의미하는 것이며, 따라서 그들의 운동량의 총합은 0이라야 한다.

이리하여 완전히 채워진 에너지대는 전기전도에 기여할 수 없다고 결론지을 수 있다.

가전자대가 일부분 비어 있는 경우에는 문제가 달라진다. 왜냐하면 에너지준위의 교환이란 조건이 완화되므로 가전자의 일방적인 운동이 가능하기 때문이다. 이 경우 가전자의 운동은 정공의 운동이란 개념으로 간편하게 표현될 수 있다.

부분적으로 채워져 있는 전도대가 왜 도체를 표시하는가는 지금까지의 논의에서 이미 분명하다. 이러한 에너지대에서는 전자들이 옮겨갈 수 있는 무수히 많은 준위가 남아 있다. 이리하여 전자들은 아주 자연스럽게 움직일 수 있다.

금속의 경우와 달라서 반도체 혹은 절연체에서는 0[°K]에서 가전자대는 완전히 채워져 있고 또 전도대는 완전히 비어 있으므로, 0[°K]근처의 낮은 온도에서는 전자의 운동이 허용되지 않으며 적어도 이러한 온도에서는 완전한 절연체라고 말해도 되겠다.

그러나 만일 온도가 올라가면 약간의 가전자들이 결정격자의 열진동으로부터 적어도 금지대폭 Eg에 해당하는 에너지를 얻을 수 있으리라고 기대할 수 있다. 이것은 가전자결합이 깨어진다는 것을 의미한다. 에너지대 구조에서 말한다면 이것은 [그림 4-20]과 같이 가전자대의 결합 전자가 전도대에 올라가 자유전자로 되는 것을 의미한다. 이 경우 가전자대의 준위가 비게 되므로, 가전자대도 역시 일부분 빈 형태가 되며 전기전도에 기여할 수 있게 된다. 부분적으로 빈 가전자대에 의한 전기전도는 정공의 운동이란 개념으로 간편하게 표현할 수 있다. [그림 4-20]은 가전자대의 결합전자가 전도대에 올라갈 때 동시에 정공이 생기는 것을 나타내고 있다.

가전자대의 준위가 빈 형태라는 것은 곧 정공의 생성을 의미한다. 전도대의 전자와 가전자대의 정공은 전류를 운반하는 역할을 하므로 이들을 "자유캐리어(free carrier)"라고 한다.

이리하여 절연체나 반도체의 전도율은 온도가 올라감에 따라 증대한다.

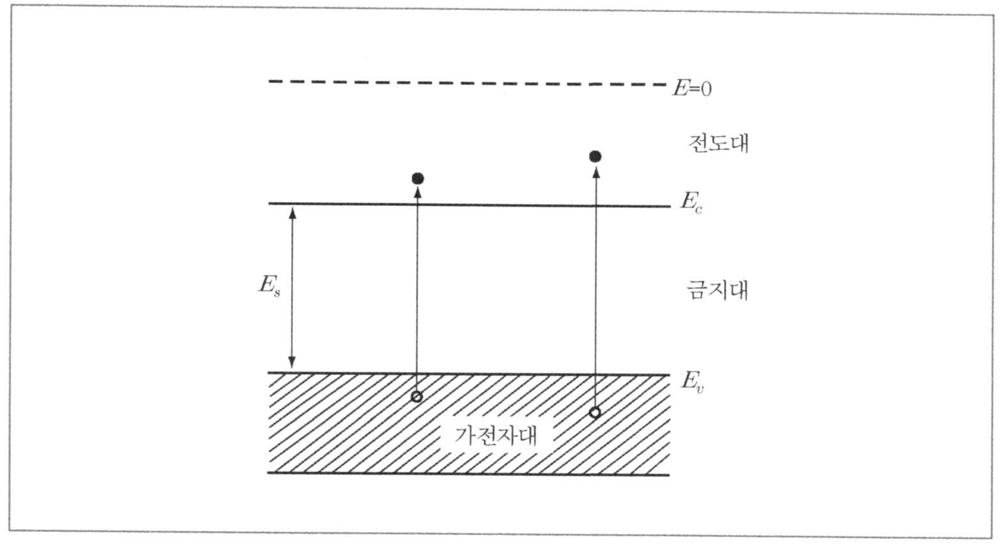

[그림 4-20] 자유전자와 정공의 생성

이것은 온도가 올라감에 따라 캐리어(자유전자와 정공)의 수효가 증가하기 때문이다. 절연체와 반도체 사이에 근본적인 차이는 없다. 다만 캐리어의 수효가 많은가 적은가의 차이에 있을 뿐이며, 이것은 금지대폭 Eg의 값에 직접적인 관계가 있다. 임의의 온도 T에서는 캐리어의 수효는 금지대폭 Eg가 열에너지 KT에 비교하여 얼마나 큰가에 의해서 결정된다. 실내온도

(T = 300°K)에서 KT = 26[meV]이다. 다이아몬드, Si 및 Ge의 금지대폭은 각각 5.5[eV], 1.1[eV] 및 0.7[eV]이며 , 그들의 저항율은 각각 10^{18}[Ω-cm], 2×10^5[Ω-cm] 및 47[Ω-cm]이다.

끝으로 가전자대보다 낮은 에너지대에 있는 전자들에 대해서 언급하겠다. 우리가 관련되는 보통의 온도범위에서는 이 전자들이 보다 높은 에너지대에 올라가는 일은 없다고 가정할 수 있다.

이것은 가전자대보다 낮은 곳의 금지대폭이 충분하기 때문이다. 그러므로 이러한 에너지대는 완전히 채워진 형태에 있으며, 전기전도에 기여하지 않는다. 보다 구체적으로 말하면 이러한 전자들은 원자핵에 굳게 구속되어 있으므로 전기전도에 관련되지 않는다.

연 습 문 제

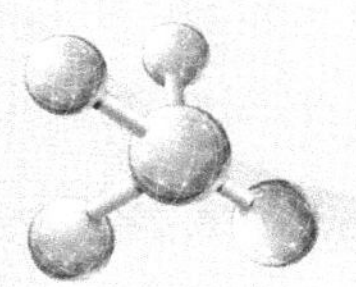

4-1 보어(Bohr)의 두 가지 가설을 요약하여 설명하여라.

4-2 파울리(Pauli)의 원리를 설명하여라.

4-3 전자가 $n=i$인 궤도로부터 에너지가 더욱 낮은 $n=j$인 궤도로 이행했을 때 방사하 는 빛의 주파수를 구하여라.

4-4 수소원자의 기저상태에 있어서 전자의 궤도반지름과 그 궤도에서의 전자의 에너지를 구하여라.

4-5 수소원자에 있어서 기저상태에 있는 전자를 $n=2$인 궤도로 옮기는 데 필요한 에너지를 구하면 몇 [eV]인가?

4-6 전자가 광속도의 1/10의 속도로 움직일 때 전자질량은 정지 때에 비하여 몇 % 증가 하는가? 또 광속도의 1/5일 때는 어떻게 되는가?

4-7 전자속도가 광속도의 2/3일 때 전자의 파장을 계산하여라.

4-8 진동수 조건에 관하여 설명하여라.

4-9 $W_n = -13.6/n$이 됨을 증명하여라.

4-10 원자의 반지름을 구하는 식을 유도하여라.

4-11 원자의 양자수에 관하여 논하여라.

연 습 문 제

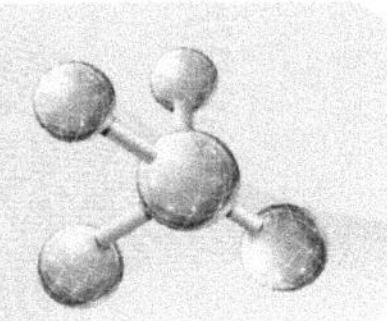

4-12 에너지대의 구조에 관하여 논하여라.

4-13 절연체의 에너지대 구조와 반도체의 에너지대 구조를 비교 검토하여라.

4-14 자유전자와 정공에 관하여 논하여라.

전자 전도 기구

5.1 전자와 정공의 열운동

완전한 결정체에 전계 E가 가해지면 결정안의 전자는 전계에 비례하는 가속도를 받게 되며 다음 식으로 표시된다.

$$\alpha = -\frac{eE}{m_n^*} \tag{5-1}$$

여기서 m_n^*은 전자의 실효질량이다.

다시 말하면 전자는 질량 m_n^*을 가진 고전적 입자가 진공 안에서 운동하는 것처럼 행동한다. 그러므로 전계 E가 가해지지 않을 경우 $\alpha = 0$이며, 이 때 전자는 등속도 운동을 하게 된다. 그러나 반도체에 있어서는 실제로 결정구조가 완전하지 않기 때문에 전자는 언제까지나 일정한 방향, 일정한 속도로 운동을 계속할 수는 없다. 실제로 결정의 주기성을 깨뜨리는 원인은 원자들이 결정 안에서 그들의 평형위치를 중심으로 하여 그 주위로 열진동(thermal vibration)을 하고 있기 때문이다.

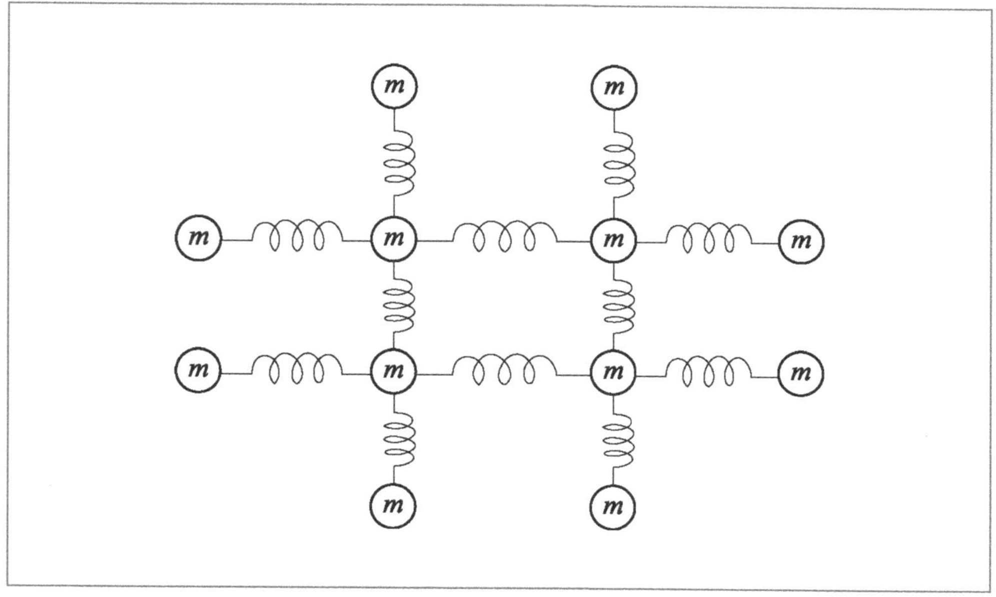

[그림 5-1] 격자원자(m)의 열운동을 나타낸 기계계

격자원자의 열진동에 대한 개념은 결정구조를 [그림 5-1]과 같이 질량 m인 물체를 스프링으로 연결한 규칙적인 기계계와 같은 것으로 본다면 이해하는 데 도움이 될 것이다.

실제의 반도체 소자 재료에 있어서는 일부러 약간의 불순물을 넣어 결정을 성장시킨다. 그러므로 결정 내에 이러한 불순물은 모두 양(+)혹은 음(−)으로 이온화되어 있다. 이와 같은 불순물 원자들로 인하여 격자전계의 주기성이 깨뜨려진다. 그러므로 결정 안은 격자전계가 주기적인 곳과 주기성이 상당히 깨어져 있는 곳이 생긴다. 이렇게 될 경우 주기적인 곳을 등속도 운동해 온 전자는 비주기적인 곳에서 운동방향을 변경하게 된다. 이러한 현상을 전자의 산란(scattering)이라고 부르며 전자가 격자원자와 충돌했다고 한다. 격자원자의 열진동에 기인한 것을 열산란 혹은 격자산란, 불순물원자에 기인한 것을 불순물산란이라 한다.

1. 전자 gas 이론

[그림 5-2]는 결정내의 온도가 $T[°K]$로 물체 내부의 모든 곳이 균일한 온도로 되어 있으며 빛의 에너지나 전계와 같은 에너지를 받아 외부로부터의 산란작용이 없는 상태, 즉 열평형 상태(thermal equilibrium condition)에 있는 결정 안에서의 전자의 운동을 가상한 그림이다.

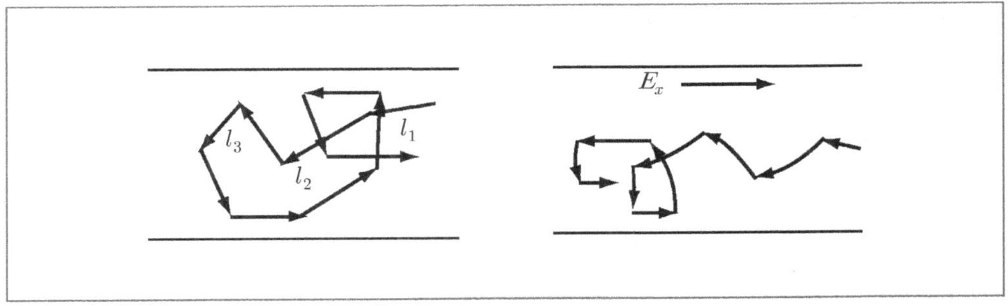

[그림 5-2] 결정 내에서의 전자의 운동

결정 내의 가전자들은 열진동과 불순물 원자에 의해서 결정 내의 어느 특정원자에 소속될 수 없게 된다. 따라서 이들은 전자의 개별적 성질을 완전히 상실하고 결정 내 임의의 한 원자에서 다른 원자로 자유로이 돌아다닌다. 이와 같이 결정 내의 전자들은 계속하여 움직이며 이온은 거의 정지상태에 있으므로 가전자들은 이온과 충돌이 없을 때는 직선운동을 하지만 이온들과 충돌을 하면 충돌할 때마다 진행방향이 바뀐다. 그러므로 전자는 충돌과 충돌사이를 등속도 운동을 하게 된다. 전자가 등속도 운동을 하는 거리 $l_1, l_2, l_3, \cdots l_n$을 자유행정(free path)이라 하고, 이들의 평균거리 l_p를 평균 자유 행정(mean free path)이라 한다. 또 자유행정을 운동하는 시간 $t_1, t_2, t_3, \cdots t_n$ 을 자유시간(free time), 그들의 평균시간 t_p를 평균 자유 시간(mean free time)이라 한다. 이러한 산란현상은 본질적으로 불규칙적이다. 그러므로 임의의 방향으로 운동하는 전자들의 변위는 평균적으로 0이다. 이러한 전자의 불규칙적인 운동을 랜덤 열운동(thermal random motion)이라 한다. 이러한 열운동은 전자가 가지고 있는 열에너지에 기인한다. 통계열학적에 의하면 온도 T°K에서 열평형상태에 있는 입자들은 질량에 관계없이 평균적으로 (3/2)kT의 열에너지를 가지고 있다. 여기서 k는 Boltzman의 상수이며, 1.381×10^{-13}[J/°K]이다. 그러므로 전자의 열속도(thermal velocity) V_T는 대 략 다음과 같다.

$$V_T = \sqrt{\frac{2(3/2)kT}{m_n^*}} \tag{5-2}$$

실온에서 V_T는 $10^4 \sim 10^5$[m/sec]이며 l 및 T의 대표적인 값은 1000[Å] 및 10^{-12}[sec]정도 된다. 전자에 대해서만 고찰하였으나 정공의 열운동에 관해서도 동일시 논의할 수 있다.

5.2 드리프트(Drift) 운동

결정에 외부전계 E가 가해진 경우 전자는 그 방향으로 가속도를 받아 가속될 것이며 이온과 충돌하지 않는 한 그 운동은 계속될 것이다. 그러나 이온과 충돌할 때에는 자유행정에서 전자가 전계 E로부터 얻은 에너지는 격자원자에게 주어지며 열에너지로서 소비된다. 이것이 *Joule* 열의 근원이 된다. 충돌한 전자는 전과 같이 열속도로 새로운 자유행정을 비행하기 시작할 것이며 그 후 같은 과정을 되풀이 할 것이다. 이렇게 하여 전자는 평균적으로 전계의 방향으로 이동하게 된다. 이러한 전자의 평균적 이동을 드리프트 운동이라고 하며, 전계방향의 평균 이동속도를 드리프트 속도라 한다.

1. 이동도

전계의 세기 E가 약해서 전자의 랜덤(random) 열운동에 전계가 미치는 영향이 매우 적다고 가정 할 수 있는 경우 전자의 평균 자유시간이 $E = 0$일 때의 값 $\bar{t}_n$과 같다고 볼 수 있다.

그러므로 전계 E로 인해서 생기는 전계방향의 평균속도, 즉 드리프트 속도 ϑ_n은 다음과 같이 표시될 수 있다.

$$\vartheta_n = \vartheta = \frac{e\overline{t_n}}{2m_n^*}E \tag{5-3}$$

여기서 $-$는 전자의 드리프트 운동이 전계와 반대 방향임을 표시한다. ϑ_n이 전계 E에 비례함을 알 수 있다. 그러므로 비례계수를 μ_n이라 하면 μ_n은 다음과 같다.

$$\mu_n = \frac{e\overline{t_n}}{2m_n^*} \tag{5-4}$$

여기서 μ_n을 전자의 이동도(mobility)라고 한다. 이 때 전자의 드리프트 속도는

$$\vartheta_n = -\mu_n E \tag{5-5}$$

같은 방법으로 정공의 이동도를 μ_p라 하면

$$\mu_p = \frac{e\overline{t_p}}{2m_p^*} \tag{5-6}$$

로 된다. 여기서 m_p^*는 정공의 실효질량, $\overline{t_p}$는 평균 자유시간이다. 또한 정공의 드리프트 속도ϑ_p는

$$\vartheta_p = \mu_p E \tag{5-7}$$

Ge와 Si에 있어서 μ_n 및 μ_p의 대표적 값을 〈표 5-1〉에 나타내었다.

〈표 5-1〉 순수한 Ce 및 51 결정에서의 캐리어의 이동도

재료	캐리어	300°K에서의 값 (cm²/V−sec)	이동도의 온도변화를 표시하는 근사식
Ge	자유전자	3,900	$4.9 \times 10^7 \ T^{-1.66} \ (100 \sim 300°K)$
	정공	1,900	$1.05 \times 10^7 \ T^{-2.33} \ (125 \sim 300°K)$
Si	자유전자	1,350	$2.11 \times 10^7 \ T^{-2.5} \ (160 \sim 400°K)$
	정공	480	$2.3 \times 10^9 \ T^{-2.7} \ (150 \sim 400°K)$

※ E.M. Conwell, Proc. IRE, 46(June, 1958), pp. 1281~1300

2. 온도 및 불순물농도와 이동도와의 관계

전자 정공의 평균 자유시간 $\overline{t_n}$, $\overline{t_p}$를 결정하는 주된 메카니즘은 격자산란과 불순물 산란이다. 따라서 이동도도 역시 이들로써 결정된다.

(1) 열산란

격자원자의 열진동은 온도가 높아감에 따라 점점 증대된다. 그러므로 임의의 시간에 거의 평형 위치에 있는 격자원자의 수효는 온도에 따라 적어질 것이다. 따라서 격자 전계가 거의 완전히 주기적으로 되어 있는 영역이 줄어진다. 그러므로 평균 자유시간이 적어지게 되고 이동도도 감소하게 된다. 이 때 평균 자유시간 및 이동도가 T^α에 반비례 한다. 여기서 α는 재료 및 전자와 정공의 캐리어 종류에 따라 1.66~2.7의 값을 가지며 예를 〈표 5-1〉에 나타내었다.

(2) 불순물산란

이온화된 불순물 원자에 의한 산란작용은 캐리어가 그 근처를 지나가는 데 소요되는 시간에 관계한다. 캐리어의 열운동 속도 ϑ_T는 온도가 낮아짐에 따라 감소하므로 불순물 원자는 온도가 낮을수록 큰 효과를 나타낸다. 그러므로 불순물 농도가 클수록 평균 자유시간이 짧아지게 될 것이다. 또한 이러한 현상은 불순물 원자의 종류에 따라 약간의 차이를 보이 기도 한다.

[그림 5-3]에 200°K와 300°K두 가지 온도에서 이동도와 불순물 농도와의 관계를 측정한 대표적 예를 나타내었다.

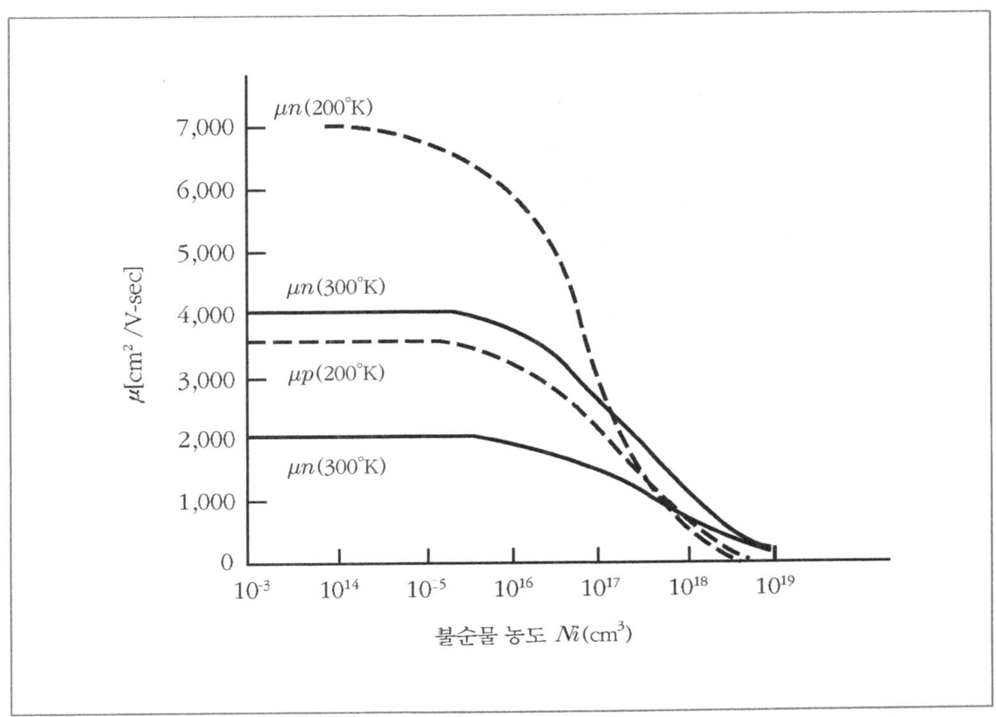

[그림 5-3] Ge에서의 불순물 농도와 이동도

불순물 농도가 적을 경우 이동도 μ는 불순물 농도에 관계없으며 격자 산란이 주된 원인임을 보여주고 있다. 불순물 농도가 충분히 크면 그 효과가 증대하여 이동도 μ는 불순물 농도에 따라 감소한다.

5.3 확산운동

앞 절에서 우리는 외부전계로 인하여 캐리어가 이동하며 전류를 흘리게 하는 것을 알았다. 고체 안에서 캐리어의 흐름을 발생케 하는 또 하나의 메카니즘이 있는데 그것은 확산에 의한 캐리어의 운동이다.

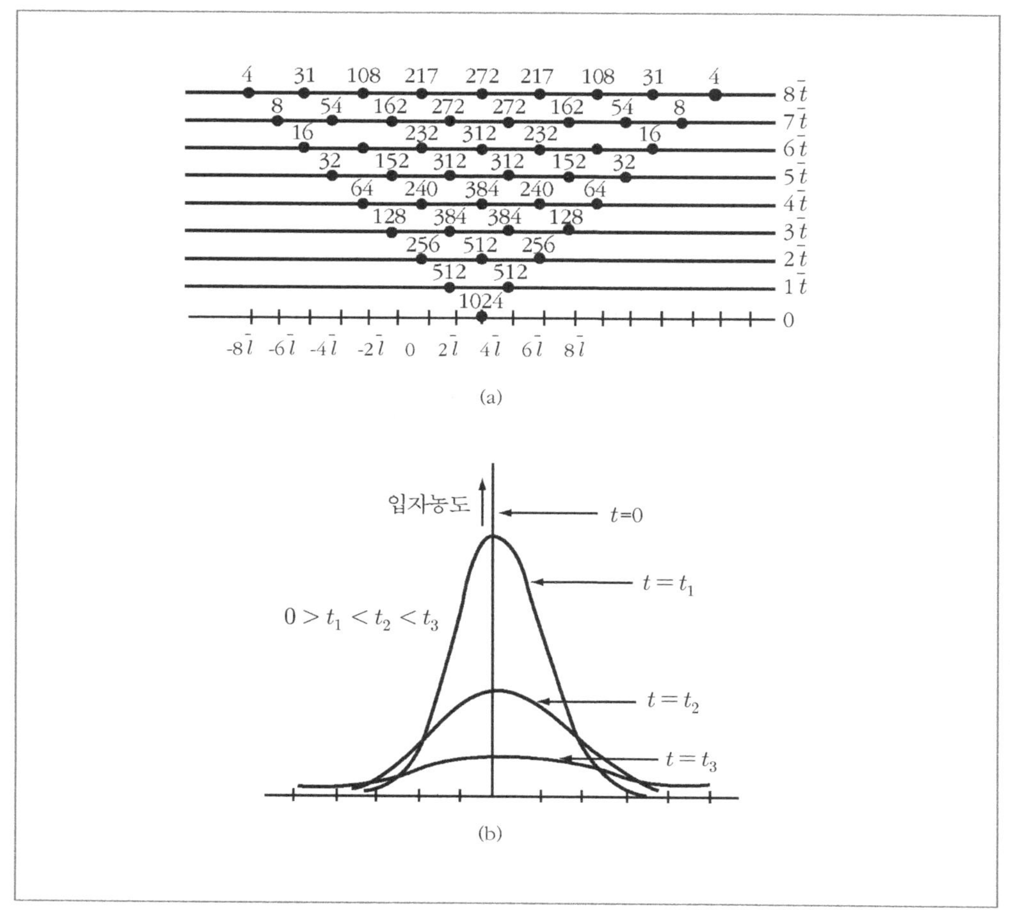

[그림 5-4] 확산운동

방 안에 있는 향수병의 병마개를 열면 향수병에 있는 향수의 분자가 증발해서 방안에 서서히 퍼지며 결국 방안의 분자농도는 모든 곳에서 균일하게 된다. 또 물통의 물위에 한 방울의 잉크를 떨어뜨리면 잉크는 서서히 사방으로 퍼져나간다. 이러한 현상은 입자들이 농도가 높은 곳에서 낮은 곳으로 이동하여 균일하게 분포하려는 경향에 기인한 것이며 이러한 입자의 거동을 확산이라 한다.

입자의 이러한 확산은 그들의 불규칙적인 랜덤한 열운동으로 인하여 나타나는 현상이다. [그림 5-4] (a)는 확산운동의 기본적인 메카니즘을 좀 더 명확히 하기 위한 개념도이다.

문제를 간단히 하기 위해서 입자의 열운동은 1차원적이며 수평방향에서 좌우로만 운동할 수 있다고 하자. 열운동의 평균 자유행정을 l_p, 평균 자유시간을 t_p라고 하고 다른 모든 입자들의 자유행정 및 자유시간은 다같이 l_p 및 t_p와 같다고 가정한다. [그림 5-4] (a)에서 보는 바와 같이 $t = 0$일 때 1024개의 입자가 원점에 모여 있다고 하자. 다음 순간부터 이들 입자는 열속도로 오른쪽 또는 왼쪽으로 운동하기 시작한다. 그들의 열운동은 완전히 불규칙적이므로 오른쪽으로 운동하는 입자와 왼쪽으로 운동하는 입자의 수효는 똑같다고 생각한다. 그러므로 $t = t_p$ 되는 시간에 $x = \pm l_p$ 되는 곳에 각각 1024/2 = 512개가 있다. 이곳에서 입자들은 일단 물의 분자와 충돌한 다음 새로운 자유 행정을 시작할 것이다. 이 때 $x = l_p$ 에 모인 512개의 입자들 중 1/2은 오른쪽으로 또 나머지 1/2은 왼쪽으로 운동할 것이다. 또 $x = -l_p$ 에 모인 512개의 입자들도 사정은 똑같다. 그러므로 $t = 2t_p$ 되는 시간의 입자분포는 $x = -2l_p$ 에 256개, 0에 512개, $+2l_p$ 에 256개가 있게 된다. 그 후 같은 과정을 되풀이할 것이며 결국 그림에서 보는 바와 같이 입자들은 좌우로 퍼져나간다. $t_p \approx 10^{-12}$[sec]라고 하면 이러한 과정을 1초 동안에 10^{12}회만큼 되풀이 하는 셈이 된다. [그림 5-4] (b)는 $t = 0$에서 원점에 모여 있던 많은 입자들이 확산해가는 모양에 대해서 이론적으로 계산한 결과를 나타낸 것이며, 입자의 농도 분포가 시간에 따라 변화하는 모양을 보여주고 있다.

1. 확산법칙

위에서 고찰한 확산의 기본적 메카니즘을 기초로 하여 확산에 의한 입자들의 흐름에 관한 기본법칙을 유도하자. 여기서 문제를 좀 더 간단히 하기 위해서 앞의 경우와 마찬가지로 입자들의 랜덤 열운동은 1차원적이라고 가정한다. 지금 단면적이 A 되는 직선적 영역에 있어서 임의의 시간 t에서의 입자농도 $n(x)$의 분포가 [그림 5-5]와 같이 되어 있다고 가정하자. 또한 입자들의 자유행정 및 자유시간은 모두 똑같으며 자유행정은 $\triangle l$, 자유시간은 $\triangle t$로 하겠다. 지금 임의의 단면 x의 양쪽에 $x - \triangle l$ 및 $x + \triangle l$ 되는 두 단면을 생각하자. 단면 $(x - \triangle l)$ 과 x 사이에 있는 입자수는 $n(x - \triangle l/2)\triangle l \cdot A$ 이며, 그들의 1/2이 $\triangle t$ 시간 동안에 단면 x를 지나서 $+x$ 방향으로 이동한다. 마찬가지로 $\triangle t$ 시간 동안에 단면 x를 지나서 $-x$ 방향으로 이동하는 입자수는 $n(x + \triangle l/2)\triangle l \cdot A$ 의 1/2이다. 그러므로 결과적으로 $\triangle t$ 시간 동안에 $+x$ 방향으로 이동하는 입자의 수효는

$$M = A\left(\frac{\triangle l}{2}\right)\left[n\left(x - \frac{\triangle l}{2}\right) - n\left(x + \frac{\triangle l}{2}\right)\right] \tag{5-8}$$

$$= -A\frac{(\triangle l)^2}{2}\frac{n\left(\dfrac{x + \triangle l}{2}\right) - n\left(\dfrac{x - \triangle l}{2}\right)}{\triangle l}$$

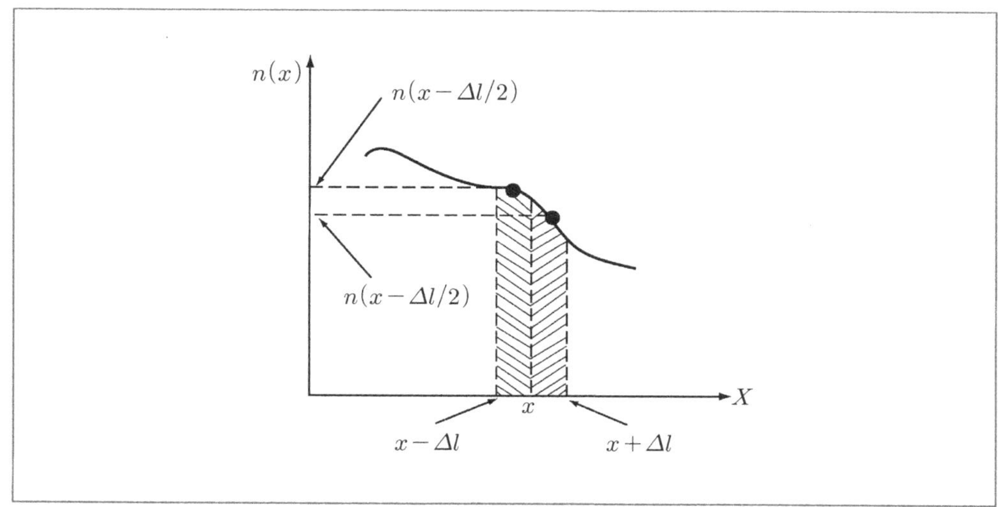

[그림 5-5] 확산 법칙의 유도

$\triangle l$은 충분히 작으므로 이 식은 다음과 같이 표시 할 수 있다.

$$M = -A \frac{(\triangle l)^2}{2} \frac{dn(x)}{dx} \tag{5-9}$$

그러므로 단위시간에 단위 면적을 이동하는 입자수, 즉 입자흐름밀도(particle current density) J는

$$J = \frac{M}{A \triangle t} = -\frac{1}{2} \frac{(\triangle l)^2}{\triangle t} \frac{dn(x)}{dx} \, [\text{개/sec} \cdot \text{m}^2] \tag{5-10}$$

J가 입자농도분포의 기울기에 비례함을 알 수 있다. 그러므로 비례계수를

$$D = \frac{1}{2} \frac{(\triangle l)^2}{\triangle t} \tag{5-11}$$

으로 놓으면, 식 (5-10)은

$$J = -D \frac{dn(x)}{dx} \tag{5-12}$$

이 된다.

이 식에서 (−)는 입자의 흐름이 농도가 높은 데서 낮은 쪽을 향하고 있음을 표시한다. 식 (5-11)에서 주어진 D를 확산정수(diffusion constant)라고 한다. D가 입자의 랜덤열운동을 특징짓는 parameter인 평균자유행정 $\triangle l$과 평균자유시간 $\triangle t$로서 결정되고 있음을 알 수 있다. 식 (5-12)를 확산의 법칙(law of diffusion flow)이라고 한다.

2. 전자와 정공의 확산

지금까지의 이론이 반도체 안의 전자 및 정공에 적용될 수 있음은 분명하다. 그러므로 확산전자전류밀도 J_n 및 확산정공전류밀도 J_p는 각각 다음 식으로 주어진다.

$$J_n = +eD_n\frac{dn(x)}{dx}, \quad J_p = -eD_p\frac{dp(x)}{dx} \tag{5-13}$$

여기서 $p(x)$, $n(x)$는 각각 정공 및 전자의 농도분포이며 확산정수 D_p, D_n은 각각 다음 식으로 주어진다.

$$D_n = \frac{1}{2}\frac{(l_n)^2}{t_n}, \quad D_p = \frac{1}{2}\frac{(l_p)^2}{t_p} \tag{5-14}$$

여기서 l_p는 정공의 평균 자유행정 , l_n는 전자의 평균 자유행정, $\overline{t_p}$는 정공의 평균 자유시간, $\overline{t_n}$는 전자의 평균 자유행정시간이다. 〈표 5-2〉에 반도체 재료로써 많이 사용되는 순수한 Ge및 Si결정의 정공 및 전자의 확산정수를 나타내었다.

〈표 5-2〉 진성 Ge 및 Si에서의 확산정수

진성물질	D_p	D_n
Ge	$50\text{cm}^2/\text{sec}$	$100\text{cm}^2/\text{sec}$
Si	$12\text{cm}^2/\text{sec}$	$35\text{cm}^2/\text{sec}$

5.4 이동도와 확산정수와의 관계

드리프트운동 및 확산운동 모두 통계열역학적인 물리현상이므로 이동도와 확산정수 사이에 특정한 관계가 있을 것은 당연히 예측할 수 있는 일이다. 사실 이들 사이에는 다음과 같은 간단한 관계식이 성립된다.

$$\frac{D_p}{\mu_p} = \frac{D_n}{\mu_n} = \frac{(kT)}{e}$$

$$= \frac{T}{11600} = V_T \tag{5-15}$$

의 관계식을 얻을 수 있으며 여기서 V_T는 온도의 등가전압(volt-equivalent of temperature) 이며, V_T는 상온에서 26[mV]정도 된다.

이것을 "Einstein의 관계식"이라고 한다. 식 (5-15)의 증명은 다음과 같다. 식 (5-4, 6 및 14) 로부터

$$\frac{D}{\mu} = \frac{\dfrac{\overline{l^2}}{2\overline{t}}}{\dfrac{e\overline{t}}{2m^*}} = \frac{m^*}{e}\left(\frac{\overline{l}}{\overline{t}}\right)^2 = \frac{m^* V_T^{\,2}}{e} \tag{5-16}$$

여기서 V_T는 열운동속도이다. 통계열역학의 이론에서 입자의 평균열에너지는 $(1/2)kT$이다. 식 (5-2)에서는 $(3/2)kT$로 계산하였다. 이것은 입자의 운동을 3차원으로 보았기 때문이다. 통계열역학의 에너지배분율에 의하여 이 에너지는 X, Y, Z축에 균등하게 분배되어야 한다. 따라서 X축 방향의 열운동에너지는 그 1/3인 $(1/2)kT$이다. 지금까지 우리는 1차원의 모델에 대해서 고찰해왔다. 그러므로

$$\frac{1}{2}m^* V_T^{\,2} = \left(\frac{1}{2}\right)kT$$

이 관계를 앞의 식에 넣으면

$$D/\mu = \frac{m^* V_T^2}{e} = \frac{kT}{e} \tag{5-17}$$

지금까지 1차원적의 경우에 대하여 논의해 왔으나, 3차원의 경우에도 역시 위의 관계식이 일반적으로 성립된다.

5.5 전류밀도

[그림 5-6]과 같이 하전체들이 모두 X축 방향으로 속도 ϑ로 운동하고 있는 경우를 생각하자. 하전체의 밀도 n은 X축의 수직면에서는 동일하다고 가정한다.

지금 $\triangle t$라는 매우 짧은 시간을 생각하자. 임의의 점 x에서의 입자속도를 ϑ로 하고 $\vartheta \triangle t$ 되는 매우 작은 부분을 생각하면 이 부분에 있는 입자들의 속도는 모두 동일하며, 또 이 부분에서의 입자밀도도 균일하다고 볼 수 있다. 이 입자들은 $\triangle t$시간이 지난 후에는 모두 오른쪽의 단면을 지나갈 것이다.

따라서 $\triangle t$시간 동안에 이 단면을 지나가는 입자수는 $n(A \times \vartheta \triangle t)$이다. 여기서 n은 입자밀도, A는 단면적이다. 입자의 전하를 q라고 하면 이 단면을 단위시간에 지나가는 전하량, 즉 전류 I는

$$I = \frac{qnA\vartheta \triangle t}{\triangle t} = Aqn\vartheta = A\rho\vartheta \tag{5-18}$$

여기서 $\rho = qn$은 전하밀도(charge density)이다. 전류밀도는 단위면적을 통과하는 전류의 양으로 정의된다. 그러므로 전류밀도를 J라 하면 J는

$$J = \frac{I}{A} = qn\vartheta = \rho\vartheta \tag{5-19}$$

이 된다.

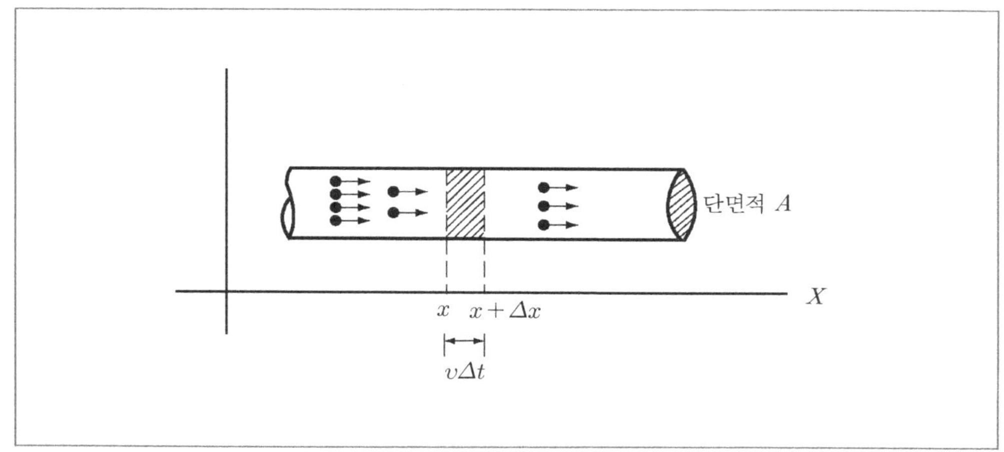

[그림 5-6] 전류 밀도

5.6 도전율(conductive)

단면적이 A가 되는 직선 도체에서 자유전자가 드리프트속도 ϑ_n으로 운동할 때 흐르는 전자전류는

$$I_n = -Aen\vartheta_n = Aen\mu_n E \tag{5-20}$$

여기서 n은 자유전농도이고 μ_n은 전자의 이동도이다. 반도체에 있어서는 자유전자뿐만 아니라 정공도 역시 전류에 기여하므로 정공전류는 전자전류와 같은 모양으로

$$I_p = +Aep\vartheta_p = Aep\mu_p E \tag{5-21}$$

여기서 μ_p는 정공의 이동도, ϑ_p는 정공의 드리프트속도, p는 정공농도이다. 따라서 전계 E에 의해서 생기는 전류는 전자전류와 정공전류의 합으로 주어지므로

$$I = I_n + I_p = A(en\mu_n + ep\mu_p)E \tag{5-22}$$

이 된다. 또한 전류밀도는

$$J = \frac{I}{A} = (en\mu_n + ep\mu_p)E \qquad\qquad (5\text{-}23)$$

도전율을 δ라 하면 $J = \delta E$이므로 식 (5-23)은 다음 식과 같이 된다.

$$\delta = en\mu_n + ep\mu_p \qquad\qquad (5\text{-}24)$$

도전율 δ의 역수는 저항율 ρ이므로

$$\rho = \frac{1}{\delta} = \frac{1}{en\mu_n + ep\mu_p} \qquad\qquad (5\text{-}25)$$

이 된다.

연 습 문 제

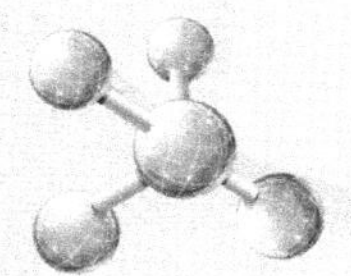

5-1 평균충돌시간이 2×10^{-14}[sec]인 금속 내의 전자의 이동도(mobility)를 구하여라. 단, 전자의 질량은 9.1×10^{-31}[Kg], 전자의 전하량은 $e = 1.6 \times 10^{-19}$[C]이다.

5-2 게르마늄 Ge 내의 전자밀도가 3×10^{20}[cm^{-3}]이고 전자의 이동도는 0.14[cm^2/V.sec]일 때 전기 전도도를 구하여라.

5-3 상온에서 불순물농도가 $N_d = 10^{17}$[cm^{-3}]이 들어 있는 게르마늄 Ge 반도체의 도전율을 구하여라. 단, $\mu_n = 2000$[cm^2/V.sec]이다.

5-4 300[$^\circ$K]에서 저항율이 500[Ω–m]인 Ge 진성반도체의 캐리어농도를 구하여라. 단, 300[$^\circ$K]에서 $\mu_n = 0.35$[m^2/V–s], $\mu_p = 0.15$[m^2/V–s]이다.

5-5 이동도와 확산정수와의 관계가 $\dfrac{D}{\mu} = \dfrac{kT}{e}$ 가 됨을 증명하여라.

5-6 전자, 정공의 열운동에 관하여 논하여라.

5-7 드리프트운동과 확산운동에 관하여 논하여라.

5-8 Si결정에서 전자와 정공의 이동도는 상온 300[$^\circ$K]에서 0.12[m^2/V.s]이다. 캐리어의 확산정수 D를 구하여라.

5-9 27°C에 있어서 Ge의 고유저항은 47[Ω.cm]이다. 전자 및 정공의 이동도를 각각 $\mu_n = 3600$[cm^2/V.s], $\mu_p = 1700$[cm^2/V.s]라 할 때 캐리어의 밀도를 구하여라.

5-10 $T = 300$[$^\circ$K]인 Ge의 캐리어 이동도가 각각 $\mu_n = 0.39$[cm^2/V.s], $\mu_p = 0.19$[cm^2/V.s]라 한다. 캐리어의 확산계수를 구하여라.

연 습 문 제

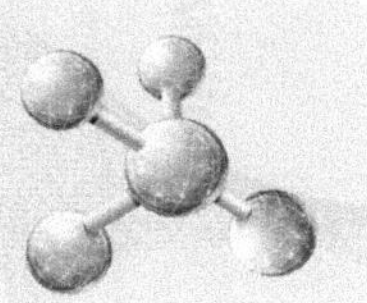

5-11 어떤 도체 내에 전자의 이동도가 $\mu = 5 \times 10^{-4}[cm^2/V.s]$라 한다. 전계 $E = 1[V/m]$를 가 할 때 흐르는 전류밀도 및 도체의 고유저항을 구하여라. 단, 전자밀도는 8.5×10^{28} [개/m^3]이다.

5-12 상온에서 전기 전도도 $\delta = 6.4 \times 10^7 [\Omega/m]$인 동선에 5[V/m]인 전계를 가할 때 전자 의 평균속도, 이동도 및 평균 자유시간을 구하여라. 자유전자의 밀도는 8.5×10^{28}[개/m^3]이다.

5-13 2[A] 직류전류가 지름 1[mm]의 동선에 흐를 때 전자의 평균이동속도를 구하여라. 단, 동선 가운데 자유전자밀도를 8.5×10^{28}[개/m^3)으로 한다.

5-14 지름[1mm]인 동선에 1[A]의 전류가 흐를 때 전자의 평균이동속도를 구하여라. 동선의 자유전자밀도는 $n = 8.4 \times 10^{22}$[개/m^3]으로 한다.

반도체의 전기적 성질

6.1 분포함수

반도체 혹은 금속 안의 자유전자농도를 구하는 데 여러 가지 방법이 있겠으나 그 한 방법으로서 매우 적은 에너지 범위 $\triangle E$ 되는 곳의 전자수를 먼저 계산한 다음 이것을 전체 에너지 범위에 대해서 합하면 전체 전자의 총수가 된다. [그림 6-1]에 전자의 에너지 분포에 대한 예를 나타내었다.

[그림 6-1]에 나타낸 바와 같이 임의의 에너지 범위 $E \sim E + \triangle E(eV)$인 $\triangle E$의 적은 에너지 범위에 있는 전자수를 $\triangle N$전자수/m³]이라고 하면 에너지 밀도 $\rho(E)$는 다음 식으로 정의된다.

$$\rho(E) = \frac{\triangle N}{\triangle E} [\text{전자수/eV-m}^3] \tag{6-1}$$

일반적으로 $\rho(E)$의 값은 에너지 범위의 준위 E값에 따라 다르다. $\triangle E \rightarrow 0$일 때 에너지 밀도 $\rho(E)$는 다음과 같이 표시된다.

$$\rho(E) = \frac{dN}{dE} \tag{6-2}$$

$\rho(E)$는 에너지준위 E의 함수로 될 것이며 이것을 전자의 에너지 분포함수(energy distribution function)라 한다.

임의의 작은 에너지 범위 $E \sim E + dE$ [eV]안에 있는 전자수를 dN이라 하면 dN은 다음과 같이 된다.

$$dN = \rho(E)dE \,[\text{전자수}/m^3] \tag{6-3}$$

또한 [그림 6-1]의 임의의 넓은 에너지 범위 $E_1 \sim E_2$[eV]에 있는 전자수 N은 다음과 같이 된다.

$$N = \int_{E_1}^{E_2} dN = \int_{E_1}^{E_2} \rho(E)dE \,[\text{전자수/m}^3] \tag{6-4}$$

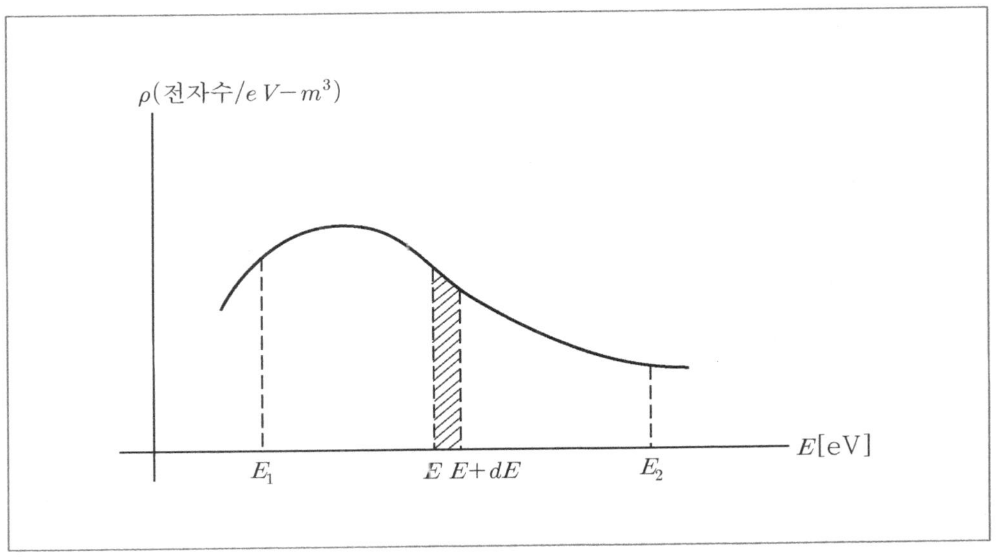

[그림 6-1] 전자의 에너지분포함수

지금 작은 에너지 범위 $E \sim E + \triangle E[\text{eV}]$되는 $\triangle E$안에 있는 에너지 준위수, 즉 전자가 취할 수 있는 양자상태의 수를 $\triangle N'[\text{상태수}/m^3]$라 하면

$$\triangle N' = S(E)\triangle E[\text{상태수}/m^3] \tag{6-5}$$

로 표시된다. 여기서 $S(E)$는 전자가 취할 수 있는 양자상태의 에너지 분포를 나타내며 상태 분포함수(state distribution function)라 한다. 또한 상태 분포함수 $S(E)$는 다음과 같이 표시될 수 있다.

$$S(E) = \frac{\triangle N'}{\triangle E}[\text{상태수}/\text{eV-m}^3] \tag{6-6}$$

Pauli의 배타율에 의하면 허용된 에너지준위를 한 개 이상의 전자가 차지 할 수 없다.
따라서 임의의 에너지준위는 전자로 채워져 있든지 혹은 비어 있든지 둘 중 하나이다.
그러므로 임의의 에너지준위가 전자로 채워져 있는 확률을 $f(E)$로 표시한다면, 임의의 에너지범위 $E \sim E + \triangle E$ 안에 있는 전자수는 다음과 같이 된다.

$$\triangle N = f(E)\triangle N' = f(E)S(E)\triangle E[\text{전자}/m^3] \tag{6-7}$$

식 (6-2)와 식 (6-7)로부터 에너지 분포함수 $\rho(E)$는 다음과 같이 상태분포함수 $S(E)$와 확률함수 $f(E)$로써 표시될 수 있음을 알 수 있다.

$$\rho(E) = f(E)S(E) \tag{6-8}$$

또 임의의 에너지 범위 $E_1 \sim E_2[\text{eV}]$에 있는 전자수 N은 식 (6-4)에 의해 다음과 같이 된다.

$$N = \int_{E_1}^{E_2} S(E)f(E)dE[\text{전자/m}^3] \tag{6-9}$$

1. Fermi Dirac의 분포함수

통계 열역학에 있어서 Fermi Dirac의 통계에 의하면 확률함수 $f(E)$는 다음과 같은 모양으로 표시된다.

$$f(E) = \frac{1}{1 + e^{(E-E_f)/kT}} \tag{6-10}$$

여기서 k는 Boltzman의 상수로서 $1.381 \times 10^{-23}[\text{J/°k}]$ 혹은 $8.620 \times 10^{-5}[\text{eV/°k}]$이고, T는 절대온도[°k]이다. E_f는 페르미 에너지(Fermi Energy) 혹은 페르미 준위(Fermi Level)라고 한다. 여기서 식 (6-10)을 Fermi Dirac의 분포함수라고 한다.

식 (6-10)에서 $E = E_f$일 때 $f(E)$의 값은 온도 $T[°\text{K}]$에 관계없이 $f(E) = 1/2$이 된다. 그러므로 페르미 준위 E_f는 전자로 채워지는 확률이 50%로 되는 에너지 준위라고 말할 수 있다. 식 (6-10)에서 Fermi Dirac 분포함수 $f(E)$의 모양은 온도 $T° \text{K}$에 따라 달라진다. $T = 0[°\text{K}]$일 때 $E < E_f$이면 $f(E) = 1$이며, $E > E_f$이면 $f(E) = 0$이다. 그러므로 $0[°\text{K}]$에서는 페르미 준위 E_f보다 낮은 에너지 준위는 전부 전자로 채워져 있으며 E_f이상의 준위는 전부 비어 있음을 알 수 있다. 온도가 높아감에 따라 E_f이상의 준위에 전자가 있게 될 확률은 높아진다. [그림 6-2]에 Fermi Dirac 분포함수 $f(E)$의 예를 나타내었다.

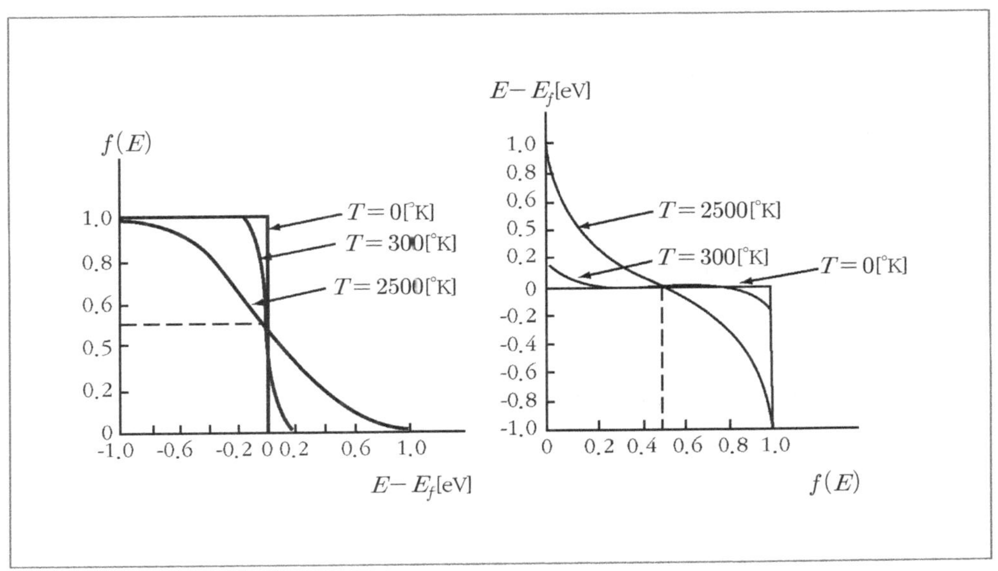

[그림 6-2] Fermi Dirac의 분포함수

2. Maxwell-Boltzman 분포함수

전도대의 자유전자농도가 적은 경우를 고찰하자. 상태 분포함수 $S(E)$는 에너지대 구조로서 결정되므로 이것은 전도대의 Fermi-Dirac 분포함수 $f(E)$의 값이 대단히 적은 경우를 의미한다. 따라서 $1+e^{(E-E_f)/kT} \gg 1$이면, $f(E)$의 분모 1은 무시할 수 있다. 그러므로 이 경우 $f(E)$는 다음과 같이 된다.

$$f(E) = \frac{1}{1+e^{(E-E_f)/kT}} \cong e^{-(E-E_f)/kT}$$
$$= e^{E_f/kT} e^{-E/kT} \tag{6-11}$$

식 (6-11)에서 제1항은 온도에는 관계하지만 전자의 에너지 E에는 관계없는 정수이므로 이것을 A로 놓으면 다음 식으로 나타낼 수 있다.

$$f(E) = Ae^{-E/kT} \tag{6-12}$$

식 (6-12)의 분포함수의 형식은 Fermi Dirac통계에 전혀 관계없이 고전통계열역학에 의거하여 유도된 것이며 Maxwell-Boltzman의 분포함수 혹은 Maxwell-Boltzman의 통계라고 부른다. 한편 Fermi Dirac 통계는 Pauli의 배타율을 고려해 넣고 있기 때문에 양자통계라고 부르기도 한다.

반도체에서는 자유전자농도가 적기 때문에 Maxwell-Boltaman 통계에 따르며, 금속에 있어서는 금속 안의 자유전자농도가 대단히 크기 때문에 Fermi Dirac 통계를 적용해야 한다.

3. 금속 안에 있어서의 자유전자의 에너지 분포

[그림 4-19]의 금속의 에너지대 구조에서 전도대의 최하 준위를 기준($E = 0$)으로 하면 상태 분포함수는 다음 식으로 주어진다.

$$S(E) = \frac{4\pi}{h^3}(2me)^{3/2}E^{1/2} = \gamma E^{1/2}[\text{상태수/m}^3/\text{eV}] \tag{6-13}$$

$$\gamma = \frac{4\pi}{h^3}(2me)^{3/2} = 6.82 \times 10^{27}[\text{상태수/m}^3/\text{eV}]^{3/2} \tag{6-14}$$

이 때, E는 [eV]로 나타낸 에너지 준위이다. 그러므로 전자의 에너지 분포는 [그림 6-3]과 같이 된다.

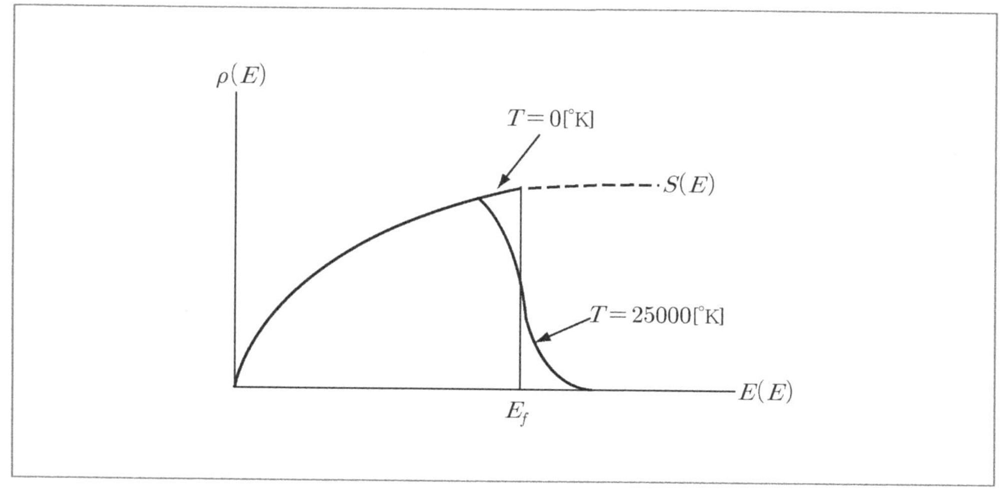

[그림 6-3] 금속 안의 자유전자의 에너지 분포

자유전자농도는 식 (6-9)에 따라 다음과 같이 된다.

$$N = \int_0^\infty f(E) S(E) dE$$
$$= \int_0^\infty \frac{\gamma E^{1/2}}{1 + e^{(E-E_f)/kT}} dE \ [전자수/m^3] \tag{6-15}$$

$T = 0[°K]$인 경우도 $E \langle E_f$에서는 $f(E) = 1$, $E \rangle E_f$에서는 $f(E) = 0$이므로 식 (6-15)는

$$N = \int_0^{E_f} \gamma E^{1/2} dE = \frac{2}{3} \gamma E_f^{3/2} \tag{6-16}$$

따라서 0[°K]에서의 페르미 준위는 다음 식으로 된다.

$$E_f = \left(\frac{3N}{2\gamma}\right)^{2/3} = 3.64 \times 10^{-19} N^{2/3} \ [eV] \tag{6-17}$$

자유전자농도 N은 금속의 종류에 따라 차이가 있으므로 페르미 준위도 역시 달라진다. 대부분의 금속에 있어서 E_f는 10[eV]이하이다.

식 (6-16), (6-17)은 0[°K]에서만 성립된다. 임의의 온도에서 페르미 준위를 구하려면 식 (6-15)의 정적분을 계산한 다음 E_f에 대하여 풀어야 한다. 이 계산은 조금 복잡하지만 무한급수의 형식으로 구해질 수 있으며 그 결과는(Sommerfeld, A., Z.Physik,47,1, 1928 참조)

$$E_f \cong \left[\frac{3N}{2\gamma}\right]^{3/2} \left[1 - \frac{\pi^2}{12} - \frac{(T/11{,}600)^2}{(3N/2\gamma)^{4/3}}\right] \tag{6-18}$$

괄호 안의 제2항은 대단히 적다. 한 예로 텅스텐의 경우 $T = 3{,}000[°K]$에서 제2항은 0.001이하로 된다. 그러므로 실제 문제로서 금속의 경우 페르미 준위는 온도에 상관없이 일정하다고 보아도 무방하다.

6.2 진성반도체

불순물이나 결정의 결함이 없는 반도체 결정을 진성(intrinsic)반도체라고 한다. 이와 같은 물질에서 가전자대역은 전자로 충만되어 있고 전도대역은 비어 있다. 높은 온도에서는 가전자대역의 전자가 열적으로 여기되어 금지대역을 넘어 전도대역으로 올라감에 따라 전자-호올의 쌍이 생성된다. 이들 전자-호올 쌍은 진성 반도체 물질에서의 유일한 전하 캐리 어이다.

이 전자-호올의 발생은 결정격자에서 공유결합이 깨어지는 것을 생각하면 정상적인 방법으로 연상할 수 있다. 만일 Si나 Ge의 가전자 한 개가 결합구조의 위치로부터 이탈하여 격자 속에서 자유롭게 이동할 수 있다면 이것은 전도전자의 발생이 될 것이며 전자가 이탈된 위치에는 호올이 남게 된다. 이 결합전자를 이탈시키는 데 필요한 에너지는 대역 간격의 에너지 Eg이다.

전자와 호올은 짝을 이루어 생성되기 때문에 전도대역의 전자농도 n(매 cm^3당 전자수)은 가전자대역의 호올 농도 p(매 cm^3 당 호올수)와 같다. 이들 진성캐리어농도의 각각을 일반적으로 n_i로 나타낸다. 따라서 진성반도제에서는 $n = p = n_i$이다. 주어진 온도에서는 전자-호올의 쌍의 어떠한 일정한 농도 n_i가 있다. 정상상태에서는 캐리어농도가 유지되려면 이들이 발생되는 것과 똑같은 비율로 전자-호올 쌍의 재합(recombination)이 있어야 한다.

재합은 전도대역의 전자가 가전자대역에 있는 빈 에너지상태 즉 호올로 직접 또는 간접적으로 천이할 때 생기며 이렇게 됨으로서 전자-호올의 쌍은 소멸된다. 전자-호올 쌍의 발생율을 G_i라 하고, 재합율을 R_i로 정의한다면 평형상태에서는 $R_i = G_i$이어야 한다. 예로서 $G_i(T)$는 온도가 높아지면 증가하고 새로운 캐리어농도가 형성되어 증대된 재합율 $R_i(T)$가 이 캐리어의 발생과 꼭 균형을 이루게 된다. 임의의 온도에서 전자와 호올의 재합율 R_i는 평형상태에서의 전자의 농도 n_0와 호올의 농도 p_0에 비례할 것으로 생각되므로 $R_i = a_r n_o p_o = a_r n_i^2 = G_i$가 된다. 여기서 a_r은 재합이 일어나는 특정한 기구에 따르는 비례상수이다.

간단히 요약하면 진성반도체(intrinsic semiconductor)란 반도체 결정의 원자에서 공급되는 자유전자와 정공에 의해서 전기전도가 이루어지는 반도체를 말하며 불순물 원자의 영향이 무시될 수 있는 것을 말한다. 모체 반도체 재료의 원자 10^{10}개에 대하여 불순물 원자 1개 이하의 높은 순도를 가진 것은 진성반도체로 생각해도 된다.

1. 진성반도체 내에서의 전자농도

[그림 6-4]에서와 같이 전도대의 최저준위를 E_c[eV]로 하면 전도대에서의 상태분포함수는
에너지대 구조에 관한 양자이론으로부터 금속의 경우와 마찬가지로 다음과 같이 나타낸다.

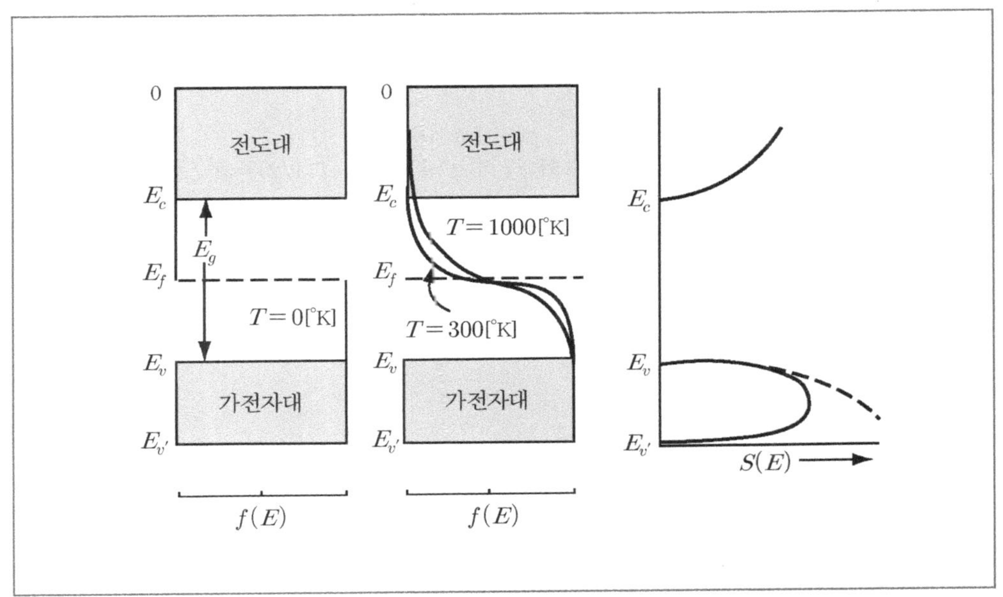

[그림 6-4] 진성반도체의 에너지대 구조 및 상태분포함수

$$S(E) = \frac{4\pi}{h^3}\left(2m_n{}^*e\right)^{3/2}\left(E - E_c\right)^{1/2} \tag{6-19}$$

여기서 $m_n{}^*$은 전자의 실효질량이다.

그러므로 식 (6-9)에 따라 전도대의 전자농도 n_o는

$$n_o = \int_{E_c}^{0} f(E)S(E)\,dE$$

$$= \frac{4\pi}{h^3}\left(2m_n{}^*e\right)^{3/2}\int_{E_c}^{0}\frac{(E - E_c)^{1/2}}{1 + e^{(E - E_f)/kT}}dE \quad [m^{-3}] \tag{6-20}$$

식 (6-20)의 적분을 계산하기 전에 $E - E_f \gg kT$로 가정하자. 그러면 FD분포함수 $f(E)$에

서 분모의 1은 $e^{(E-E_f)/kT}$에 비교하여 무시될 수 있으며 BM통계를 적용하는 셈이 된다. 이 때 식 (6-20)은

$$n_o = \frac{4\pi}{h^3}(2m_n^*e)^{3/2} \int_{E_c}^{\infty} (E-E_c)^{1/2} \; e^{-(E-E_c)/kT} dE \tag{6-21}$$

여기서 적분상한을 ∞로 바꾼 것은 E_c보다 좀 더 높은 준위에서는 실질적으로 $f(E)=0$으로 된다는 사실을 이용한 것이다.

$x=(E-E_c)/kT$로 놓고 Gamma함수의 공식 $\Gamma(n+1)=n\Gamma(1/2)=n^{1/2}$를 이용하여 식 (6-21)을 계산하면 다음과 같이 된다.

$$n_o = N_c e^{-(E_c-E_f)/kT} \tag{6-22}$$

여기서

$$N_c = 2\left(\frac{2\pi m_n^* e k T}{h^2}\right)^{3/2}$$

$$= 4.38 \times 10^{21} \left(\frac{m_n^*}{m}\right)^{3/2} T^{3/2} \; [m^{-3}] \tag{6-23}$$

2. 진성반도체에서의 정공 농도

진성반도체에서의 정공의 수효는 가전자대에서 비어 있는 준위의 수효와 같다. 가전자대에서의 상태 분포함수를 $S(E)$로 하면, 준위가 비어 있을 확률은 $1-f(E)$이므로 가전자대에서 비어 있는 수효, 즉 정공의 수효 P_o는 식 (6-9)의 경우와 비슷한 요량으로 다음 식이 주어진다.

$$P_o = \int_{E_{v'}}^{E_v} [1-f(E)] S(E) dE \, [m^{-3}] \tag{6-24}$$

여기서 E_v[eV] 및 $E_{v'}$[eV]는 가전자대의 최고 및 최저 준위이다. 지금 $E_f - E \gg kT$로 가정한다면

$$1 - f(E) = 1 - \frac{1}{1 + e^{(E - E_f)/kT}}$$

$$= \frac{e^{-(E_f - E)/kT}}{1 + e^{-(E_f - E)/kT}} = e^{-(E_f - E)/kT} \tag{6-25}$$

또한 가전자대의 상태 분포함수는 준위가 높은 에너지 범위에서

$$S(E) = \frac{4\pi}{h^3}(2m_p^{\,*}e)^{3/2}(E_\nu - E)^{1/2} \tag{6-26}$$

로 주어진다. 여기서 $m_p^{\,*}$는 정공의 실효질량이다. 그러므로 식 (6-24)는

$$p_o = \frac{4\pi}{h^3}(2m_p^{\,*}e)^{3/2}\int_{-\infty}^{E_\nu}(E_\nu - E)^{1/2}\,e^{-(E_f - E)/kT}dE \tag{6-27}$$

식 (6-26)은 $E_\nu - E$가 작은 범위에서만 적용할 수 있는 식이기는 하나 $E_\nu - E$가 크고 식 (6-26)이 성립하지 않는 범위에서는 $1 - f(E) \cong 0$임을 뒤에 확인할 수 있다. 그러므로 식 (6-27)에서 계산되는 값은 결과적으로 정확하다. 적분하한을 $-\infty$로 한 것도 이러한 이유 때문이다.

식 (6-27)을 계산하면 정공농도로서 다음 식을 얻게 된다.

$$p_o = N_\nu e^{-(E_f - E_\nu)kT}\,[m^{-3}] \tag{6-28}$$

여기서

$$N_\nu = 2\left(\frac{2\pi m_p^{\,*}ekT}{h^2}\right)^{3/2}$$

$$= 4.38 \times 10^{21}\left(\frac{m_p^{\,*}}{m}\right)^{3/2}T^{3/2}\,[m^{-3}] \tag{6-29}$$

3. 진성반도체의 페르미준위

진성반도체에서는 자유전자와 정공이 한 쌍으로 생성되거나 혹은 소멸하므로

$$n_o = p_o \tag{6-30}$$

이다. 그러므로 식 (6-30)에 식 (6-22)와 식 (6-28)을 대입하면

$$N_c e^{-(E_c - E_f)/kT} = N_\nu e^{-(E_f - E_\nu)/kT}$$

이 된다. 이 식을 E_f에 대해서 풀면 다음 식을 얻을 수 있다. 즉 Fermi준위 E_f는

$$\begin{aligned}
E_f &= \frac{E_c + E_\nu}{2} - \frac{kT}{2} \ell n \frac{N_c}{N_\nu} \\
&= \frac{E_c + E_\nu}{2} - \frac{kT}{2} \ell n \left(\frac{m_n^*}{m_p^*} \right)
\end{aligned} \tag{6-31}$$

실제문제로서는 전자나 정공의 유효질량은 자유공간에서의 전자의 질량 m과 비슷하다고 보아도 상관없다. 그러므로 만일 $m_n^* = m_p^*$로 가정한다면 식 (6-31)은

$$E_f = \frac{E_c + E_\nu}{2} \tag{6-32}$$

이다. 이 식은 진성반도체의 페르미준위가 온도에 관계없이 금지대의 중앙에 있음을 보여준다.

4. 진성반도체에서의 캐리어농도

진성반도체에서의 캐리어농도를 진성캐리어농도(intrinsic carrier density)라고 하며, $n_i (= n_o = p_o)$로써 표시하는 것이 보통이다. 그러므로 식 (6-22, 23) 및 식 (6-28, 29)로부터

$$n_i{}^2 = N_c N_\nu e^{-(E_c - E_f)/kT} e^{-(E_f - E_\nu)/kT}$$

$$= 32\left(\frac{\pi e k m}{h^2}\right)^3 \left(\frac{m_n{}^* m_p{}^*}{m^2}\right)^{3/2} T^3 e^{-(E_c - E_\nu)/kT} \ [m^{-6}] \tag{6-33}$$

식 (4-21, 22) 및 〈표 5-1〉에 표시한 바와 같이 금지대폭 $Eg(= E_c - E_\nu)$는 온도에 따라 직선적으로 감소하며

$$Eg = Ego - \beta T \tag{6-34}$$

로 표시될 수 있다. 여기서 E_{go}는 0[°K]에서의 금지대폭이며, β는 비례상수이다. 식 (6-34)를 식 (6-33)에 넣으면

$$n_i{}^2 = \left[32\left(\frac{\pi e k m}{h^2}\right)^3 \left(\frac{m_n{}^* m_p{}^*}{m^2}\right)^{3/2} e^{\beta/k}\right] T^3 e^{-E_{go}/kT} \tag{6-35}$$

$$= A_0 T^3 e^{-E_{go}/kT} \tag{6-36}$$

여기서 A_0는 식 (6-35)의 괄호 안을 나타낸 정수이다.

〈표 4-4〉의 $m_n{}^*, m_p{}^*$의 값 및 〈표 5-1〉으 E_{go}, β의 값을 식 (6-36)에 넣으면 약50[°K]이상의 온도에서 적용할 수 있는 다음 측정결과 [E.M.Corwell, Proc.IRE,46 (June, 1958), PP. 1281~1300]와 대략 일치함을 확인할 수 있다.

$$n_i{}^2 = (3.10 \times 10^{44})\, T^3 e^{-9100/T} \ [m^{-6}] \ (\text{Ge}) \tag{6-37 a}$$

$$n_i{}^2 = (1.50 \times 10^{45})\, T^3 e^{-14000/T} \ [m^{-6}] \ (\text{Si}) \tag{6-37 b}$$

식 (6-36)으로 부터 진성캐리어 농도는 다음 식으로 주어진다.

$$n_i = B_0 T^{3/2} e^{-E_{go}/2kT} \tag{6-38}$$

여기서 $B_o(A_o{}^{1/2})$는 정수이다. 이 식에 대응하는 실험결과는 식 (6-37)로부터

$$n_i = (1.76 \times 10^{22}) \, T^{3/2} e^{-4550/T} [m^{-3}] \quad \text{(Ge)} \tag{6-39 a}$$

$$n_i = (3.18 \times 10^{22}) \, T^{3/2} e^{-7000/T} [m^{-3}] \quad \text{(Si)} \tag{6-39 b}$$

실내온도 $T = 300[°\text{K}]$에서는

$$n_i(300°\text{K}) = 2.4 \times 10^{19} \, [m^{-3}] \quad \text{(Ge)} \tag{6-40 a}$$

$$n_i(300°\text{K}) = 1.5 \times 10^{16} \, [m^{-3}] \quad \text{(Si)} \tag{6-40 b}$$

Si의 캐리어농도가 Ge의 약 1/1000임에 주의하여라.

Ge의 원자밀도는 $4.42 \times 10^{28} \, [m^{-3}]$, Si의 원자밀도는 $4.99 \times 10^{28} \, [m^{-3}]$이므로 Ge원자 10^9개에 1개 꼴, Si원자 10^{12}개에 1개 꼴로 캐리어가 생성되고 있다.

6.3 외인성 반도체

진성반도체에다 인위적으로 불순물을 넣어서 반도체에 캐리어를 발생하게 할 수 있다. 이러한 과정을 도우핑(doping)이라고 하는데 반도체의 전도도를 바꾸어 주기 위한 가장 일반적인 방법의 하나이다.

불순물첨가로 인하여 결정은 전자 또는 호올 어느 한 쪽이 더 많은 양이 되도록 바꾸어 줄수 있다. 따라서 불순물이 첨가된 반도체의 2가지 형식 즉 n형과 p형이 있다. 결정에 불순물이 첨가되어 평형상태의 캐리어농도 n_o와 p_o가 그의 진성캐리어 농도 n_i와 다르게 되었을 때이 물질을 외인성(extrinsic)이라고 한다.

실제 사용되고 있는 반도체 전자소자는 대부분 진성 반도체가 아니라 대단히 순수한 반도체 재료에 약간의 특정한 불순물 원자를 인위적으로 넣은 것이며 전기적 성질이 불순물의 종류와 불순물 농도로 결정된다. 이러한 반도체를 외인성 반도체(extrinsic semiconductor)라고 한다. 외인성 반도체로 사용하는 불순물 원자로서 Ge및 Si가 관심의 대상이 되는 것은 원자가가 3가 및 5가의 원자들이다. 5가의 원자들은 자유전자를 제공하는(donate)역할을 하므로 도우너(donor)불순물이라고 불리어진다.

한편 3가의 원자들은 결합전자를 받아들여 정공을 만드는 역할을 하므로 억셉터(acceptor)불순물이라고 부른다.

〈표 6-1〉 Ge, Si 및 그 전기전도를 제어하는 데 사용되는 불순물의 성질

원소	가전 자수	원자 번호	결정 내에서의 지름(Å)	작용	다수 캐리어	캐리어를 만들기 위한 이온화 에너지(eV)		전도형
						Ge에서*	Si에서*	
B	3	5	0.81	억셉터	정공	0.0104	0.045	p형
Al	3	15	1.26	억셉터	정공	0.0102	0.057	p형
Ga	3	31	1.26	억셉터	정공	0.0108	0.065	p형
In	3	49	1.44	억셉터	정공	0.0112	0.16	p형
P	5	15	1.13	도우너	전자	0.0120	0.044	n형
As	5	33	1.13	도우너	전자	0.0127	0.049	n형
Sb	5	51	1.36	도우너	전자	0.0096	0.039	n형
Si	4	14	1.17	결정구성 원자	동수	$1.205-2.8\times10^{-4}\text{T}(^{\circ}\text{K})$		진성
B	3	32	1.22	결정구성 원자	동수	$0.782-3.9\times10^{-4}\text{T}(^{\circ}\text{K})$		진성

* R.A.Smith Semlcondurtors, Cambridge University Press, 1959.
** E.M.Conwell, Proc, IRE.46(June, 1958).pp.1281-1300.

일반적으로 사용되고 있는 도우너원자는 인(P), 비소(As). 안티몬(Sb) 등이며 억셉터원자는 보론(B), 알루미늄(Al), 갈륨(Ga), 인듐(In) 등이다. 〈표 6-1〉에 이들을 나타내었다.

반도체 결정 안으로 이러한 불순물을 넣는 과정을 도우핑(doping)이 라고 한다.

다음에 이러한 불순물들이 반도체 전기적 성질에 어떠한 영향을 미치게 되는가를 고찰하자.

1. N형 반도체

순수한 반도체에 5가의 도우너 불순물을 넣으면 N형 반도체가 된다. 이때, 도우너 원자들이 제공하는 자유전자들이 전기전도에 있어서 주동적 역할을 한다. 도우너 원자는 최외각 궤도에 5개의 가전자를 가지고 있다. 그러므로 순수한 Ge결정에서 한 개의 Ge원자를 도우너 원자로 바꾸어 놓으면 5개의 가전자 가운데 4개는 주위의 Ge원자들과 공유결합을 이루게 될 것이다. 이러한 공유결합은 대단히 강하기 때문에 도우너 원자의 이온핵은 결정격자의 위치에 강하게 구속된다.

절대온도 0[$^{\circ}$K]에 있어서 다섯 번째의 나머지 전자는 도우너 원자에 구속되어 있기는 하나 구속력이 대단히 약하다. 구속력이 어느 정도인가를 개념적으로 짐작하기 위해서 이 전자에 대해 Bohr의 원자모형을 적용해 보자. 즉 Ge의 바다속에서 +e의 전하를 가진 도우너 - 이온핵 주위를 그리면서 [그림 6-5]와 같이 운동하고 있다고 생각하자. 그러면 이 전자의 운동반지름과 에너지에 대해서 식 (4-4) 및 (4-8)을 적용할 수 있다.

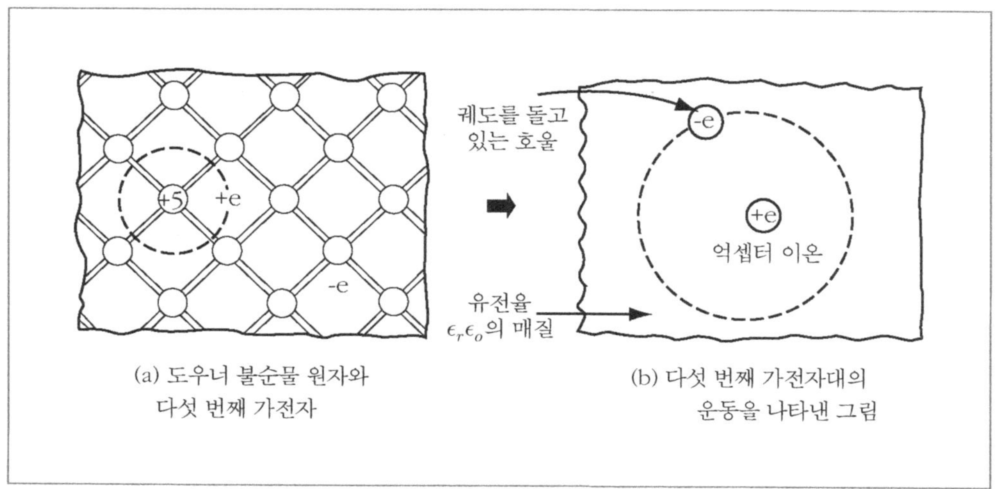

[그림 6-5] 낮은 온도(=0°K)에서의 N형 Ge 결정

단 이 경우 질량 m 대신에 실효질량 m_n^*, 또 진공의 ε_0 대신에 Ge유전율 $\varepsilon_0 \varepsilon_r$을 적용해 야 한다. 그러므로 기저상태 $n=1$ 에서의 전자의 운동반지름 r' 및 에너지 u'는 다음과 같다.

$$r' = \frac{\varepsilon_o \varepsilon_r h^2}{\pi m_n^* e^2} = \frac{\varepsilon_r m}{m_n^*} \frac{\varepsilon_0 h^2}{\pi m e^2}$$

$$= \varepsilon_r \left(\frac{m}{m_n^*} \right) r_0 \tag{6-41}$$

$$u' = -\frac{m_n^* e^4}{8(\varepsilon_0 \varepsilon_r)^2 h^2} = -\frac{m e^4}{8\varepsilon_0^2 h^2} \frac{m_n^*}{\varepsilon_r^2 m}$$

$$= \left(\frac{1}{\varepsilon_r} \right)^2 \left(\frac{m_n^*}{m} \right) u_0 \tag{6-42}$$

여기서 r_0 및 u_0는 각각 $n = 1$인 기저상태에 있는 수소원자에 있어서 전자의 운동반지름 0.527[Å] 및 에너지 -13.58[eV]이다. Ge의 비유전율 ε_r은 16이다. 그러므로 m_n^*/m 의 Ge 에서의 대표적인 값인 0.6을 적용하면 $r' = $ 16[Å], $u' = $ -0.03[eV]로 된다. 반지름 $r' \approx$ 16[Å] 으로 원을 그리면 그 안에 1000개의 Ge원자가 있는 셈이 된다. 그러므로 전자가 Ge원자의 바다 속에서 운동하고 있다고 상상하여도 타당한 개념이라 생각된다. u'에 대한 측정값은 〈표 6-1〉을 참조하라.

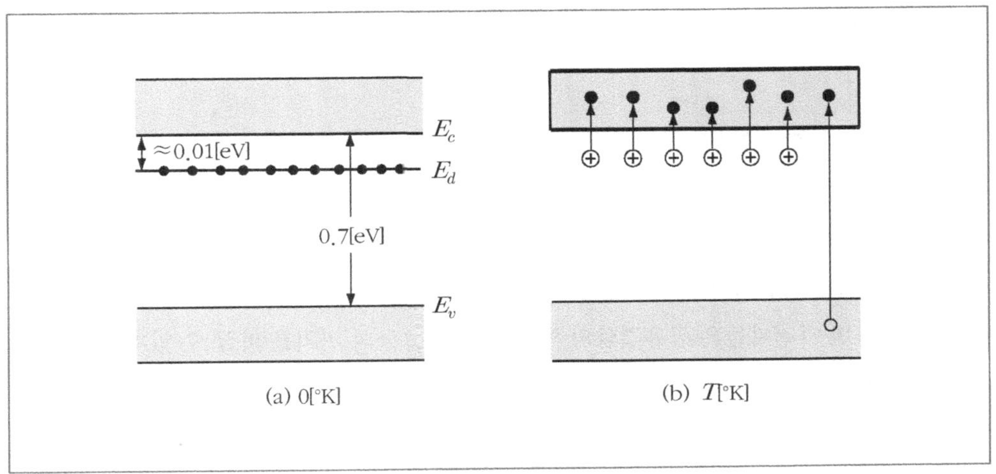

[그림 6-6] N형 Ge 반도체의 에너지대구조

u'는 다섯째의 전자를 이온화시키는 데 필요한 에너지를 의미한다. 전자들의 평균 열에너지 kT는 실내온도에서 0.026[eV]이다. 그러므로 실내온도에서는 다섯째의 전자들은 모두 도우너 원자들을 떠나 자유전자로 되어 있다고 볼 수 있다. 이 때 도우너 원자는 +e로 대전하게 된다. +e로 대전한 도우너 이온을 정공으로 생각할 수 없다. 그 이유는 도우너 이 온은 강력한 공유결합의 힘으로 결정격자의 위치에 고정되어 있으며 움직이지 못하기 때문이다. 정공이란 공유결합에 참여하고 있던 결합전자가 빠져나간 상태를 말한다. 도우너 이온은 공간적으로 고정된 전하, 즉 공간전하(spare charge)를 형성할 뿐이며 전기전도에 직접 기여하지는 않는다. [그림 6-6]에 N형 반도체인 Ge의 에너지구조를 나타내었다. 0[°K]에서는 가전자대가 전부 채워져 있으며 전도대는 완전히 비어 있다. 도우너 원자의 다섯 째 전자들은 전도대보다 Ge에서는 약 0.01[eV], Si에서는 약 0.44[eV]만큼 낮은 준위에 위치하고 있다. 이러한 준위를 도우너 준위라고 한다.

도우너 불순물을 넣으면 Ge의 금지대 안에 도우너 원자의 수효만큼 새로운 에너지 준위가 형성된다. 실내온도에서는 도우너 준위의 전자들은 거의 다 전도대에 올라가서 자유전자로 되어 있으며, 대단히 적은 수효이긴 하지만 가전자대의 전자가 전도대로 올라가서 한쌍의 캐리어를 만들고 있다. 이 모양을 나타낸 것이 [그림 6-6] (b)이다. 보통 N형 반도체에서는 정공의 수효는 대단히 적으며 전기전도는 주로 자유전자의 운동에 의해서 이루어진다. 그러므로 전자를 다수 캐리어(majority carrier), 정공을 소수 캐리어(minority carrier)라고 한다.

2. p형 반도체

순수한 반도체에 3가의 억셉터 원자를 넣은 반도체를 P형 반도체라고 한다. 억셉터 원자의 가전자는 3개이므로 Ge원자와 바꾸어 놓으면 공유결합을 만족시키지 못하고 [그림 6-7] (a)에 나타낸 바와 같이 결합의 공백(vacancy)이 생긴다.

그러나 이러한 결합의 공백상태가 언제까지나 [그림 6-7] (a)의 위치에 고정되어 있지는 않는다. 왜냐하면 가전자들은 공유결합의 영역 안에서 그들의 위치를 바꿀 수 있기 때문이다. 그러므로 결합의 공백이 [그림 6-7] (b)와 같은 위치로 옮겨가게 될 것이다. 일단 이러한 일이 발생되었다면 억셉터 원자 근처가 음으로 대전하며 결합의 공백이 옮겨간 근처는 양으로 대전한다. 그러므로 이러한 음 및 양전하 사이의 전기력은 결합의 공백이 옮겨갈 수 있는 위치를 어떤 범위로 제한하게 된다. 즉 0[°K]부근의 대단히 낮은 온도에서는 음으로 대전한 억셉터 이온 근처에 발생만 정공은 억셉터 이온에 구속된 상태에 있으며 그 주위를 운동하고 있다. 이러한 정공이 얼마만큼의 힘으로 억셉터에 구속되어 있는가에 대한 개념을 얻으려면 N형 반도체의 경우와 마찬가지로 Bohr의 원자모형을 적용하면 된다. 단 이 경우에는 [그림

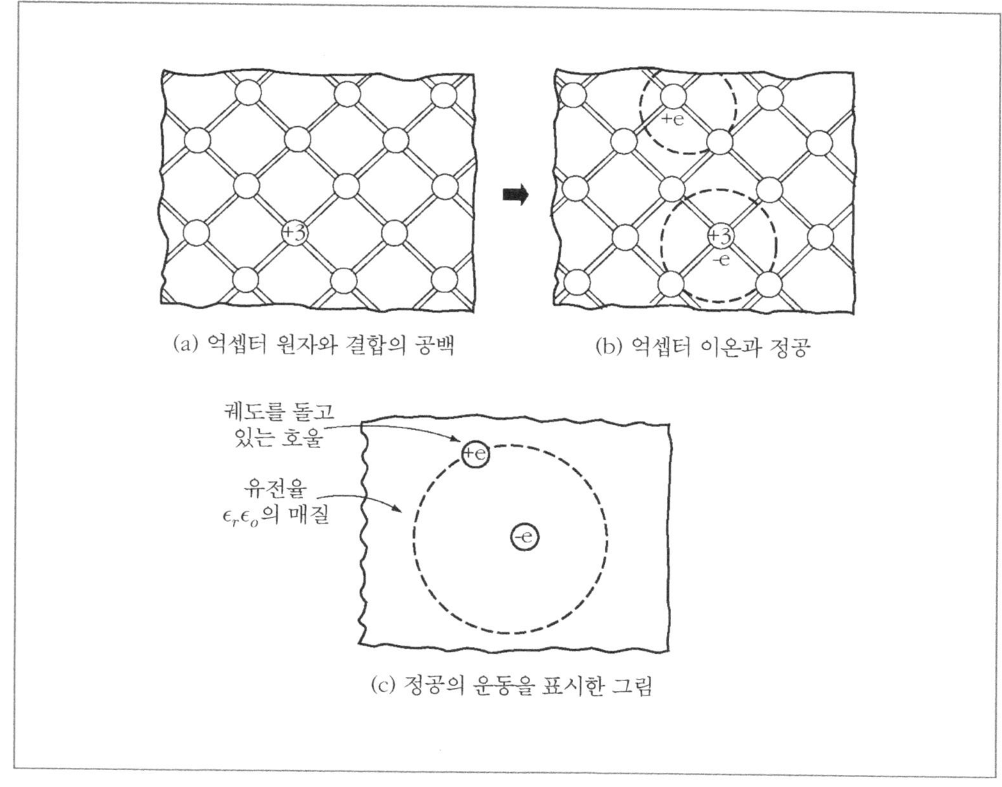

(a) 억셉터 원자와 결합의 공백   (b) 억셉터 이온과 정공

(c) 정공의 운동을 표시한 그림

[그림 6-7] 낮은 온도에서의 p형 반도체

6-7] (c)에서 보는 바와 같이 -e로 대전한 원자핵의 주위를 +e의 전하를 가진 전자가 돌고 있는 것처럼 생각하여야 하며 전자의 질량으로 정공의 실효질량을 적용해야 한다. 〈표 4-4〉 및 식 (6-42)에 따라 계산하면 결합에너지(binding energy)의 값으로 Ge에서 약 0.02[eV], Si에서 약 0.06[eV]를 얻는다. 이것은 정공이 반도체결정 안에서 자유롭게 움직일 수 있는 자유캐리어(free carrier)가 되려 면 0.02[eV](Ge에서) 혹은 0.06[eV](Si에서) 만큼 에너지를 얻으면 된다는 것을 의미하고 있다. 그러므로 실내 온도에서는 이러한 정공들은 모두 자유 캐리어로 되어 있으며 전기전도에 공헌하게 된다.

[그림 6-8]에 P형 Ge반도체의 에너지대 구조를 나타내었다.

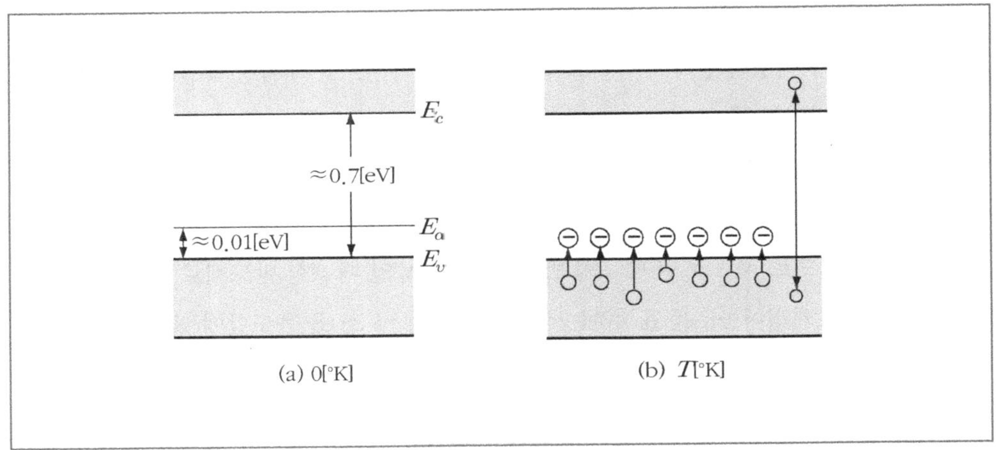

[그림 6-8] p형 Ge 반도체 에너지대 구조

억셉터 불순물을 넣으면 Ge의 금지대 안에 새로운 에너지준위가 생기는 점에 주목해야 한다. 이 준위는 가전자대보다 0.01[eV](혹은 005[eV], Si)만큼 높은 데 있으며 억셉터 준위라고 불리어진다. 억셉터 준위의 수효는 억셉터 원자의 수효와 같다. 0[°K]에서 가전자대는 완전히 채워져 있으며 전도대 및 억셉터 준위는 전부 비어 있다. 실내온도에서 억셉터 원자는 전부 음으로 대전하여 공간적으로 고정된 공간전하를 형성하고 있으며, 억셉터 원자의 수효만큼 정공이 생기고 있다고 볼 수 있다. 그림 (b)는 이 모양을 나타낸 것이다. P형 반도체에서는 정공이 다수캐리어, 자유전자가 소수캐리어로 된다.

6.4 외인성 반도체에서의 캐리어농도

실제의 외인성 반도체는 도우너와 억셉터를 동시에 포함하고 있는 것이 보통이다. 억셉터 준위는 전도대 및 도우너 준위보다 낮다. 그러므로 전도대 및 도우너 준위의 전자가 되도록 이면 억셉터 준위를 채우려 하는 것은 자연스러운 경향이라 할 수 있을 것이다. 사실 0[°K]에서 는 전도대는 완전히 비어 있고, 가전자대는 완전히 채워져 있으며, 억셉터 준위는 도우너의 다섯째의 전자들로써 되도록 채워져 있음이 틀림없다. 왜냐하면 이것이 계 전체로 볼 때 전자들의 에너지가 최소로 되는 상태이기 때문이다.

그러므로 억셉터 원자농도 N_a가 도우너 원자농도 N_d보다 많은 경우 도우너 원자의 다섯째의 전자들은 모두 억셉터 원자에 잡히고 만다. 이러한 과정으로 채워진 억셉터는 이제 더 이상의 전자들을 받아들일 수 없으므로 가전자대에 정공을 공급할 수 없게 된다. 그러므로 실내온도에서는 불순물원자에 의해서 가전자대에 공급되는 정공농도는 $N_a\text{-}N_d$로 된다. 같은 이유로 $N_d \rangle N_a$인 경우에는 불순물 원자에 의해서 전도대에 공급되는 자유전자농도는 $N_d\text{-}N_a$로 된다. 그러므로 $N_a \rangle N_d$일 때 P형 반도체, $N_d \rangle N_a$일 때 N형 반도체로 된다.

진성반도체의 캐리어농도를 표시하는 식 (6-22) 및 식 (6-28)을 유도함에 있어서 유일한 가정은 $(E_c - E_f) \gg kT$ 및 $(E_f - E_v) \gg kT$ 였었다. 그러므로 외인성 반도체의 경우에 있어서도 역시 이러한 가정이 성립한다면 이 식들은 반도체의 전도형(진성, N형, P형)에 관계없이 캐리어 농도를 표시하는 일반식으로 볼 수 있다.

1. 전기적 중성조건

도우너 농도 $N_d\,[m^{-3}]$ 및 억셉터 농도 $N_a\,[m^{-3}]$를 동시에 포함한 반도체에서 도우너원자 가운데 이온화되지 않은 것이 $n_d\,[m^{-3}]$, 억셉터원자 가운데 이온화된 것이 $n_a\,[m^{-3}]$, 또 전자농도 및 정공농도가 각각 $n_0\,[m^{-3}]$ 및 $p_0\,[m^{-3}]$라고 하자. n_o는 도우너원자에서 발생한 $(N_d - n_d)$와 가전자대에서 금지대로 올라온 전자로써 되어 있다. 또 p_o는 가전자대에서 억셉터 준위로 올라간 전자 n_a와 금지대로 올라간 전자에 의해서 발생한 것이다. 그러므로 다음 관계식이 성립해야 한다.

$$n_o - (N_d - n_d) = p_o - n_a$$

따라서

$$p_o + (N_d - n_d) = n_o + n_a \qquad (6\text{-}43)$$

이 식의 좌변은 +e의 전하를 가진 정공과 도우너 이온의 수효, 우변은 -e의 전하를 가진 전자와 억셉터 이온의 수효를 표시하고 있다. 그러므로 식 (6-43)은 반도체가 전기적으로 중성임을 나타낸 관계식이라고 할 수 있다. 식 (6-43)을 "전기적 중성조건"이라고 한다.

이 조건을 이용하면 식 (6-22) 및 (6-28)로부터 페르미준위 및 캐리어농도를 구할 수 있다.

2. 캐리어농도 사이의 관계

외인성 반도체의 캐리어농도를 구하는 아주 간단한 실용적 방법이 있다. 이 방법을 유도하려면 우선 캐리어농도 p_o 및 n_o 사이에 성립하는 중요한 일반적 관계식을 알아두어야 한다.

캐리어농도 n_o, p_o에 관한 일반식 (6-22) 및 (6-28)로부터

$$n_o p_o = N_c N_v e^{-(E_c - E_f)/kT} e^{-(E_f - E_v)/kT} = N_c N_v e^{-E_g/kT} \qquad (6\text{-}44)$$

이 식의 우변은 반도체의 종류(Ge, Si) 및 온도에 관계하나, 불순물의 종류 및 농도에 관계없는 정수이다. 즉

$$n_o p_o = 정수$$

이 식은 진성반도체에 대해서도 물론 성립하며 이 경우 $n_o p_o = n_i{}^2$이다. 따라서 윗 식의 정수는 $n_i{}^2$과 같아야 한다. 이리하여 다음과 같은 간단한 관계식을 얻게 된다.

$$n_o p_o = n_i{}^2 \qquad (6\text{-}45)$$

식 (6-45)의 관계식을 캐리어의 열생성과 재결합과의 평형(balance)이란 관점에서 다시 한 번 고찰하는 것이 유익한 일이며, 위의 관계식에 대한 이해를 보다 더 깊게 하는 데 도움이 된다. 열평형상태에 있는 반도체에 있어서 열생성률[쌍/m³-sec]과 재결합률[쌍/m³-sec]이 평

행되어 있어야 한다. 진성반도체에서의 열생성률과 재결합률을 각각 G, R로 표시하면, 자유전자 농도를 n, 정공농도를 p라 할 때 재합율 $R = rnp$[쌍/m³-sec]에 의하여 $R = rn_i^2$이므로, 열평형상태에서는

$$G = R = rn_i^2 \tag{6-46}$$

다음에 외인성반도체의 경우를 생각하자. 열평형상태에서의 캐리어농도인 평형캐리어농도를 n_o, p_o 또 열생성률과 재결합률을 각각 G' 및 R'로 하면, 재합율 $R = rnp$에 따라

$$R' = rn_o p_o \tag{6-47}$$

여기서 재결합의 메카니즘에 관련되는 parameter r은 진성반도체의 경우와 동일하다고 가정하였다. 이 가정은 불순물농도가 적을 때 충분히 성립될 수 있을 것이다. 같은 이유로 G'도 역시 진성반도체의 경우와 동일하다고 볼 수 있다. 즉,

$$R' = G = rn_i^2 \tag{6-48}$$

따라서 평행조건 $R' = G'$에 식 (6-47) 및 (6-48)을 넣으면

$$n_o p_o = n_i^2 \tag{6-49}$$

지금까지의 모든 해석은 불순물농도 및 캐리어농도가 충분히 적은 경우를 전제로 하고 있다.

3. 캐리어농도

실내온도에서 도우너 및 억셉터는 모두 이온화되어 있다고 볼 수 있다. 이 경우 전기적 중성조건은 식 (6-43)에서 $n_d = 0$, $n_a = N_a$로 하여 다음과 같이 표시된다.

$$n_o - p_o = N_d - N_a \tag{6-50}$$

이 식과 일반식 $n_o p_o = n_i^2$은 평형캐리어농도 n_o, p_o에 관한 두 개의 관계식을 주므로 이 두 식에서 n_o, p_o를 구할 수 있을 것이다. 즉

$$n_o = \frac{N_d - N_a}{2} + \sqrt{n_i^2 + \left(\frac{N_d - N_a}{2}\right)^2} \tag{6-51}$$

$$p_o = \frac{N_a - N_d}{2} + \sqrt{n_i^2 + \left(\frac{N_a - N_d}{2}\right)^2} \tag{6-52}$$

$N_d \rangle N_a$일 때 N형 반도체이며 N_d-$N_a = N_D$로 표시하면

$$n_{n_o} = \frac{N_D}{2} + \left[n_i^2 + \left(\frac{N_D}{2}\right)^2\right]^{1/2} \tag{6-53}$$

실제문제로서는 $N_i \ll N_d$라고 가정할 수 있다. 그러므로 $n_{no} \cong N_D$이며 식 (6-49)로부터 $p_{no} = n_i^2/n_{no} \cong n_i^2/N_D$로 된다. 즉 N형 반도체에서의 평형캐리어농도는

$$n_{no} \cong N_{D,} \qquad p_{no} \cong n_i^2/N_D \qquad \text{(N형)} \tag{6-54}$$

마찬가지로 p형 반도체의 경우 $N_a - N_d = N_A$로 놓아 $n_i \ll N_A$로 가정하여

$$n_{po} \cong n_i^2/N_A, \quad p_{po} \cong N_A \qquad \text{(P형)} \tag{6-55}$$

식 (6-54) 및 (6-55)에서 큰 문자 n, p는 각각 전자 및 정공농도, 작은 첨자 n, p는 각각 N형 및 P형 반도체, 작은 첨자 o는 열평형상태를 표시한다. 식 (6-54)는 N형 반도체에서 다수 캐리어 전자를 증가시키기 위해서 강하게 도우핑(doping)하면 소수 캐리어정공은 이에 반비례하여 감소함을 나타내고 있다. P형 반도체에서도 역시 같은 사정이다. 이것을 "소수 캐리어 억제(minority carrier suppression)의 현상"이라고 한다.

4. 캐리어농도의 온도변화

[그림 6-9] (a)에 캐리어농도의 온도변화에 대한 대표적 예를 나타내었다. 0[°K]에 가까운 낮은 온도에서는 도우너 원자들이 충분히 이온화되어 있지 않다. 이 온도범위를 불순물 동결영역이라고 한다.

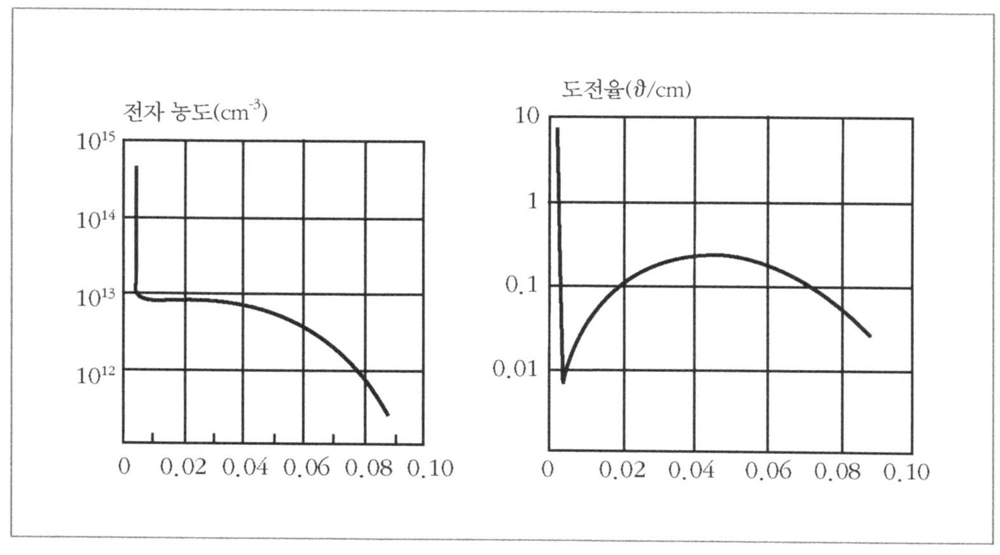

[그림 6-9] As을 도우핑한 N형 Ge 결정에서의 전자농도 및 도전율의 온도변화

불순물이 전부 이온화되어 있으며 또 $N_d \gg n_i$가 성립되는 온도범위에서는 캐리어농도가 일정하다. 이 부분을 외인성 온도범위라고 한다. 온도가 그 이상 높아지면 모체결정의 원자에서 공급되는 캐리어들이 지배적으로 되며 진성반도체의 성격을 띠게 된다. 이 온도범위를 진성 온도영역이라고 한다. 우리는 앞으로 외인성 온도범위만을 대상으로 할 것이다.

5. 도전율

도전율은 식 (5-24)로부터 다음 식으로 주어진다.

$$\sigma = e\mu_n n_o + e\mu_p p_o \tag{6-56}$$

N형 반도체의 경우 외인성 온도범위에서 $n_o = N_d$이며 p_o를 무시할 수 있으므로

$$\sigma_n \cong e\mu_n N_d \tag{6-57}$$

마찬가지로 P형 반도체의 경우

$$\sigma_p = e\mu_p N_a \tag{6-58}$$

[그림 6-9] (b)에 도전율의 온도변화를 나타내었다. 불순물 동결영역에서는 온도에 따라 이온화되는 불순물의 수효가 증가하므로, 온도에 따라 도전율이 높아진다. 이동도 μ는 온도에 따라 감소한다. 그러므로 캐리어농도가 일정한 외인성 온도범위에서는 금속의 경우와 마찬가지로 온도가 높아짐에 따라 도전율이 낮아진다. 진성온도범위에서는 캐리어의 수효가 급격히 증대하므로 도전율은 다시 온도에 따라 급격히 높아진다.

6. 페르미준위

[그림 6-10]에 페르미준위의 온도변화를 정성적으로 나타내었다.

N형 반도체에서는 실제로 $n_o = N_d \gg n_i$이다. 이것은 $(E_c = E_f)$가 진성반도체의 경우보다 적다는 것으로 해석된다. 진성반도체에서 E_f는 금지대의 중앙에 있다. 그러므로 N형 반도체의 페르미준위는 금지대의 중앙보다 높은 곳에 있다고 결론지어진다. $p_o = n_i^2/N_d < n_i$와 식 (6-28)로부터도 역시 같은 결론이 얻어지며, 페르미준위는 온도에 따라서 변화한다.

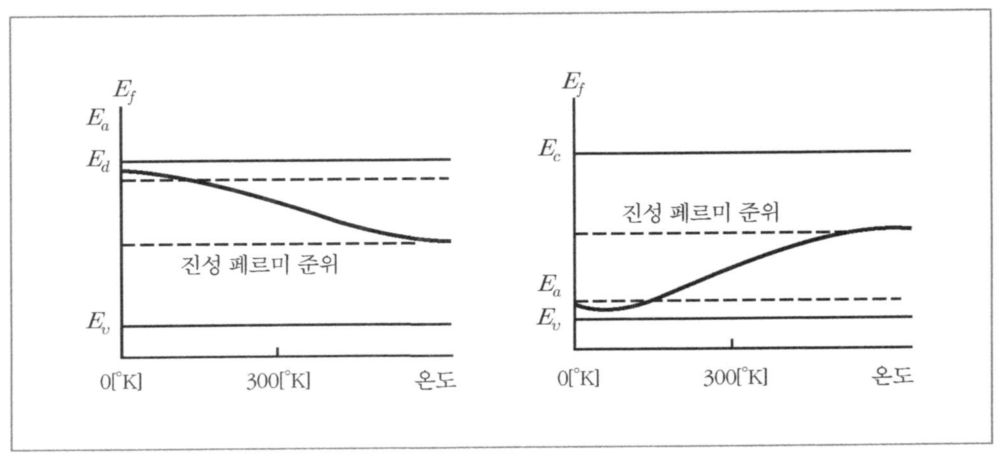

[그림 6-10] 페르미준위의 온도변화

P형 반도체에 있어서 페르미준위의 온도변화에 대하여 알아보자. 외인성 온도범위에서 페르미준위의 위치는 다음과 같이 간단히 구할 수 있다. N형 반도체의 경우 식 (6-22)에 $n_o = N_d$를 넣으면

$$N_d = N_c e^{-(E_c - E_f)/kT}$$

이것을 E_f에 대해서 풀면

$$E_f = E_c - kTln\frac{N_c}{N_d} \tag{6-59}$$

마찬가지로 P형 반도체의 경우

$$E_f = E_\nu + kTln\frac{N_\nu}{N_d} \tag{6-60}$$

0[°K]에 가까운 낮은 온도에서는 전도대의 전자들은 모두 도우너준위에서 올라온 것들이다. 따라서 자유전자농도 식 (6-22)는 비어 있는 도우너준위의 수효와 같다. 따라서

$$N_c e^{-(E_c - E_f)/kT} = N_d \left[1 - \frac{1}{1 + e^{(E_d - E_f)kT}} \right]$$

$$= \frac{N_d\, e^{(E_d - E_f)kT}}{1 + e^{(E_d - E_f)/kT}}$$

0[°K] 근처에서는 FD분포함수 $f(E)$의 값은 1에 가까움은 분명하다. 이것은 $1 \gg e^{(E_d - E_f)kT}$임을 의미한다. 따라서

$$N_c e^{-(E_c - E_f)/kT} = N_d\, e^{(E_d - E_f)/kT}$$

이 식을 E_f에 대해서 풀면

$$E_f = \frac{E_c + E_d}{2} - \frac{kT}{2} ln \frac{N_c}{N_d}$$

따라서 $T \to 0[°\mathrm{K}]$에서

$$E_f = \frac{E_c + E_d}{2}$$

온도가 아주 높아지면 진성반도체의 성격을 띄게 되므로 E_f는 금지대의 중앙에 오게 된다. 또, $0[°\mathrm{K}]$에서는 전도대와 도우너준의 사이의 중앙에 위치하는 것을 증명할 수 있다. 그러므로 N형 반도체의 페르미준위는 온도가 높아감에 따라 전도대와 도우너준위의 중앙으로부터 금지대의 중앙까지 내려간다.

6.5 소수캐리어의 수명

전자와 정공의 재결합에 관련된 한 가지 기본적 문제를 고찰하여 "소수캐리어의 수명(lifetime)"에 대한 개념을 도입하고자 한다. 이 개념은 트랜지스터 및 다이오드의 동작을 고찰하는 데 있어서 중요하다. 예를 들어 도우너 농도가 $N_d(m^{-3})$인 균일한 N형 반도체를 생각하자. 열평형상태에 있을 때, 전자 및 정공농도는

$$n_{no} = N_d \qquad p_{no} = \frac{n_i^2}{N_d} \tag{6-61}$$

이다. 이 반도체에 빛을 비추면 열평형이 깨어져 캐리어농도가 증가한다. 광자에 의해서 Q 쌍의 전자와 정공이 여분으로 생성되고 있다고 가정하면 이 때 캐리어농도는

$$n_n = n_{no} + Q = N_d + Q \tag{6-62}$$

$$p_n = p_{no} + Q = \frac{n_i^2}{N_d} + Q \tag{6-63}$$

식 (6-62, 63)에서 $n_n p_n > n_{no} p_{no} = n_i{}^2$임에 주의하여라. 이것은 열평형에 있지 않기 때문이다. 일반적으로 캐리어농도(n_n, p_n)와 평행캐리어농도(n_{no}, p_{no})와의 차이를 "과잉캐리어농도(excess carrier density)"라고 한다. 빛을 비추지 않으면 반도체는 다시 열평형상태로 돌아갈 것이며, 캐리어농도는 n_{no}, p_{no}로 된다. 이 경우 열평형으로 돌아가는 과정에서 캐리어농도의 시간적 변화를 고찰해보자. 여기서 처음의 과잉캐리어농도 Q는 다수캐리어의 평형농도 n_{no}에 비교하여 훨씬 작다고 가정한다. 이에 대한 해로서 빛을 비추지 않은 시간을 $t = 0$으로 하여 임의시간의 캐리어농도를

$$n_n(t) = n_{no} + q(t) \tag{6-64}$$

$$p_n(t) = p_{no} + q(t) \tag{6-65}$$

로 표시하자. 여기서 $q(t)$는 과잉캐리어농도이며 $t = 0$에서 $q(t) = Q$이다. 단위시간에 생성되는 캐리어의 수효는 식 (6-48)에 의하여 $G' = rn_i{}^2$[쌍/m^{3}sec]이며, 또 단위시간에 재결합으로 인하여 소멸되는 캐리어의 수효는 일반식에 의하여 $R' = rn_n(t)p_n(t)$[쌍/m^3-Sec]이다. 따라서 캐리어농도의 증가율은

$$\frac{dn_n}{dt} = \frac{dp_n}{dt} = G' - R = r(n_i{}^2 - n_n p_n) \tag{6-66}$$

식 (6-66)에 식 (6-64, 65)를 넣어 $n_{no}p_{no} = n_i{}^2$, $n_{no} \gg p_{no}$, $n_{no} \gg q$, $q = p_n - p_{no}$의 관계를 고려하면서 정리하면 다음과 같이 된다.

$$\frac{dp_n}{dt} = -rN_d(p_n - p_{no}) \tag{6-67}$$

여기서

$$\tau_p \equiv \frac{1}{rN_d} \tag{6-68}$$

로 놓으면, 식 (6-67)은

$$\frac{dp_n}{dt} = -\frac{p_n - p_{no}}{\tau_p} \tag{6-69}$$

이 미분방정식을 초기조건($t = 0$에서 $p_n = p_{no} + Q$)을 고려해 넣어서 풀면 다음 식을 얻는다.

$$p_n(t) = p_{no} + Qe^{-t/\tau_p} \tag{6-70}$$

그러므로 과잉정공농도의 시간적 변화는 [$q(t)$를 $p^*(t)$로 기호를 바꾸어서]

$$p^*(t) \equiv p_n(t) - p_{no} = Qe^{-t/\tau_p} \tag{6-71}$$

이 식은 외부의 자극 및 빛에 의하여 여분으로 생성된 과잉정공이 시간의 경과에 따라 재결합의 의해서 소멸해가는 모양을 표시한다.

[그림 6-11]은 과잉정공농도의 시간적 변화를 나타낸 것이다.

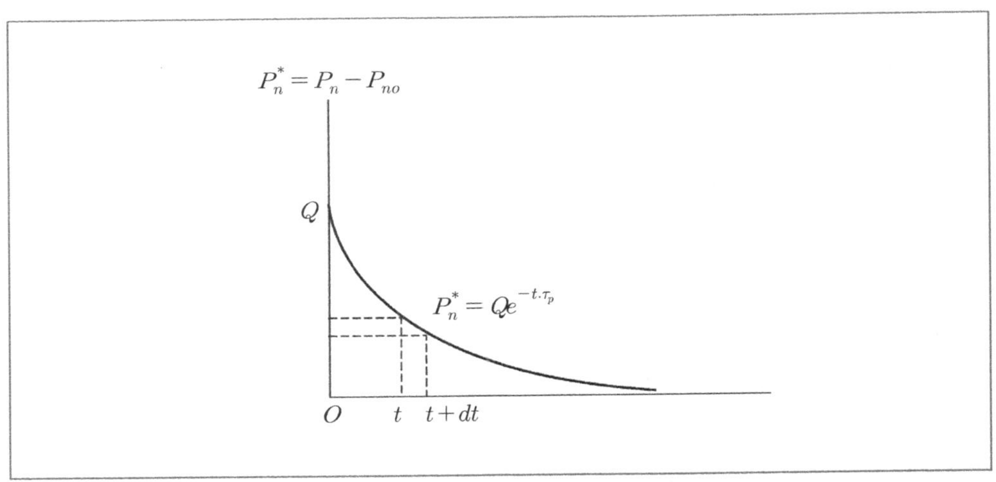

[그림 6-11] 과잉소수캐리어농도의 시간적 변화

여기서 식 (6-68)로 정의된 τ_p가 내포하고 있는 물리적 의의를 생각해 볼 필요가 있다.

$t \sim t+dt$시간 동안에 단위부피당 소멸되는 과잉정공의 수효는 $|(dp^*/dt)dt| \times t$이다. 그러므로 과잉정공의 평균수명은

$$\text{평균수명} = \frac{\text{과잉정공들의 생존시간의 총계}}{\text{과잉정공 총수}}$$

$$= \frac{\int_0^\infty \left|\frac{dp^*}{dt}\right| t\,dt}{Q} \tag{6-72}$$

식 (6-71)을 넣어서 계산하면 우변은 τ_p로 된다. 따라서

$$\text{평균수명} = \tau_p = \frac{1}{rN_d} \tag{6-73}$$

이 식으로부터 식 (6-68)로 정의된 τ_p는 과잉정공의 평균수명을 표시하는 parameter임을 안다. τ_p가 재결합의 메카니즘에 관련된 parameter r과 다수캐리어인 전자의 평형농도에 의해서 결정되는 점에 주의하여라.

마찬가지로 억셉터농도가 N_a인 P형 반도체에 있어서 과잉전자의 평균수명 τ_p은 r과 다수캐리어인 정공의 평균밀도 N_a에 의해서 결정된다. 즉

$$\tau_p = \frac{1}{rN_a} \tag{6-74}$$

식 (6-73,74)의 τ_p 및 τ_n을 "소수캐리어의 수명"이라고 한다.

지금까지 우리는 소수캐리어농도의 시간적 변화만을 주목하였다. 트랜지스터 및 다이오우드의 동작을 해석할 때 소수캐리어의 농도분포 및 그들의 움직임에 주목하는 것이 보통이다. 왜냐하면 다수캐리어의 농도변화는 평형농도 n_{no} 혹은 p_{po}에 비교하여 무시될 수 있는 정도로 적기 때문이다. 물론 재결합의 과정에서는 전자와 정공이 한 쌍으로 소멸되므로 과잉다수캐리어의 수명도 역시 과잉소수캐리어의 경우와 동일하다. 그러므로 식 (6-73, 74)의 τ 를 재결합수명(recombination lifetime)이라고 하는 것이 옳았을지도 모른다.

대단히 좋은 Ge결정에서 수명 τ는 1~10[m sec]정도이다. Si결정에서의 대표적인 값은 10~50[μ sec]정도이다. 1[m sec]의 τ가 요구되는 경우도 있고 또 1[n sec]의 τ가 요구되는 경우도 있으며 요구되는 τ의 값은 전자소자의 종류 및 응용분야에 따라 달라진다. 그러므로 τ를 임의의 값으로 조정할 수 있는 기슬이 필요하게 된다. 현재 실용화되어 있는 방법은 가능한 한 가장 좋은 결정을 사용하여 재결합중심으로서 작용할 불순물을 적당히 도우핑하는 방법이다.

6.6 Hall 효과

전류 I가 흐르고 있는 결정(도체 또는 반도체)을 전류의 방향과 직각인 자계(자속밀도 B 인) 안에 놓으면 결정 안에는 I와 B에 모두 직각인 방향으로 전계 E가 발생한다. 이러한 현상을 Hall 효과(Hall effect)라 부르며 반도체의 종류 즉 N형 인가 또는 P형 인가를 결정하는데 이용된다.

또 Hall 효과에 의해서 캐리어의 밀도를 측정하면서 동시에 도전율을 측정하면 이동도 μ 를 구할 수 있다. 따라서 Hall 효과의 물리적 성질을 쉽게 이해할 수 있다. [그림 6-12] (a)에서 전류 I는 X축의 방향, 자계 B는 Z축 방향으로 정하면 이들로부터 반도체 안의 캐리어가 받는 힘은 음의 Y축 방향이다. 반도체에 흐르는 전류 I는 반도체의 왼쪽에서 오른쪽으로 이동하는 정공에 의한 전류이거나 오른쪽에서 왼쪽으로 이동하는 전자에 의한 전류이다.

그러나 캐리어가 정공이든 또는 전자이든 캐리어의 종류에 관계없이 캐리어는 항상 아래로 밀리는 힘을 받는다. 만일 반도체가 n형 반도체이면 캐리어는 전자이며 이 전자들은 아랫면으로 밀리게 된다. 따라서 아랫면은 윗면보다 더 많은 음의 전하를 가지게 되므로 아랫면의 전위는 윗면보다 낮다. 이와 반대로 P형이면 캐리어는 정공이며 이들도 아랫면으로 밀린다. 이와 같이 Hall 효과에 의해 발생되는 전압을 Hall 전압(Hall Voltage)이라 한다.

[그림 6-12]에 나타낸 바와 같이 직선적인 균일한 N형 반도체가 x방향의 전장 E_x[V/m], $-Z$ 방향의 자장 B[weber/m²]안에 놓여 있다. 전장은 반도체의 전극에 가해진 전원 V에 의해 발생한 것이다. 전장에 의한 드리프트 속도

$$\vartheta_n = -\mu_n E_x [\text{m/sec}] \tag{6-75}$$

는 자장의 방향과 직각이므로, y축 방향으로 자장의 힘

$$F_y = e\vartheta_n B = e\mu_n E_x B \tag{6-76}$$

를 받는다. 그러므로 전자들은 반도체의 윗부분의 층에 모여서 움직일 것이며, 밑부분에는 양으로 대전한 움직이지 않는 도우너 이온이 남게 된다. 이리하여 반도체 안에는 음, 양의 공간 전하분포로 인하여 y축 방향으로 전장이 발생하게 된다. 이러한 현상을 Hall 효과라고 한다.

정상상태에 있어서 y축 방향으로 전자에 작용하는 전장의 힘 F_y는

$$F_y = eE_y \tag{6-77}$$

이는 자장의 힘과 평형되어 있어야 한다. 따라서 식 (6-76)으로부터

$$E_y = \mu_n E_x B \tag{6-78}$$

이고 $\sigma = en\mu$의 관계에서

$$E_y = \frac{\sigma E_x B}{en} \tag{6-79}$$

가 된다. X축 방향의 전류밀도 J는

$$J = \sigma E_x = en\vartheta_n = \frac{I}{Wd} \tag{6-80}$$

이다. 따라서

$$E_y = \frac{\sigma E_x B}{en} = \frac{BJ}{en} = R_H BJ \tag{6-81}$$

그러므로 단자 1-2에 나타나는 Hall 전압 V_H는

$$V_H = WE_y = (W\mu_n B)E_x \tag{6-82}$$

여기서 W는 반도체의 두께이다. 이 식으로부터 금속에서의 Hall 효과는 대단히 작음을 알 수 있다. 왜냐하면 μ_n의 값이 대단히 작기 때문이다.

식 (6-78)을 다음과 같이 표시하는 것이 Hall 효과를 응용하는 데 편리하다. 반도체의 폭을 d, 전자농도를 n, 흐르는 전류를 I로 하면 $I = (Wd)(en\mu_n E_x)$이므로

$$V_H = \frac{Wd(en\mu_n E_x)B}{den} = \frac{IB}{den} = \frac{R_H}{d}IB \tag{6-83}$$

여기서

$$R_H = \frac{1}{en} \tag{6-84}$$

을 Hall 계수라 한다.

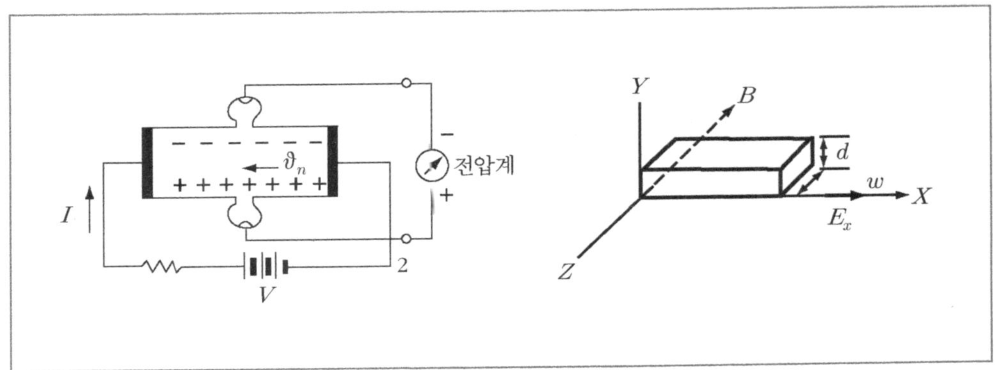

[그림 6-12] N형 반도체에서의 Hall 효과

[그림 6-12]에서 N형 대신에 P형 반도체를 사용하면 Hall 전압의 극성이 반대로 됨을 관찰할 수 있다. 이 사실은 드리프트운동을 하는 정공이 자장에 의해서 -y방향의 힘을 받는다고 생각한다면 곧 설명될 수 있다. 이것은 대단히 중요한 사실이다. 왜냐하면 "정공" 즉 "반도체에서 양전하를 가진 고전적 입자"에 대한 개념을 뒷받침하는 실험적 사실로 볼 수 있기 때문이다. 만일 반도체의 전기전도가 전자(자유전자 및 결합전자)의 고전적인 운동에 의해서 생긴다면 P형 및 N형에서 Hall 전압의 극성은 동일한 것이다. 그러므로 반도체에서의 전기전도를 고전적 입자의 운동으로 해석하려면 양전하를 가진 캐리어, 즉 정공의 존재를 전제로 하지 않을 수 없다. 캐리어가 공존성 일 때는 전자, 정공의 이동도를 각각 μ_n, μ_p 전자 및 정공의 농도를 각각 n, p라 할 때

$$R_H = \frac{3}{8} \frac{\pi}{e} \frac{n\mu_n^2 - p\mu_p^2}{(n\mu_n + p\mu_p)^2} \; [\mathrm{Cm}^2/\mathrm{C}] \tag{6-85}$$

의 관계가 된다. 또 캐리어 하나만 존재할 때는

$$R_H = \frac{3}{8}\frac{\pi}{en} \tag{6-86}$$

로 되며 , Ge나 Si에서는 μ_n이 μ_p보다 값이 크므로

$$N\text{형 반도체} \rightarrow R_H < 0 \ (e\text{가 항상 부})$$
$$P\text{형 반도체} \rightarrow R_H > 0 \ (e\text{가 항상 정})$$

이다. 그러나 P형 반도체에서도 온도가 상승하기 시작하면 $R_H = 0$에 가까워지고 온도가 더욱 상승하면 $R_H > 0$가 된다. 또 한방향으로의 전하에 의해서 전류가 흐른다면 도전율 δ는 μ에 관계되므로

$$\eta = \frac{1}{e.R_H}, \qquad \delta = \rho\mu \tag{6-87}$$

로 된다. 따라서

$$\mu = \delta R_H \tag{6-88}$$

의 관계가 있다. 이 때 모든 전자들이 항상 평균 드리프트 속도로 운동하는 것으로 가정하고 있다. 드리프트 속도의 분포를 통계적으로 고찰한 보다 정확한 이론에 의하면 이 식은 다음과 같이 된다.

$$\eta = \frac{3}{8}\frac{\pi}{r.R_H} \tag{6-89}$$

1. Hall 효과의 응용

Hall 효과는 정공의 개념을 확립시키는 데 의의가 있을 뿐만 아니라, 반도체의 전기적인 특성을 고찰하는 데에도 유력한 수단을 제공한다. 이들에 대해서 간단히 설명하면 다음과 같다.

ⅰ) 식 (6-79)에서 Hall 계수 R_H는 I, B, d 및 V_H를 측정하면 결정될 수 있다. 이것 으로부터 N형 반도체의 전자농도는 식 (6-84)에 의하여 $n = 1/eR_H$로 구해진다. 이 식은 모든 전자들이 항상 평균드리프트 속도로 운동하는 것으로 가정하고 있 다. 드리프트 속도의 분포를 통계적으로 고찰한 보다 정확한 이론에 의하면 이 식은 다음과 같이 된다. $(n = (3\pi/8)(1/eR_H))$

ⅱ) ⅰ)의 방법으로 낮은 온도에서 n의 온도변화를 측정하면 이온화된 도우너원자의 수효가 온도에 따라 어떻게 증가하는가를 결정할 수 있다. 이것으로부터 도우너 농도 및 도우너준위를 결정할 수 있다.

ⅲ) Hall 계수와 도전율을 측정하면 캐리어의 이동도를 구할 수 있다. 즉 N형의 경우, $\sigma_n = e\mu_n n$으로부터 $\mu_n = \sigma_n/en = \sigma_n R_H$.

ⅳ) σ, R_H를 여러 가지 온도에서 측정하여 μ의 온도변화를 구할 수 있다. 같은 요령으로 μ와 불순물농도와의 관계도 알 수 있다.

Hall 효과의 응용은 전자공학의 분야에서도 볼 수 있다. 기본적 두 가지 방법은 다음과 같다.

ⅰ) [그림 6-12]에서 I를 일정하게 유지하고, 자장을 변화시키면 Hall 전압 V_H가 자장 B에 비례한다. 이것을 이용하여 자장계(magnetic-field meter)를 만들 수 있다.

ⅱ) V_H는 I, B에 비례하므로 두 개의 입력(input)의 곱을 표시하는 승적기(multiplier)에 응용될 수 있다. 한 예로 I, B가 각각 입력전류와 입력전압에 비례한다면 Hall 전압은 입력전력을 나타내는 셈이다.

연 습 문 제

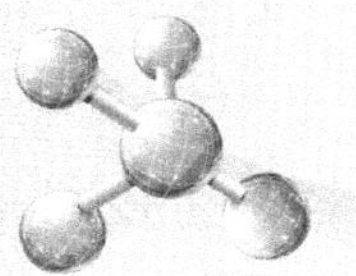

6-1 300 [°K]에서의 게르마늄과 실리콘의 전도대와 가전자대의 실효상태 밀도를 계산하여라.

6-2 300[°K]에서의 저항율이 1[Ω cm]인 n형 게르마늄의 전자밀도를 이동도가 3900 [cm³/Vs]인 것으로 하여 계산하고 이를 이용하여 페르미준위 $(E_c - E_f)$를 구하라.

6-3 n형 반도체에서 불순물에의 전자존재 확률은 1/3로 되며 그 외는 전리되어 있다. 이 경우 도우너 불순물의 이온화 에너지는 kT를 단위로 하면 어느 정도인가?

6-4 진성반도체의 페르미 에너지 E_f가 $E_f = (E_\nu + E_c)/2 + (kT/2)\log(N_\nu/N_c)$로 주어짐을 증명하여라.

6-5 진성반도체에 있어서 전자농도 n_o와 정공농도 p_o를 구하라.

6-6 전기적 중성조건에 대하여 설명하여라.

6-7 소수 캐리어의 수명에 대해서 설명하여라.

6-8 폭 1[mm], 두께 0.1[mm]인 Ge이 있다. 지금 이 Ge의 x축 방향에 1[mA]의 전류를 통하고 이에 수직인 z방향에 1[Wb/m²]인 가계를 가할 때, Hall 기전력 −1.0[mV]가 발생하였다. 1[m³]당 전자의 수를 구하라.

6-9 전자밀도 $n = 10^{21}[m^{-3}]$인 N형 반도체의 Hall의 계수는?

6-10 상온에서 P형 Ge의 소수캐리어 수명시간이 400[μs]일 때 캐리어의 확산길이는 몇 [m]인가?

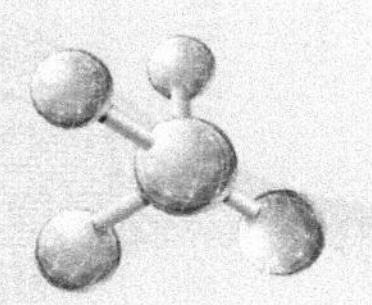

연 습 문 제

6-11 P형 반도체의 확산거리 L_p가 6×10^{-3}[cm], 호올(hole)의 평균수명 τ_p가 10^{-6}[sec] 일 때 호올의 확산계수 D_p는 약 얼마인가?

6-12 폭 2[mm], 두께 0.2[mm]인 Ge의 시료가 있다. 지금 이 시료의 x방향에 10[mA]의 전류를 통하고, 이에 수직인 z방향에 0.1[Wb/m^2]의 자계를 가할 때 호올전압 −1.0[mV]가 발생하였다. 호올계수와 1[cm^2]당 전자수를 구하여라.

6-13 순수한 Ge 및 Si의 300[˚K]에서의 전자밀도를 구하여라. 단 Ge에서는 $A = 9.7 \times 10^{21}$, Si에서는 $A = 2.8 \times 10^{22}$, 또 금지대폭은 Ge에서는 $Eg = 0.75$[eV], Si에서는 $Eg = 1.114$[eV]라 한다.

6-14 Ge의 도전율 δ를 온도 변화하여 측정한 다음 Y축에 $\log_e \delta$, X축에 절대온도의 역 수 $1/T$의 값을 나타내어 주었더니 -4.35×10^3인 구배의 직선이 되었다. 이 Ge의 금지대의 에너지폭은 얼마인가?

6-15 어떤 절연체의 금지대폭이 $Eg = 500kT$라고 한다. 이 절연체가 도전상태가 되려면 에너지가 얼마나 필요한가? 이 때의 온도는 27[˚C] 즉 상온이다.

6-16 27[˚C]인 금속도체에서 페르미 준위보다 0.1[eV]상위 및 하위에서 전자가 점유하는 확률을 계산하라.

6-17 어떤 도체의 에너지 준위가 페르미 준위보다 0.5[eV] 상위인 때 20[˚C]와 400[˚C]에 대한 전자수를 비교하여라.

PN접합(junction)

7.1 반도체재료의 제조공정

대부분의 반도체소자는 최소한 p형 물질과 n형 물질간의 접합부(junction) 한 개를 가지고 있다. 이 PN접합은 정류작용, 증폭작용, 개폐(switch)작용 등 기타의 전자회로에 있어서 여러 기능을 수행하는 기초를 이루고 있다. PN접합에 관하여 이해하는 데 있어서 전기적 성질을 이론적으로 고찰하기 전에 실제로 접합을 만드는 방법을 알아두는 것이 도움이 되리라 생각한다. 또한 이것은 PN접합을 이론적으로 해석하는 데 있어서 우리가 사용할 이상화한 모델(idealized model)의 정확성에 대한 개념을 얻는 데도 도움이 될 것이다. 여기서는 Ge의 제조공정에 대하여 간단히 알아보기로 하자.

1. Ge의 정제

반도체 재료로 사용되고 있는 Ge은 다른 금속의 부산물에서 주로 채집된다. Ge의 함유량이 비교적 많은 광석은 germanite이며 , 그 성분의 예를 들면 Ge 5.1, Cu 44, S 31, As 7, Fe 5, Zn 2.7, Pb 2, SiO_2 0.8 등이다. germanite 광석의 가루를 직접 염소화하여 $GeCl_4$를 만들어 이것을 가수분해해서 산화게르마늄 GeO_2로 해서 채집한다. 흰색 가루모양의 형태인 GeO_2를 수소기체 분위기에서 560[°C]정도로 가열하면 환원된다. 즉

$$GeO_2 + 2H_2 \rightarrow Ge + 2H_2O \tag{7-1}$$

GeO_2가 완전히 환원된 후에 수소가스 대신 불활성가스 N_2로 바꾸고 온도를 1000[°C] 정도로 높여 용해한 다음 서서히 냉각시키면 금속광택을 내는 Ge이 얻어진다. 이렇게 하여 얻어진 것은 순도가 약 99.99% 정도이며 이것을 9가 4개 있다는 뜻으로 4 nine의 순도라고 부른다.

2. 대역정체

전자소자용 반도체재료로 사용할 Ge의 순도는 10 nine, Si은 12 nine 정도로 높아야 한다. 그러므로 germanite를 정제하여 얻은 99.99 %정도의 순도를 가진 Ge을 물리화학적인 방법으로 재차 정제한다. 그 정제원리를 [그림 7-1]에 나타내었다.

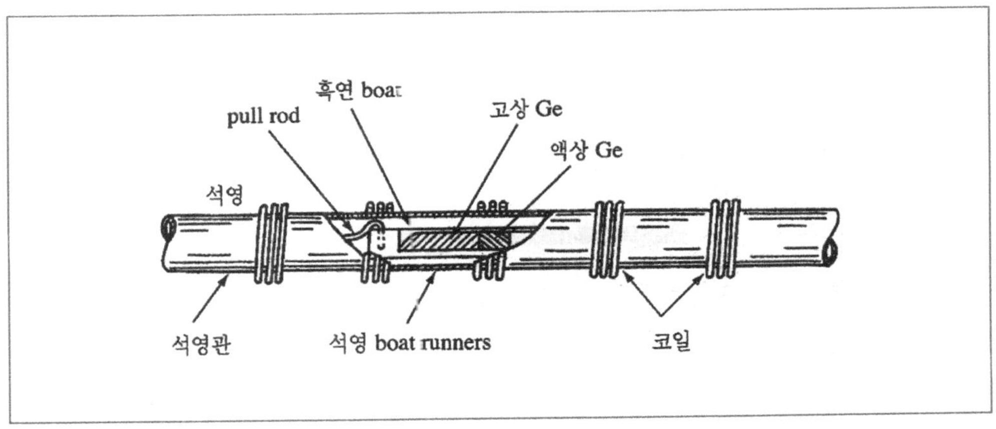

[그림 7-1] 대역정제

먼저 Ge를 용해시킨 다음 한쪽 끝에서부터 서서히 온도를 낮추어가면 Ge이 서서히 응고하기 시작한다. 이때 응고하는 Ge내에 포함되는 불순물농도 Cs는 용융된 Ge안의 불순물농도 C_L과 일정한 비율을 유지하는 성질이 있으며 일반적으로 $C_s < C_L$이다. 그러므로 불순물은 응고해가는 Ge에서 용융된 Ge안으로 옮겨가게 된다. 이러한 현상을 편석(segregation)이라고 하며 C_s / C_L를 편석계수라 한다.

[그림 7-1]은 이 원리를 응용한 대역정제(zone refining) 장치를 나타낸 것이다. Ge막대(ingot)를 왼쪽으로 서서히 이동시키면 발결체 유도코일의 위치에 있을 때 용융되어 왼쪽에서 오른쪽으로 용융상태가 이동하므로 오른쪽 끝에 불순물이 모이게 된다. 이 과정을 여러 번 반복하면 10nine정도의 높은 순도인 Ge를 얻을 수 있다. Ge정제와 더불어 Si에도 이 방법이 적용된다.

3. Ge 단결정의 제조

대역정제에서 얻은 것은 작은 Ge단결정이 모여서 된 다결정체로 되어 있으며, 작은 단결정과 단결정들 사이에 많은 결정입계가 있다. 이러한 결정입계는 캐리어의 이동도를 감소시키며 또 재결합을 증대시킨다. 그러므로 이러한 경계를 제거하여 완전한 단결정(single crystal)을 만들 필요가 있다. 트랜지스터에 사용할 Ge및 Si단결정을 만드는 여러 가지 방법 가운데 가장 중요한 방법의 하나는 Czochralski 인상법(pulling method)이다. [그림 7-2]에 이 방법을 나타내었다.

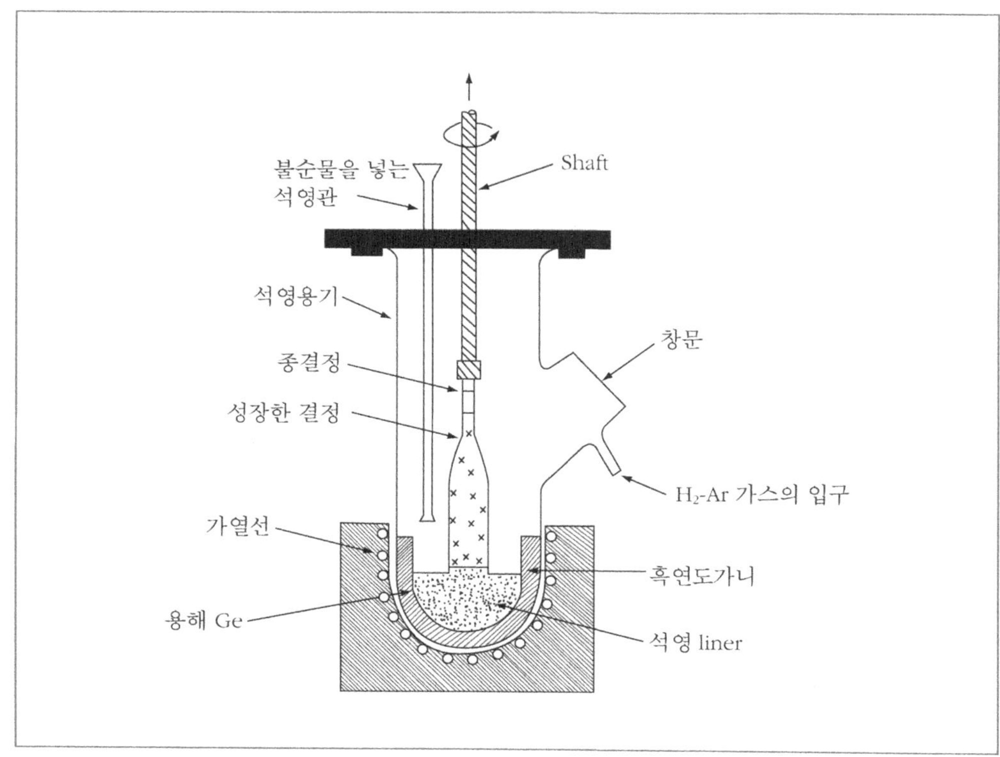

[그림 7-2] 인상법에 의한 단결정성장

    다결정체의 Ge을 용해로에 넣어 용융시킨 다음 온도를 낮추어 녹는점보다 조금 높은 온도로 유지해둔다. 용융로 위의 pulling head에 미리 준비한 결정성장의 씨앗으로 될 단결정, 즉 종결정(seed crystal)을 붙여 이것을 Ge용융체에 접촉시킨다. 이 때 Ge용액의 온도는 종결정이 용해하지 않는 정도이고 또 용해된 Ge은 굳어지지 않을 정도로 적당히 되어 있어야 한다. Pulling head를 10[rpm] 정도로 회전시키면서 서서히 75[mm/hr] 정도로 끌어올리면 종결정이 성장하면서 단결정이 얻어진다. 끌어올릴 때 회전시키는 것은 용액에 약간의 자극(stirring action)을 주기 위해서이다. 이 때 Ge용액에 도우너 혹은 억셉터 불순물을 넣으면 N형 혹은 P형 반도체를 얻을 수 있다. 도우너 혹은 억셉터는 수시로 넣을 수 있으며, 산소 같은 해로운 불순물이 결정 안에서 성장하는 것을 방지하기 위해서 H_2혹은 Ar가스 분위기 내에서 성장시킨다.

7.2 PN접합

PN접합(junction)은 P형 반도체와 N형 반도체와의 금속학적 접속을 말한다. 대부분의 반도체 전자소자들의 동적 특성은 PN접합에서의 물리적 현상과 관련되어 있다. 그러므로 PN접합에 관하여 좀 더 세심한 이해는 다이오드 및 트랜지스터의 동작을 고찰하는 데 있어서 무엇보다 가장 기본적인 것이다.

1. 합금 접합(alloy junction)

PN접합을 만드는 데 있어서 흔히 사용되고 있는 방법의 하나는 합금접합법이다. PN접합을 만드는 데 편리한 기법은 첨가 불순물 원자를 함유하고 있는 금속을 반대형식의 첨가 불순물을 가진 반도체 위에 합금을 만들어 주는 것이다. 이 공정은 1950년대에 다이오드와 트랜지스터를 생산하는 데 사용하였다.

합금의 예로서 N형 Ge시료 위에 I_n의 작은 구를 놓고 가열하여 작은 국부적인 용융부를 형성시키고 모결정인 Ge 위에 PN접합부가 성장하게 한다. [그림 7-3]에 간단히 합금접합과정을 나타내었다. [그림 7-3] (b)와 같이 N형 단결정의 slab위에 인듐(indium)의 작은 알갱이를 올려 놓고 500[°C]정도로 가열하면 인듐이 용해하여 [그림 7-3] (c) Ge과의 경계면에서는 용해한 N형 Ge과 합금을 이루게 된다. 이것이 냉각되어 굳어질 때 [그림 7-3] (d)와 같이 합금

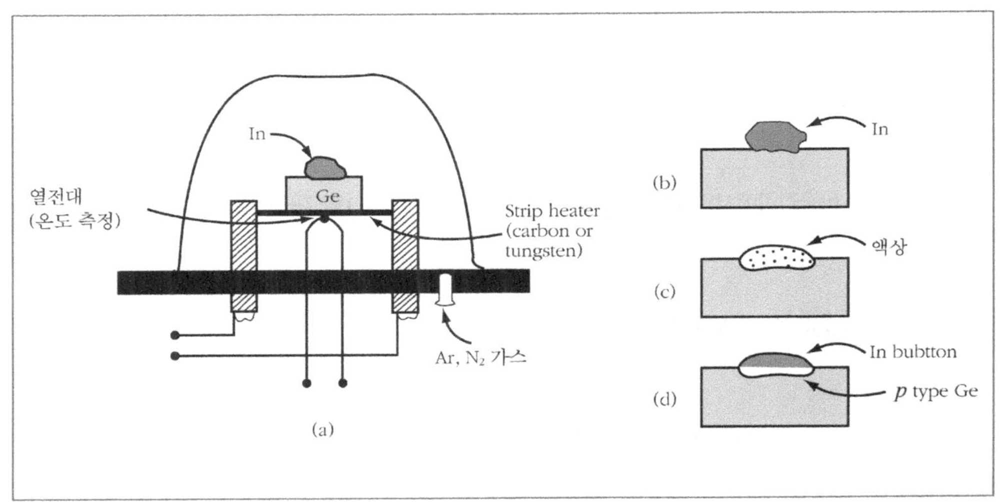

[그림 7-3] 합금접합법

된 부분은 용해하지 않은 N형 Ge결정과 연속적으로 결정구조를 이루면서 P형 Ge결정을 형성하게 된다. Ge이 들어가지 않은 인듐의 윗부분은 전극의 역할을 하게 된다.

이러한 방법으로 만들어진 PN접합을 합금접합(alloy junction)이라고 한다. [그림 7-4]에 합금 접합에서의 불순물 농도분포의 모양을 나타내었다. N_a-N_d = 0되는 면을 금속학적 접합면이라 한다. 여기서 N_a는 억셉터 농도, N_d는 도우너 농도이다.

제조과정을 적당히 조정하면 P형과 N형의 접합간격을 100~200Å 정도로 할 수 있다. 이 간격은 대단히 작기 때문에 실질적으로 [그림 7-5]와 같이 P형에서 갑자기 N형으로 변한다고 보아도 되는 경우가 많다. [그림 7-5]와 같이 이상화한 것을 계단형 접합(step junction)이라고 한다.

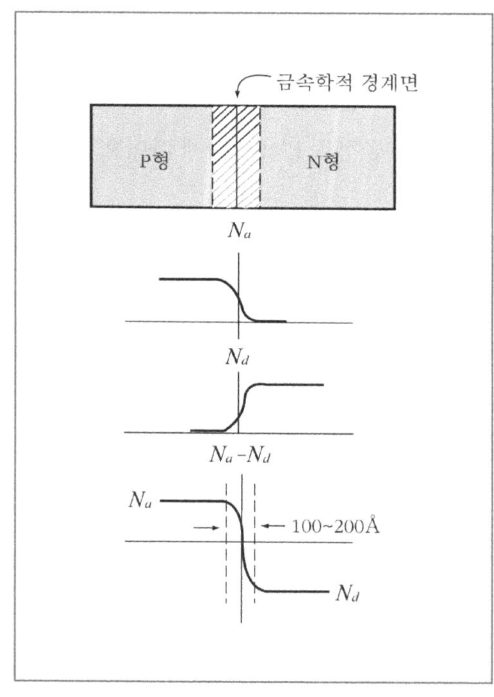

[그림 7-4] 합금접합에서의 불순물 분포

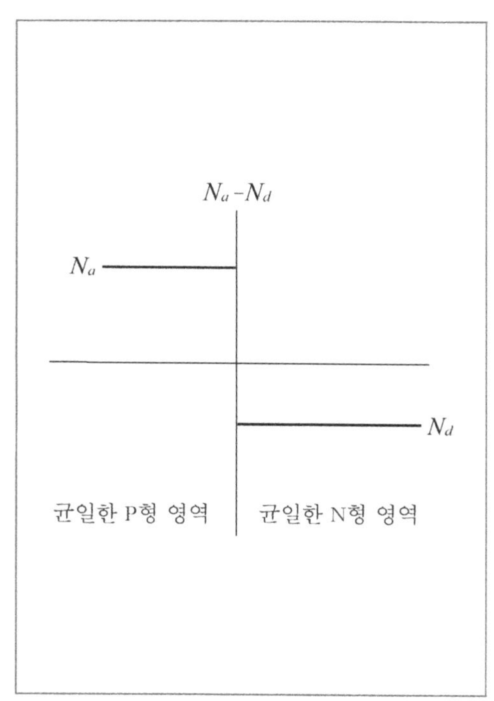

[그림 7-5] 계단형 접합

2. 성장 접합(grown junction)

성장형 접합(grown junction)은 반도체소자 개발 초기에 많이 사용되었던 접합제작 방법의 하나이다. 이 방법에서는 첨가 불순물(dopant)이 결정성장 과정 중에 용융체 속에서 급격히 변화된다. 예로서 10^{14}[원자/cm³]의 P를 함유하는 N형 Si결정이 용융체로부터 성장된다

할 때 이 성장 과정을 일시적으로 정지시키고 정지되어 있는 동안에 B원자를 이 용융체에 첨가시켜 결정에 6×10^{14}[B원자/cm^3] 정도가 되도록 한다. 이것은 원래의 도우너를 보상하고 실질적 억셉터농도 $N_a\text{-}N_d = 5 \times 10^{14}$[cm^{-3}]가 남게 하는 데 충분한 농도이다. 이 과정은 상쇄 불순물첨가(counterdoping)라고 하는데 더 많은 도우너 와 억셉터를 번갈아 첨가하면서 계속할 수 있다.

[그림 7-6]에 성장접합의 개략적인 과정을 나타내었다. [그림 7-2]의 단결정 성장과정에서 P형 및 N형 불순물을 차례로 넣어주면 [그림 7-6] (a)와 같이 P형에서 N형으로 점자 변하게 된다.

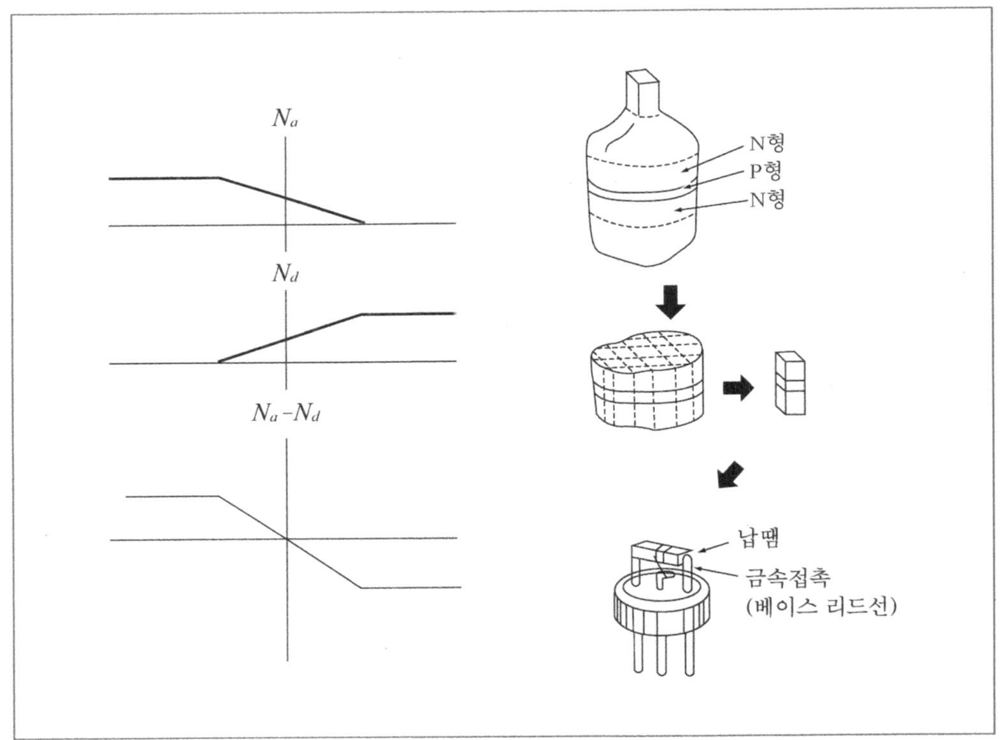

[그림 7-6] 경사형접합

이러한 방법으로 만들어진 접합을 성장접합(grown Junction)이라 한다. [그림 7-6] (b)는 이 방법으로 두 개의 PN접합을 만들어 적당히 잘라서 NPN성장접합형 트랜지스터를 만드는 과정을 나타낸 것이다.

3. 확산접합(diffused junction)

반도체소자의 양적인 생산의 입장에서 볼 때 P-N접합을 형성시키는 가장 보편적인 방법은 불순물 확산공정이다. 접합부의 기하학적 구조를 제어하기 위하여 선택적 매스크(mask)를 함께 쓰는 이 방법은 집적회로의 형식으로 광범위한 여러 가지 소자를 이용할 수 있게 해주고 있다. 선택적 확산은 제어성, 정확성 및 융통성에 있어서 인상적인 방법 중의 하나이다.

고체로의 불순물 확산은 농도경도가 감소되는 방향으로 확산한다. 물론 고체 속에서의 불순물 원자의 random운동은 온도가 높지 않으면 다소 제한된다. 따라서 Si와 같은 반도체로의 첨가 불순물의 확산은 1000[°C]근처의 온도에서 이루어지게 된다. 이들 온도에서는 반도체의 많은 원자가 그들의 격자위치로부터 이동해 나와 불순물 원자가 이동하여 들어갈 빈자리를 남겨 놓게 된다. 대부분의 일반적인 첨가 불순물은 이와 같은 형태의 빈자리의 이동으로서 확산되며 냉각 후에는 그 결정의 격자위치를 점유한다. 확산접합의 개략적인 예를 들면 다음과 같다.

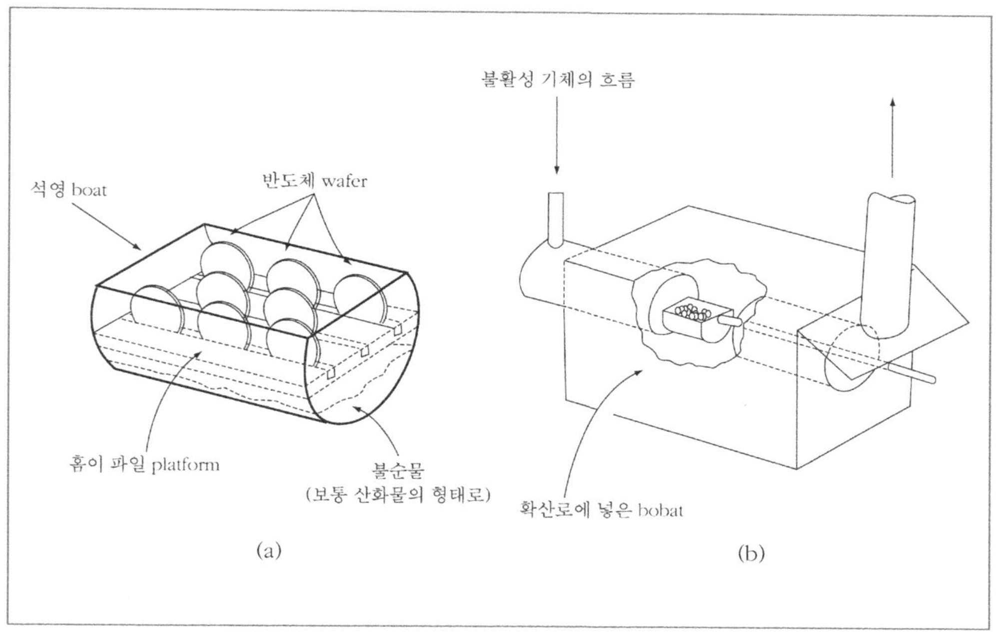

[그림 7-7] 확산접합

PN접합을 만드는 방법 중 또 하나의 방법은 결정표면으로부터 불순물 원자를 결정 안으로 확산시켜 주는 확산법이다. [그림 7-7]과 같이 반도체 wafer를 석영으로 만든 boat안의 platform 위에 놓는다.

불순물의 원자는 보통 산화물의 형태로 platform 밑에 놓는다. 이 boat를 확산로에 넣고 800~1200[℃] 정도로 가열한다. 이렇게 높은 온도에서 불순물 원자들은 기체상태로 반도체 wafer를 둘러싸며 그 안으로 확산해 들어간다. 이러한 상태에서 반도체의 원자들도 열적으로 크게 자극되어 있으며 많은 원자들이 결정격자를 빠져나가 결정 혹은 표면에서 새로운 위치에 자리 잡게 되며 확산해 들어온 불순물 원자들이 비어 있는 결정격자를 채운다. 이 과정에서 원치 않는 순물을 제거하기 위해서 대단히 순수한 불활성기체를 흘려보낸다. 이러한 방법으로 만들어진 PN접합을 확산접합(diffused junction)이라고 한다.

[그림 7-8]은 도우너농도가 N_d인 N형 반도체 wafer의 표면에서부터 P형 불순물을 확산시킬 때 억셉터농도 N_a의 분포를 나타내었다.

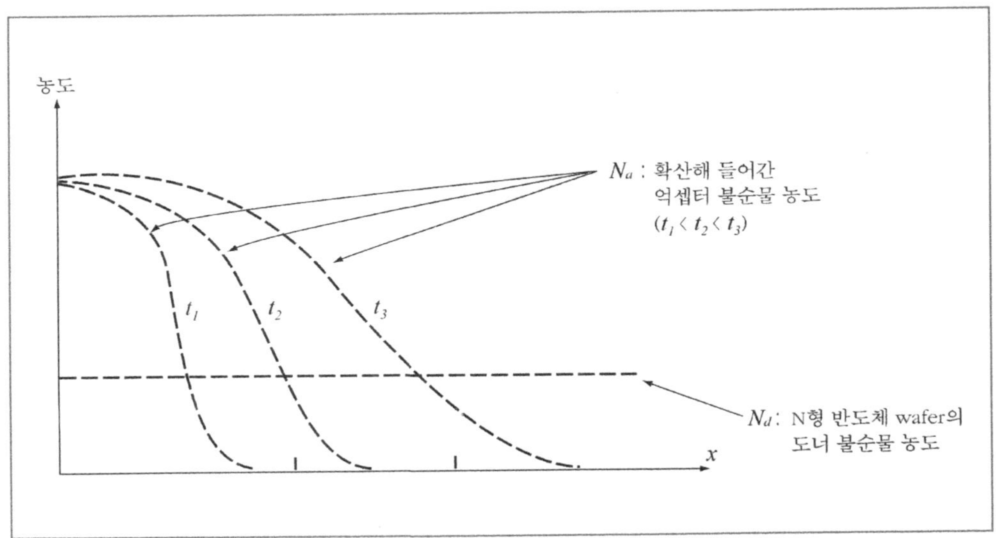

[그림 7-8] 확산접합에 의한 농도분포

확산해 들어간 억셉터 농도분포가 확산시간 $t_1, t_2, t_3 \cdots$에 따라 달라지고 있다. 시간 t_1에서의 불순물분포($N_a - N_d$)를 살펴보면 이 때의 PN접합이 대체로 계단형임을 알 수 있다. 확산시간이 더욱 길어지면 경사형으로 된다.

7.3 열평형상태에서의 PN접합

　Ge나 Si와 같은 단결정의 반도체 한쪽에 P형 불순물인 억셉터 불순물을 도우핑하고 다른 쪽에는 N형 불순물인 도우너 불순물을 도우핑하면 한 결정 내에 P형 반도체와 N형 반도체가 형성된다. 또 다른 방법은 P형 반도체와 N형 반도체를 접합시키는 방법이다. 어느 방법이든 P형 반도체와 N형 반도체를 서로 붙여서 순식간에 PN접합을 만들었다고 생각하자. 정공과 전자들은 각각 농도가 적은 영역으로 확산해 갈 것이다. [그림 7-9]는 이 상태를 나타낸 것이다 그림은 도우너 농도가 억셉터농도의 2배인 경우를 상상하여 그려져 있다.

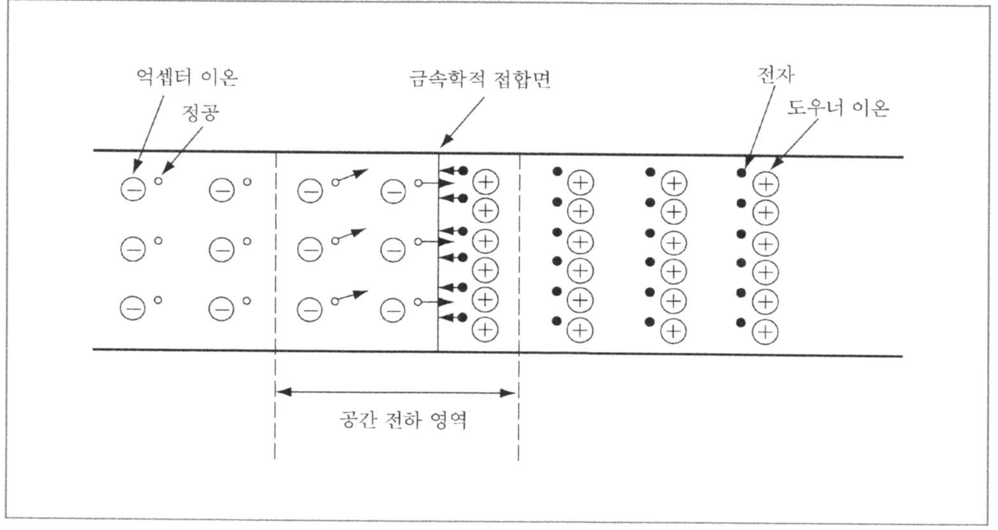

[그림 7-9] PN 접합에서의 공간전하영역의 형성

　정공이 떠나간 자리에 음으로 대전한 억셉터 이온이 남는다. 전자농도가 높은 N형으로 들어간 정공은 바로 전자와 재결합하여 소멸될 것이다. 이때 양으로 대전한 도우너 이온이 남게 된다. N형에서 P형으로 확산해가는 전자에 대해서도 비슷한 사실을 볼 수 있다. 억셉터 및 도우너 이온은 공간적으로 움직이지 못한다. 그러므로 접합 근처에 음양의 공간전하에 기인한 전기적 이중층이 형성되며 이러한 전기적 이중층으로 말미암아 전장이 발생한다. 이 전장은 정공과 전자의 확산을 억제하는 방향을 향하고 있다. 전장의 세기는 접합을 건너서 확산해가는 캐리어의 수효가 많을수록 강해진다. 이리하여 캐리어농도의 기울기로 인하여 확산하려는 경향과 이러한 확산운동을 억제하려는 전장의 효과가 균형을 유지하는 상태에서 평형이 이루어지게 된다.

다시 말하면, 접합을 건너서 확산해가는 전하의 흐름은 자기제한적 과정이다. 왜냐하면 전하이동의 직접적 결과인 전장은 이것을 발생하게 한 원인이 해소하리만큼 증대하기 때문이다. 예를 들면 온도변화에 따라 캐리어농도가 달라지면, 접합을 건너서 과도적으로 캐리어의 이동이 발생할 것이며, 새로운 평형상태인 공간전하 및 전계분포를 이루게 된다.

이리하여 PN접합 반도체를 다음 세 가지 영역으로 구분할 수 있다.

ⅰ) 캐리어농도의 기울기가 있는 영역이며 공간전하의 전기적 2중층으로 인하여 전장이 생기고 있다 이것을 "공간전하영역 혹은 공간전하층"이라고 한다. [그림 7-10] (b)에서 보는 바와 같이 이 영역에서 캐리어농도는 대단히 적다. 그러므로 이 영역을 공 핍 층(depletion layer)이라고 부르기도 한다. 또 천이영역 혹은 층(transition region or layer)이라고 부르는 일도 많다.

ⅱ) P형 반도체 안의 전기적 중성영역,

ⅲ) N형 반도체 안의 전기적 중성영역.

일반적으로 물질의 모든 부분이 균일한 온도로 되어 있으며 또 빛 혹은 바이어스(bias)전압같은 외부로부터의 교란작용이 없을 때 이 물질은 열평형상태에 있다고 말한다. 열평형상태에서는 전자의 운동에 기인하는 전자전류(electron current) 및 정공의 운동에 기인하는 정공전류(hole current)는 각각 반도체 안의 고든 점에서 0이라야 한다.

금속학적 접합으로부터 충분히 떨어져 있는 균일한 P형 영역에 있어서 전자농도 및 정공농도는 균일하며, 억셉터농도 N_a와 온도만으로 정해진다. 외인성($N_a \gg n_i$)인 경우 이들은 다음과 같이 된다.

$$p_{po} \cong N_a \qquad n_{po} \cong \frac{n_i^{\ 2}}{N_a} \tag{7-2}$$

여기서 n_i는 진성캐리어농도이며

$$n_i^{\ 2} = A_o T^3 e^{-Ego/kT} \tag{7-3}$$

여기서 A_o는 정수, E_{go}는 0[°K]에서의 금지대폭이다. 마찬가지로 금속학적 접합으로부터 충분히 떨어진 외인성 N형($N_d \gg n_i$)영역에서 캐리어농도는 균일하며

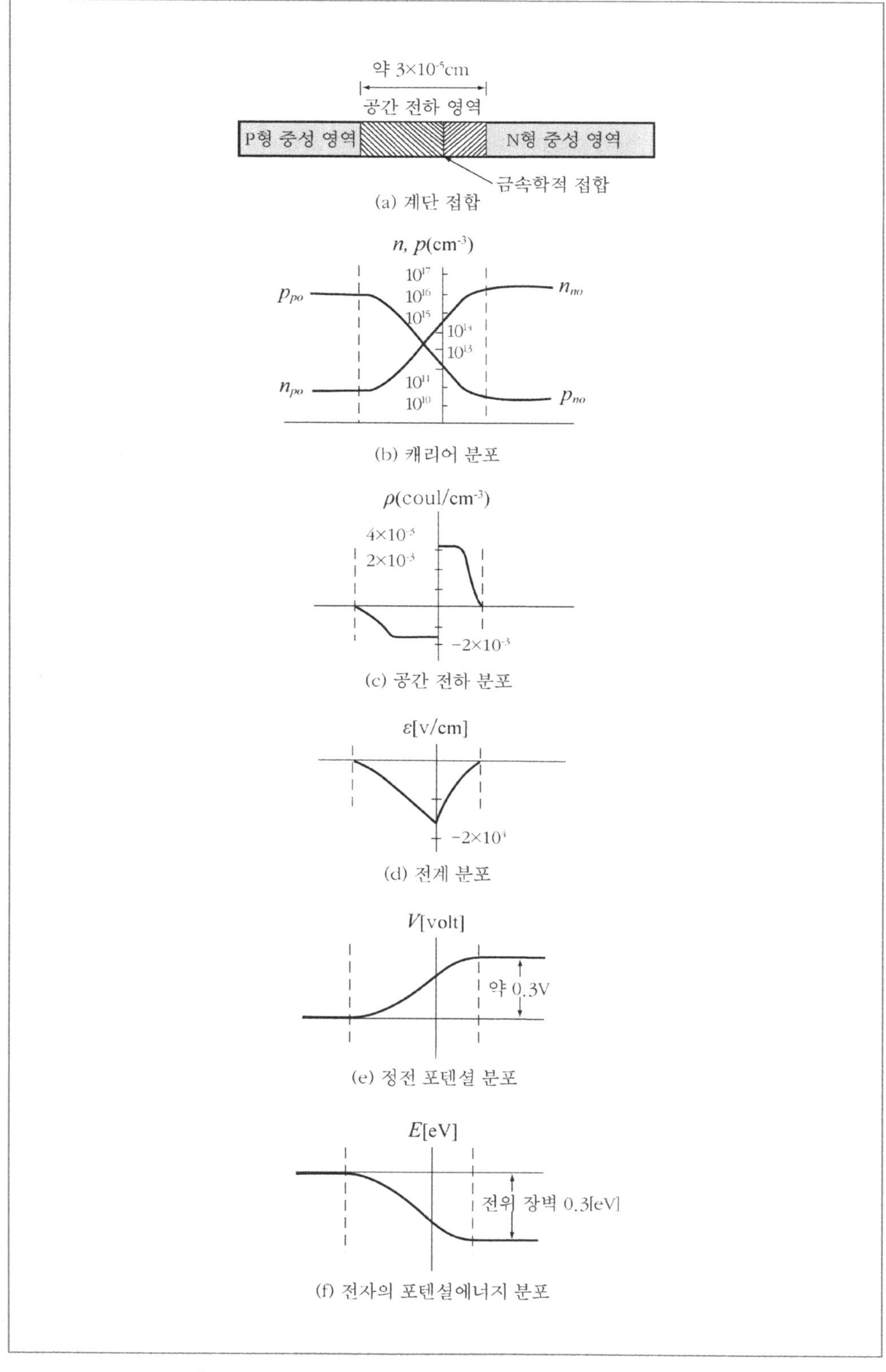

[그림 7-10] 실내온도에서 평형상태에 있는 Ge PN 접합

$$n_{no} \cong N_d \qquad\qquad p_{no} \cong \frac{n_i^2}{N_d} \tag{7-4}$$

이다. 예로서 실내 온도에서 Ge진성캐리어농도는 $n_i = 2.4 \times 10^{13}[\mathrm{cm}^{-3}]$. 따라서 $N_a = 10^{16}$ $[\mathrm{cm}^{-3}]$, $N_d = 2 \times 10^{16}[\mathrm{cm}^{-3}]$일 때

P형 영역에서 → $p_{po} = 10^{16}$, $\qquad n_{po} = 5.7 \times 10^{10}[\mathrm{cm}^{-3}]$

N형 영역에서 → $p_{no} = 2.88 \times 10^{10}$, $n_{no} = 2 \times 10^{16}[\mathrm{cm}^{-3}]$이다.

1. 공간전하영역

PN접합에서 캐리어의 상태를 보면 P형 영역에는 다수 캐리어인 높은 정공농도 즉 $p_{po} \cong N_a$가 존재하고, N형 영역에는 다수캐리어인 전자농도 즉 $n_{no} \cong N_d$가 존재 한다. 그러므로 정공농도는 P형 쪽이 N형 쪽보다 훨씬 크며, 한편 전자농도는 N형 쪽이 P형 쪽보다 훨씬 크다. 그러므로 [그림 7-10] (a)에 나타낸 바와 같이 접합 근처에 정공농도 및 전자농도의 큰 기울기가 생겨 있음은 분명한 일이다. 이러한 큰 농도기울기 때문에 정공은 접합을 건너서 P형에서 N형 쪽으로 확산하려 하며, 한편 전자는 N형에서 P형 쪽으로 확산하려 한다.

열평형상태에서 정공전류 및 전자전류는 각각 0이다. 그러므로 접합 근처에 전장이 있어야 함은 분명하다. 이 전장은 정공 및 전자의 확산을 억제하기 위한 것이므로 N형에서 P형을 향하는 방향으로 있어야 한다. [그림 7-10] (b)에 전계분포를 나타내었다.

2. 접촉전위차 및 전위장벽

공간전하영역의 전장으로 인하여 P형 및 N형 중성영역 사이에 전위차가 생기게 된다. 이 전위차를 접촉전위차(contact potential difference) 혹은 내부전압(built-in voltage)이라고 한다. 결과적으로 캐리어의 확산운동은 이 접촉전위차로 인한 전위장벽(potential barrier) 때문에 억제된다고 생각할 수 있다. 대개의 PN접합에 있어서 접촉전위차는 0.1 [V]의 수 배 정도이다. 그러나 공간전하층의 폭은 대단히 좁으며 $10^{-5}[\mathrm{cm}]$ 정도이므로 접합근처의 전장은 대단히 강하며 $10^4[\mathrm{V/cm}]$ 정도이다.

[그림 7-10]은 공간전하영역의 일반적 특징을 나타낸 것이다. [그림 7-10] (e) 및 (f)는 전위분포 및 전자의 퍼텐셜 에너지분포를 나타낸다. 전위가 $V[\mathrm{Volt}]$되는 곳에 있는 전자의 퍼텐

셜 에너지는 $-e$ V[Joule] 혹은 퍼텐셜 $-$ V[eV]이며 정공의 퍼텐셜 에너지는 $+$ V[eV] 혹은 $+e$ V [Joule]이다. 이 그림에서 퍼텐셜 에너지의 기울기가 생기는 전장 $E=-dv/dx$ 가 발생하고 있음을 보여준다.

3. 에너지대 구조

열평형상태에 있는 PN접합의 성격을 에너지대구조의 관점에서 고찰하는 것은 대단히 유익하다.

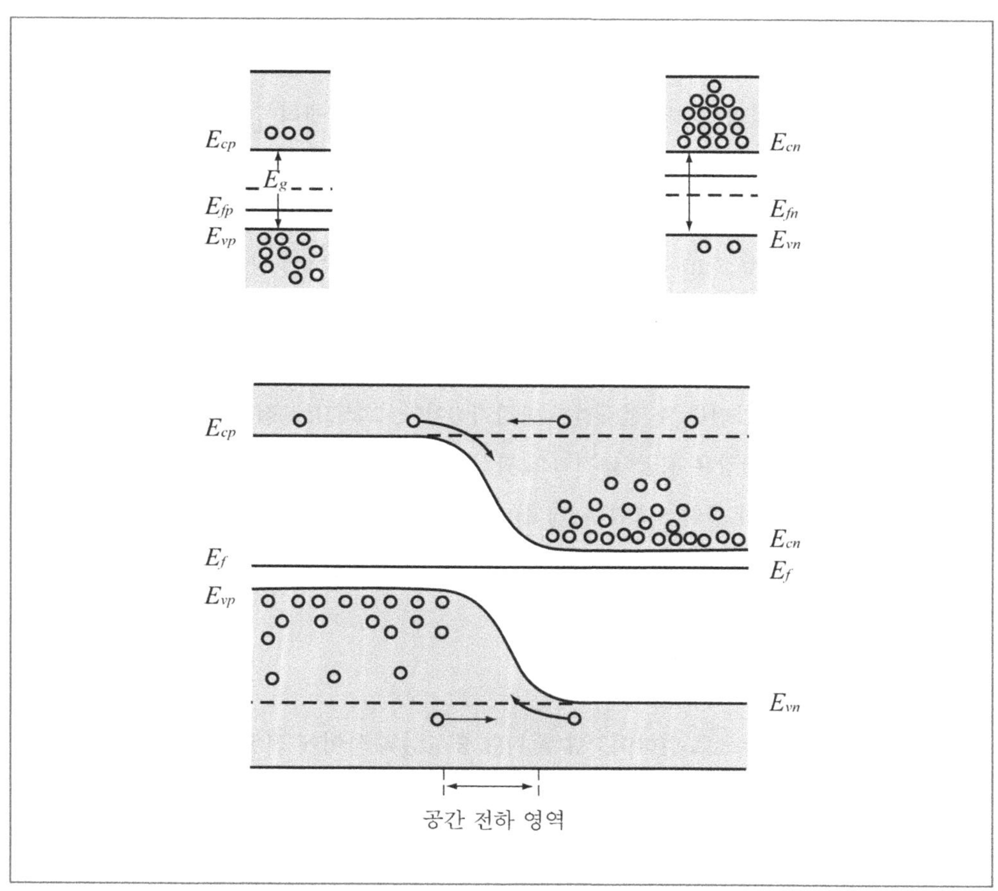

[그림 7-11] 열평형상태에 있는 PN접합의 에너지대 구조

PN접합의 에너지대구조는 "열평형상태에 있는 고체의 임의의 점에서 페르미준위는일정해야 한다."는 원리에 따라 구성되며 [그림 7-11]과 같이 된다. 이 그림에서 공간전하영역에서의 에너지 준위 곡선은 [그림 7-10] (f)와 같다

[그림 7-11] (c)에서 전도대의 전자에 주목하자. 공간전하영역과 P형 중성영역과의 경계면에 있는 전자들은 전장의 힘에 끌리어서 "전위언덕"을 내려갈 것이다. 이들이 P형에서 N형쪽으로 이동하는 전자들의 드리프트운동을 형성하고 있다. 한편 N형 중성영역에 있는 전자들은 전자농도가 낮은 P형 쪽으로 확산해 갈 것이다. 열평형상태에 있어서는 전자들의 흐름이 결과적으로 0이라야 한다. 그러므로 서로 반대방향으로 이동하는 드리프트의 흐름과 확산의 흐름이 서로 균형되는 상태에서 평형이 이루어지게 될 것이다. N형 중성영역에 있는 많은 전자들 가운데 P형의 전도대준위 E_{cp}보다 낮은 준위에 있는 전자들은 전위장벽에 가로막혀서 P형 쪽으로 갈 수 없으며, 그 이상의 준위에 있는 전자들만이 갈 수 있다. 그러므로 전위장벽의 높이는 드리프트의 흐름에는 관계없으나 확산의 흐름에 대해서 영향을 미친다. 결국 페르미준위가 서로 같은 높이가 되리만큼 전위장벽이 높아진 상태에서 평형이 이루어지는 셈이 된다.

정공의 경우에 대해서도 역시 같은 사실을 볼 수 있다. 단 이번에는 드리프트운동의 방향은 N형에서 P형을 향하는 방향이며, 확산운동은 P형에서 N형 쪽으로 향하고 있다. [그림 7-11]의 준위는 전자의 에너지준위를 표시한 것이다. 그러므로 +e의 전하를 가진 정공의 경우에 대해서 말한다면 밑에 있는 정공일수록 에너지가 큰 것으로 해석하면 된다.

7.4 열적평형상태의 PN접합에 관한 해석

앞 절에서의 정성적 고찰에서 얻은 개념을 기초로 해서 열평형상태에 있는 PN접합의 상태를 해석적으로 다루어보자.

1. 접촉전위차

반도체에 흐르는 전류는 확산전류와 드리프트전류의 합이다. 전장에 의해 흐르는 전류를 드리프트전류라 하고, 캐리어의 농도 기울기에 의해 흐르는 전류를 확산전류라 한다. 열적평형상태에 있는 PN접합의 해석에도 이러한 경우에 해당된다. 그러므로 전위장벽의 높이를

구하기 위하여 공간전하영역 안의 임의의 단면 x에서의 정공의 흐름에 주목하자. [그림 7-10]에서 단면 x에서의 전장의 세기를 E(x), 정공농도를 p(x), PN접합의 단면적을 A로 하면 +x방향으로 흐르는 정공드리프트전류 i_p 및 정공확산전류 $i_{p'}$는 각각

$$i_p = eA\mu_p p(x)E(x) \tag{7-5}$$

$$i_{p'} = -eAD_p \frac{dp(x)}{dx} \tag{7-6}$$

열평형상태에 있어서 정공의 흐름은 0이라야 한다. 따라서 $i_p + i_p' = 0$으로부터 다음 관계식을 얻는다.

$$\mu_p p(x)E(x) = D_p \frac{dp(x)}{dx} \tag{7-7}$$

공간전하영역에서의 전위분포를 $V(x)$로 하면 $E(x) = -dV(x)/dx$이므로 식 (7-7)은 다음과 같이 표시할 수 있다.

$$\frac{dV(x)}{dx} = -\frac{D_p}{\mu_p}\frac{1}{p(x)}\frac{dp(x)}{dx} = -\frac{D_p}{\mu_p}\frac{dlnp(x)}{dx} \tag{7-8}$$

이 식의 양변에 dx를 곱하여 적분하면

$$V(x) = -\frac{D_p}{\mu_p}[ln\,p(x) - ln\,k]$$

$$= \frac{D_p}{\mu_p}ln\frac{k}{p(x)} \tag{7-9}$$

여기서 적분상수를 $-lnK$로 표시하였다. 지금 공간전하영역과 P형 중성영역과의 경계면에서의 전위를 기준으로 하여 V = 0으로 한다면, 경계면에서의 정공농도는 p_{po}이므로

$$V = 0에서 \qquad p - p_{po} \tag{7-10}$$

이것을 식 (7-9)에 넣으면 적분상수가 결정된다. 즉 $K = p_{po}$, 따라서 식 (7-9)는

$$V(x) = \frac{D_p}{\mu_p} ln \frac{p_{po}}{p(x)} \tag{7-11}$$

이 식은 공간전하영역 임의의 단면에서 전위 $V(x)$와 정공농도 $p(x)$와의 관계를 표시한다. 공간전하영역과 N형 중성영역과의 경계면의 전위를 ϕ_o라 하면, 이 면에서의 정공농도는 p_{po}이므로 식 (7-11)으로부터

$$\phi_o = \frac{D_p}{\mu_p} ln \frac{p_{po}}{p_{no}} \tag{7-12}$$

이 식이 바로 우리가 구하려던 전위장벽, 즉 접촉전위차를 표시한다. Einstein의 관계식 $D_p/\mu_p = kT/e$ 및 캐리어농도에 관한 관계식 $p_{po} = N_a$, $n_{po} = n_i^2/N_a$, $n_{no} = N_d$, $p_{po} = n_i^2/N_d$ 을 식 (7-12)에 넣으면 ϕ_o는 다음과 같이 여러 가지로 표시될 수 있다.

$$\phi_o = \frac{kT}{e} ln \frac{p_{po}}{p_{no}} = \frac{kT}{e} ln \frac{n_{po}}{n_{no}}$$

$$= \frac{kT}{e} ln \frac{N_a N_d}{n_i^2} \tag{7-13}$$

ϕ_o는 열평형상태에서의 접촉전위차 혹은 내부전압이며 확산전압(diffusion voltage)이라고 부르기도 한다. ϕ_o의 값이 실제로 어느 정도인가에 대한 개념을 얻기 위하여 대표적인 예로서 P형 및 N형 반도체의 저항율이 각각 $\rho_p = 10^{-3}[\Omega\text{-cm}]$, $\rho_n = 1(\Omega\text{-cm})$인 Ge계단형 PN접합의 경우에 대해서 계산해보자.

식 $\rho = 1/\delta$로부터 $1/\rho_p = \delta_p = e\mu_p p_{po}$, $1/\rho_n = \delta_n = e\mu_n n_{no}$ 로부터 캐리어농도를 계산하면 $p_{po} = 3.3 \times 10^{18}[\text{cm}^{-3}]$, $n_{no} = 1.6 \times 10^{15}[\text{cm}^{-3}]$. 따라서 식 (7-13)으로부터 $\phi_o = \frac{kT}{e} ln \frac{N_a N_d}{n_i^2}$

$$= \frac{kT}{e} ln \frac{p_{po} n_{no}}{n_i^2} = 0.41[\text{Volt}]된다.$$

2. 전계의 기본식

앞의 해석은 열평형상태에 관한 물리적 개념을 잘 반영하고 있기는 하나, 공간전하영역에서의 전계분포, 전위분포, 캐리어농도분포 및 공간전하영역의 폭에 대하여 아무것도 알려주지 않았다. 이들을 구하려면 정전장의 기본식인 Poisson의 방정식에서부터 해석을 시작할 필요가 있다. 1차원의 Poisson의 방정식은 다음과 같다.

$$\frac{d^2 V}{dx^2} = -\frac{\rho}{\varepsilon} \tag{7-14}$$

여기서 x : 금속학적 접합면을 원점으로 한 x좌표 (그림 7-12)

V : 임의의 면 x에서의 전위

ρ : 공간전하밀도 [coul./m^3]

ε : 반도체의 유전율($\varepsilon = \varepsilon_r \varepsilon_o$)

ε_0 : 진공의 유전율 = 8.85×10^{-12}[F/m]

ε_r : 반도체의 비유전율이며, Ge에서 16, Si에서 12

공간전하영역에서의 전하밀도 ρ는 다음 두 가지 성분으로 되어 있다.

ⅰ) 정공농도 $p(x)$ 및 전자농도 $n(x)$에 의한 전하이며 $e[p(x) - n(x)]$,

ⅱ) 이온화되어 있는 억셉터 및 도우너원자에 의한 전하이며, P형 쪽에서는 $-eN_a$, N형 쪽에서는 $+eN_d$. 그러므로 식 (7-14)는 다음과 같이 표시될 수 있다.

$$\frac{d^2 V}{dx^2} = -\frac{e[p(x) - n(x) - N_a}{\varepsilon} \qquad x < 0 \qquad P형 쪽 \tag{7-15}$$

$$= -\frac{e[p(x) - n(x) + N_d]}{\varepsilon} \qquad x > 0 \qquad N형 쪽 \tag{7-16}$$

[그림 7-12] (a)의 Ge계단형 PN접합에서의 캐리어분포 및 공간전하분포를 나타낸 [그림 7-12] (b), (c), (d)를 보면 공간전하영역에서의 캐리어농도는 대단히 적으며 그들의 전하가 문제로 될 부분의 폭은 대단히 적음을 알 수 있다. 그러므로 공간전하영역에서는 실질적으로 캐리어가 고갈되어 있다고 가정하더라도 대단한 오차는 생기지 않을 것으로 생각된다.

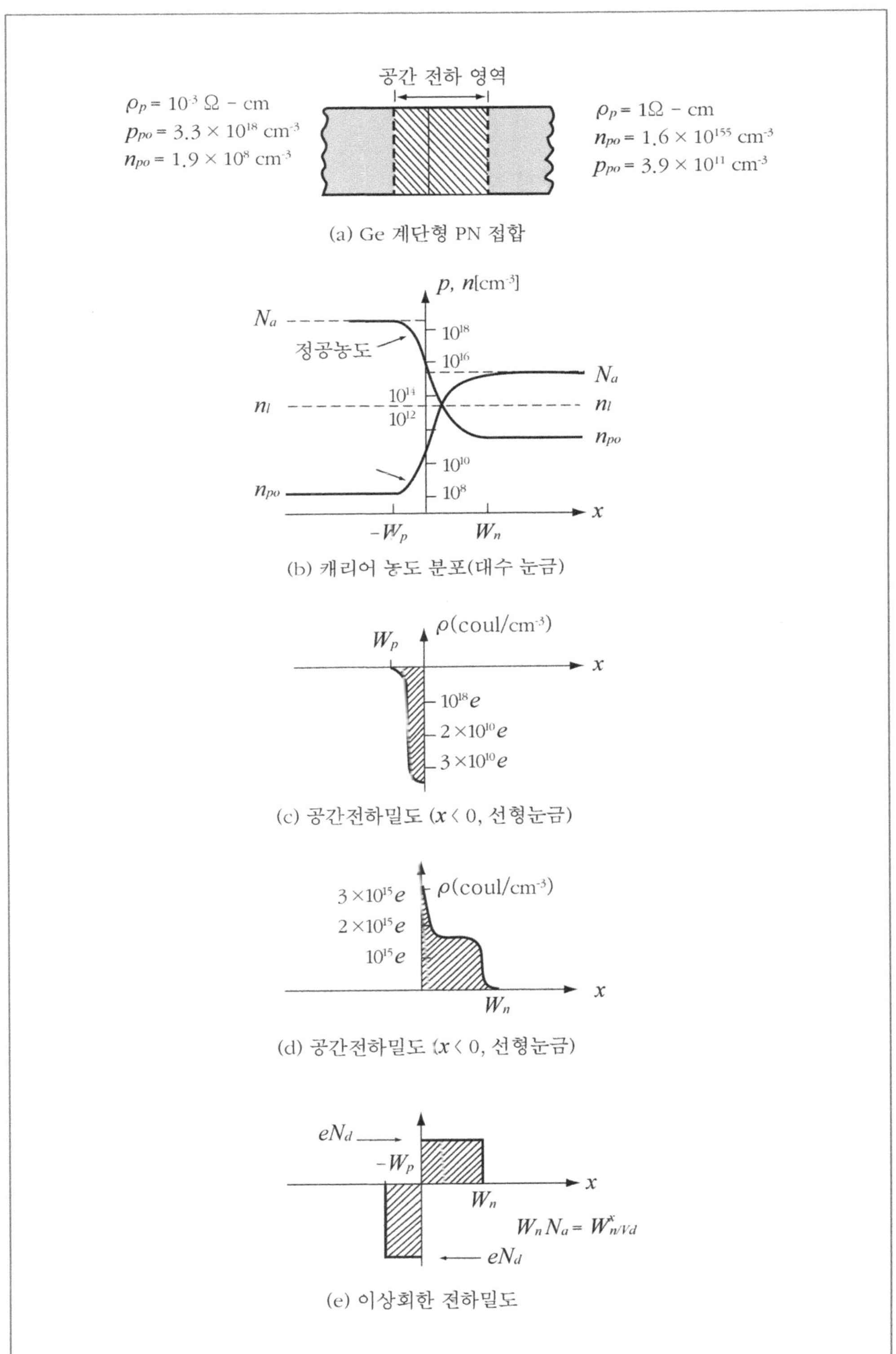

[그림 7-12] Ge 계단형 Pn 접합에서의 캐리어 분포 및 캐리어 농도

[그림 7-12] (e)에 캐리어의 전하를 무시했을 때의 이상적인 공간전하분포를 나타내었다. 이 경우 식 (7-15), (7-16)의 Poission의 방정식은 다음과 같이 된다.

$$\frac{d^2 V}{dx^2} = + \frac{e N_a}{\varepsilon} \quad x < 0 \qquad\qquad P형\ 쪽 \tag{7-17}$$

$$= - \frac{e Nd}{\varepsilon} \quad x > 0 \qquad\qquad N형\ 쪽 \tag{7-18}$$

3. 전계분포

식 (7-17) 및 (7-18)을 기본으로 삼을 때 공간전하영역의 상태는 다음과 같이 구해질 수 있다. 전계분포를 $E(x)$로 표시하면 $E(x) = \frac{-dV(x)}{dx}$ 이므로 식 (7-17), (7-18)은

$$\frac{dE}{dx} = - \frac{e N_a}{\varepsilon} \qquad x < 0, \qquad\qquad P형\ 쪽 \tag{7-19}$$

$$= + \frac{e N_d}{\varepsilon} \qquad x > 0, \qquad\qquad N형\ 쪽 \tag{7-20}$$

따라서 P형 쪽에서는

$$E(x) = - \int \frac{e N_a}{\varepsilon} dx + C = - \frac{e N_a}{\varepsilon} x + C \quad x \qquad\qquad < 0 \tag{7-21}$$

여기서 C는 적분상수이다. P형 쪽의 공간전하영역의 폭을 W_p라 하면, $x = - W_p$에서 $E = 0$이므로 $C = \frac{-e N_a W_p}{\varepsilon}$, 따라서 P형 쪽의 전계분포는 다음과 같이 된다.

$$E(x) = - \frac{e N_a}{\varepsilon}(x + W_p) \qquad x < 0, \qquad\qquad P형\ 쪽 \tag{7-22}$$

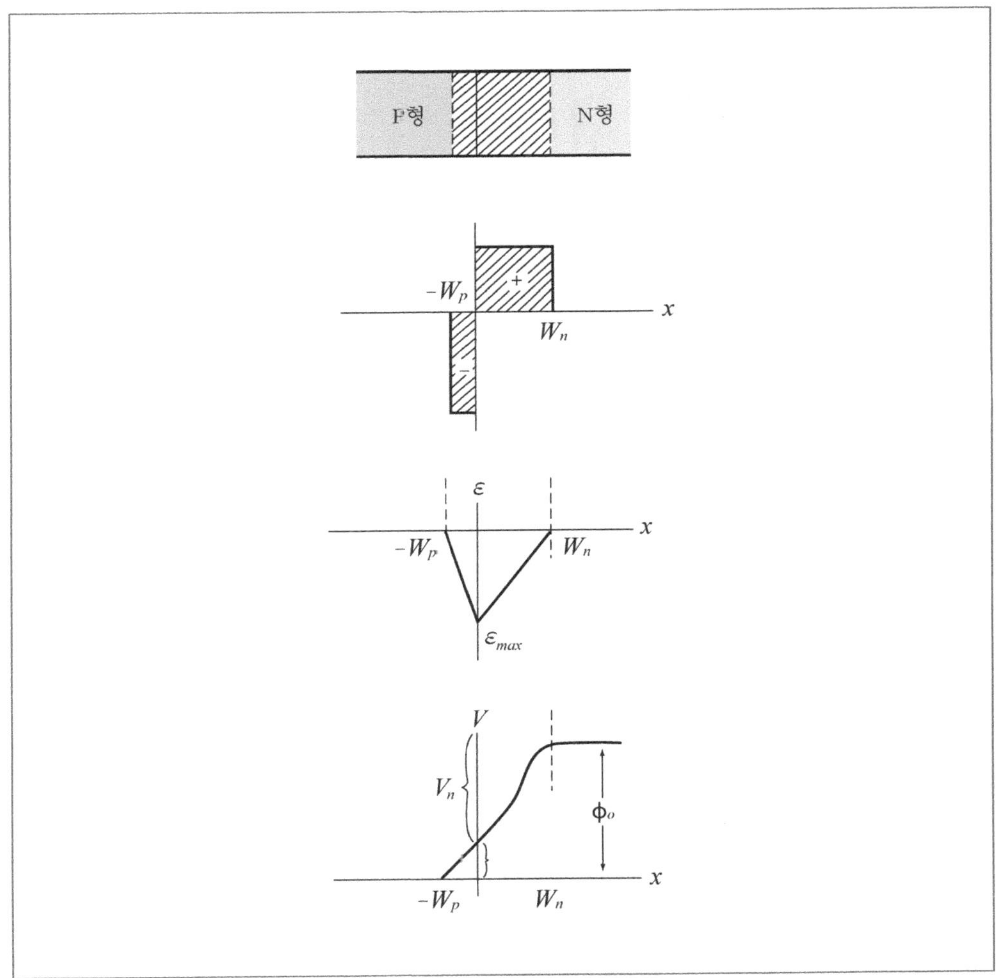

[그림 7-13] 전계분포 및 전위분포

이 식으로부터 P형과 N형과의 경계면($x = 0$)에서의 전장은

$$E(x)\,|_{\,x=0} = -\frac{eN_aW_p}{\varepsilon} \tag{7-23}$$

같은 방법으로 N형 쪽의 전계분포를 구할 수 있다. N형 쪽의 공간전하영역의 폭을 W_n으로 하고 $x = W_n$에서 $E = 0$임을 고려하여 식 (7-20)을 풀면 다음 식을 얻는다.

$$E(x) = \frac{eN_d}{\varepsilon}(x - W_n) \qquad x > 0, \qquad\qquad N형 쪽 \tag{7-24}$$

이 식에서 경계면($x = 0$)에서의 전장을 구하면

$$E(x) \,|\,_{x=0} = - \frac{eN_d W_n}{\varepsilon} \tag{7-25}$$

식 (7-25)가 식 (7-23)과 모순되지 않는 것은 곧 알 수 있다. 왜냐하면 공간전하영역은 전체적으로 볼 때 전기적으로 중성이라야 하므로 다음 관계식이 성립하기 때문이다.

$$eN_a W_p = eN_d W_n \tag{7-26}$$

식 (7-22)및 식 (7-24)를 [그림 7-13] (c)에 나타내었다. $x = 0$에서 전장이 최대가 된다.

4. 전위분포

전계분포를 나타내는 식 (7-22)에 $E(x) = \dfrac{-dV(x)}{dx}$ 를 넣으면

$$\frac{dV}{dx} = \frac{eN_a}{\varepsilon}(x + W_p) \qquad x < 0, \qquad\qquad P\text{형 쪽} \tag{7-27}$$

P형중성영역을 전위의 기준으로 삼아 $x = -W_p$에서 $V = 0$으로 하면 식 (7-27)을 적분하여 다음 식을 얻을 수 있다.

$$V(x) = \frac{eN_a}{\varepsilon}\left\{ \frac{x^2}{2} + W_p x + \frac{W_p^{\,2}}{2} \right\} \qquad x < 0, \qquad P\text{형 쪽} \tag{7-28}$$

이것이 P형 쪽의 전위분포를 나타내는 식이다. $x = 0$에서는

$$V(x) \,|\,_{x=0} = \frac{eN_a}{\varepsilon}\,\frac{W_p^{\,2}}{2} \tag{7-29}$$

같은 방법으로, 식 (7-24)으로부터. N형 쪽의 전위분포를 구할 수 있다. 즉

$$V(x) = -\frac{eN_d}{2}\left\{\frac{x^2}{2} - W_n x\right\} + \frac{eN_a}{\varepsilon}\frac{W_p^{\,2}}{2} \qquad x > 0, \qquad\qquad N형 \; 쪽 \qquad\qquad (7\text{-}30)$$

식 (7-28) 및 (7-30)을 [그림 7-13] = (d)에 나타내었다.

식 (7-30)에서 $x = W_n$으로 하면 접촉전위자 ϕ_o에 대한 또 하나의 식을 얻게 된다. 즉

$$\phi_o = \frac{e}{2\varepsilon}\left\{N_a W_p^{\,2} + N_d W_n^{\,2}\right\} \qquad\qquad (7\text{-}31)$$

이 식에 식 (7-26)의 관계식을 넣으면 ϕ_o는 다음과 같이 표시될 수도 있다.

$$\phi_o = \frac{eN_a W_p^{\,2}}{2\varepsilon}\left\{1 + \frac{N_a}{N_d}\right\} \qquad\qquad (7\text{-}32)$$

$$\phi_o = \frac{eN_d W_n^{\,2}}{2\varepsilon}\left\{1 + \frac{N_d}{N_a}\right\} \qquad\qquad (7\text{-}33)$$

5. 공간전하영역의 폭

접촉전위차를 나타내는 식 (7-32) 혹은 (7-33)을 W_p 혹은 W_n에 대해서 풀면 공간전하영역의 폭 W_p 및 W_n을 구할 수 있다. 즉

$$W_p = \left[\frac{2\varepsilon}{eN_a\dfrac{1 + N_a}{N_d}}\right]^{1/2}\phi_o^{1/2} \qquad\qquad (7\text{-}34)$$

$$W_n = \left[\frac{2\varepsilon}{eN_d\dfrac{1 + N_d}{N_a}}\right]^{1/2}\phi_o^{1/2} \qquad\qquad (7\text{-}35)$$

공간전하영역의 폭이 전위장벽 ϕ_o의 제곱근에 비례하는 점에 주의하여라. 식 (7-34), (1-35) 혹은 식 (7-26)으로부터 P형 쪽의 공간전하영역폭 W_p와 N형 쪽의 공간전하영역폭 W_n과의 비는

$$\frac{W_p}{W_n} = \frac{N_d}{N_a} \tag{7-36}$$

이며 , 공간전하영역의 폭은 불순물농도에 반비례한다. 그러므로 P형반도체를 N형반도체보다 훨씬 세게 도우핑한 경우$(N_a \gg N_d)$, W_p는 W_n에 비교하여 무시될 수 있으며 전체 공간전하영역폭 W는

$$W = W_p + W_n \cong W_n \qquad (N_a \gg N_d)$$
$$= \left(\frac{2\varepsilon}{eN_d}\right)^{1/2} \phi_o{}^{1/2} = \left(\frac{2\varepsilon\mu_n}{\sigma_n}\right)^{1/2} \phi_o{}^{1/2} \tag{7-37}$$

여기서 σ_n은 N형 반도체의 도전율이며 $\sigma_n = e\mu_n N_d$. 반도체에 관한 기술자료는 불순물농도가 아니라 도전율 혹은 저항률로써 주어지는 것이 보통이므로 식 (7-37)이 W를 계산하는데 실용적이다.

7.5 PN접합에 대한 바이어스전압의 효과

PN접합에 바이어스(bias)전압을 인가하기 위해서는 우선 금속전극을 반도체의 양단에 접촉시켜야 한다. [그림 7-14]에 이것을 나타내었다.

PN접합의 경우와 같은 이유로 금속-반도체접촉에 있어서도 역시 접촉전위차가 발생하며, 그 크기는 금속 및 반도체의 종류뿐만 아니라, 일반적으로 접촉면을 흐르는 전류에 따라 변화한다.

그러나 실질적으로는 "전류의 방향이나 크기에 관계없이 접촉전위차가 일정하다고 볼 수 있는 경우"도 있다. 이러한 금속-반도체접촉을 Ohm성 접촉(ohmic contact)이라고 한다.

금속-반도체접촉의 전기적 특성을 이해하는 데는 지금 우리가 문제로 삼고 있는 PN접합의 동작을 잘 이해하는 것이 불가결한 기초지식이 된다. 그러므로 우리는 앞으로 문제에 있어서 우선 접촉전위차를 무시할 수 있는 Ohm성 접촉이 마련되어 있으며, 따라서 두 전극 사이에 걸어준 전압은 그대로 PN접합에 걸리는 것으로 가정하겠다.

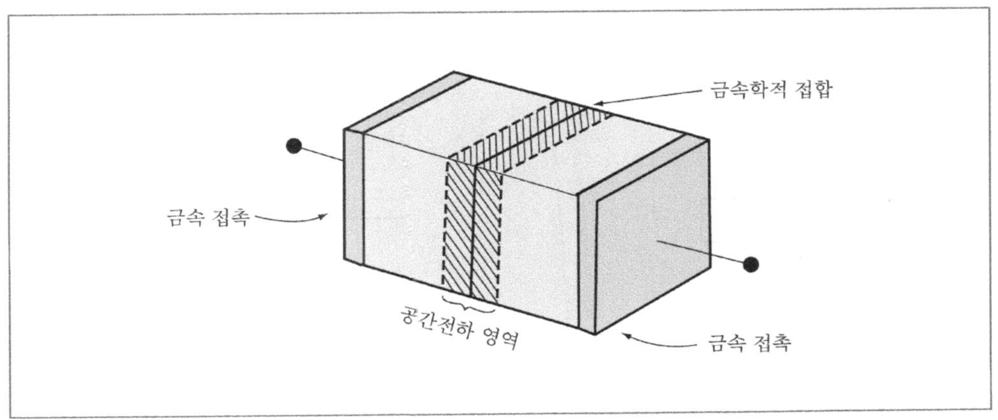

[그림 7-14] 금속 접촉을 가진 PN 접합

두 전극에 바이어스 전압을 걸면 열평형이 깨져 전류가 흐르게 된다. P형 및 N형 중성영역은 어느 정도의 저항을 가지고 있으므로 이 영역에서 전압 강하가 생기는 것은 당연히 예상된다. 그러나 여기서는 일단 중성 영역에서의 전압 강하는 바이어스 전압 V에 비교하여 무시될 수 있는 것으로 가정하겠다.

1. 에너지대 구조

바이어스 전압이 걸렸을 때의 PN접합의 에너지대구조는 페르미준위의 차이를 의미한다. [그림 7-15] (a)와 같이 PN접합에 바이어스 전압 V[Volt]를 걸 때 N형 중성영역의 페르미준위 E_{fn}[eV]과 P형 중성영역의 페르미준위 E_{fp}[eV]는 관계식 $E_{fn} - E_{fp} = V$로써 관계지어진다. 그러므로 바이어스 전압이 V > 0일 때의 에너지대 구조는 [그림 7-15] (c)와 같으며, V < 0일 때의 에너지대 구조는 [그림 7-15] (e)와 같이 된다.

V > 0인 경우, [그림 7-15] (a) 열평형상태의 경우보다 전위장벽이 낮아지는 점에 주목할 필요가 있다. 그러므로 소수캐리어에 의한 드리프트전류는 평형상태의 경우와 마찬가지이나, 다수캐리어에 의한 확산전류는 전위장벽의 감소에 따라 증대한다.

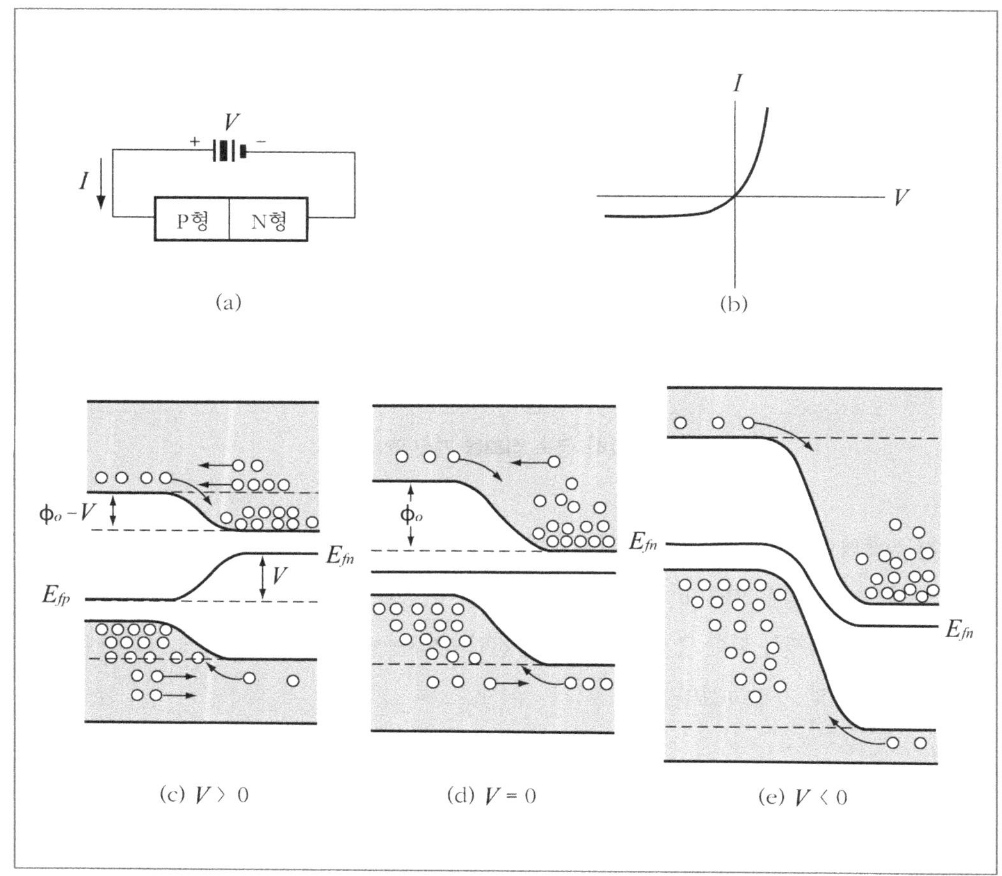

[그림 7-15] 바이어스전압을 걸었을 때의 PN접합의 에너지대 구조

이리하여 평형이 깨어지며 P형에서 N형 쪽으로 전류가 흐르게 된다. 바이어스전압 V의 증가에 따라 PN접합을 흐르는 전류 I 가 [그림 7-15] (b)와 같이 급격히 증가하는 것은 이해하기 어렵지 않을 것이다

$V > 0$인 경우를 순바이어스(foward bias) 상태라고 하며, 이 때 흐르는 전류를 순바이어스전류(foward biased current)라고 한다.

$V < 0$인 경우에는 반대로 전위장벽이 높아지며 확산해갈 수 있는 다수캐리어의 수효가 적어지며, $|V|$가 충분히 큰 경우(실제문제로서는 0.1 V정도) 다수캐리어의 확산전류는 완전히 차단된다.

[그림 7-15] (e)가 이러한 상태를 표시하고 있다. 이 상태에서는 $|V|$를 그 이상 크게 하더라도 접합을 흐르는 전류는 소수캐리어의 드리프트전류로서 결정되므로 전류는 바이어스전압에 관계없이 일정하며, [그림 7-15] (b)와 같이 포화상태를 나타낸다. 소수캐리어농도는 대단히 적으므로 이 때 흐르는 전류는 대단히 적다. $V < 0$인 경우를 역바이어스(reverse bias) 상

태라고 하며, 이 때 흐르는 전류를 역바이어스 전류(reverse biased current)라고 한다. 그 방향은 순바이어스전류의 반대이다. 또 포화상태에서의 역바이어스 전류를 역포화 전류(reverse biased saturation current) 혹은 차단전류(cutoff current)라고 한다.

2. 공간전하영역의 변화

위에서 본 바와 같이 바이어스전압을 걸 때 공간전하영역을 건너서 흐르는 전류는 소수캐리어의 드리프트전류와 다수캐리어의 확산전류의 불균형에 기인하고 있다.

위에서 고찰한 바에 의하면 공간전하영역의 상태는 바이어스의 유무에 관계없이 거의 변함이 없으므로 식 (7-17), (7-18)을 유도할 때의 가정은 바이어스전압을 걸어준 경우에도 그대로 성립한다고 볼 수 있다. 이리하여 우리는 식 (7-17), (7-18)로부터 유도된 모든 식들 (7-17)~(7-38)이 바이어스전압을 걸어준 경우에도 적용될 수 있다고 결론지을 수 있다. 한 가지 주의해야 할 것은 식 (7-37) 이하의 식들에서 열평형상태에서의 전위장벽 ϕ_o를 바이어스전압 V를 걸었을 때의 전위장벽 $\phi_o - V$로 바꾸어야 한다는 것이다. 그러므로 식 (7-34), (7-35)는 다음과 같이 표시되어야 한다.

$$W_p = \left[\frac{2\varepsilon}{eN_a\left(\frac{1+N_a}{N_d}\right)} \right]^{1/2} (\phi_o - V)^{1/2} \tag{7-38}$$

$$W_n = \left[\frac{2\varepsilon}{eN_d\left(\frac{1+N_d}{N_a}\right)} \right]^{1/2} (\phi_o - V)^{1/2} \tag{7-39}$$

또 Na≫Nd인 경우 식 (7-37), (7-38)은

$$W = W_p + W_n \cong W_n \qquad (N_a \gg N_d)$$
$$= \left(\frac{2\varepsilon}{eN_d} \right)^{1/2} (\phi_o - V)^{1/2} = \left(\frac{2\varepsilon\mu_n}{\sigma_n} \right)^{1/2} (\phi_o - V)^{1/2} \tag{7-40}$$

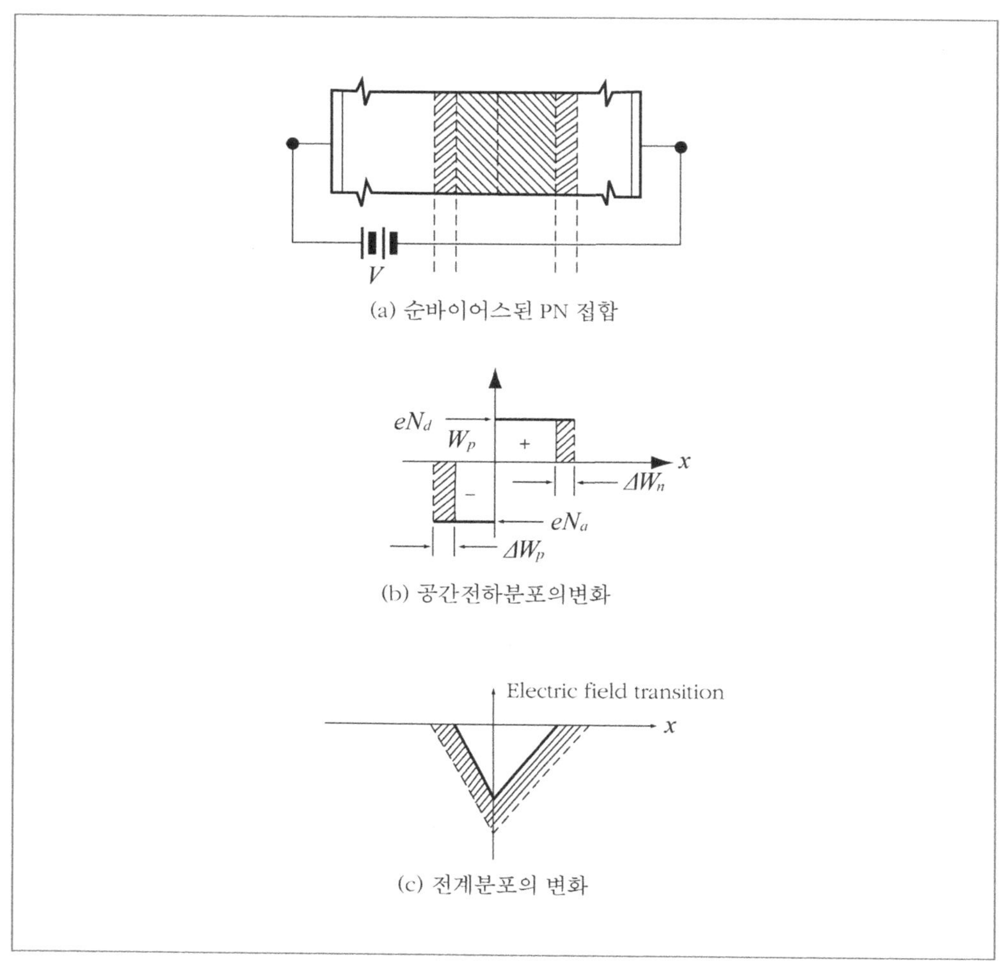

[그림 7-16] 순바이어스전압을 걸었을 때의 공간전하여역의 변화

순바이어스($V > 0$)의 경우 W_p, W_n 이 좁아지며, 반대로 역바이어스($V < 0$)의 경우 넓어지는 점에 주목할 필요가 있다. 나머지 식들은 그대로 성립하므로 다시 표시하지 않겠다.

지금까지의 결과를 종합하면 다음과 같다. 순바이어스된 경우

 i) 전위장벽이 낮아진다.

ii) 공간전하영역의 폭이 좁아진다.

iii) 전장이 약해진다.

반대로 역바이어스된 경우

ⅰ) 전위장벽이 높아진다.

ⅱ) 공간전하영역의 폭이 넓어진다.

ⅲ) 전장이 강해진다.

PN접합이 개방 상태에 있으면 전제적인 전류는 0이어야 한다. 그렇지 않으면 시간이 증가함에 따라 반도체의 한쪽 부분의 정공(혹은 전자)밀도가 계속 증가하게 되는데, 이러한 현상은 실제적으로 일어날 수 없는 것이다. P형 반도체의 정공밀도가 N형 반도체의 정공밀도보다 훨씬 크기 때문에 대단히 큰 정공의 확산 전류가 P형에서 접합면을 거쳐 N형 쪽으로 흐르려고 한다. 이러한 확산전류와 반대 방향으로 크기가 같은 전류가 존재하여야 하므로 N형 쪽으로부터 접합을 거쳐 P형 쪽으로 정공의 드리프트전류가 흐르도록 공간전하영역의 양쪽면 사이에 전위차가 형성되어야 한다. 종합해서 말하면 정공전류가 0이어야 한다는 평형 조건으로부터 접촉전위차 ϕ_o를 도우너 밀도 N_d와 억셉터 밀도 N_a로 표시할 수 있게 된다. 접촉전위차 ϕ_o크기는 1[V]이하이다. 이러한 상태에서 외부로부터 바이어스전압 V를 걸어주면 접촉전위차 ϕ_o는 바이어스 전압 V만큼 변화되어야 함을 의미한다.

연 습 문 제

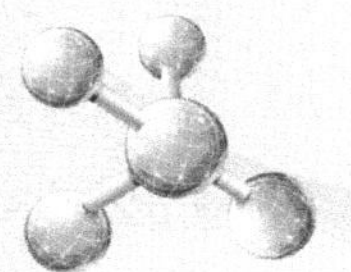

7-1 반도체의 제조공정을 설명하여라.

7-2 PN접합 방법에 대하여 설명하여라.

7-3 실온에서 순수한 Si의 전자농도는 1.45×10^{10}[개/cm³]이다. 이 Si에 10^{18}[개/cm³]의 붕소(boron)을 도핑시켰다. 생성된 캐리어의 농도를 구하여라.

7-4 상온에서 진성반도체 Si의 저항율을 636[Ωm], 전자 및 정공의 이동도를 각각 0.15 [m²/Vs], 0.05[m²/Vs]라고 하면 전자밀도는?

7-5 Ge의 PN접합에 있어 PN영역의 다수캐리어와 소수캐리어의 농도를 각각 1.75×10^{23}[개/m³], 1.75×10^{17}[개/m³]이라고 할 때 열평형시 300[°k]의 접촉전위차는 얼마인가?

7-6 온도가 300[°k]인 경우 PN접합의 P형쪽 억셉터만을 100배 진하게 도핑(dopping)하여 만들면 접촉전위차는 얼마나 변하겠는가? 단, 볼쯔만 상수 K는 8.620×10^{-5}[eV/°k]이다.

7-7 접촉전위차 $\phi_o = \left(\dfrac{kT}{e}\right)\ell n\left(\dfrac{N_a N_d}{n_i^2}\right)$가 됨을 증명하라.

7-8 PN접합에 대한 바이어스전압의 효과에 대하여 기술하라.

7-9 공간전하영역의 폭 W_n 및 W_p를 구하여라.

7-10 순방향 바이어스와 역방향 바이어스가 인가되었을 때 공간전하 영역폭은 각각 어떻게 되는가?

PN접합 다이오드의 특성

8.1 이상적 PN다이오드의 동작

일반적으로 P형 반도체와 N형 반도체를 접합시켜 만든 전자소자를 PN다이오드(diode)라고 한다. 이상적 PN다이오드의 동작은 다이오드 양단자에 전압을 걸어주는 형태에 따라 순바이어스의 경우와 역바이어스의 경우로 나누어서 생각하는 것이 이해하기 쉽다. 여기서는 우선 정성적으로 두 가지의 바이어스에 관하여 고찰하고자 한다.

1. 순바이어스

PN다이오드의 양쪽단자에 순 방향으로 바이어스전압을 걸면 다이오드의 내부 전위장벽이 낮아지며 P형 영역의 다수캐리어인 정공이 공간전하영역을 넘어서 N형 영역으로 흘러 들어간다.

이 과정을 소수캐리어의 주입(injection)이라고 한다. N형 영역으로 들어간 이들은 소수캐리어의 입장에 서게 되며 이 캐리어들이 이곳에서의 소수캐리어농도를 평형농도 p_{no}보다 높게 하기 때문이다. 한 예로 [그림 8-1]의 공간전하영역과의 경계면 $x=0$에서의 정공농도 $p_n(0)$은 접합의 법칙에 따라 $p_n(0)=p_{no}e^{eV/kT}$로 된다. 여기서 V는 바이어스 전압이다. 그러므로 순바이어스의 효과는 소수캐리어의 주입에 있다고 말할 수 있다.

N형 영역으로 주입된 과잉정공(excess hole)들은 N형 영역 안으로 확산해가면서 N형 영역의 다수캐리어인 전자들과 재결합한다. 이렇게 되므로 정공농도는 N형 영역 안으로 들어감에 따라 점차 감소해갈 것이며, 경계면에서 어느 정도 떨어진 곳에서는 평형농도까지 떨어질 것이다. [그림 8-1]에 N형 영역에서의 정공농도 $p_n(x)$가 변화하는 모양을 나타내었다.

캐리어농도가 평형농도보다 많은 곳에서는 재결합에 의해서 소멸되는 캐리어의 수효는 같은 시간에 열생성되는 캐리어의 수효보다 많다. 그러므로 [그림 8-1]과 같은 과잉정공농도 $p_n{}^*(x)\,[=p_n(x)-p_{no}]$를 유지하려면 외부로부터 정공이 공급되어야 한다. P형에서 N형으로 주입되는 정공이 이 역할을 하고 있는 셈이다.

정공들의 확산운동에 따르는 확산정공전류 $I_{pn}(x)$는 정공농도 $p_n(x)$ 혹은 과잉정공농도 $p_n{}^*(x)$의 기울기에 비례한다. [그림 8-1]에 이것을 나타내었다. 이상적 다이오드에서는 "공간전하영역에서의 캐리어의 열생성 및 재결합이 없는 것으로" 가정한다. 그러므로 $x=0$에서의 $p_n(x)$의 기울기는 공간전하영역을 건너서 N형 영역으로 주입되는 정공의 흐름을 표시한다.

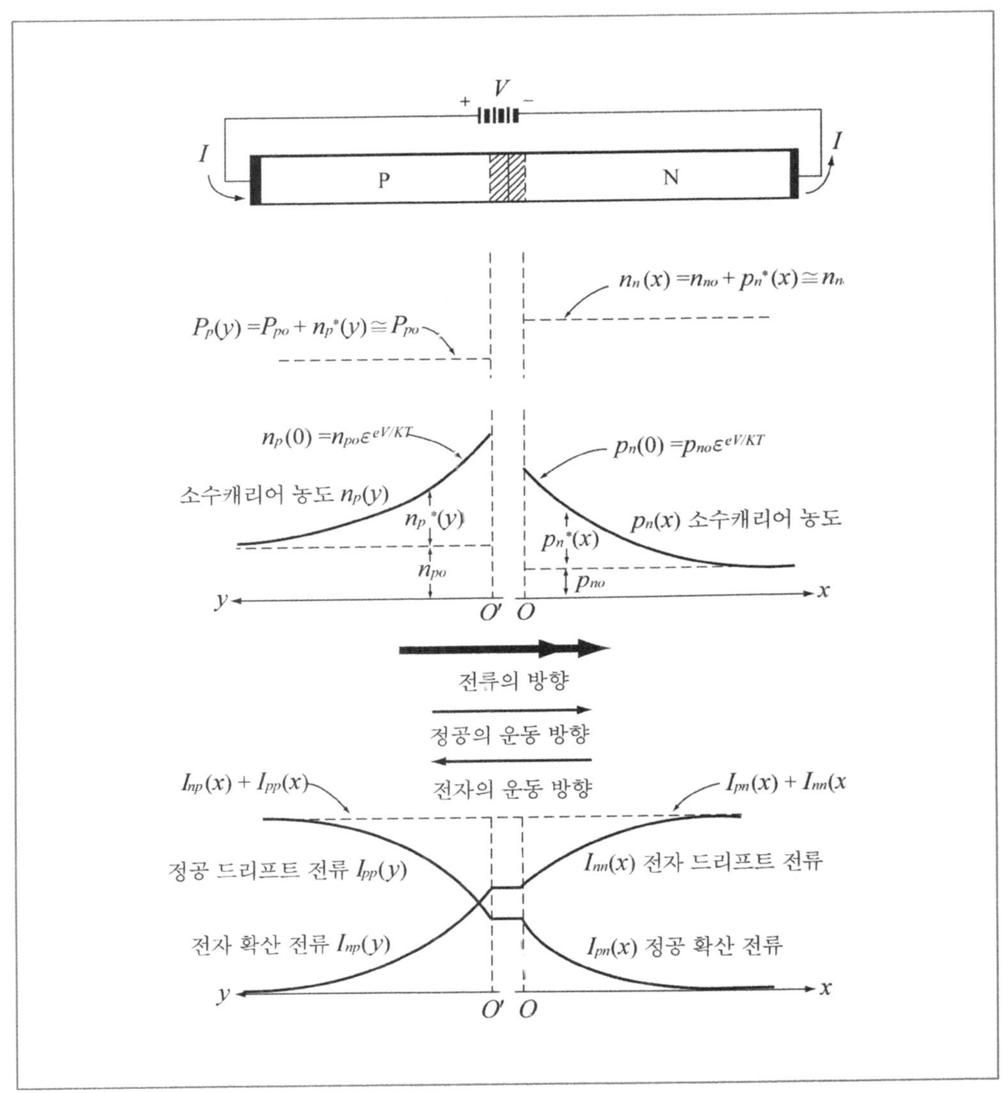

[그림 8-1] 이상적 PN접합다이오드에서의 캐리어농도분포 및 전류분포(순바이어스)

N형에서 P형으로 넘어가는 전자들의 흐름에 대해서도 역시 같은 경향으로 생각할 수 있다. 즉 P형 중성영역으로 주입된 전자들은 이 영역에서의 소수캐리어인 전자농도를 증가시키며 확산전자전류를 만든다. [그림 8-1]에 과잉전자농도 $n_p^*(x)\,[=n_p(x)-n_{po}]$ 및 확산전자전류의 모양을 나타내었다. 전자들의 확산운동은 $-x$방향이므로 확산전자전류는 $+x$방향이 된다. 공간전하영 역과 P형 중성영역과의 경계면 $y=0$에서의 전자농도는 $n_p(0)=n_{po}e^{eV/kT}$이며, 이 경계면에서의 기울기가 P형으로 주입되는 전자전류를 표시 한다.

공간전하영역을 서로 반대방향으로 운동하는 정공 및 전자들의 흐름이 이 영역을 지나가는 전류를 형성한다. [그림 8-1] 이러한 현상을 나타내었다.

소수캐리어 주입의 또 하나의 효과는 다수캐리어의 움직임을 유발시키는 데 있다. 이것은 반도체 안의 모든 곳에서 전기적 중성을 유지하려는 데서 오는 결과이다. 다시 한 번 N형 중성영역에 대해서 고찰해보자. 전기적 중성을 유지하려면 정공농도가 증가했으리만큼 전자농도도 역시 증가되어야 한다. 그러므로 임의의 점에서의 전자농도는 $n_n(x) = n_{no} + p_n{}^*(x)$ 이다. 우리는 앞으로 $n_{no} \gg p_n{}^*(x)$ 의 경우만을 대상으로 하여 고찰하자. 다시 말하면 주입되는 소수캐리어 농도가 다수 캐리어 농도에 비하여 대단히 적은 경우만을 고찰하겠다. 이것을 "저주입조건"이라고 한다. [그림 8-1]에서 다수캐리어 농도분포가 일정한 것처럼 그려져 있는 것은 이와 같은 이유에서이다.

재결합에 의해서 소멸되는 과잉전자농도를 유지하는 동시에 P형으로 넘어가는 전자들을 보충하기 위해서는 외부로부터의 전자의 공급이 필요하다. 이러한 전자의 공급은 전원으로부터 전극을 거쳐 N형 영역으로 들어오는 전자들에 의해서 이루어지며 이와 같은 현상이 N형 영역에서의 전자의 흐름을 형성하는 셈이다. 이러한 전자들의 흐름은 드리프트운동에 기인한 것이므로 이것을 드리프트 전자전류라고 한다.

N형 영역 임의의 면에서 드리프트 전자전류의 크기는 쉽게 구해질 수 있다. 정상상태에 있어서 다이오드의 임의의 단면을 흐르는 전류는 일정하다. 그러므로 N형 영역의 임의의 단면을 흐르는 전류, 즉 드리프트 전자전류와 확산정공전류와의 총합은 일정하며 공간전하영역을 흐르는 전류와 같아야 한다. [그림 8-1]에 드리프트 전자전류 $I_{nn}(x)$ 를 표시하였다. 경계면 $(x = 0)$ 에서 충분히 떨어진 곳에서는 다이오드 전류가 거의 드리프트 전자전류만으로써 형성되어 있다.

P형 중성영역에서의 다수캐리어인 정공의 움직임에 대해서도 역시 똑같은 사실을 볼 수 있다. [그림 8-1]에 정공의 농도분포 $[p_p(x) = p_{po} + n_p{}^*(x) \cong p_{po}]$ 및 드리프트 정공전류 $[I_{pp}(y)]$ 의 분포를 나타내었다.

2. 역바이어스

이상적 다이오드에 역방향으로 바이어스를 걸어주면 전위장벽이 높아지므로 다수캐리어의 확산이 평형상태인 바이어스 전압 V = 0의 경우보다 감소하며, 전위장벽이 충분히 높아지면 완전히 차단된다.

그러므로 충분히 역바이어스된 다이오드의 전류는 전위언덕을 내려가는 소수캐리어 즉 P형 쪽에서는 전자, N형 쪽에서는 정공에 해당하는 것만으로써 구성된다.

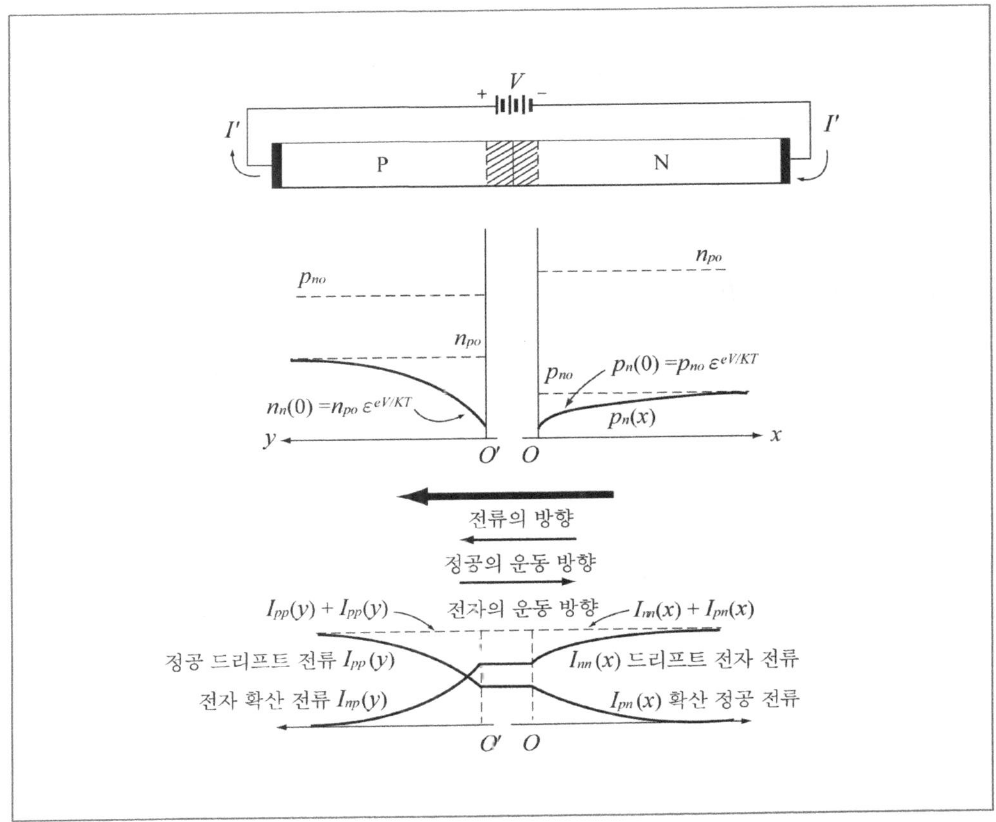

[그림 8-2] 이상적 다이오드의 캐리어농도분포 및 전류분포(역바이어스)

[그림 8-2]에 소수캐리어의 농도분포 $p_n(x)$ 및 $n_p(y)$를 나타내었다. 공간전하영역과의 경계면 $x=0$ 및 $y=0$에서의 열적으로 생성되는 소수캐리어들이 바로 공간전하영역을 건너가기 때문에 그들의 농도는 평형농도보다 적어진다. 접합의 법칙에 따라 경계면에서의 농도는 각각 $p_n(0)=p_{no}e^{eV/kT}\approx0, n_{po}(0)=n_{po}e^{eV/kT}\approx0(T=300[^\circ K]$에서 $kT=0.026[eV])$

따라서 $V=-0.1[V]$ 일 때, $eV=-0.1[eV]$ 이며 $e^{eV/kT}=e^{-0.1/0.026}=e^{-3.84}=1/50\approx0$. 그러므로 접합근처에서는 소수캐리어농도의 기울기가 생기게 되고 이로 인하여 소수캐리어의 확산전류 $I_{pn}(x)$ 및 $I_{np}(x)$가 흐르게 된다. 충분히 역바이어스되었을 때의 역바이어스 전류를 열생성전류(thermally generated current)라고 부르기도 한다. 이와 같은 이유는 접합을 건너가는 전류가 접합 근처의 중성영역에서 열생성된 소수캐리어들의 이동으로 형성되어 있기 때문이다.

전기적 중성조건을 만족시키기 위해서는 접합 근처의 다수캐리어농도도 역시 소수캐리어 농도와 같이, 평형농도 N_{no}, p_{po}보다 감소되어야 한다. 그러나 $p_{no}\ll n_{no}, n_{po}\ll p_{po}$ 이므로 [그림 8-2]에서는 다수캐리어농도의 분포가 평형 때와 같이 일정한 것처럼 표시되어 있다. 그러므로 접합 근처의 중성영역에서 열생성된 다수캐리어는 접합을 건너갈 수 없으므로 전극 쪽으로 빠져나가야 한다. 이러한 다수캐리어들의 움직임이 다수캐리어의 드리프트전류 $I_{nn}(x)$ 및 $I_{pp}(x)$를 형성하는 셈이 된다.

8.2 이상적 PN다이오드에 관한 해석

앞 절에서 정성적으로 고찰한 바와 같이 이상적 다이오드에 흐르는 전류는 공간전하영역의 양쪽 경계면에서 주입된 소수캐리어의 총합과 같다. 이 절에서는 중성영역에서의 소수캐리어의 움직임을 해석하여 주입소수캐리어전류를 구함으로써 다이오드의 전압-전류관계를 정량적으로 유도하고자 한다. 앞으로 순바이어스의 경우($V > 0$)를 염두에 놓고 설명하겠으나 해석은 역바이어스의 경우($V < 0$)에도 그대로 적용된다.

1. 연속의 식

[그림 8-3]과 같이 단면적 A되는 이상적 다이오드의 N형 중성영역에서의 경계면으로부터 거리 x 및 $x + \Delta x$ 되는 두 단면으로 만들어지는 적은 용적요소를 생각하자.

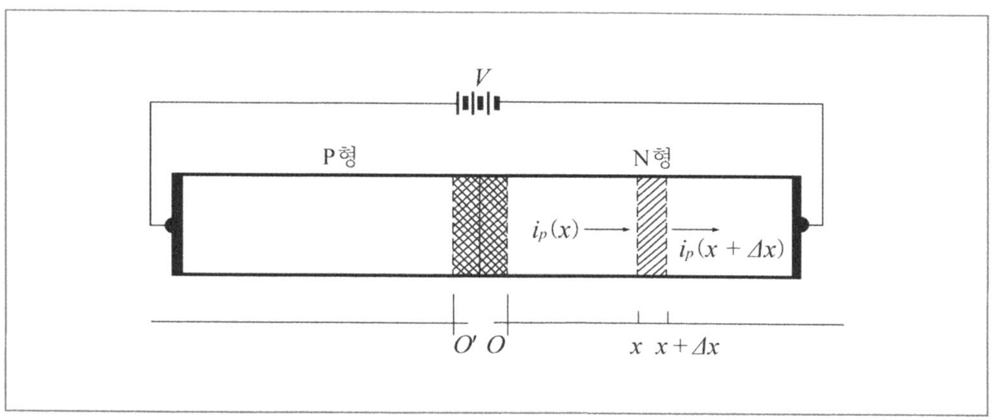

[그림 8-3] PN다이오드의 해석

정상상태(steady state)에 있어서 이 용적요소에 대하여 다음 관계식이 성립한다.

$$\boxed{\begin{array}{c}\text{단위시간에 단면}\\ x\text{에서 흘러 들어가는}\\ \text{정공의 수효}\end{array}} = \boxed{\begin{array}{c}\text{단위시간에 단면}\\ x+\Delta x\text{에서 흘러나가는}\\ \text{정공의 수효}\end{array}} + \boxed{\begin{array}{c}\text{단위시간에 용적요소}\\ \text{안에서 재결합으로 인하여}\\ \text{소멸되는 정공의 수효}\end{array}} \qquad (8\text{-}1)$$

식 (8-1)은 정공의 흐름의 연속성을 나타낸 관계식이며 연속의 식 (continuity equation)이라고 불리어진다.

단면 x에서의 정공농도를 $p_n(x)$, 정공확산전류를 $i_p(x)$로 표시하면 식 (8-1)의 좌변은 $\dfrac{i_p(x)}{e}$ 이며 우변의 첫째 항은 $\dfrac{i_p(x+\Delta x)}{e}$ 이다. 또 정공인 소수캐리어의 수명을 τ_p로 표시하면, 둘째 항은 식 $\dfrac{dp_n}{dt}=\dfrac{-(p-p_{no})}{\tau_p}$ 에 의해서 $\left[\dfrac{(p_n(x)-p_{no})}{\tau_p}\right](A\Delta x)$ 이다. 여기서 A는 다이오드의 단면적이다.

그러므로 식 (8-1)의 관계는 다음과 같이 해석적으로 표시할 수 있다.

$$\frac{i_p(x)}{e}=\frac{i_p(x+\Delta x)}{e}+\left\{\frac{[p_n(x)-p_{no}]}{\tau_p}\right\}A\cdot\Delta x \qquad (8\text{-}1)$$

혹은

$$\frac{-(1/eA)\left[i_p(x+\Delta x)-i_p(x)\right]}{\Delta x}=\frac{[p_n(x)-p_{no}]}{\tau_p} \qquad (8\text{-}2)$$

따라서 $\Delta x\rightarrow 0$의 극한에서

$$\frac{-(1/eA)di_p(x)}{dx}=\frac{[p_n(x)-p_{no}]}{\tau_p} \qquad (8\text{-}3)$$

이상적 다이오드에서는 중성영역에서의 전압강하는 무시할 수 있는 것으로 가정한다. 그러므로 정공의 흐름은 그들의 확산운동에 기인한 것이며 확산정공전류밀도식 $J_p=-eD_p\left[\dfrac{dp(x)}{dx}\right]$ 및 확산전자전류밀도 $J_n=+eD_n\left[\dfrac{d_n(x)}{dx}\right]$ 에 의하여

$$i_p(x)=\frac{-eAD_pdp(x)}{dx} \qquad (8\text{-}4)$$

여기서 D_p는 정공의 확산정수이다. 이 식을 식 (8-3)에 넣으면

$$\frac{D_p d^2 p_n(x)}{dx^2} = \frac{[p_n(x) - p_{no}]}{\tau_p}$$

(8-5)

식 (8-5)는 정공의 확산의 흐름을 해석적으로 나타낸 기본식이며 확산의 식(diffusion equation)이라고 불리어진다.

2. 경계조건

확산의 흐름을 나타내는 식 (8-5)를 주어진 경계조건 밑에서 풀면 정공의 농도분포 $p_n(x)$를 구할 수 있다. 경계조건은 다음과 같다.

$x = 0$에서 $\qquad p_n(x) = p_{no} e^{e V/kT}$

(8-6)

$x \rightarrow \infty$에서 $\qquad p_n(x) = p_{no}$

(8-7)

첫째 조건은 접합의 법칙에서 온다. 유한의 길이를 가진 다이오드에 대해서 둘째 조건을 적용 하는 것이 좀 이상하게 생각될 수도 있겠으나 중성영역의 길이가 충분히 길고 주입된 과잉정공이 실질적으로 완전히 소멸되는 거리 이상이라고 가정한다면 모순점은 없다.

3. 확산식의 해석

식 (8-6), (8-7)의 경계조건을 만족하는 식 (8-5)의 풀이는 다음과 같이 된다.

$$p_n(x) = p_{no} + p_{no}\left[e^{e V/kT} - 1\right] e^{-x/L_p}$$

(8-8)

여기서 L_p는 확산거리(diffusion length)라고 불리어지는 정수이며, 다음 식으로 정의된다.

$$L_p \equiv \sqrt{D_p \tau_p}$$

(8-9)

식 (8-8)은 N형 중성영역에서의 정공농도를 표시한 것이며 [그림 8-1] 및 [그림 8-2]는 이것을 나타낸 것이다.

과잉정공농도를 $p_n{}^*(x)$ 표시 하면

$$p_n{}^*(x) = p_n(x) - p_{no} \tag{8-10}$$

이므로 경계면에서의 과잉정공농도 $p_n{}^*(0)$는

$$p_n{}^*(0) = p_n(0) - p_{no} = p_{no}\left[e^{eV/kT} - 1\right] \tag{8-11}$$

따라서 식 (8-8)은 다음과 같이 여러 가지로 표시될 수 있다.

$$p_n(x) = p_{no} + p_n{}^*(x) \tag{8-12}$$
$$= p_{no} + p_n{}^*(0)e^{-x/L_p} \tag{8-13}$$
$$= p_{no} + p_{no}\left[e^{eV/kT} - 1\right]e^{-x/L_p} \tag{8-14}$$

식 (8-12, 13)으로부터 N형 중성영역에 "축적되어 있는" 과잉정공으로 인한 전하, 즉 축적 과잉전하(stored excess charge) Q_p는 다음과 같이 구해진다.

$$Q_p = eA\int_0^\infty p_n{}^*(x)dx = eA\int_0^\infty p_n{}^*(0)e^{-x/L_p}dx \tag{8-15}$$
$$= eAL_p p_n{}^*(0)$$

4. P형 중성영역에서의 전자농도분포

지금까지의 해석과 똑같은 방법으로, 전자의 흐름에 대한 확산의 식을 적당한 경계조건 밑에서 풀면 P형 중성영역에서의 소수캐리어인 전자의 농도분포 $n_p(y)$를 구할 수 있으며, 다음과 같이 된다.

$$n_p(y) = n_{po} + n_p{}^*(x) \tag{8-16}$$

$$= n_{po} + n_p{}^*(0)e^{-y/L_n} \tag{8-17}$$

$$= n_{po} + n_{po}\left[e^{eV/kT} - 1\right]e^{-y/L_n} \tag{8-18}$$

여기서 $n_p{}^*(y)$는 과잉전자의 농도분포, $n_p{}^*(0)$는 경계면에서의 과잉전자농도이다. 또 L_n은 전자의 확산거리이며 다음 식으로 정의된다.

$$L_n \equiv \sqrt{D_\pi \tau_n} \tag{8-19}$$

여기서 D_n, τ_n은 각각 전자의 확산정수 및 수명이다. 또 P형 중성영역 안에 축적되어 있는 과잉전자전하 Q_n는

$$-Q_n = -eA\int_0^\infty np^*(y)dy = -eA\int_0^\infty np^*(0)e^{-y/L_n}dy = -eAL_n n_p{}^*(0) \tag{8-20}$$

그러므로 전기적으로 중성인 P형 중성 영역에 있어서는 $-Q_n$의 전하와 $+Q_n$의 과잉정공전하가 한 쌍으로 축적되어 있다.

5. 다이오드 전류

식 (8-12), (8-13), (8-14) 및 (8-16), (8-17), (8-18)로부터 N형 중성영역에서의 확산정공농도 $i_p(x)$ 및 P형 중성영역에서의 확산전자전류 $i_p(y)$는 각각 다음 식으로 주어진다.

$$i_p(x) = \frac{-eAD_p dp(x)}{dx} = \frac{-eADpdp^*(x)}{dx}$$

$$= \frac{eAD_p P_n{}^*(x)}{L_p} \tag{8-21}$$

$$i_n(y) = \frac{-eAD_n d_n(y)}{dy} = \frac{-eAD_n dn^*(y)}{dy}$$

$$= \frac{eAD_n N_p{}^*(y)}{L_n} \tag{8-22}$$

여기서 전류의 방향은 모두 $+x$방향이다. [그림 8-1] 및 [그림 8-2]의 소수캐리어 확산전류는 이 식을 나타낸 것이다. 전류분프가 과잉소수캐리어농도에 비례하고 있다. 식 (8-21), (8-22)로부터 경계면$(x=0$ 및 $y=0)$에서의 확산전류는

$$i_{p(0)} = \frac{eAD_pP_n{}^*}{L_p} = \frac{eAD_pP_{no}\left[e^{eV/kT}-1\right]}{L_p} \tag{8-23}$$

$$i_{n(0)} = \frac{eAD_nn_p{}^*}{L_n} = \frac{eAD_nn_{po}\left[e^{eV/kT}-1\right]}{L_n} \tag{8-24}$$

이상적 다이오드에서는 공간전하영역에서의 캐리어의 열생성 및 재결합은 무시할 수 있는 것으로 가정한다. 그러므로 P형에서 N형으로 주입되는 정공전류는 $i_{p(0)}$와 같다. 마찬가지로 N형에서 P형으로 주입되는 전자전류는 $i_{n(0)}$와 같다. 그러므로 다이오우드전류 I는 다음 식으로 주어진다.

$$\begin{aligned} I &= i_p(0) + i_n(0) \\ &= \left[\frac{\left(eAD_pp_{no}\right)}{L_p} + \frac{\left(eAD_nn_{po}\right)}{L_n}\right]\left(e^{eV/kT}-1\right) \end{aligned} \tag{8-25}$$

이 식에서 첫째 괄호 안의 첫째 항은 정공전류성분, 둘째 항은 전자전류성분을 나타낸다.

8.3 이상적 PN다이오드의 정특성

이상적 PN다이오드에 바이어스전압 V를 걸 때 흐르는 다이오드전류 I는 식 (8-25)에 의하여 다음과 같이 표시된다.

$$I \equiv I_o\left[e^{eV/kT}-1\right] \tag{8-26}$$

여기서

$$I_o = eA\left[\frac{D_p p_{no}}{L_p} + \frac{D_n n_{po}}{L_n}\right] \tag{8-27}$$

$$= eA\left[\frac{L_p p_{no}}{\tau_p} + \frac{L_n n_{po}}{\tau_n}\right] \tag{8-28}$$

$$= eA\left[\frac{D_p}{N_d L_p} + \frac{D_n}{N_a L_n}\right]n_i{}^2 \tag{8-29}$$

식 (7-27,28,29)에서 첫째 항은 정공전류성분, 둘째 항은 전자전류성분을 나타낸다. 그러므로 P형이 N형보다 훨씬 세게 도우핑되어 있는 경우에는 $N_a \gg N_d$이므로 전자전류성분은 무시될 수 있다. [그림 8-4]에 식 (8-26)의 일반적인 특성의 모양을 나타내었다.

1. 순바이어스 전류

다이오드의 양쪽 단자에 인가한 바이어스 전압 V가 $V > 0$일 때 전류 I는 바이어스 전압 V의 증가에 따라 급속히 증대한다. 바이어스 전압 V가 $V \gg kT/e$의 범위에서 다이오드 전류 I는

$$I = I_o\left[e^{eV/kT} - 1\right] \cong I_o e^{eV/kT} \tag{8-30}$$

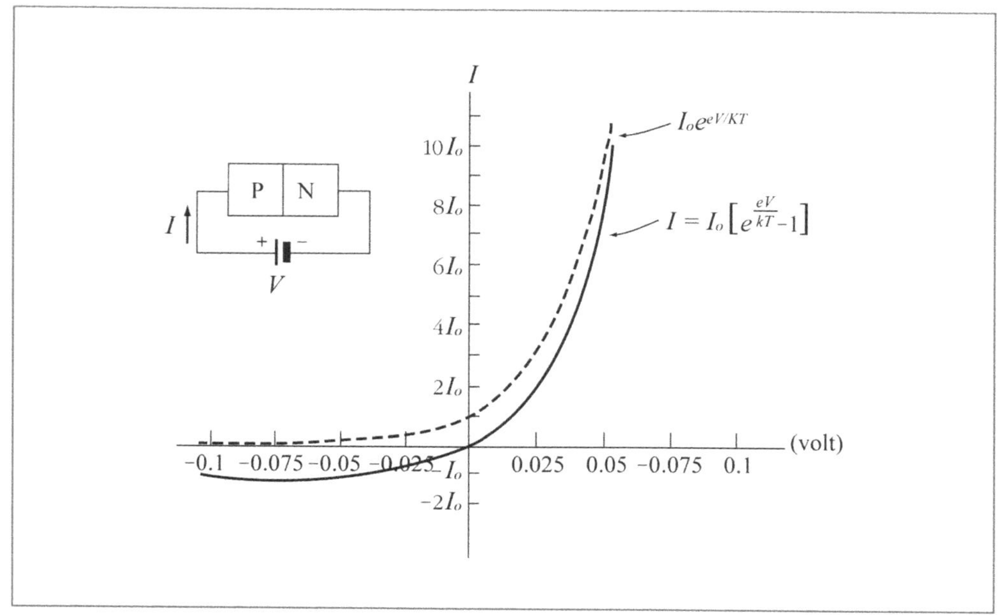

[그림 8-4] 이상적 다이오드의 정특성(T = 300°K)

이므로 [그림 8-4]에 나타낸 것처럼 전류는 전압에 따라 지수함수적으로 증가한다. 식 (8-30)에서 전류 I를 대수 취하면

$$\log I = \log I_o + 0.434 \frac{e}{kT} V \tag{8-31}$$

그러므로 $\log I$는 바이어스 전압 V에 따라 직선적으로 증가한다. [그림 8-5]에 Si다이오드의 대표적 전압전류 특성을 나타내었다.

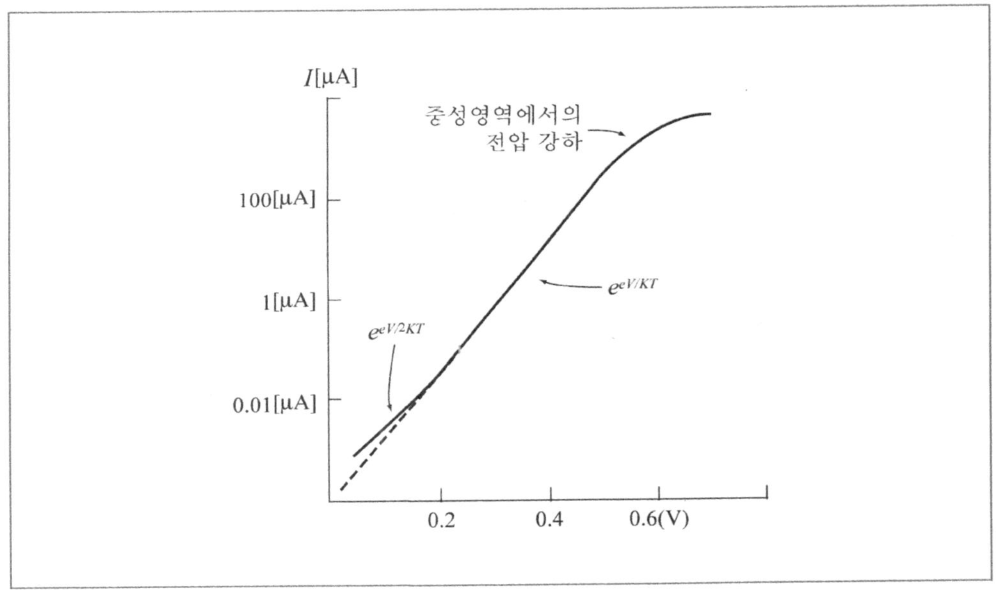

[그림 8-5] Si 다이오드의 순바이어스 특성

2. 역바이어스 전류

다이오드의 양쪽단자에 인가한 바이어스 전압 V가 $V < 0$이며 $|V| \gg kT/e$인 경우에는 지수함수 항은 1에 비교하여 무시할 수 있으므로

$$I = I_o \left[e^{eV/kT} - 1 \right] \cong -I_o \tag{8-32}$$

가 된다. 따라서 충분히 큰 역바이어스 전압을 걸어준 경우 전류는 바이어스 전압에 관계없

이 일정하여 포화상태를 나타낸다. 그러므로 이 I_o를 역바이어스 포화전류(reverse-bias saturation current)라고 한다.

식 (8-28)로부터 역바이어스 전류 I_o에 대한 재미있는 해석을 내릴 수 있다. N형 중성영역에서 과잉정공의 알찬값의 영생성율[(열생성율)-(재결합율)]은 $(p_{no}-p_n)/\tau_p$이므로 $p_n \ll p_{no}$되는 곳에서는 p_{no}/τ_p로 볼 수 있다. 따라서 식 (8-28)의 첫째 항은 공간전하층에 인접한 폭 L_p, 넓이 A의 영역에서 열적으로 생성된 정공이 공간전하층을 건너감으로써 생기는 전류라고 생각할 수 있다.

둘째 항에 대해서도 비슷한 해석을 내릴 수 있다. 그러므로 이상적 다이오드의 역포화전류는 공간전하층에서 확산거리내의 중성영역에서 열생성된 소수캐리어에 기인한 것이라고 생각할 수 있다.

8.4 실제의 PN다이오드의 정특성

대체적으로 PN다이오드는 이상적 다이오드와 비슷한 정특성(static characteristics)을 가지고 있으나, 세부적인 점에서는 적지 않은 차이를 보인다. 여러 가지 실제적인 문제 가운데, 여기서는 트랜지스터의 물리적 메카니즘을 이해하는 데 불가결한 중요한 몇 가지 사항을 검토하겠다.

1. 중성영역에서의 전압강하

다이오드의 순바이어스전류가 클 때 중성영역에서의 전압강하를 무시못하게 될 경우가 있다. [그림 8-5]에서 전류 I가 큰 영역에서 그 영향을 볼 수 있다.

이러한 전압강하를 고려해 넣으려면 [그림 8-6] (a)에 나타낸 것과 같은 실제의 다이오드를 [그림 8-6] (b)에 나타낸 것과 같은 이상적 다이오드에 직렬저항을 접속한 모델로 근사적으로 표시된다.

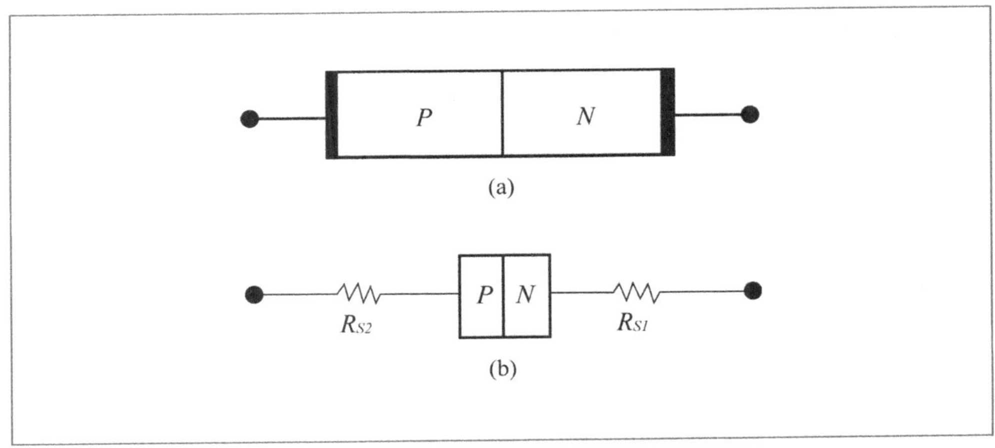

[그림 8-6] 중성영역에서의 전압강하를 고려해 넣은 다이오드 모델

2. 공간전하영역에서의 캐리어의 열생성과 재결합

이상적 다이오드를 특징짓는 가정의 하나는 공간전하영역에서의 캐리어의 열생성과 재결합을 무시할 수 있으며,따라서 공간전하영역을 흐르는 전자전류 및 정공전류는 이 영역전역에 걸쳐서 일정하다는 것이다. Ge다이오드의 경우 이 가정은 비교적 잘 성립된다. 그러나 Si 다이오드에서는 그 영향이 순방향 및 역방향특성에서 관찰된다.

[그림 8-5]에서 보는 바와 같이 Si다이오드에서는 순바이어스전류가 적은 범위에서 $e^{eV/kT}$ 가 아니라, $e^{eV/2kT}$에 따라 변화한다. 이것은 공간전하영역을 건너서 주입되는 정공 및 전자들이 이 영역에서 재결합하는 효과가 지배적으로 이루어지는데서 온 것이다. 이러한 현상을 고려해 넣어 보다 정확하게 해석하면 Si다이오드의 특성이 다음 식으로써 근사적으로 표시됨을 밝힐 수 있다.

$$I = I_o\left[e^{eV/kT} - 1\right] \tag{8-33}$$

여기서 η는 정수이며, I가 적은 범위에서는 $\eta \approx 2$, 비교적 높은 범위에서는 $\eta \approx 1$이다. 이 식에서 $\eta = 1$로 하면 이상적 다이오드의 특성을 나타내며, 또 Ge다이오드의 특성을 근사적으로 나타내는 셈이 된다.

공간전하영역에서의 재결합효과는 실내 온도에서 Ge다이오드에서는 보통 관찰되지 않는다. 그러나 온도가 내려가면 이 효과가 지배적으로 되는 일이 있을 수 있다. 그러므로 낮은 온도에서의 Ge다이오드의 V-I특성은 실내온도에서의 Si다이오드의 특성에 닮은꼴이 될 것이다.

3. 역바이어스 전류

이상적 다이오드의 역바이어스 전류는 역바이어스에 거의 관계없이 일정하다. 그러나 실제의 다이오드에서는 대개 이상적 다이오드에서 기대되는 것보다 크다. 이것은 표면에서의 누설전류(leakage current)와 공간전하영역에서의 캐리어의 열생성에 기인하는 것이다. 누설전류는 표면의 상태에 관계하며 전압에 따라 증대한다. 그러나 제조기술의 발전에 따라 이러한 전류성분의 중요성은 적어지는 추세에 있다.

역바이어스의 경우 공간전하영역에서의 전자농도 n과 정공농도 p와의 곱은 n_i^2보다 적다. 따라서 열생성율 G가 재결합율 R보다 크며, 결과적으로 여분의 캐리어가 발생된다. 이 캐리어들은 공간전하영역의 전장에 의하여 가속되어 접합근처의 중성영역에서 열생성된 소수캐리어들(이들이 이상적 다이오드의 역포화전류를 형성한다)과 더불어 역바이어스 전류를 형성한다. 계단접합의 경우, 공간전하영역의 폭은 대략 $(|V|)^{1/2}$에 비례한다.

$$\text{식} \quad W_p = \left[\frac{2\varepsilon}{eN_a\left(\frac{1+N_a}{N_d}\right)} \right]^{1/2} (\phi_o - V)^{1/2}, \qquad W_n = \left[\frac{2\varepsilon}{eN_d\left(\frac{1+N_d}{N_a}\right)} \right]^{1/2} (\phi_o - V)^{1/2}$$

또 $N_a \gg N_d$인 경우

$$W = W_p + W_n \cong W_n = \left(\frac{2\varepsilon}{eN_d} \right)^{1/2} (\phi_o - V)^{1/2} \qquad (N_a \gg N_d) = \left(\frac{2\varepsilon\mu_n}{\sigma n} \right)^{1/2} (\phi_o - V)^{1/2}$$

에서 $\phi_o \ll |V|$이다. 그러므로 이 영역에서 열생성되는 캐리어는 $(|V|)^{1/2}$에 비례할 것이며, 따라서 이들로 인한 역바이어스 전류성분도 역시 $(|V|)^{1/2}$에 비례할 것으로 기대된다. [그림 8-7]에서 점선으로 나타낸 부분에서 보는 바와 같이 역바이어스전압이 어떤 임계값 V_z에 가까워지면 전류가 갑자기 증대한다. 이러한 현상을 접합의 항복(breakdown)이라고 하며, 이때의 역바이어스전압 V_z를 항복전압(breakdown voltage)이라고 한다.

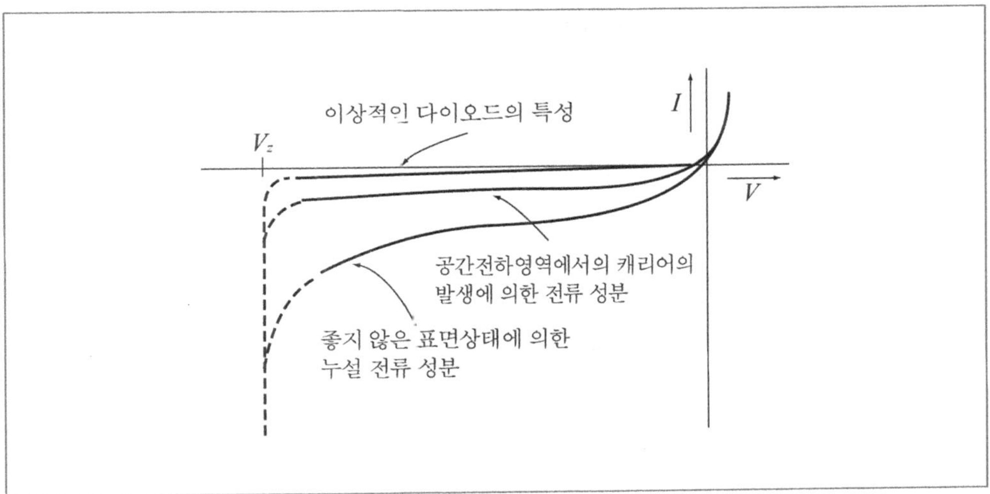

[그림 8-7] Si 다이오드의 역바이어스 전류

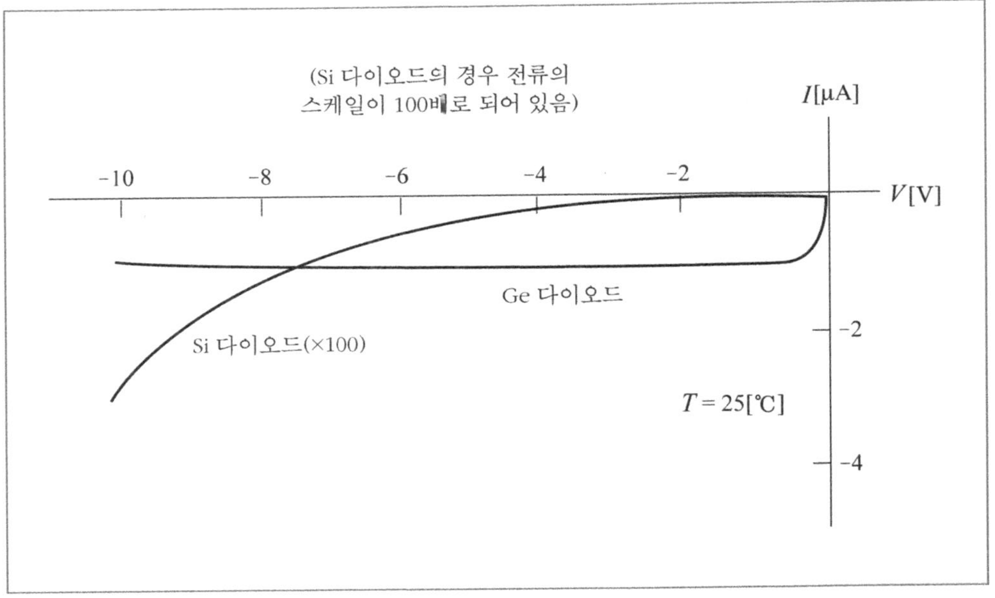

[그림 8-8] 다이오드의 역바이어스 특성(Si 다이오드의 겨우 전류의 스케일이 100배로 되어 있음)

이러한 경향은 Si다이오드에 현저하게 관찰된다. 그러나 Ge다이오드에서는 접합근처의 중성 영역에서 열생성되는 소수캐리어들에 의한 전류성분이 지배적이기 때문에 이상적 다이오드와 비슷하게 포화상태를 나타낸다.

8.5 다이오드특성의 온도 변화

다이오드를 응용하는 경우, 그들의 특성이 온도에 따라 변화하는 모양을 충분히 파악해둘 필요가 있다. 먼저 이상적 다이오드에 대하여 해석한 다음 실제의 다이오드에 대하여 언급하겠다.

1. 역 포화전류의 온도 변화

식 (8-29)의 이상적 다이오드의 역포화전류 I_o는 다음 식으로 주어진다.

$$I_o = eA\left(\frac{D_p}{N_d L_p} + \frac{D_n}{N_a L_n}\right)n_i{}^2 \tag{8-34}$$

여기서 n_i는 진성캐리어농도이며 식 (6-36)으로부터 다음과 같다.

$$n_i{}^2 = A_o T^3 e^{-e V_{go}/kT} \tag{8-35}$$

확산정수 및 확산거리의 온도변화는 적으므로 I_o의 온도변화는 거의 $n_i{}^2$의 온도변화에 의해서 결정된다. 그러므로 이들이 일정하다고 보고 I_o의 변화율을 구하면 다음과 같이 된다.

$$\begin{aligned}
\frac{\dfrac{dI_o}{dT}}{I_o} &= \frac{d(1n I_o)}{dT} \\
&= \frac{3}{T} + \frac{e V_{go}}{k T^2}
\end{aligned} \tag{8-36}$$

예를 들어 실내온도 $300[^\circ K]$에서 게르마늄의 $[^\circ K]$ 당 I_o의 증가율은

$$\frac{1}{I_o}\left(\frac{dI_o}{dT}\right)\bigg|300[^\circ K] = \left(\frac{3}{300} + 39\left(\frac{0.68}{300}\right)\right) \cong 0.1$$

정도이고 실리콘의 경우는

$$\frac{1}{I_o\left(\dfrac{dI_o}{dT}\right)}\bigg|300\,[^\circ K] = \frac{3}{300} + 39\left(\frac{1.1}{300}\right) \cong 0.16$$

정도이다.

그러므로 실내온도에서 Ge의 경우 약 10%[℃], Si의 경우 약 16%[℃]로 된다. 따라서 실내 온도 근처에서 온도가 10[℃] 상승하면 I_o는 Ge의 경우 약 3배, Si의 경우 약 5배로 증가하는 셈 이 된다.

실제의 다이오드에 있어서는 식 (8-36)으로서 예측되는 것보다 적은 온도변화를 나타낸다. 그 이유는 i) 누설전류성분은 그다지 온도에 관계하지 않는다. ii) 공간전하영역에서 열생성되 는 캐리어에 의한 전류성분은 이상적 다이오드의 경우보다 온도에 대하여 완만하게 증가한 다. Si의 경우 이 전류성분이 지배적이므로 I_o는 Ge의 경우보다 온도에 대하여 덜 민감하다.

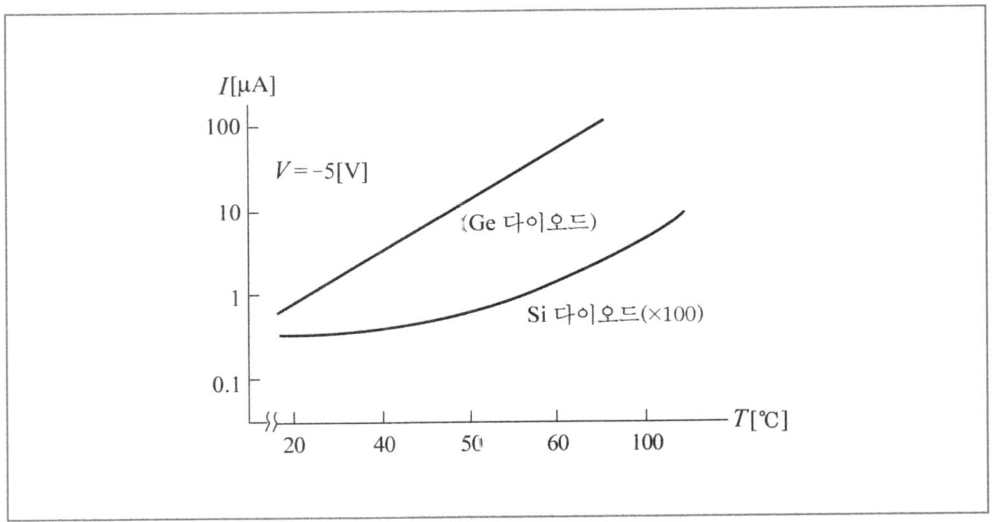

[그림 8-9] 역포화전류의 온도 특성의 예(Si 다이오드에서는 전류눈금이 100배로 되어 있음)

[그림 8-9]에 역포화전류의 온도변화에 대한 실제의 예를 나타내었다.

여러 가지 많은 시료에 대하여 실제로 측정한 결과를 검토해보면 "Ge 및 Si 다이오드의 역 포화전류의 변화율은 모두 약 7%[/℃]라고 생각해두는 것이 실제적임을 발견할 수 있다. 그 러므로 온도가 10[℃] 상승할 때마다 I_o가 약 2배로 되는 셈이다."

2. 순바이어스전류의 온도변화

이상적 다이오드의 순바이어스전류의 온도변화율은 식 (8-26)으로부터 구해질 수 있다. 바이어스 전압 V가 $V \gg kT/e$이며, V가 일정한 경우, 식 (8-30)으로부터

$$\frac{dI}{dT} = \frac{d}{dT}\left[I_o e^{eV/kT}\right]$$

$$= I_o e^{eV/kT}\left[\left(\frac{1}{I_o}\left(\frac{dI_o}{dT}\right)\right) - \left(\frac{eV}{kT^2}\right)\right] \tag{8-37}$$

따라서 온도변화율은

$$\frac{\frac{dI}{dT}}{I} = \frac{d(1nI)}{dT}$$

$$= \frac{3}{T} + \frac{e(V_{go} - V)}{kT^2} \tag{8-38}$$

실제문제로서는 $V_{go} > V$이므로 전류는 온도에 따라 증가한다. 식 (8-37)과 비교하면 온도변화율은 I_o의 경우보다 약간 적음을 알 수 있다.

트랜지스터의 바이어스회로설계에 관련된 실제문제에 있어서는 "온도가 ΔT만큼 높아졌을 때 바이어스전압 V를 얼마만큼 낮추면 전류 I를 일정하게 유지할 수 있을까?"하는 것이 관심의 대상이 된다. 이 문제의 해답은 이상적 다이오드의 특성식 (8-26)을 V에 대해서 풀고, T에 대한 미분계수를 구하면 얻어진다. 바이어스 전압 V가 $V \gg \dfrac{kT}{e}$의 경우 식 (8-30)으로부터

$$\frac{dV}{dT}\Big|_{I=const} = \left(\frac{V}{T}\right) - \left[\left(\frac{kT}{e}\right)\left\{\left(\frac{1}{I_o}\right)\left(\frac{dI_o}{dT}\right)\right\}\right]$$

$$= -\left[\frac{(V_{go} - V)}{T} + \frac{(3k)}{e}\right] \tag{8-39}$$

Ge에서 $V_{go} = 0.785\,[eV]$, $V = 0.2\,[V]$, Si에서 $V_{go} = 1.21\,[eV]$, $V = 0.6\,[V]$를 넣어서 계산하면 실내온도($T = 300\,°K$)에서

$$\frac{dV}{dT}\Big|_{I=const} = \begin{cases} -2.2[\mathrm{mV/℃}] & \text{(Ge)} \\ -2.3[\mathrm{mV/℃}] & \text{(Si)} \end{cases} \tag{8-40}$$

실제문제로서는 Ge및 Si의 경우에 대해서 다 같이

$$\frac{dV}{dT}\Big|_{I=const} = -2.5[\mathrm{mV/℃}] \tag{8-41}$$

로 보아 두는 것이 좋겠다. 즉 "실내온도 근처에서는 1[℃]온도상승에 대하여 순바이어스를 2.5[mV]만큼 낮추면 전류를 일정하게 유지할 수 있다."고 보아두는 것이 회로설계에 있어서 조심스러운 태도라고 하겠다.

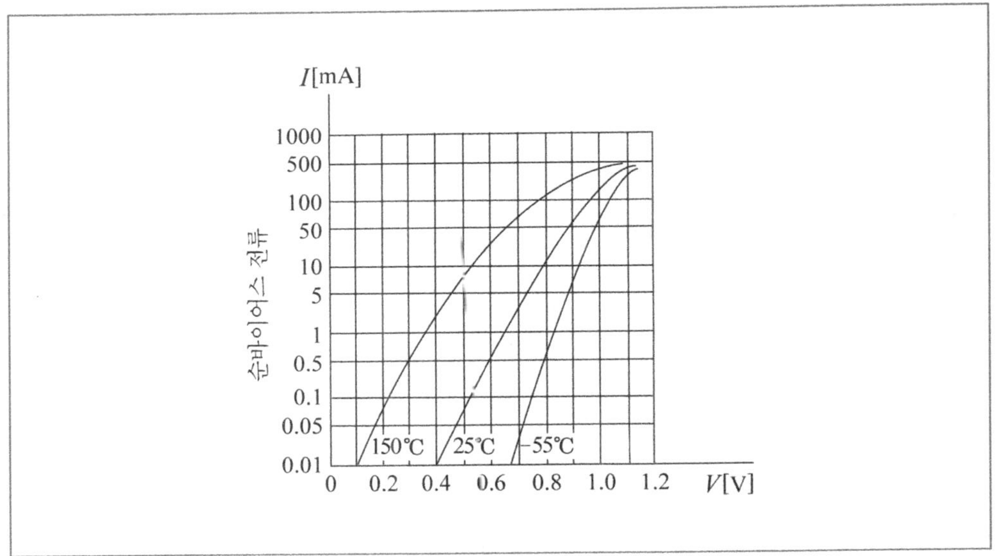

[그림 8-10] Si 다이오드(1N3605)의 순바이어스 특성

[그림 8-10]에 Si다이오드에 있어서 순바이어스 특성의 온도변화의 예를 나타내었다. 식 (8-39)에 의하면 바이어스 전압 V를 크게 하면 ($V_{go} > V$의 범위에서) $\left|\frac{dV}{dT}\right|$가 적어진다. [그림 8-10]은 이것을 뒷받침하고 있다. 왜냐하면 V가 클수록 특성곡선들의 수평간격이 좁아지고 있기 때문이다.

8.6 다이오드 저항

다이오드의 정저항(static resistance) 혹은 직류저항 R은 다이오드에 걸어준 직류전압 V 와 이에 따라 흐르는 직류전류 I와의 비 $\dfrac{V}{I}$로써 정의된다. 그러므로 직류저항 R은 다이오드 특성 위의 동작점(전기회로의 입장에서 볼 때 다이오드의 동작상태는 다이오드 전압 및 전류로서 규정될 수 있다. 그러므로 I-V평면에서 다이오드의 동작상태를 표시하는 점을 동작점이라 부른다.)과 원점을 연결하는 직선의 기울기의 역수와 같다. 직류저항의 값은 동작점 (V, I)에 따라 광범위하게 변화하므로 회로해석의 입장에서 볼 때 유익한 parameter로 되지 못한다. 한 예로서 어떤 Si다이오드에서 순바이어스 전압이 0.8[V]일 때 전류가 10[mA]흐르고, 역바이어스 전압 50[V]일 때 $0.1[\mu A]$의 전류가 흐른다고 하면 순방향바이어스일 때 동작점에서의 직류저항은 $\dfrac{0.8[V]}{[10mA]} = 80[\Omega]$ 정도되며 역바이어스일 때의 동작점에서 직류저항은 $\dfrac{50[V]}{0.1[\mu A]} = 500[M\Omega]$로 된다.

1. 다이오드의 소신호동작

지금까지 우리는 반도체 다이오드에 직류전압을 걸었을 때의 정상상태(steady state)만을 고찰해 왔다. 그러나 전자공학에서 다이오드를 응용하는 경우, [그림 8-11] (a)와 같이 직류바이어스전압 ϑ_b에 시간적으로 변화하는 교류신호전압 ϑ_b가 중첩되어 다이오드에 걸리는 일이 많다. 이 경우 다이오드를 흐르는 전류가 직류성분 I_b와 교류성분 i_b로써 구성되어 있음은 이해하기 어렵지 않다. 교류성분의 변동폭이 대단히 적은 경우. 이러한 동작을 소신호동작(small signal operation)이라고 한다. 좀 더 구체적으로 말한다면 "교류신호전압 ϑ_b와 교류신호전류 i_b사이에 어떤 관계가 있는가?"를 관심의 대상으로 한다.

2. 동저항(dynamic resistance)

[그림 8-11] (a)의 소신호동작에 있어서 교류신호전압 ϑ_b의 시간적 변화가 대단히 완만한 경우 다이오드의 동작점은 ϑ_b에 따라 특성곡선 위에서 변동하며, 다이오드의 전류 및 전압의 파형은 [그림 8-11]과 같이 된다.

여기서는 교류신호 ϑ_b가 정현파인 경우에 대하여 표시하였다. 교류신호의 진폭이 충분히 작은 경우 동작점이 이동하는 특성곡선의 부분은 직선적이라고 볼 수 있다. 이 경우 신호전류 i_b는 신호전압 ϑ_b와 같은 파형으로 되며, 그들의 진폭비는 특정곡선의 기울기로써 결정된다.

이러한 소신호동작에 있어서 신호전압과 신호전류와의 비를 등저항(dynamic resistance) 혹은 소신호(교류)저항이라고 한다. 이상적 다이오드의 특성식 $I \equiv I_o \left[e^{eV/kT} - 1 \right]$ 으로부터 교류저항 r은 다음과 같이 구해진다.

$$r = \frac{dV}{dI} = \frac{1}{\left(\dfrac{dI}{dV}\right)} = \frac{\left(\dfrac{kT}{e}\right)}{I_o e^{eV/kT}} = \frac{\left(\dfrac{kT}{e}\right)}{(I + I_o)} \tag{8-42}$$

r의 값이 동작점에 관계하고 있다. 이것은 [그림 8-11]에서도 엿볼 수 있다. 충분히 역바이어스된 경우 $(|V| \gg \frac{kT}{e})$, $I \cong -I_o$이므로, r은 대단히 크게 된다. 한편 충분히 순바이어스된 경우 $(V \gg \frac{kT}{e})$, $I \gg I_o$이므로 식 (8-42)는 다음과 같이 표시될 수 있다.

$$r \cong \frac{\left(\dfrac{kT}{e}\right)}{I} \quad (\text{순바이어스}) \tag{8-43}$$

r이 순바이어스 전류에 반비례하는 점에 주의하여라. 실내온도에서 $\frac{kT}{e} = 26[\text{mV}]$이므로 바이어스 전류가 1[mA]일 때 $r = 26[\Omega]$으로 된다.

[그림 8-11] (a)의 다이오드 회로에서 전류 및 전압의 신호성분 i_b, V_b사이의 관계는 [그림 8-11] (b)와 같은 등가회로로써 정확하게 표시될 수 있다. 여기서는 직류바이어스전압이 제거되어 있으며, 다이오드는 교류저항 r로 바뀌어져 있다. 이 의미에서 교류저항 r은 다이오드의 소신호동작을 표시하는 중요한 parameter로 된다.

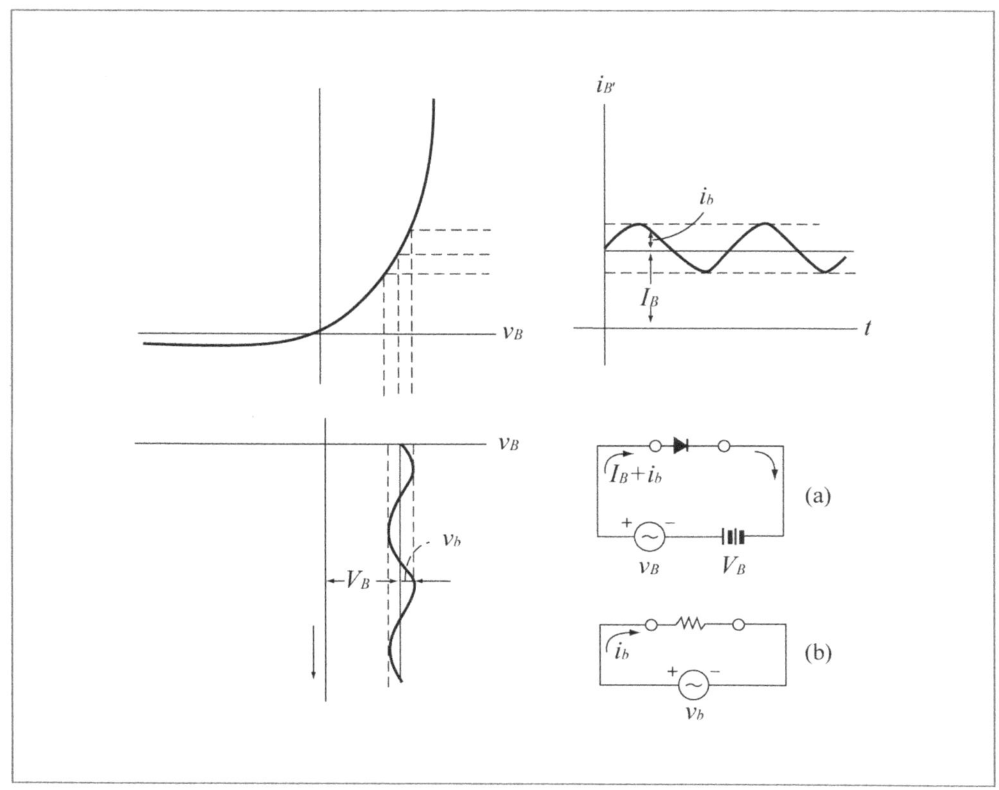

[그림 8-11] 다이오드의 소신호동작

3. 동콘덕턴스(dynamic conductance)

동저항의 역수를 동콘덕턴스(dynamic conductance) 혹은 소신호(교류)콘덕턴스라고 한다. 정의에 의하여 교류콘덕턴스 g는 다음과 같이 된다.

$$g \equiv \frac{1}{r} = \frac{e(1 + I_o)}{kT} = \left(\frac{e}{kT}\right) I_o e^{eV/kT} \tag{8-44}$$

I_o에 이상적 PN다이어드의 전류식 $I_o = eA\left(\dfrac{D_p p_{no}}{L_p} + \dfrac{D_n n_{po}}{L_n}\right)$을 넣으면

$$g = A\frac{e}{kT}\left(\frac{eD_p p_{no}}{L_p} + \frac{eD_n n_{po}}{L_n}\right) e^{eV/kT} \tag{8-45}$$

이 식의 첫째 항은 N형에 주입된 정공전류, 둘째 항은 P형에 주입된 전자전류에 의한 것이다. 그러므로 이들을 각각 g_p, g_n으로 표시한다면

$$g = g_p + g_n \tag{8-46}$$

여기서 g_p는 소신호 정공콘덕턴스, g_n은 소신호 전자콘덕턴스이며.

$$g_p = A\frac{e}{kT}\frac{eD_p p_{no}}{L_p}e^{eV/kT} \tag{8-47}$$

$$g_n = A\frac{e}{kT}\frac{eD_n n_{po}}{L_n}e^{eV/kT} \tag{8-48}$$

P형이 N형보다 훨씬 세게 도우핑되어 있는 경우 주입전자전류의 항은 무시될 수 있다. 따라서

$$g \cong g_p = A\frac{e}{kT}\frac{eD_p p_{no}}{L_p}e^{eV/kT} \tag{8-49}$$

4. 다이오드 특성의 직선화

Ge다이오드와 Si다이오드는 모두 널리 사용되고 있다. 이들 특성의 차이는 [그림 8-12]에서 엿볼 수 있다. 이 그림은 IN270 일반용 Ge switching diode과 IN3605 일반용 Si다이오드의 순바이어스 특성을 나타낸 것이다. 이 특성에서 주목할 만한 것은 어떤 전압 이하에서 전류가 대단히 적으며(한 예로 최대정격값의 1% 이하) 그 이상에서는 전류가 급격히 증대한다는 점이다. 이러한 임계적인 전압을 cutin전압 혹은 offset, break-point or threshold voltage이라고 한다. Ge에서는 약 0.2[V], Si에서는 약0.6[V]이다. Si의 cutin전압이 Ge보다 0.4[V]나 높은 것은 다음 이유에서이다. ⅰ) Si의 역포화전류는 Ge의 경우의 1/1000정도이다(Ge에서 I_o가 μA정도이나 Si에서는 nA정도). ⅱ) 바이어스 전압이 적은 범위(0.1([V]의 몇 배)에서는 Si다이오드의 전류는 $e^{eV/2kT}$에 따라 증대한다. 그러므로 전류특성이 증가하는 경향이 Ge의 경우보다 느리다.

큰 다이오드전류를 다루는 기술적 응용에 있어서 다이오드 특성을 [그림 8-13] 같이 꺾어진 직선으로 근사하더라도 실용적으로 충분히 정확한 결과를 얻을 수 있는 경우가 많다.

이것을 "직선화한(linearized) 다이오드 특성"이라고 한다. 특성이 올라가기 시작하는 전압이 cutin전압 V_c이다. 그러므로 $V < V_c$일 때 다이오드는 폐회로로 되어 있으며 $V > V_c$일 때 일정한 동저항 $r\left(= \dfrac{dV}{dI}\right)$을 나타내는 것으로 취급할 수 있다. 이 경우 r을 R_f로 표시하며 순방향저항(foward resistance)이라고 부르는 일이 많다. V_c 및 R_f의 값은 다이오드의 특성뿐만 아니라, 동작조건에 따라 적당히 정해져야 한다.

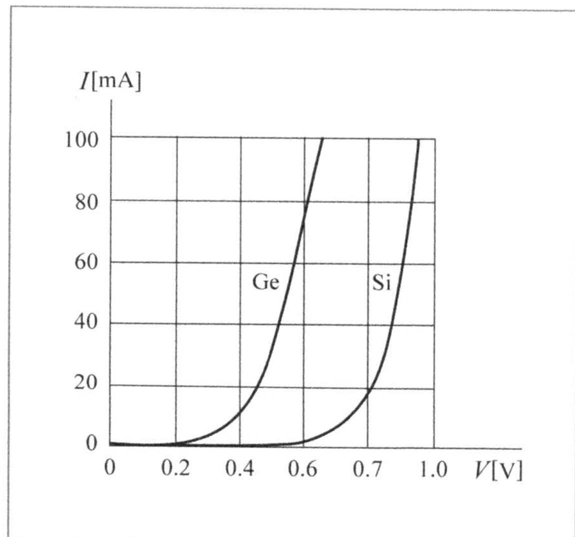

[그림 8-12] 1N270(Ge) 및 1N3605(Si)의 특성(25℃에서)　　　[그림 8-13] 다이오드 특성의 직선화

8.7 공간전하용량

앞절에서 다이오드의 소신호동작은 [그림 8-11] (b)와 같이 교류저항 r로 표시 될 수 있다고 말했다. 그러나 이것은 아주 정확한 것은 못된다. 신호의 주파수가 비교적 낮은 경우 이 모델 혹은 등가회로는 대단히 유익하기는 하나, 주파수가 높아지면 이 모델은 다이오드의 소신호동작을 정확하게 나타내지 못한다. 보다 더 정확한 소신호모델을 얻으려면 다이오드 안에서 일어나는 물리적 현상을 자세히 살펴볼 필요가 있다. 우선 이상적 다이오드의 특성식 $I = I_0\left[e^{eV/kT} - 1\right]$을 유도하는데 있어서, 공간전하영역폭의 변화에 대해서는 전혀 고려해 넣지 않았다.

앞에서 본 바와 같이 공간전하영역은 불순물이온에 의해서 만들어진 전하의 2중층을 형성하고 있다. 이 2중층의 양쪽에 "축적되는" 전하 $\pm Q$는 불순물농도(N_a, N_d)와 공간전하영역의 폭(W_p, W_n)에 관계하며, 다음 식으로 주어진다.

$$Q = eAN_aW_p = eAN_dW_n \tag{8-50}$$

여기서 A는 이상적 다이오드의 단면적이다. 한편 공간전하영역폭은 다이오드에 인가한 전압 V에 의해서 결정되며 식 (8-40, 41)에 따라

$$W_p = \left[\frac{2\varepsilon}{eN_a\left(\frac{1+N_d}{N_a}\right)} \right]^{1/2} \sqrt{\phi_o - V} \tag{8-51}$$

$$W_n = \left[\frac{2\varepsilon}{eN_d\left(\frac{1+N_d}{N_a}\right)} \right]^{1/2} \sqrt{\phi_o - V} \tag{8-52}$$

그러므로 2중층에 축적되는 전하 $\pm Q$는 전압 V에 따라 변화한다.

[그림 8-14] (a, b, c)에 이러한 사실을 나타내었다. 여기서는 편의상 역바이어스의 방향을 전압의 정방향으로 해서 표시하였다. 이것은 공간전하용량의 개념을 이해하기 쉽게 하기 위해서이다.

[그림 8-14] (a)의 상태에서 역바이어스를 $\Delta V'$만큼 증가시키면 공간전하 영역폭이 넓어진다. 이것은 다수캐리어가 중성영역을 거쳐서 전원쪽으로 빠져나감으로써 이루어지는 것이며 이러한 다수 캐리어의 움직임이 $\Delta V'$를 가했을 때 과도적인 다이오드전류를 형성한다. 이러한 사정은 [그림 8-14] (d)의 콘덴서회로에서 $\Delta V'$를 가할 때 [그림 8-14] (e) 과도적으로 충전전류가 흘러 콘덴서가 더욱 충전되는 현상과 조금도 다름없다. 그러므로 전압이 시간적으로 변화할 때, 이에 따르는 공간전하영 역의 동작은 회로적으로 볼 때, 콘덴서와 똑같은 효과를 나타낸다고 말할 수 있다.

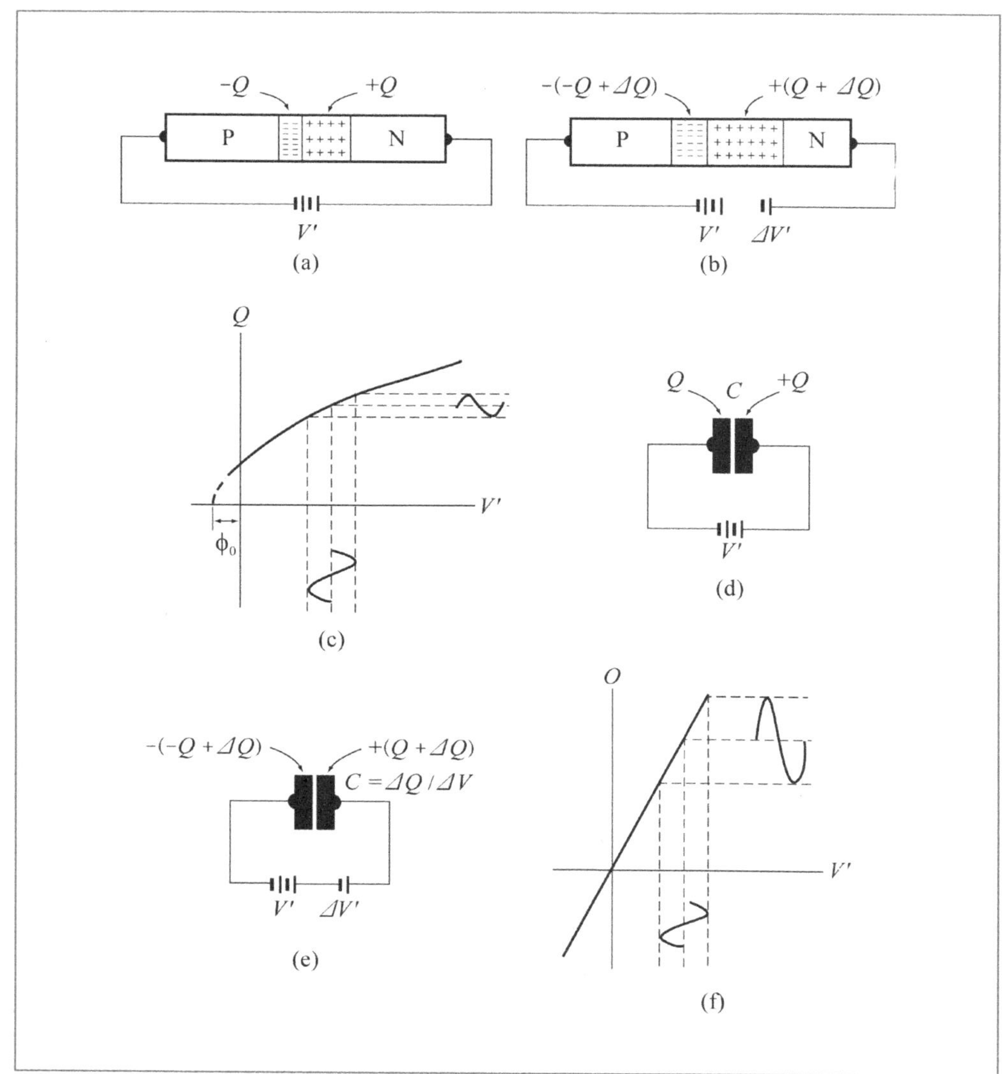

[그림 8-14] 공간전하용량의 개념

[그림 8-14]의 다이오드회로와 콘덴서회로를 비교하면 소신호동작에 있어서 공간전하영역이 나타내는 용량이 다음 식으로 주어짐은 분명하다.

$$C_T = \frac{\Delta Q}{\Delta V'}\tag{8-53}$$

다이오드 전압은 순방향으로 표시하는 것이 원칙적이다. 그러므로 순방향으로 표시한 전압을 V로 하면, $V = -V'$ 이므로, 공간전하용량(space-charge capacitance)은 다음 식으로 주어진다.

$$C_T = -\frac{\Delta Q}{\Delta V} \tag{8-54}$$

식 (8-50), (8-51), (8-52)을 넣어서 계산하면 공간전하용량 C_T는

$$C_T = -\left(\frac{dQ}{dV}\right) = -\left[\left(\frac{dQ}{dW_p}\right)\left(\frac{dW_p}{dV}\right)\right]$$
$$= \frac{A}{2}\sqrt{\frac{2e\varepsilon}{\dfrac{1}{N_a}+\dfrac{1}{N_d}}}\,\frac{1}{\sqrt{\phi_o - V}} \tag{8-55}$$

C_T가 전위장벽 $(\phi_o - V)$의 제곱근에 반비례한다. 역바이어스의 경우, $|V| \gg \phi_o$일 때 $\phi_o - V \cong |V|$이므로, C_T는 역바이어스의 제곱근에 반비례한다고 볼 수 있다.

P형과 N형보다 훨씬 세게 도우핑되어 있는 다이오드에서는 $\dfrac{1}{N_a} \ll \dfrac{1}{N_d}$이므로 식 (8-55)는 다음과 같이 된다.

$$C_T \cong \frac{A}{2}\frac{\sqrt{2e\varepsilon N_d}}{\sqrt{\phi_o - V}} \tag{8-56}$$

PN접합이 충분히 역바이어스되어 있는 경우, 즉 $\phi_o \ll |V|$일 때, C_T는 $|V|$의 제곱근에 반비례한다. 공간전하용량은 장벽용량(barrier capacitance), 공핍층용량(depletion layer capacitance), 천이용량(transition capacitance) 혹은 접합용량(junction capacitance)이라고도 불리어진다.

1. 버랙터다이오드

식 (8-55), (8-56)에서 본 바와 같이 역바이어스된 다이오드의 공간전하용량 C_T는 바이어스 전압 V에 따라 광범위하게 변화한다. 이러한 특성을 이용하기 위해서는 특별히 설계된 버랙터다이오드(varactor diode) 혹은 VVC 다이오드(voltage variable capacitance diode)라고 한다. [그림 8-15]에 그 대표적 예를 나타내었다. [그림 8-15] (a)는 직류저항 r과 접합용량 C_T를 포함한 다이오드의 소신호모델을 표시한다. 여기서 R_s는 중성영역의 저항이 다. C_T와 병렬로 된 교류저항 r은 역바이어스일 때, 대단히 크기 때문에(1MΩ 이상) 무시될 수 있다.

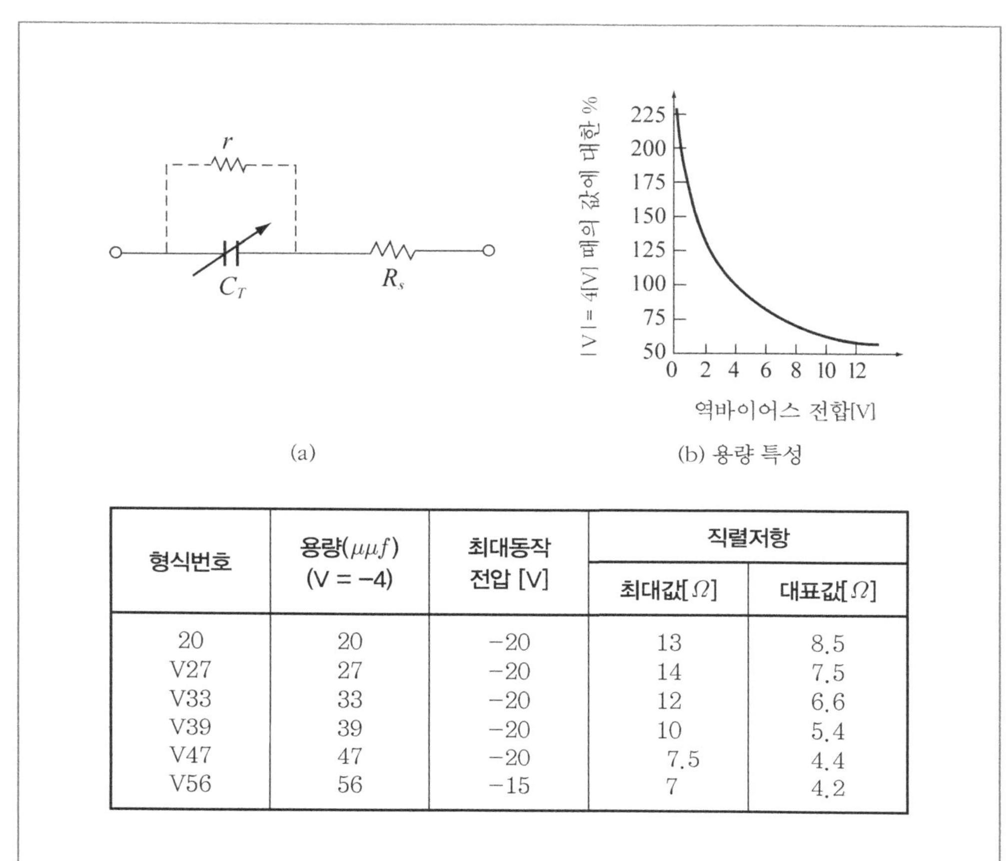

형식번호	용량($\mu\mu f$) (V = −4)	최대동작 전압 [V]	직렬저항	
			최대값[Ω]	대표값[Ω]
20	20	−20	13	8.5
V27	27	−20	14	7.5
V33	33	−20	12	6.6
V39	39	−20	10	5.4
V47	47	−20	7.5	4.4
V56	56	−15	7	4.2

[그림 8-15] 상용 버랙터다이오드의 특성(Pacific semiconductors, Inc)

[그림 8-16]에 버랙터다이오드를 동조회로에 응용한 예를 나타내었다. 여기서 C_c는 다이오드를 동조회로에 결합시키기 위한 결합콘덴서(coupling condenser)이며, 직류전압이 $L_1 C_1$ 회로에 걸리는 것을 막는 동시에 고주파신호에 대해서는 적은 리액턴스($1/\omega C_c$)를 나타낸다. L_c는 역바이어스전압을 다이오드에 걸어주는 동시에 고주파신호에 대해서는 큰 리액턴스 (ωL_c)를 나타내기 위한 radio frequncy choke coil이다. 가변저항 R의 접속점의 위치를 변화시키면 역바이 어스전압을 변화시킬 수 있으므로, 다이오드의 접합용량을 조정할 수 있다. [그림 8-16] (b)는 고주파신호에 대한 등가회로이며, 다이오드용량 C_T를 변화시켜서 회로의 동조주파수를 조정할 수 있음을 보여준다. 버랙커 다이오드는 그 밖에 여러 가지 회로에 응용되고 있다.

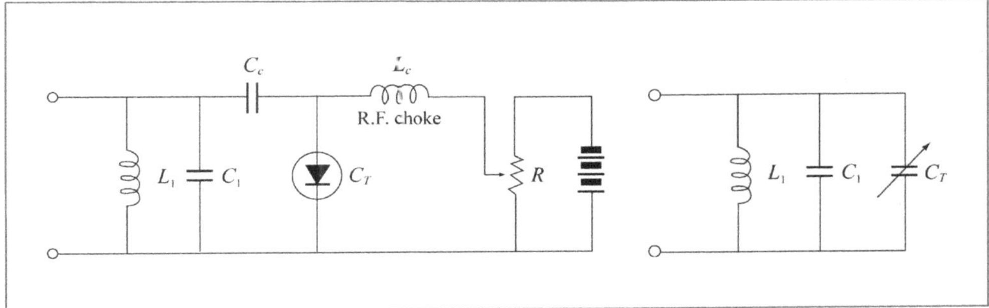

[그림 8-16] 버랙터다이오드를 사용한 동조회로

8.8 확산용량

소신호동작에 있어서 PN다이오드가 콘덴서와 같은 효과를 나타내는 또 하나의 원인은 중성영역에 과잉캐리어가 축적되는 데 있다. [그림 8-1]에서 보는 바와 같이 순바이어스된 N형 중성영역 안에는 주입된 정공이 축적되어 있으며, 그들로 인한 양전하는 식 $Q_p = eA \int_0^\infty p^*(x)dx$ $= eA \int_0^\infty p_n^*(0)e^{-x/L_p}dx = eAL_p p_n^*(0)$ 에 따라

$$Q_p = eAL_p P_n^*(0) = eAL_p p_{no}\left[e^{eV/kT} - 1\right] \tag{8-57}$$

와 같이 된다. 전기적 중성조건에 따라 과잉정공과 같은 수효의 과잉전자가 같은 N형 중성영역 안에 축적되어 있다. 그러므로 음양의 과잉전하가 축적되는 셈이다. 이러한 한 쌍의 과잉전하는 전압에 따라 변화한다. 그러므로 전압이 ΔV만큼 증가한다면, 과도적으로 이에 대응하는 음양의 과잉전하($\pm \Delta Q_p$)를 전원에 공급해야 한다. 보다 더 구체적으로 말한다면, $+\Delta Q_p$는 P형에서 주입되는 것이며, $-\Delta Q_p$는 전원에서 N형으로 흘러 들어가는 전자로서 공급된다. 이러한 캐리어의 흐름이 과도적인 다이오드전류를 형성하는 셈이다.

소신호동작에 있어서 N형 중성영역이 콘덴서와 비슷한 효과를 나타내는 것은 이제 분명하다. 그리고 그 용량은 다음 식으로써 주어진다.

$$C_{D(n)} = \frac{dQ_p}{dV} = A\frac{e^2 p_{no}L_p}{kT}e^{eV/kT} \tag{8-58}$$

$C_{D(n)}$은 N형 중성영역의 확산용량(diffusion capacitance)이라고 불리어진다. 마찬가지로 P형 중성영역에 축적되는 과잉캐리어들도 역시 같은 효과를 나타낼 것이며, 그 확산용량은 다음 식으로 주어진다.

$$C_{D(p)} = \frac{dQ_n}{dV} = A\frac{e^2 n_{po} L_n}{kT} e^{eV/kT} \tag{8-59}$$

그러므로 다이오드의 총확산용량은 N형 중성영역의 확산용량과 P형 중성영역의 확산용량의 합이 될 것이므로 다음과 같이 된다.

$$\begin{aligned} C_D &= C_{D(n)} + C_{D(p)} \\ &= A\left[\frac{\left(e^2 p_{no} L_p\right)}{kT} + \frac{\left(e^2 n_{po} L_n\right)}{kT}\right] e^{eV/kT} \end{aligned} \tag{8-60}$$

확산용량이 순바이어스전류에 따라 급속히 증대함을 알 수 있다. 실제 문제로서 C_D는 순바이어스전류에 비례한다고 말할 수 있다.

식 (8-60)에서 첫째 항은 N형 영역의 확산용량, 둘째 항은 P형 영역의 확산용량을 표시한다. P형이 N형보다 훨씬 세게 도우핑된 다이오드의 경우 $p_{no} \gg n_{po}$이므로, 둘째 항을 무시할 수 있다. 따라서

$$C_D \cong C_{D(n)} = A\frac{e^2 p_{no} L_p}{kT} e^{eV/kT} \tag{8-61}$$

지금까지 순바이어스된 경우를 염두에 놓고 논의하였다. 그러나 해석은 역바이어스된 경우에도 그대로 적용된다.

1. 확산용량과 동저항과의 관계

식 (8-58), (8-59)에 식 (8-41), (8-48)을 넣으면 확산용량을 다음과 같이 표시할 수 있다.

$$C_{D(n)} = \left(\frac{L_p{}^2}{D_p}\right) g_p = \tau_p g_p \tag{8-62}$$

$$C_{D(p)} = \left(\frac{L_n{}^2}{D_n}\right)g_n = \tau_n g_n \tag{8-63}$$

따라서

$$C_D = C_{D(n)} + C_{D(p)} = \tau_p g_p + \tau_n g_n \tag{8-64}$$

P형이 N형보다 훨씬 세게 도우핑되어 있는 경우 $g_n \gg g_n$이며 $g = g_p + g_n \cong g_p$이므로

$$C_D \cong \tau_p g_p \cong \tau_p g = \frac{\tau_p}{r} \tag{8-65}$$

여기서 r은 교류저항이며 $r = 1/g$이다.

2. 다이오드의 소신호모델

공간전하용량 C_T 및 확산용량 C_D를 고려해 넣으면 높은 주파수까지 다이오드의 소신호 동작을 충실히 나타내는 모델을 얻을 수 있다. [그림 8-17]에 이것을 나타내었다.

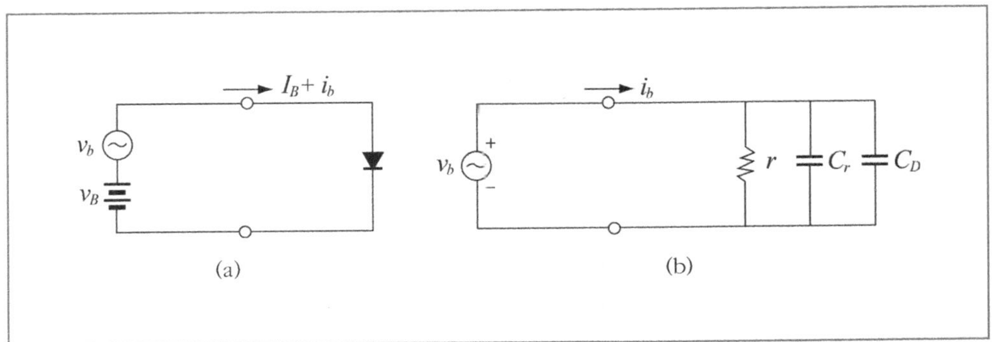

[그림 8-17] 다이오드의 소신호모델

실제문제로서는 순바이어스의 경우 $C_D \gg C_T$이며, 공간전하용량을 무시할 수 있으므로 소신호 모델은 좀 더 간단한 모양으로 표시될 수 있다. 한편 역바이어스의 경우 $C_D \gg C_T$이며, 확산용량을 무시 할 수 있다.

8.9 애벌란치항복

[그림 8-7] 혹은 [그림 8-18]에서 보는 바와 같이 실제의 다이오드는 역바이어스전압이 어떤 임계값 V_z에 가까워지면 전류가 급격히 증대하며, 전압포화의 상태를 나타낸다.

이러한 현상을 "접합의 항복(breakdown)"이라고 부르며, V_z를 항복전압(breakdown voltage)이라고 부른다. 항복을 일으키는 전자적 기구에는 다음 두 가지가 있다.

ⅰ) 애벌란치항복(avalanche breakdown)
ⅱ) 제너항복(zener breakdown)이다.

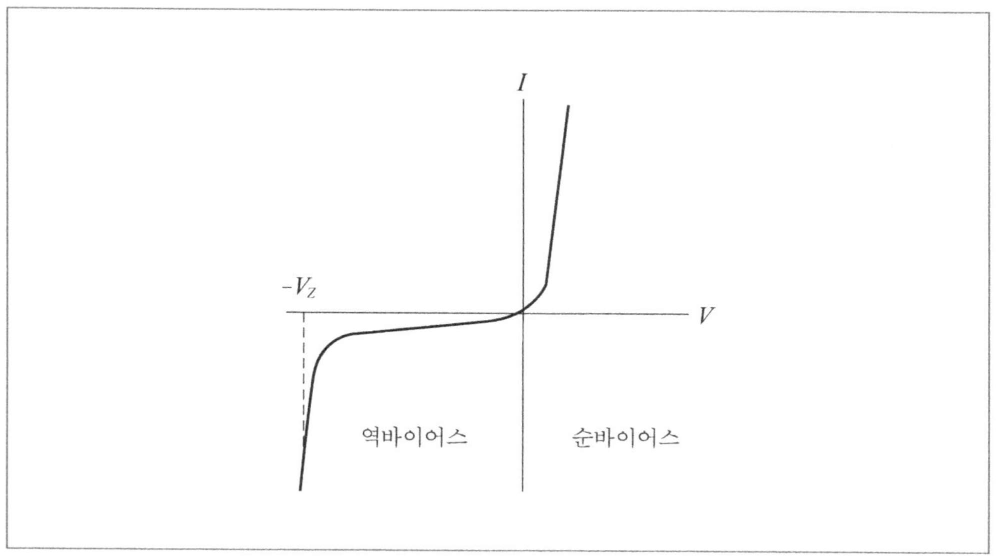

[그림 8-18] 접합의 항복

이상적 다이오드의 역포화전류 I_0는 접합 근처의 중성영역에서 열생성된 소수캐리어가 공간전하영역의 전장에 끌려서 다른 쪽의 중성영역으로 흘러들어가는 전류로써 형성되어 있다. 한 예로 N형 중성영역의 경계면 근처에서 열생성된 3개의 정공이 공간전하영역의 전장에 의해서 가속되어 P형 중성영역에 흘러 들어가는 과정을 [그림 8-19]에 나타내었다.

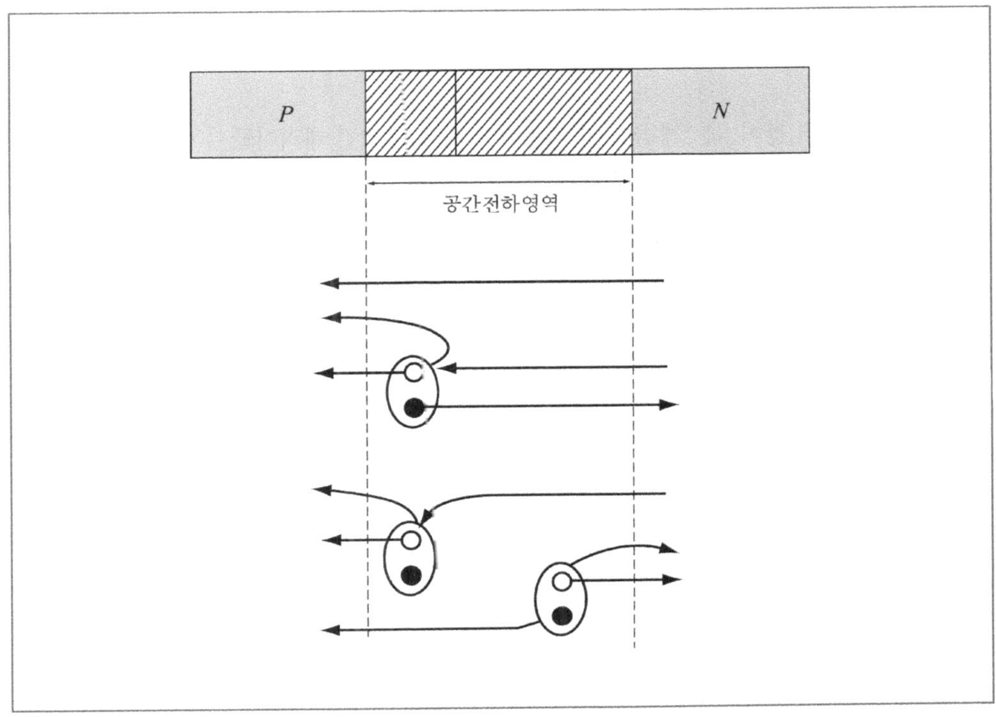

[그림 8-19] 대벌란치항복의 메카니즘

공간전하영역을 지나가는 정공이 결정격자와 충돌할 때 전장으로부터 얻은 에너지를 결정격자에게 준다. 만일 전장이 그다지 강하지 않은 경우. 각 자유행정에서 얻은 에너지를 전부 결정격자에게 줄 수 있다 그러나 전장이 강해지면 정공이 결정격자에게 줄 수 있는 이상의 에너지를 한 자유행정에서 얻게 된다. 그러드로 전장이 충분히 강한 경우, 정공의 에너지는 계속해서 증대하며, 여러 번 자유행정을 지난 후에는 결정격자를 이온화할 만한 충분한 에너지를 가지게 된다. 이리하여 결정격자의 이온화가 일어날 가능성이 생기게 된다. 이온화에 의해서 새로이 생성된 한 쌍의 정공과 전자는 원래의 정공과 마찬가지로 전장의 방향으로 운동하여 다이오드전류에 기여할 뿐만 아니라 지나가는 도중에서 새로운 이온화충돌을 일으키기도 한다. 이리하여 접합면을 흐르는 실제의 전류는 이온화작용에 의하여 증대하게 된다.

접합근처의 P형 중성영역에서 열생성된 전자가 공간전하영역을 지나갈 경우에도 역시 같은 현상이 나타난다. 역바이어스전압이 증가함에 따라, 전장이 강해지며 동시에 공간전하영역의 폭이 넓어진다. 그러므로 이온화작용이 나타나기 시작하는 역전압을 넘으면 다이오드전류는 역바이어스전압에 따라 급격히 증대허 간다.

1. 간단한 해석

공간전하영역에 들어가는 캐리어 및 이온화에 의해서 생긴 캐리어들의 에너지 및 자유행정은 통계적으로 분포하고 있다. 그러므로 이 문제는 통계적으로 다루는 것이 타당하다고 생각된다.

지금 N_o개의 정공이 공간전하영역에 들어가는 경우를 생각하자. 이들이 영역을 지나가는 동안에 이온화충돌을 일으키는 확률을 P라고 하면, 이들에 의해서 PN_o쌍의 2차 캐리어가 발생하게 된다. 한 쌍의 정공과 전자가 지나가는 거리를 합하면, 영역폭 전체가 되며 처음에 들어간 정공의 경우와 같다. 그러므로 한 쌍의 2차 캐리어가 이온화충돌을 일으키는 확률도 역시 P라고 생각하는 것은 타당하다고 보아진다. 이리하여 $P(PN_o)$쌍의 3차 캐리어가 생길 것이며 이들도 역시 P란 확률로 이온화작용을 나타낼 것이다. 이리하여 결국 P형 영역에 나타나는 정공의 수효 N_{out}는

$$N_{out} = N_o + PN_o + P^2 N_o + P^3 N_a + \cdots \tag{8-66}$$

$P < 1$로 가정한다면 이 무한계수는 수렴하며

$$N_{out} = \frac{1}{1-P} N_o \tag{8-67}$$

P형에서 N형으로 넘어오는 전자들에 대해서도 역시 같은 방법으로 취급할 수 있다. 그러므로 공간전하영역 근처의 중성영역에서 열생성된 소수캐리어에 기인하는 전류, 즉 역포화전류를 I_o, 실제로 흐르는 다이오드 역전류를 I라고 하며

$$I = MI_o \tag{8-68}$$

로 놓는다면, 증배계수(multiplication factor) M은 다음 식으로 주어져야 한다.

$$M = \frac{1}{1-P} \tag{8-69}$$

이온화 확률 P가 역바이스전압 V에 관계하며, $V = 0$일 때 $P = 0$, $V \to V_z$(애벌란치항복전압)에서 $P \to 1$이라야 함은 분명하다. 이러한 조건을 만족하는 많은 함수 가운데 실험결과와 잘 부합되는 모양은 $P = (V/V_z)^n$으로 알려져 있다. 여기서 n은 반도체의 종류 및 기하학적 형태에 관계하는 정수이다. 따라서 중배계수 M은 근사적으로 다음 식으로 표시된다.

$$M = \frac{1}{1 - \left(\dfrac{V}{V_z}\right)^n} \tag{8-70}$$

n의 값은 3~7정도의 범위에 있는 것으로 알려져 있다. 〈표 8-1〉에 대표적 예를 표시하였다. [그림 8-20]에 $n = 3$의 경우에 대해서 중배계수를 (V/V_z)의 함수로써 표시하였다. 그림에서 보는 바와 같이 $V \cong 0.9 V_z$까지는 $M < 4$이다.

〈표 8-1〉 n의 대표적 값

반도체	접합	n	반도체	접합	n
Ge	PN^+	6	Si	PN^+	2.5
	P^+N	3		P^+N	2.5

※ P^+N은 P형이 N형보다 훨씬 세게 도우핑된 접합, PN^+은 N형이 P형보다 훨씬 세게 도우핑된 접합을 의미한다.

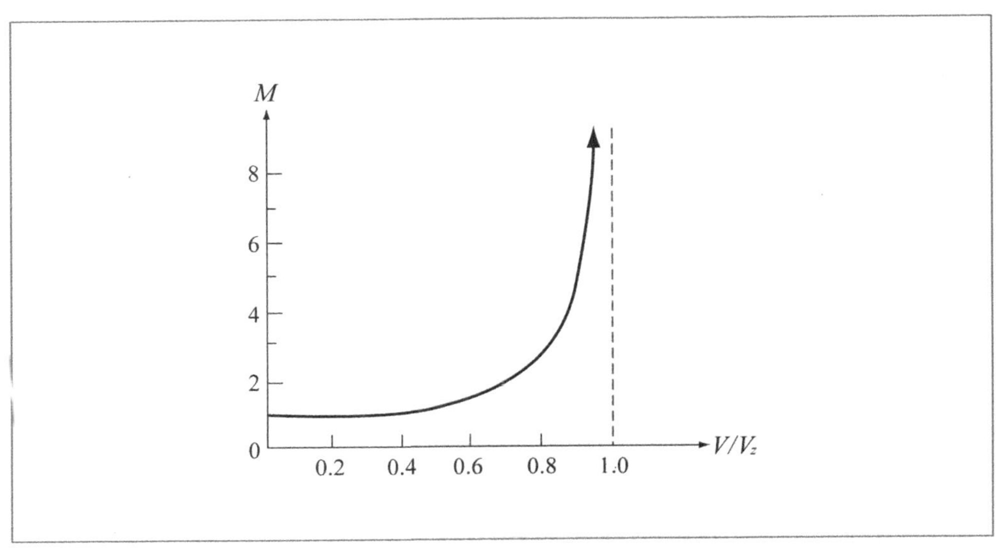

[그림 8-20] 애벌란치증배계수

그러므로 애벌란치항복효과는 V_z에 가까운 범위에서만 현저히 나타남을 알 수 있다

2. 불순물농도와 항복전압과의 관계

애벌란치효과의 재미있는 특징의 하나는 다이오드의 제조과정에서 불순물농도를 변화시키면 아주 넓은 범위에서 항복전압을 조정할 수 있다는 사실이다. 한 예로 Si P^+N 다이오드의 경우 항복전압은 약 5V $\left(N_d \approx 10^{18}\,cm^{-3}\right)$에서 약 1000[V] $\left(N_d \approx 10^{14}\,cm^{-3}\right)$까지 변화한다. [그림 8-21]에 비대칭적으로 도우핑된 계단접합에 대한 실험결과를 나타내었다.

P^+N접합의 경우를 고찰해 보자. 공간전하영역의 폭을 나타내는 식 $W = W_p + W_n \cong W_n = \left(\dfrac{2\varepsilon}{eN_d}\right)^{1/2}(\phi_o - V)^{1/2}\ N_a \gg N_d$ 일 경우에 의해서 공간전하영역은 거의 N형 안에 생겨 있으며, 그 폭은

$$W \cong W_n = \sqrt{\frac{2\varepsilon(\phi_o - V)}{2N_d}} \cong \sqrt{\frac{2\varepsilon(-V)}{eN_d}} \tag{8-71}$$

이 된다.

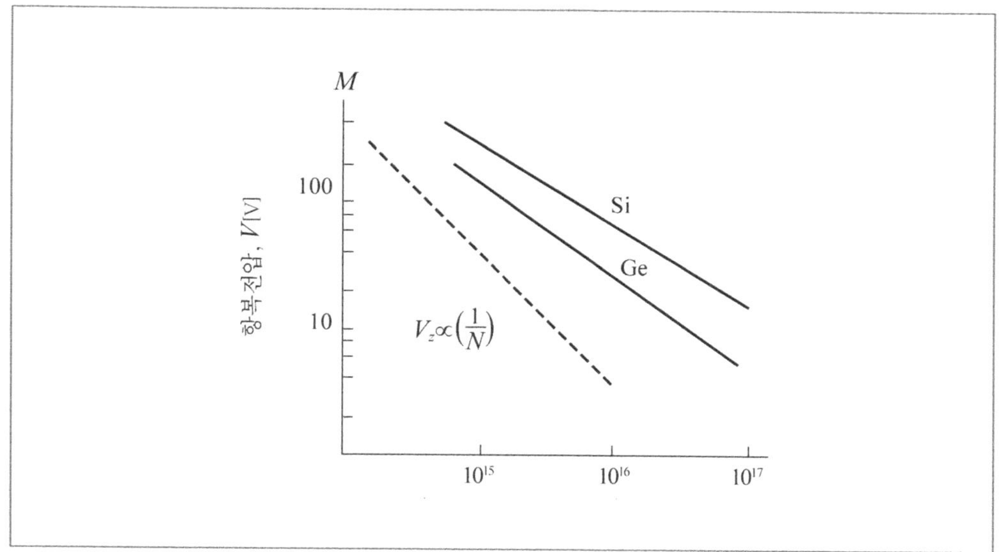

[그림 8-21] 비대칭적으로 도우핑한 계단접합에 대한 항복전압과 불순물농도와의 관계

여기서 접촉전위차ϕ_o를 무시하였다(ϕ_o는 대개의 다이오드에 있어서 1[V]이하이며 [그림 8-21]에 나타낸 대부분의 전 범위에서 무시될 수 있다). 따라서 전계강도의 최대값은 식

$$E_{(x)|x=0} = \frac{-eN_dW_n}{\varepsilon}$$ 로부터

$$E_{\max} = \frac{eN_dW_n}{\varepsilon} \cong \sqrt{\frac{2eN_d(-V)}{\varepsilon}} \tag{8-72}$$

만일 항복전압이 어떤 임계적인 전장의 세기로써 특징지어진다고 가정한다면 식 (8-72)로부터 다음 관계식이 성립되어야 한다.

$$N_dV_z = \text{일정} \qquad \text{혹은} \qquad V_z \propto \frac{1}{N_d} \tag{8-73}$$

여기서 V_z는 항복전압이다. 이 식은 항복전압이 도우핑된 쪽의 불순물농도에 반비례함을 표시한다. 그러나 [그림 8-21]은 V_z가 감소하는 모양이 $\frac{1}{N}$보다 적으며 항복전압은 전장뿐만 아니라 캐리어가 지나가는 공간전하영역의 폭에도 관계함을 보여주고 있다. 불순물농도가 증가함에 따라 공간전하영역의 폭이 감소하며 따라서 항복효과를 나타내는 전계강도는 증대한다.

3. 항복전압의 온도변화

애벌란치효과에 기인하는 항복전압은 온도가 높아짐에 따라 증대한다. 이것은 결정격자의 열진동이 심해지기 때문에 캐리어의 자유행정이 짧아지는 것으로서 설명될 수 있다. 캐리어의 자유행정이 짧아지면 이온화작용을 나타내기 위해서 더욱 강한 전장이 요구된다.

8.10 제너항복

불순물농도가 대단히 높은 다이오드에서의 공간전하영역은 대단히 좁아지므로 적은 역전압을 걸어주더라도 강한 전장이 생긴다. 전계강도가 10^6[V/cm]정도를 넘으면 전장의 힘에

의해서 원자의 결합이 직접 절단되며 한 쌍의 정공과 전자가 생겨 항복현상을 나타내게 된다. 이러한 메카니즘에 의해서 발생되는 것을 제너항복(zener breakdown)이라고 한다. 제너항복에서는 1차 캐리어의 이온화충돌을 필요로 하지 않는다. 그러므로 제너항복전압은 최대전계에만 관계하며 공간전하영역에서의 자유행정의 길이에는 관련되지 않는다. 제너효과는 전장의 힘에 의해서 자유캐리어가 생겨나는 것이므로 이것을 내부전계방출(internal field emission)이라고 부르기도 한다.

1. 터널효과

근본적으로 베너항복은 터널효과(tunnel effect)라고 불리어지는 양자역학적 효과에 기인한다.

그러므로 이 현상은 양자학적의 이론에 의해서만이 정확하게 파악할 수 있는 것이다. 양자이론은 수학적이며 너무나 추상적이기 때문에 양자역학적 현상에 대한 구체적 개념을 그려낸다는 것은 거의 불가능한 일이겠으나 전위장벽의 개념을 이용한다면 터널효과를 다소나마 이해하는 데 도움이 될 것이다 [그림 8-22]에 터널효과에 대한 개념도를 나타내었다.

[그림 8-22] (a)는 퍼텐셜우물(potential well) 안에 갇혀 있는 전자가 오른쪽으로 운동하고 있는 상태를 나타낸 것이다. 전자의 에너지준위 E가 전위장벽의 높이 보다 낮은 경우, 이 전자가 전위장벽에 부딪쳐 되돌아간다는 것은 고전적 역학에서 나오는 당연한 결론이다.

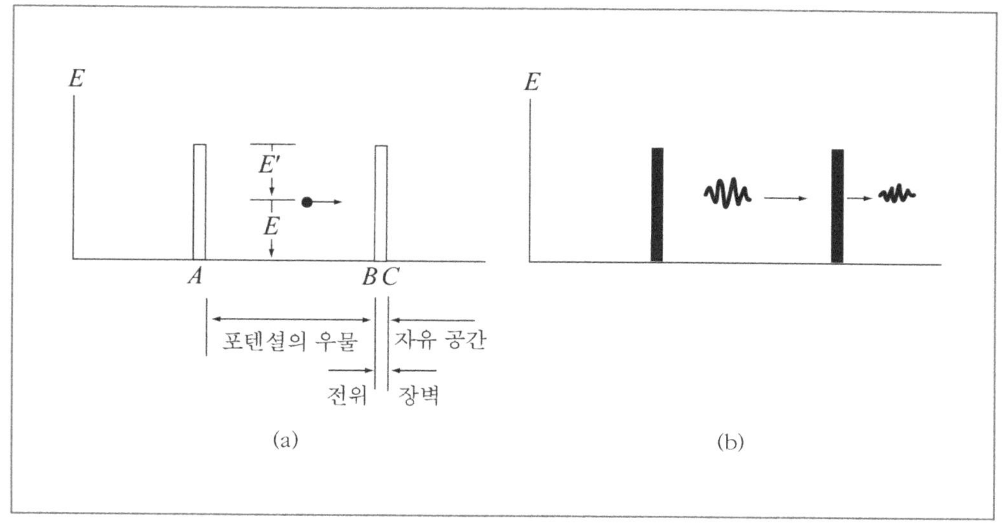

[그림 8-22] 터널효과

그러므로 전자에 대한 고전적 입자상을 고집하는 한 이 전자가 전위장벽 밖의 자유공간에 나타나기 위해서는 적어도 전위장벽을 넘는 데 필요한 에너지(E')를 빛이나 열 혹은 역학적 에너지인 어떤 형태로든지 간에 외부로부터 공급받아야 한다. 그러나 양자이론에 의하면 이러한 방법만 가능한 것이 아니며 전자는 외부로부터 하등의 에너지 공급을 받지 않더라도 스스로 전위장벽 밖의 자유공간에 나타날 수 있다고 주장할 수 있다. 이러한 양자이론의 결론은 전자에 대한 입자상을 일단 버리고 전자의 운동에 대한 파동적 영상을 그림으로서 다소나마 이해가 갈 듯 하기도 하다. [그림 8-25] (b)가 이것을 나타낸 것이다. 여기서 전자의 운동이 음파와 같은 파동의 전파로 바뀌어져 있으며 전위장벽은 콘크리트 같은 입체적 벽으로 대치되어 있다. 음파와 같은 파동이 얇은 벽 밖에 나타날 수 있다는 것은 이해하기 어렵지 않다. [그림 8-25] (b)에서 파동크기의 비는 전자가 전위장벽 밖에 나타날 수 있는 확률을 나타낸다고 하는 것이 좋겠다. 이제 우리는 퍼텐셜의 우물 안에 갇혀 있는 전자가 전위장벽 앞에서 어떠한 행동을 하는가에 대한 양자이론의 결론을 막연하게나마 이해할 수 있는 단계에 왔다. 결론을 정성적으로 말하면 다음과 같다. "전자가 전위장벽을 뚫고 자유공간에 나타날 확률을 계산할 수 있다. 그리고 전위장벽의 두께가 얇을수록 또 높이가 낮을수록 확률이 증대 된다. 그러므로 정위장벽의 높이가 ∞ 혹은 두께가 ∞ 일 때 확률이 0으로 된다." 이러한 현상을 터널효과라 한다. 전위장벽을 뚫어서 나온 전자의 에너지준위는 변하지 않는다.

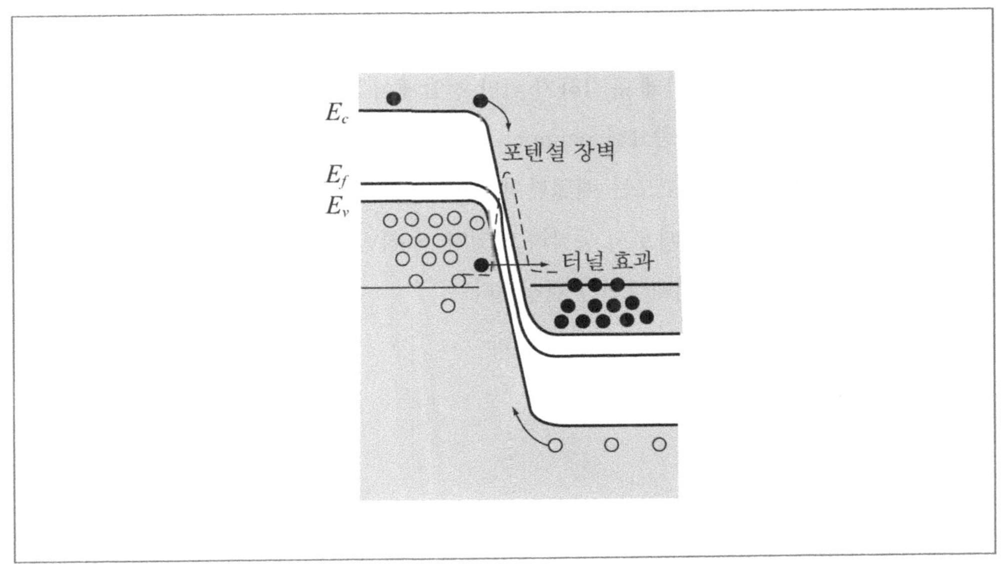

[그림 8-23] 제너항복

2. 제너항복

전자에 대한 양자역학적 파동성을 받아들인다면, 제너항복을 쉽게 이해할 수 있다. [그림 8-23]에 불순물농도를 대단히 크게 한 PN다이오드의 에너지대 구조를 나타내었다. 불순물농도를 높이면 공간전하영역의 폭이 좁아지며 적은 역전압으로 능히 터널효과를 나타낼 만한 폭으로 줄어든다. P형 영역의 가전자대가 N형 영역의 전도대와 같은 준위로 되어 있는 부분이 있음에 주의하여라. N형 영역의 전도대에는 전자들이 차지할 수 있는 많은 에너지준위가 비어 있다. 그러므로 P형 영역에 있는 막대한 수효의 가전자(결합전자)들은 터널효과에 의해서 N형 영역에 들어갈 수 있을 것이며 이곳에서 자유전자로 된다.

온도가 높아지면, 금지대폭이 적어지므로 전위장벽의 높이와 폭이 감소한다. 그러므로 제너항복은 보다 낮은 역전압에서 일어난다.

8.11 제너다이오드

물리적 메커니즘이 애벌란치항복이든 제너항복이든 [그림 8-18]과 같은 전압포화특성을 이용하기 위해서 설계된 것은 일반적으로 제너다이오드(zener diode)라고 불리어지고 있다. 제너다이오드는 전압을 일정하게 유지하기 위만 전압제어소자로서 널리 애용되고 있다. 제너다이오드를 특징짓는 가장 중요한 parameter는 항복전압 V_z이다. 8[V] 이상에서 항복을 일으키는 Si전압 제어용 다이오드는 애벌란치효과를 이용하고 있으며, 한편 5[V] 이하에서 항복을 일으키는 것은 제너효과로서 동작하고 있다. 8~5[V]의 범위에서는 정착한 불순물농도에 따라 어느 메커니즘이 지배적인가 결정된다.

1. 항복전압의 온도특성

제너다이오드를 응용하는 측면에서 중요한 문제의 하나는 모든 반도체소자에 공통된 온도특성이다. [그림 8-24]에 대표적 예를 나타내었다. [그림 8-24] (a)는 여러 가지 기준전압 (reference or zener voltage)의 제너다이오드에 대하여 기준전압의 온도계수와 동작전류와의 관계를 나타낸 것이다.

각 특성곡선에 표시한 전압 값은 I_z = 5[mA]일 때의 제너전압을 나타낸 것이다. [그림 8-24] (b)는 I_z = 5[mA]일 때 여러 가지 제너다이오드에 대해서 제너전압의 함수로서 온도계수를 표시하고 있다. 이 그림으로부터 온도계수는 양 혹은 음이며, 보통 ±0 1%/℃ 의 범위에 있음을 안다.

기준전압이 6[V] 이상의 다이오드는 온도계수가 양이며, 이것은 애벌란치효과에 의한 것임을 안다. 한편 6[V]이하의 것은 제너효과에 의한 것이며, 온도계수가 음으로 되어 있다.

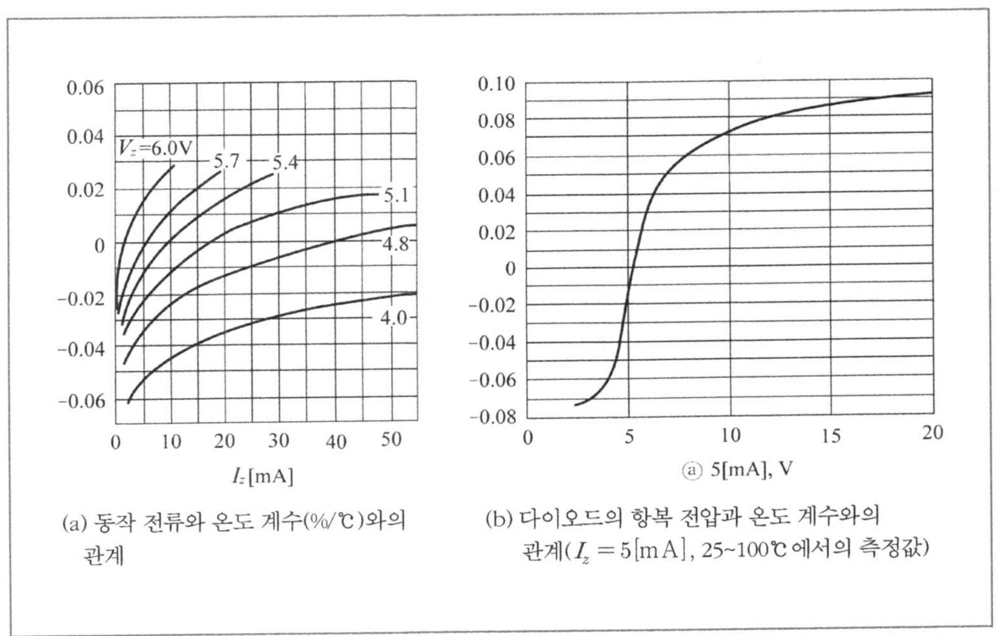

(a) 동작 전류와 온도 계수(%/℃)와의 관계

(b) 다이오드의 항복 전압과 온도 계수와의 관계($I_z = 5\,[\text{mA}]$, 25~100℃ 에서의 측정값)

[그림 8-24] 여러 가지 제너다이오드의 항목전압의 온도계수

2. 동저항

제너다이오드의 parameter로서 또 한 가지 중요한 것은 동작범위에서의 교류저항 $r\left(=\dfrac{dV_z}{dI_z}\right)$이며 특성곡선의 기울기로써 결정된다. 특성(그림 8-20)이 수직이며 동작전류에 관계없이 전압이 일정한 (즉 $r = \dfrac{dV_z}{dI_z} = 0$) 것이 이상적이다.

[그림 8-25]에 여러 가지 제너다이오드에 대해서 r이 동작전류 I_z에 따라 변화하는 모양의 예를 나타내었다. $V_z = 6 \sim 10[V]$의 다이오드들이 가장 적은 r을 가지고 있음에 주의하여라. 또 동작전류가 적을수록 r이 크게 된다. 그러므로 제조회사에 따라서는 어떤 최소값(I_{Zmin}) 이하에서는 사용하지 않도록 지정하는 일이 있다.

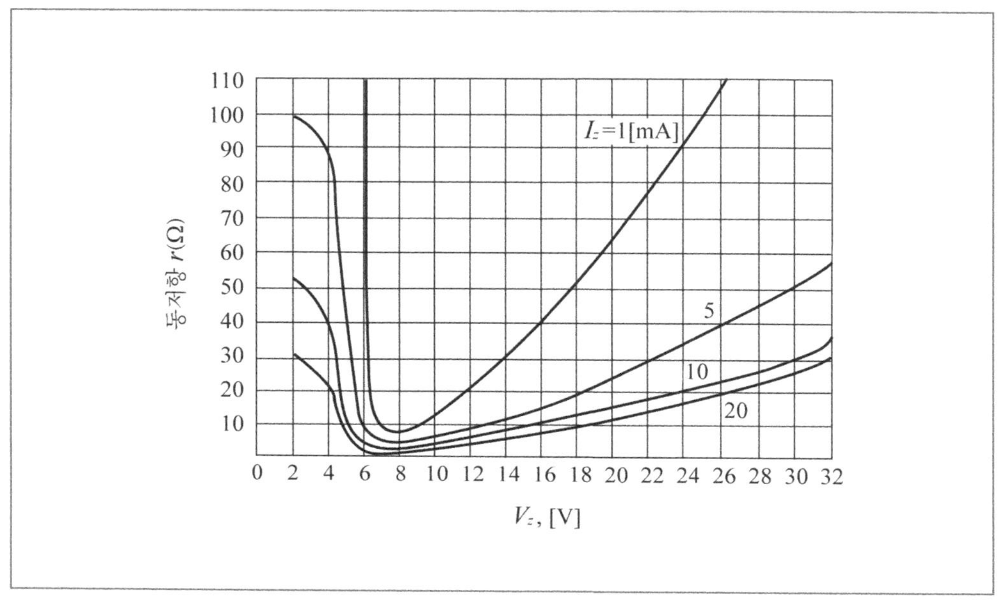

[그림 8-25] 여러 가지 제너다이오드의 동저항[직류성분의 10%로의 교류성분(60 c/s)]을 중첩하여 25℃에서 측정한 값

3. 다이오드의 용량(capacitance)

제너다이오드의 용량은 공간전하용량 C_T로 결정되므로 전압의 몇 제곱근에 반비례하여 변화한다. C_T는 다이오드의 단면적에 비례하므로 대전력용 다이오드는 대단히 큰 용량을 가진다. 보통 C_T의 값은 $10 \sim 10,000[pf]$이다.

4. 순바이어스 특성을 이용한 전압기준용 다이오드

기준전압이 2[V] 정도까지는 제너다이오드를 이용할 수 있다. 그러나 그 이하에서는 전압제어를 위해서 다이오드의 순바이어스 특성을 이용하는 것이 보통이다. 이러한 목적으로 설계된 것을 stabistor라고 부르기도 한다. [그림 8-13]에서 보는 바와 같이 아주 낮은 전압범위를 제외하고서는 순바이어스 특성은 항복특성과 특별히 다를 바 없다. 높은 기준전압을 얻으려면 여러 개의 순바이어스 다이오드를 직렬로 접속하면 된다. 여러 개를 직렬로 접속하여 한 unit로 한 것은 기준전압이 5[V]정도의 것까지 이용되어 있으며 제너다이오드보다 오히려 애용되고 있다 왜냐하면 5[V]정도 이하의 제너다이오드의 교류저항은 [그림 8-25]에서 보여주고 있는 것처럼 대단히 크기 때문이다.

5. 온도보상전압기준 다이오드

기준전압의 온도변화를 지극히 적게 하려면 적당한 제너다이오드를 온도계수가 거의 0으로 되는 동작상태(I_z)에서 사용하면 된다. 그러나 이것은 불편한 일이며, 특히 전압이 높은 경우 혹은 넓은 전류범위에서 동작시켜야 할 경우에 그러하다. 이러한 경우, 온도보상기준 다이오드(temperature-compensated reference diode)를 사용하는 것이 좋다. 이것은 온도계수가 양인 제너다이오드에 순바이어스 다이오드(온도계수가 음)를 직렬로 해서 한 unit로 만든 것이다. 어떤 것은 표준전지와 비길만한 전압안전성을 가진 것도 있다.

8.12 터널다이오드

터널(tunnel) 다이오드는 접합부의 전위장벽을 진자가 양자 역학적인 터널링(tunneling)을 함으로써 I-V특성의 일부 영역이 작동되는 PN접합소자이다. 터널다이오드에서의 동작과정을 시발시키는데도 무시할 수 있을 정도의 역방향바이어스가 필요한 것이기는 하지만 역방향 전류에 대한 터널링 과정은 본질적으로는 zener효과와 같아 보통의 PN다이오드에서 불순물농도는 결정 원자 10^8개에 대해서 1개꼴 정도이다. 이 정도로 도우핑되어 있는 경우 공간전하영역의 폭은 5micron(5×10^{-4}cm)정도이다. 만일 불순물농도를 대단히 크게 하면 (말하자면 $10^{19}\,cm^{-3}$이상, 이것은 10^3개에 1개꼴에 해당) 공간전하영역 100 Å (10^{-6}cm 가시광선 파장의 약 1/5에 해당)으로 줄어들어 터널효과를 나타낼 뿐만 아니라, PN소자의 성격이 완전히 달라진다. [그림 8-26]에 이러한 PN소자의 특성을 나타내었다. 이러한 특성 을 나타내는 새로운 PN다이오드를 터널다이오드(tunnel diode) 혹은 1958년에 이것을 발견하여 특성을 이론적으로 해명한 Japan의 물리학자 Esaki의 이름을 따서 Esaki다이오드라고 한다.

1. 에너지대구조의 전류–전압 특성

[그림 8-26]에서 전압을 높이면 전류가 오히려 감소하는 부분이 있다. 이 부분을 부저항특성이라고 부른다. 이것은 교류저항 dV/dI 가 음이라는 데서 온 것이다. 이러한 기묘한 특성을 이해하려면 우선 에너지대 구조부터 살펴보아야 한다. [그림 8-27]에 불순물농도를 대단히 크게 했을 때의 N형 및 P형 반도체의 에너지대구조를 나타내었다. 이러한 구조는 도우너준위 혹은 억셉터준위가 불순물농도의 증가에 따라 불순물원자의 상호작용으로 인하여 대구조를 형성하며 전도대 혹은 가전자대와 겹쳐지는 데서 온 결과이다. 페르미준위 E_f 가 전도대 혹은 가전자대 안에 위치하고 있음을 알 수 있다. 0[°K]에서는 E_f 이하의 준위는 전부 전자로 채워져 있으며 그 이상의 준위는 완전히 비어 있다.

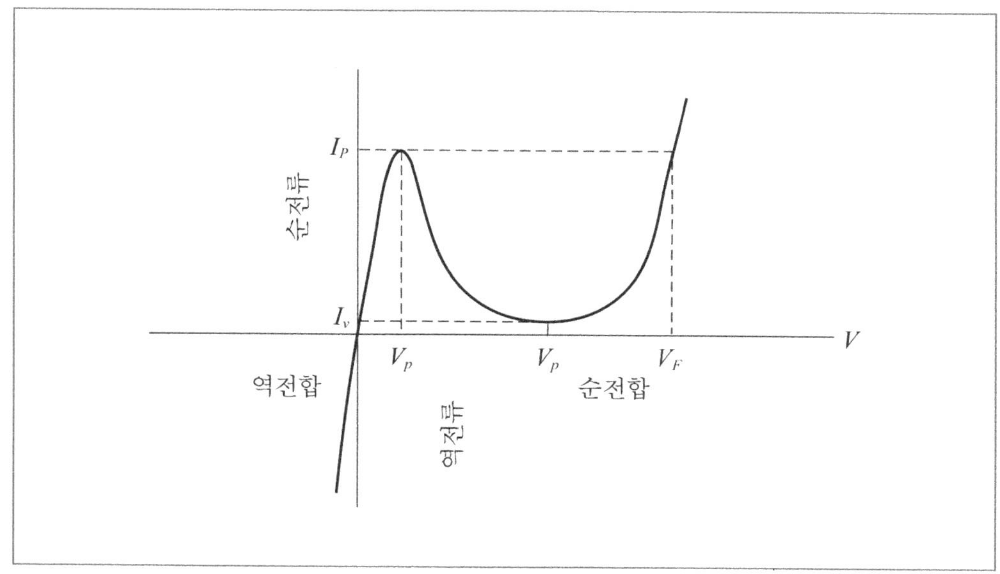

[그림 8-26] 터널다이오드의 특성

[그림 8-27]의 에너지대구조를 가진 반도체로써 만들어진 PN접합의 에너지대구조는 평형상태(V = 0)에서 [그림 8-28] (e)와 같다 여기서는 페르미준위 E_f 가 모든 곳에서 동일하게 되어 있다.

이 상태에서 전자의 흐름이 없음은 분명하다. 한 예로 N형 전도대의 전자의 입장에서 말한다면 P형 영역 내의 같은 높이의 준위가 전부 채워져 있기 때문이다. P형 가전자대의 전자의 입장에도 같은 사정이다.

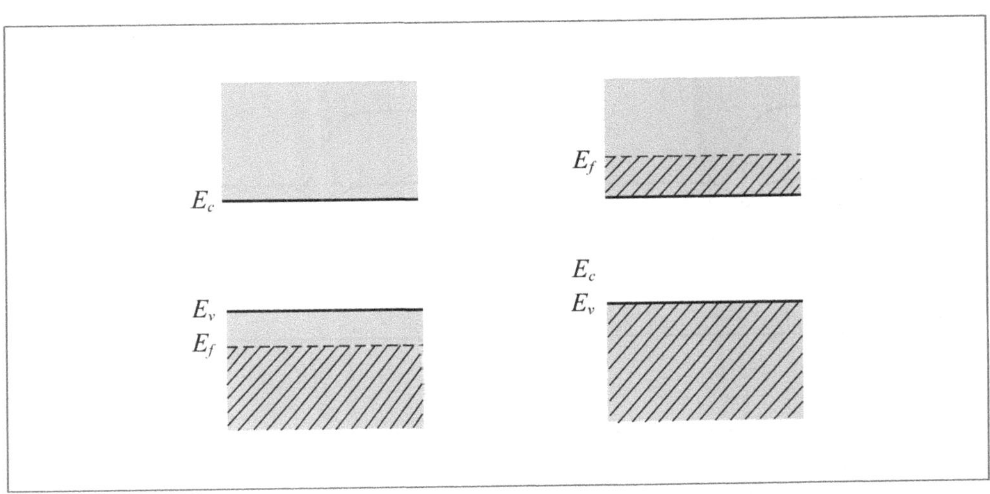

[그림 8-27] 불순농도가 대단히 클 경우의 에너지대 구조

순바이어스전압을 걸어주면[그림 8-28 (f)의 동작점 a] [그림 8-28] (a)와 같이 N형의 E_f가 올라가기 때문에 N형 전도대의 전자의 일부는 P형 내의 같은 준위가 비어 있음을 볼 수 있다. 그러므로 터널효과에 의해서 P형으로 이동할 수 있을 것이다. 계속해서 순바이어스를 높이면 P형으로 이동할 수 있는 전자의 수효가 증가하므로 따라서 다이오드전류는 계속해서 증대해가며, [그림 8-28] (b)[그림 8-28 (f)의 동작점 b]의 상태에서 최대로 된다.

동작점 b의 상태를 지나면 전류가 오히려 적어진다. 그 이유는 [그림 8-28] (c)[동작점 c]에서 볼 수 있다. N형의 E_f가 너무 올라갔기 때문에 N형 전도대의 전자들의 일부분의 준위는 P형의 금지대에 있게 되며, 따라서 이들은 P형으로 옮겨갈 수 없다. 동작점 d에서는 [그림 8-28] (d)의 구조로 되며, 그 이상의 순바이어스에서는 전자의 이동이 허용되지 않는다. 이리하여 터널효과에 의해서 0-a-b-c-d의 특성을 가지게 된다.

실제의 온도범위에서는 터널효과에 의한 전류에 보통의 주입전류가 합쳐진다[그림 S-28 (f)의 곡선 (1)]. 그러므로 실제의 특성은 [그림 8-28] (f)의 실선과 같은 모양으로 된다.

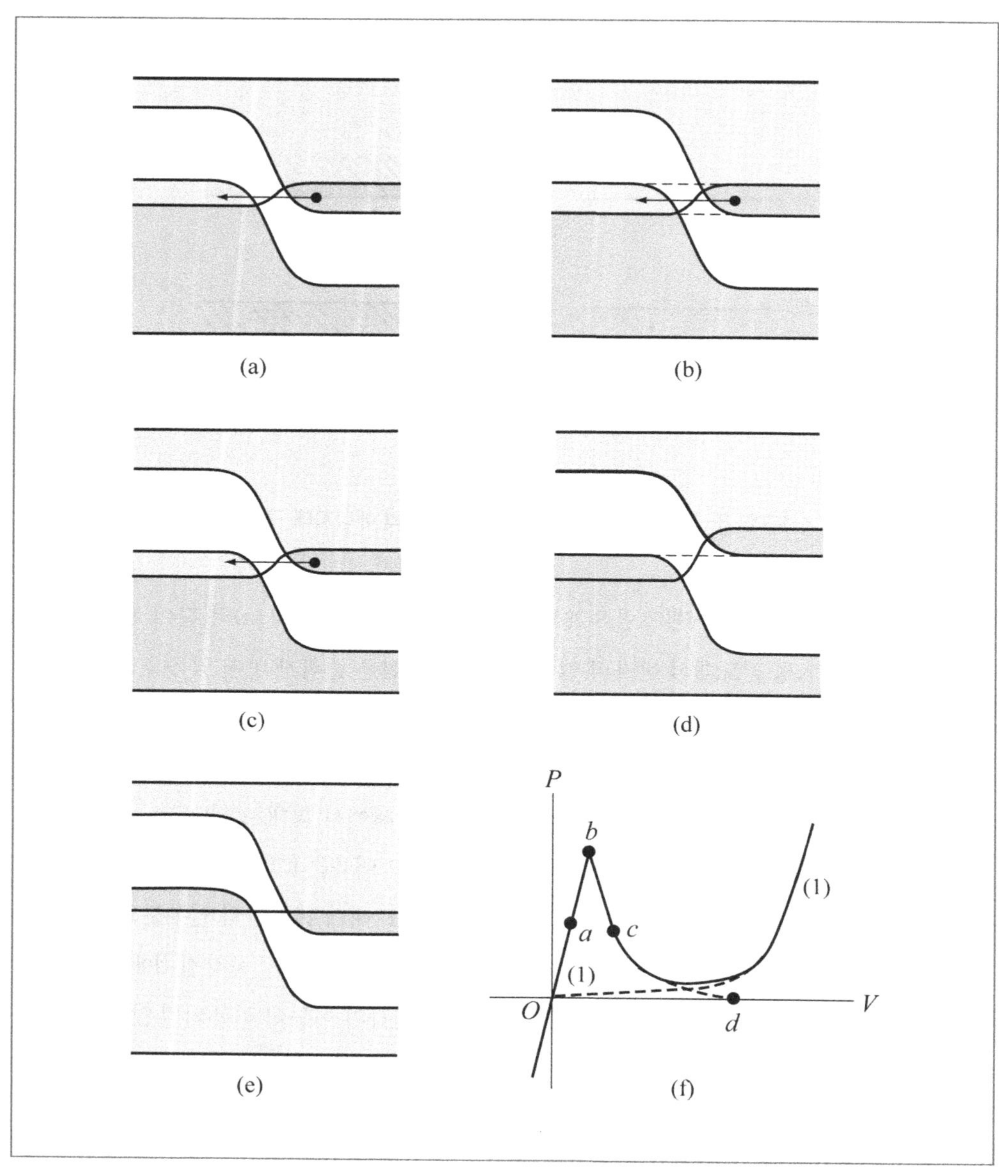

[그림 8-28] 에너지대 구조와 순바이어스 전류

2. 터널다이오드의 정특성

터널다이오드 특성의 특징은 다음과 같다.

ⅰ) 역바이어스상태에서 훌륭한 도체이다.

ⅱ) 적은 순바이어스상태(Ge에서 50mV까지)에서 저항은 대단히 적다(5Ω 정도).

ⅲ) 피이크전류 I_p의 상태를 지나면, 전압의 증가에 따라 전류가 오히려 감소하며 부저항 특성 $\left(\dfrac{dV}{dI} < 0\right)$을 나타낸다.

ⅳ) 전류가 최소이며 $\dfrac{dV}{dI}=0$으로 되는 동작점에서의 전류가 (I_V) 및 전압(V_V)을 각각 valley전류 및 valley전압이라고 부른다. 이 동작점을 지나면 다시 $\dfrac{dV}{dI}>0$으로 되며 전압에 따라 전류가 급속히 증대한다. 전류가 다시 I_p로 되는 전압 V_F를 피이크순전압 이라고 부른다.

ⅴ) I_p에서 I_v까지의 전류 범위에서 전류 I는 전압 V의 3가 함수로 되며, 한 전류값에 세 가 지의 전압값이 대응하는 점에 주의하여라. 이러한 여러 값의 특성이 터널다이오드를 특징짓는 가장 중요한 특성이며, 펄스회로(pulse circuit) 및 계수회로(digital circuit) 에서 유익하게 응용되는 이유이다.

실용화되어 있는 터널다이오드는 보통 Ge 혹은 GaAs(gallium arsenide)로 만들어져 있 다. Si으로서는 I_p/I_v가 큰 것을 제작하기 어렵다.

〈표 8-2〉에 터널다이오드의 parameter에 대한 대표적 값을 표시하였다.

〈표 8-2〉 대표적 터널다이오드의 parameter

반도체	Ge	GaAs	Si
I_p/I_v ⋯	8	15	3.5
V_P/V ⋯	0.055	0.15	0.065
V_V/V ⋯	0.35	0.50	0.42
V_F/V ⋯	0.50	1.10	0.70

전압값은 원칙적으로 반도체의 종류에 의하여 결정된다. GaAs의 전류비$\left(\dfrac{I_p}{I_v}\right)$ 및 전압범위 $(V_f - V_p)$가 가장 크다는 점에 주의하여라. 피이크전류 I_p는 불순물농도(반도체의 저항률) 및 접합 넓이에 의해서 결정된다. 전자계산기용의 것은 I_p가 1~100[mA]의 범위에 있는 것이 보통이다. 그러나 I_p가 100[μA] 혹은 100[A] 정도의 것도 얻을 수 있다.

3. 특성의 온도변화

터널효과에 의해서 결정되는 특성범위에서는 특성의 온도변화는 그다지 심하지 않으며 피이크동작점$(I_p,\ V_p)$의 온도변화가 -50~+150[℃]범위에서 10%이하의 것이 실용화되어 있다. I_p의 온도계수는 불순물농도 및 동작온도에 따라 양 혹은 음으로 된다. 그러나 V_p의 온도계수는 항상 음이다. 주입전류에 관련되는 valley동작점 V_V는 온도에 대해서 대단히 민감하다. I_V의 값은 온도에 따라 급속히 증가하며, 150[℃]에서는 -50[℃]때의 2배 혹은 3배로 된다. Vv및 V_F의 온도계수는 음이며, -1.0 [mV/℃] 정도이다. 이러한 값들은 Ge 및 GaAs에 모두 적용된다.

4. 소신호모델

부저항영역에서의 소신호모델은 [그림 8-29] (b)와 같이 된다. 부저항 $-R_n$은 특성의 inflection point때서 최소가 된다. R_s는 Ohm저항이다. 직렬인덕턴스 L_s는 도선의 길이 및 케이스의 기하학적 형태에 관계한다. 접합용량 C는 바이어스에 관련되어 있으며 valley동작점에서의 값으로 표시되는 것이 보통이다.

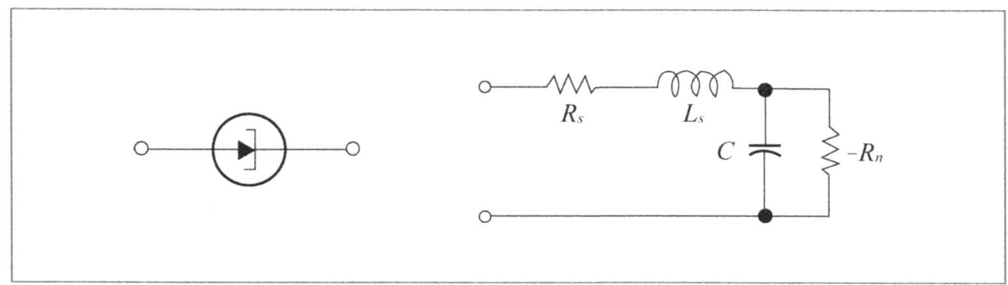

[그림 8-29]

한 예로서 피이크전류 I_p가 10[mⅠ])의 터널다이오드의 소신호모델에 대한 대표적 값은 다음과 같다.

$$-R_n = -30\,[\Omega] \qquad R_s = 1\,[\Omega]$$
$$C = 20\,[pf] \qquad L_s = 5\,[nH]$$

5. 터널다이오드의 응용

터널다이오드를 응용하는 데 있어서 관심의 대상이 되는 분야의 하나는 고속스위칭(very high speed switching)회로이다. 이것은 터널효과로 옮겨가는 전자는 광속도로 운동하므로 빠른 전압 변화에 응답할 수 있음을 이용한 것이다. 스위칭시간(switching time)이 [nano-sec] 정도의 것이 보통이며, 50[pico-sec]나 되는 것도 얻을 수 있다. 터널다이오드의 둘째 응용분야는 극초단 파발진기(microwave of oscillator)이다. 이 이외에도 터널다이오드의 부성저항은 상태전환 또는 개폐, 발진, 증폭 및 기타의 회로기능을 얻기 위하여 여러 가지 방법으로 쓸 수 있다. 터널링 과정이 표동과 확산의 시간적 지연을 나타내지 않는다는 사실과 결부된 이 광범위한 응용에 있어서 어떤 고속회로에는 터널다이오드를 자연적으로 선택하게 만들고 있다. 그러나 터널다이오드는 비교적 낮은 전류에서의 동작과 다른 소자들과의 경합 때문에 널리 보급된 응용을 이루고 있지는 않다.

연 습 문 제

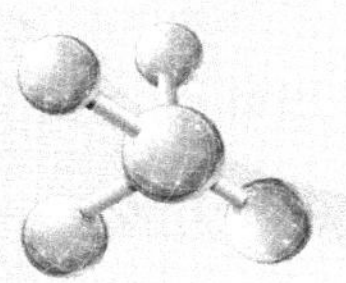

8-1 PN접합 다이오드에 있어서 순방향 바이어스와 역방향 바이어스시 캐리어농도분포를 나타내어라.

8-2 이상적 PN다이오드에 있어서 확산의식 (diffusion equation)을 정의하라.

8-3 이상적 PN다이오드 정특성을 나타내어라.

8-4 이상적 PN다이오드 전류식을 유도하라.

8-5 다이오드 특성의 온도변화에 대하여 기술하라.

8-6 다이오드 소신호 동작모델을 나타내어라.

8-7 동 콘덕턴스(dynamic conductance) g_p 및 g_n을 정의하고 $g \cong g_p$가 됨을 설명하여라.

8-8 애벌란치항복과 제너항복을 설명하라.

금속과 반도체와의 접촉

9.1 금속과 금속의 접촉

PN접합의 대부분 유용한 성질들은 금속-반도체 접촉을 적절히 형성시켜 줌으로써 얻어진다. 이와 같은 접근 방법은 그 제작이 간단하기 때문에 마음을 끌게 하는 것이며 또한 본절에서 알 수 있듯이 금속-반도체 접합은 특히 고속정류가 필요한 경우에 유용하다. 금속 안의 자유전자를 밖의 자유공간에 끌어내려면 일정한 에너지가 필요하다. 0[°K]에서 자유전자가 가지는 최대의 에너지는 페르미준위 E_f이므로, 금속 밖의 자유공간에서 전자의 퍼덴셜 에너지인 진공준위와 E_f와의 차이는 자유전자를 밖으로 끌어내는 데 필요한 최소의 에너지를 표시하며 일함수(work function)라고 불리어진다.

〈표 9-1〉에 여러 가지 금속의 일함수를 표시하였다.

〈표 9-1〉 금속의 일함수[eV]

Mg	3.46	Sb	4.08	Ag	4.28	W	4.52
Cd	3.92	Ta	4.10	Pt	4.29	Au	4.58
In	4.00	Sn	4.11	Fe	4.36	Rh	4.65
Pb	4.02	Mo	4.27	Cu	4.47	Ni	4.84

반도체의 경우에도 진공준위와 페르미준위와의 차이를 일함수라고 한다. 진공준위와 전도대의 최저준위와의 차이는 전자친화력(electron affinity)이라고 불리어지며 x로 표시하는 것이 보통이다.

[그림 9-1] (a)와 같이 일함수가 서로 틀리는 두 금속을 접촉시키면 접촉전위차로 인하여 두 금속 사이의 공간에 전장이 생긴다. 두 금속 사이의 접촉 전위차는 다음과 같이 정의될 수 있다.

정의로부터 접촉전위차 V_{ab}는 두 금속의 일함수의 차이와 같으며 다음 식으로 주어진다.

$$V_{ab} = \phi_b - \phi_a \tag{9-1}$$

여기서 ϕ_a, ϕ_b는 각각[eV] 표시한 금속 (A), (B)의 일함수이다. 다음에 이것을 증명해 보자.

$$\begin{array}{ccc}
\text{금속(A)와 금속(B)} \\ \text{사이의 접촉전 위치}(V_{ab})
\end{array} \equiv \begin{array}{ccc}
\text{금속(A)의 표면 바로} \\ \text{밖의 점 a의 전위}(V_a)
\end{array} + \begin{array}{ccc}
\text{금속(B)의 표면 바로} \\ \text{밖의 점 b의 전위}(V_b)
\end{array}$$

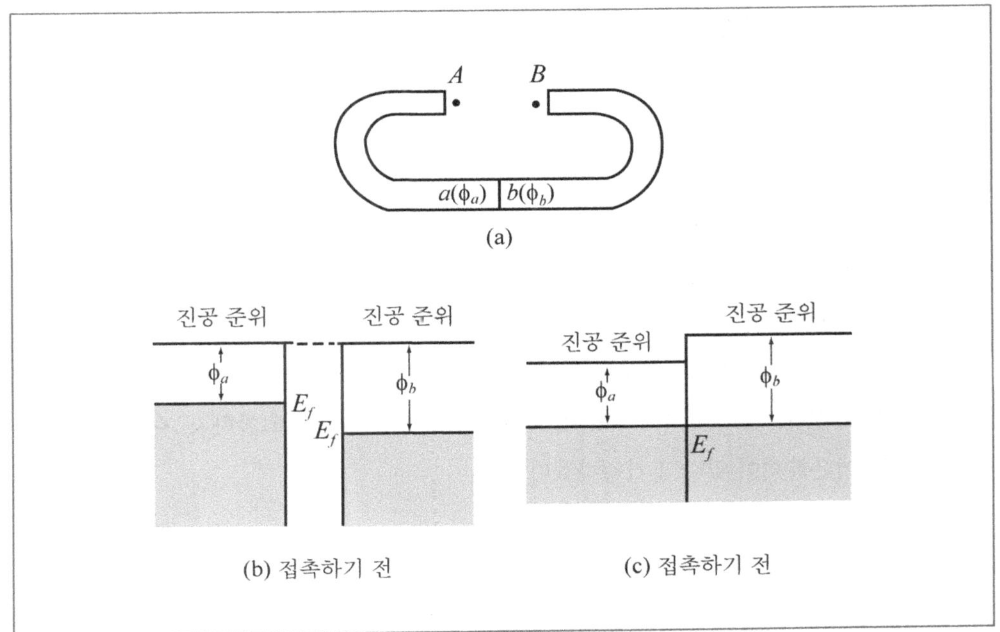

[그림 9-1] 두 금속 사이의 접촉 전 위치

두 금속이 접촉하기 전의 상태는 [그림 9-1] (b)와 같으며 점 a, b의 전위는 동일하다. 금속 (A)의 페르미준위는 금속 (B)의 페르미준위보다 높다고 가정하자. 이들을 접촉시키면 에너지준위가 높은 금속 (A)의 자유전자가 에너지준위가 낮은 금속(B)쪽으로 흘러 들어갈 것이며 금속경계면에는 음양의 전기적 2중층을 형성한다. 전자의 흐름은 모든 곳에서의 페르미준위가 균일하게 될 때까지 계속할 것이며, 이 상태에서 열평형을 이루게 된다. [그림 9-2] (c)는 평형상태에서의 에너지대구조를 나타내고 있다. 각 금속에 있어서 진공준위와 페르미준위와의 차이, 즉 일함수는 금속의 구조에 의해서 결정되는 것이며 접촉 여부에 관계없음을 주의하여라. [그림 9-1] (c)로부터

$$(-e)\,V_b - (-e)\,V_a = e\phi_b - e\phi_a \tag{9-2}$$

따라서

$$V_{ab} = V_a - V_b = \phi_b - \phi_a \tag{9-3}$$

가 된다.

9.2 금속과 반도체와의 접촉

금속과 반도체가 접촉할 때 정류특성을 나타내는 것은 반도체의 특성 가운데에서도 가장 오래전부터 알려져 있는 특성 가운데 하나이다. 이 특성을 이용한 광석검파기는 가장 역사가 오랜 전자소자의 하나이며 또 트랜지스터를 발견하게 된 계기가 되었던 것이다.

금속과 반도체를 서로 접촉시키면 [그림 9-2] (a)에 나타낸 것과 같이 그들의 일함수 즉 금속의 일함수 ϕ_m 및 반도체의 일함수 ϕ_s와의 관계에 따라 금속과 반도체의 접촉은 정류성 혹은 ohm성으로 된다. 먼저 금속과 N형 반도체와의 접촉에 대하여 고찰하자. 여기서 도우너 원자는 모두 이온화되어 있다고 가정하겠다.

1. 정류성 접촉

금속의 일함수와 반도체의 일함수가 $\phi_m > \phi_s$의 경우에 대해서, 접촉전의 상태는 [그림 9-2] (a)와 같으며, 에너지준위가 높은 전자들이 N형 반도체쪽에 많다. 그러므로 이들을 접촉시키면 과도적으로 반도체에서 금속쪽으로 전자의 확산이 일어날 것이며, 양쪽의 페르미준위가 동일하게 되는 상태에서 평형을 이루게 된다. 금속쪽으로 이동한 전자들은 도우너 이온을 남기므로, PN접합의 경우와 마찬가지로, [그림 9-2] (b)에 나타낸 것과 같이 접촉면에 가까운 반도체 안에 공간전하영역이 형성된다. 금속 안에 들어간 과잉전자들은 경계면에 분포하여 표면전하를 형성한다. 이리하여 전기적 2중층으로 인하여 PN접합의 경우와 전위장벽이 생기게 된다.

[그림 9-2] (b)에서 보는 바와 같이 금속쪽에서 본 전위장벽의 높이는 $(\phi_m - x_s)$이며, 반도체쪽에서 본 높이는 $(\phi_m - \phi_s)$이다. 금속 안에는 전위장벽을 넘어서 옮겨갈 만한 충분한 에너지를 가진 전자들이 있을 것이며, 한편 반도체 안에도 이러한 전자들이 있을 것이다. 이러한 서로 다른 방향의 전자의 흐름이 균형을 유지하고 있을 때 평행이 이루어진다.

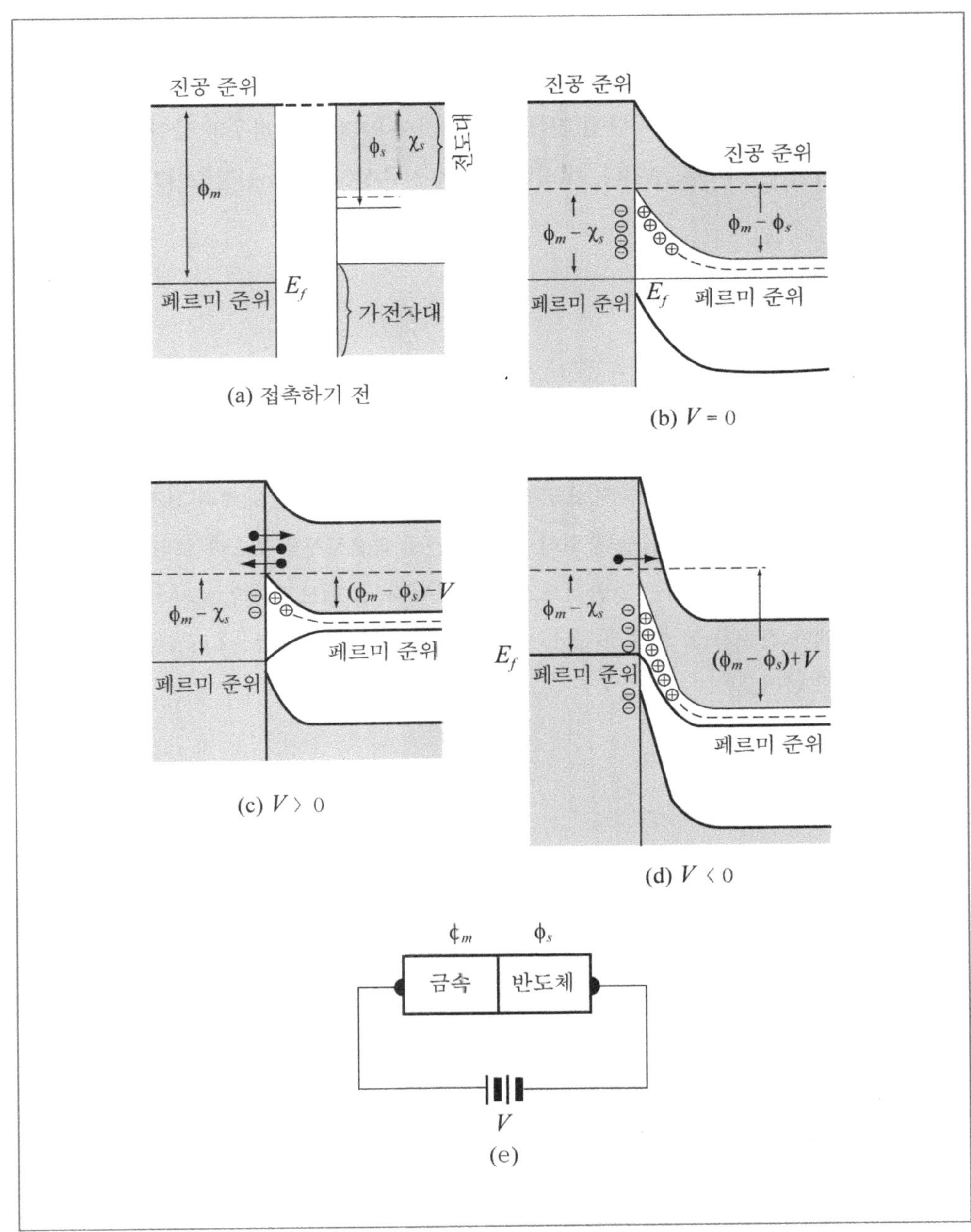

[그림 9–2] 금속과 N형 반도체와의 정류성 접촉($\phi_m > \phi_s$)

[그림 9-2] (e)와 같이 전압 $V(>0)$ volt를 걸어주면 반도체안의 전자의 퍼텐셜 에너지가 $V[e\,V]$ 만큼 올라가며, [그림 9-2] (f)와 같이 된다. 금속쪽에서 본 전위장벽은 변합이 없으나, 반도체쪽에서 본 전위장벽은 $V[e\,V]$ 만큼 낮아지고 있음에 주의하여라. 그러므로 금속에서 반도체로의 전자의 흐름은 변합이 없으나, 반도체에서 금속으로의 전자흐름은 전압 [V]에 따

라 급격히 증대할 것이며 따라서 평형이 깨지게 된다.

$V < 0$인 경우의 상태는 [그림 9-2] (d)와 같다. 역바이어스가 충분히 크면 반도체에서 금속 에로의 전자의 흐름은 완전히 차단될 것이다. 이리하여 PN접합의 경우와 같이 전압 V의 극성에 따라 전류는 큰 차이를 보인다. 이러한 접촉을 정류성(rectifying)접촉이라고 한다.

2. Ohm성 접촉

금속의 일함수와 반도체의 일함수가 $\phi_m < \phi_s$의 경우 접촉 전후의 상태는 [그림 9-3] (a), (b)와 같다. 이 경우 금속에서 반도체쪽으로 옮겨간 전자들로 인하여 금속쪽에는 양의 표면 전하가 남게되며 반도체쪽에는 음의 표면전하가 형성된다. 이 때 반도체의 전자에 대해서는 전위장벽이 형성되어 있지 않음을 주의하여라. 한편 금속으로부터 반도체로의 전자의 이동을 가로막는 전위장벽의 높이는 일반적으로 대단히 낮다. 그러므로 전압 V의 극성에 관계없이 어느 방향에나 전류가 잘 흐르게 된다. 이러한 정류성이 없는 접촉을 Ohm성 접촉(ohmic contact)이라고 한다.

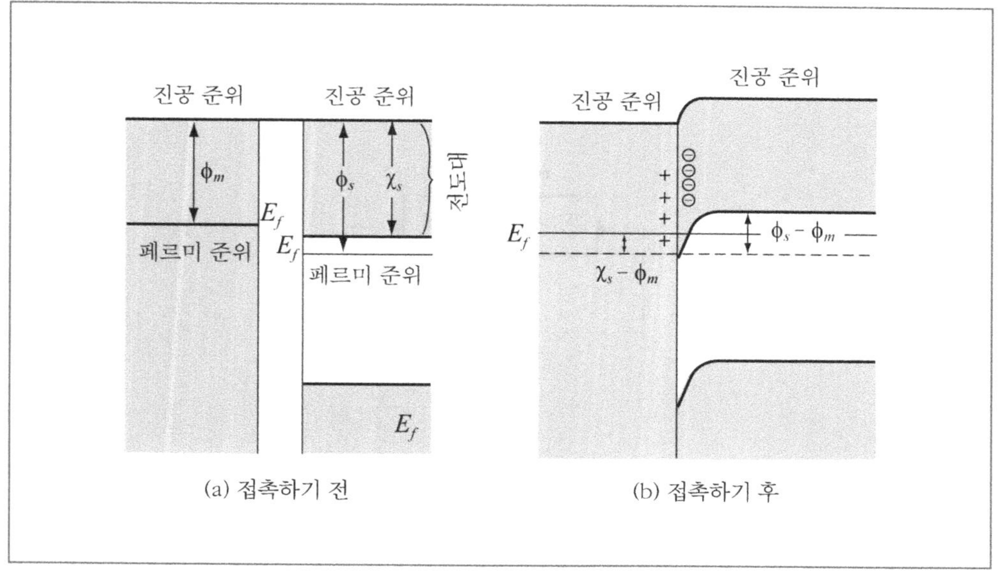

[그림 9-3] 금속과 N형 반도체와의 Ohm성 접촉 ($\phi_m < \phi_s$)

3. 금속과 P형 반도체와의 접촉

금속과 P형 반도체가 접촉하는 경우에도 역시 에너지대구조를 기초로 해서 그 성격을 고찰할 수 있다. 이 경우에는 N형 반도체의 경우와 반대로 $\phi_m > \phi_s$일 때 ohm성, $\phi_m < \phi_s$일 때 정류성이 된다. 〈표 9-2〉에 Si과 금속을 접촉시켰을 때의 정류성의 유무를 측정 한 예를 표시하였다.

〈표 9-2〉 Si을 금속과 접촉시켰을 때의 측정 예

금속	N형 Si	P형 Si	금속	N형 Si	P형 Si
P	ohm성 접촉	정류성 접촉	Cu	정류성 접촉	정류성 접촉
In	ohm성 접촉	정류성 접촉	Ni	정류성 접촉	정류성 접촉
Pb	ohm성 접촉	정류성 접촉	Fe	정류성 접촉	ohm성 접촉
Sn	ohm성 접촉	정류성 접촉	Au	정류성 접촉	ohm성 접촉
Cd	정류성 접촉	정류성 접촉	Rh	정류성 접촉	ohm성 접촉
Ni	정류성 접촉	정류성 접촉	Pt	정류성 접촉	ohm성 접촉
Ag	정류성 접촉	정류성 접촉			

9.3 반도체의 표면장벽

반도체의 표면은 결정구조가 완전치 않을 뿐 아니라, 산화되든지 주위의 수증기 혹은 기체분자를 흡착하기도 한다. 이로 말미암아 표면준위(surface energy lenel)라고 불리어지는 에너지준위가 금지대 안에 형성되며 전자 혹은 정공을 잡기 쉬운 상태로 된다. 이에 관련된 표면현상은 실질적 조건에 좌우되는 일이 많고 복잡하므로 아직 충분히 해명되어 있지 않은 점이 많다.

N형 반도체의 표면상태에 대하여 일반적으로 믿어지고 있는 모형을 나타낸 것이 [그림 9-4]이다. 표면 근처의 전자들은 금지대 안에 형성된 표면준위에 잡혀 있으며 표면이 음으로 대전한다.

이 음전하에 의해서 표면근처의 전자의 퍼텐셜 에너지가 높아지며 전위장벽이 생기게 된다. 한편 정공에 대한 퍼텐셜 에너지는 낮아지므로 표면 근처에 정공이 모인다. 이 때 페르미준위는 가전자대에 가까와지므로 에너지대는 위로 구부러지며 반도체 내부에서 표면으로

감에 따라 전도형식은 N형에서 P형으로 변한다. 전도형식이 반도체 내부와는 반대가 되는 영역을 반전층 혹은 역전층(inversion layer)이라고 한다. 반전층에 가까운 근처는 캐리어가 극히 적으며 [그림 9-4]에 나타낸 바와 같이 공핍층, 즉 공간전하영역으로 되어 있다. 표면준위밀도가 낮은 경우에는 에너지대의 구부러짐이 적으며, 따라서 반전층은 생기지 않고 공핍층만이 생기게 된다. 음이온으로 되기 쉬운 원자가 표면에 부착한 경우에는 표면준위에 양전하가 모이고 표면이 양으로 대전하며 에너지대는 밑으로 구부러지는 일이 있다. 이 경우 표면은 내부보다 더욱 강한 N형으로 되며 전자농도가 높은 소위 축적층(accumulation layer)이 생기게 된다.

지금까지 N형 반도체에 대해서 설명하였으나, P형 반도체에 대해서도 역시 비슷한 현상을 볼 수 있다.

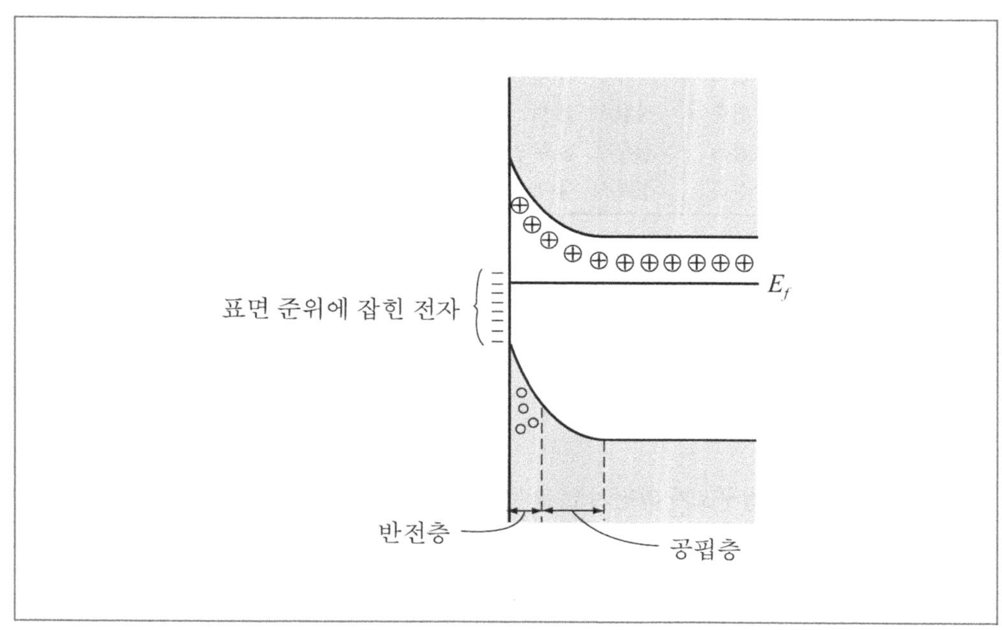

[그림 9-4] N형 반도체 표면의 에너지대 구조

1. 정류작용

[그림 9-4]와 같이 표면준위에 의해서 생긴 자연적인 장벽을 가진 반도체를 금속과 접촉시키면 [그림 9-2] (b)와 비슷한 모양으로 된다. 그러므로 ϕ_m, ϕ_s에 관계없이 접촉은 정류성이 된다.

9.4 금속정류기

교류전력을 직류전력으로 변환하는 장치를 일반적으로 정류기(rectifier)라고 하며, 이것을 위한 소자를 정류소자(rectifying device)라고 한다. 정류소자는 PN다이오드와 같이 전압의 극성에 따라 저항 차이를 나타내는 소위 정류특성을 이용한 것이다. 현재 가장 대표적인 것은 PN다이오드이다. 그러나 PN다이오드가 나타나기 전에 오랜 역사를 가진 여러 가지 소자들이 사용되어 왔다. 여기서는 금속정류기(metallic rectifier)에 대해서 간단히 설명하겠다. 이들은 모두 금속과 반도체와의 접촉면에서의 정류특성을 이용한 것이다.

1. 아산화구리 정류기

[그림 9-5]에 아산화구리정류기(copper-oxide cell)의 기본적 구조와 특성을 나타내었다. 이것은 구리기판의 표면에 아산화구리(Cu_2O)를 형성시킨 다음 그 위에 금, 은 혹은 탄소와 같은 금속도체를 접착시켜 전극으로 만든 것이다. Cu_2O는 P형 반도체이며 구리와의 접촉면에서 정류특성을 나타낸다.

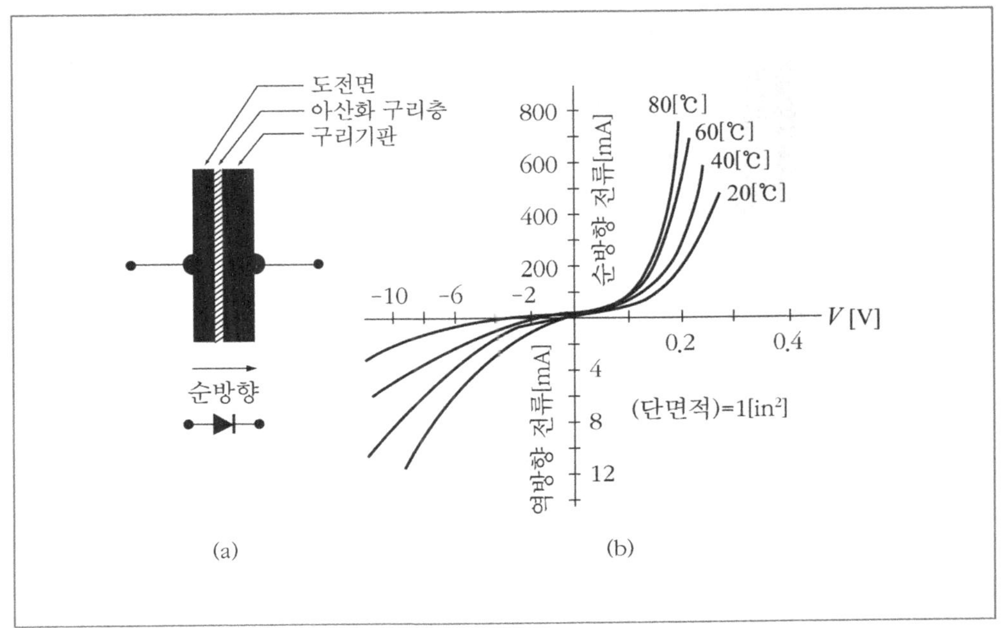

[그림 9-5] 아산화구리 정류기

역방향전류를 적게 유지하기 위해서 이 정류소자의 역전압은 약 10[V]로 제한된다.

실제의 정류기는 여러 개의 소자를 직렬로 접속한 것을 한 unit로 하여 요구되는 역전압에 견디도록 되어 있다. 역방향전류를 적게 유지하기 위해서는 동작온도는 약 35[℃] 이하로 제한된다.

2. 셀랜 정류기

[그림 9-6]에 셀랜 정류편(selenium cell)의 기본적 구조와 특성을 나타내었다. 이것은 철 혹은 경합금판에 Ni을 도금한 것을 기판으로 하여 그 표면에 Se층을 형성시킨 다음, 그 위에 잘 녹는 금속합금(녹는점이 보통 100~160[℃])을 녹여 불인 것이다. Se는 P형 반도체이며 잘 녹는 금속합금과의 접촉면에서 정류특성을 나타낸다. 소자의 허용역전압은 약25[V]이며 아산화구리소자보다 높다. 최고허용동작온도는 약 35[℃]이다.

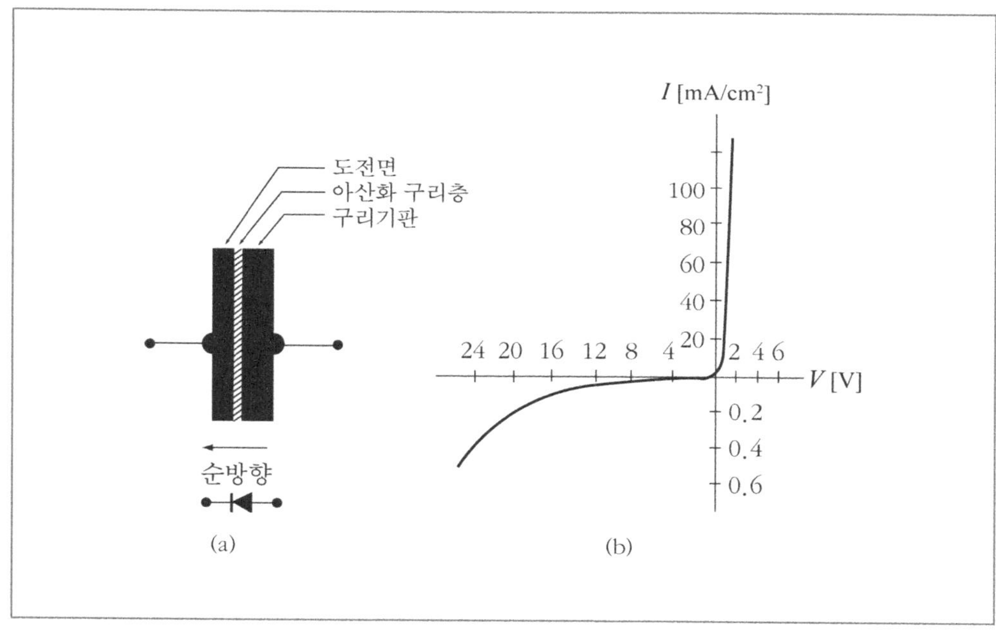

[그림 9-6] 실랜 정류기

9.5 특수 다이오드

1. 제너다이오드(zener diode)

제너다이오드는 정전압 소자로 사용할 수 있으며 정류용 다이오드와 마찬가지로 많은 전원장치에도 중요한 역할을 한다. 그 기호를 [그림 9-7]에 나타내었다.

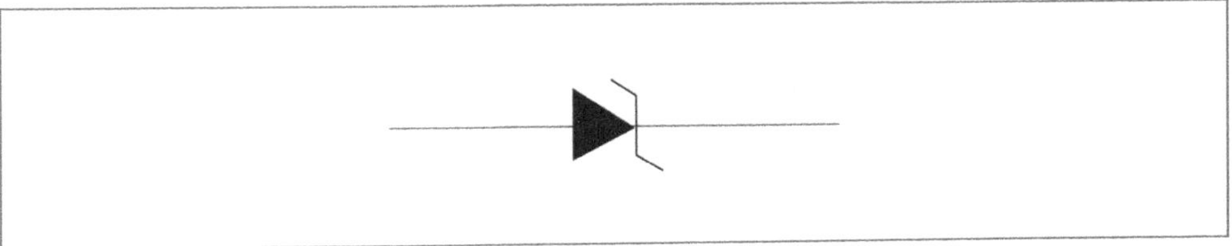

[그림 9-7] 제너다이오드의 기호

제너다이오드와 정류용 다이오드의 차이점은 역방향 항복영역(reverse breakdown region)이 동작에 활용된다는 점이다. 제너다이오드의 항복전압은 제작과정 중의 불순물 도우핑 레벨에 의하여 적절히 조절할 수 있다.

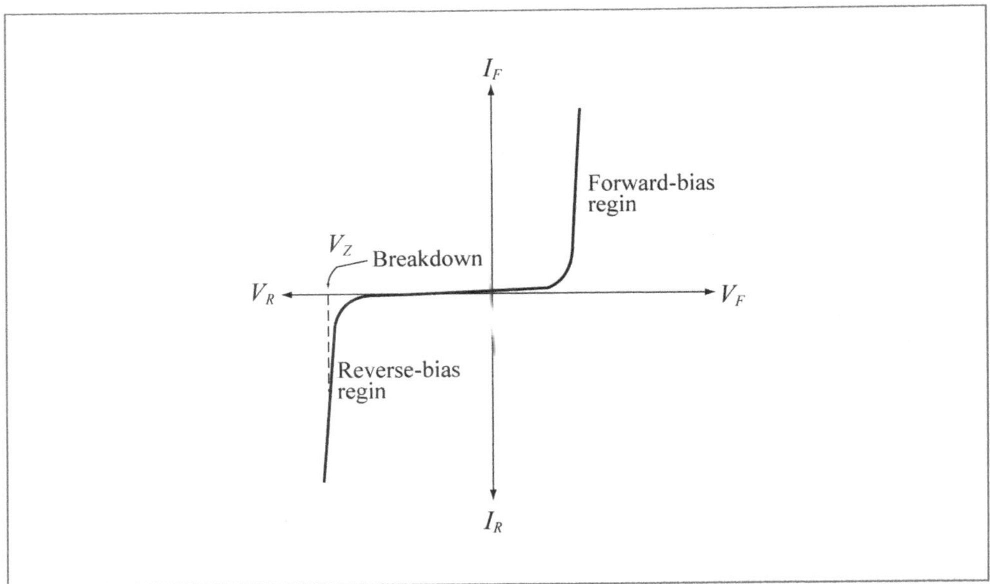

[그림 9-8] 제너 다이오드의 특성곡선

[그림 9-8]은 제너다이오드의 전압 전류 특성곡선을 나타낸 것이며 역방향 항복에서 전류가 급격히 변화되더라도 다이오드 양단의 전압은 거의 일정하게 유지된다.

(1) 제너항복(zener breakdown)

제너다이오드의 역방향 항복에는 두 가지 형태가 있다. 하나는 애벌런치 항복으로서 굉장히 높은 역방향 전압을 인가시키면 정류용 다이오드에서도 발생 된다.

다른 하나는 제너다이오드에서 낮은 역방향 전압을 인가시켰을 때 발생되는 제너 항복이다. 그리고 제너다이오드의 역방향 전압을 감소시키기 위하여 불순물의 도우핑 레벨을 높게 한다.

이것은 매우 좁은 공핍층(depletion layer)이 형성되는 원인이 된다. 결과적으로 강한 전계가 공핍층 내부에 존재하게 된다. 항복전압 V_z에 가깝게 되면 전계는 가전자대(valence band)로 부터 전자를 끌어낼 수 있을 만큼 강하게 되어 전류를 생성하게 된다. 5[V]이하의 항복전압을 갖는 제너다이오드는 주로 제너 항복에 의해 동작되고 5[V]이상의 항복전압을 갖는 것은 보통 애벌런치 항복에서 동작된다. 그러나 두 가지 형태 모두 제너다이오드라고 부른다. 제너는1.8[V]~200[V]범위의 항복전압을 갖는 것이 통상 이용된다. [그림 9-8]은 제너다이오드의 특성곡선을 나타낸 것이며 역방향 항복에서 전류가 급격히 변화되더라도 다이오드 양단의 전압은 거의 일정하게 유지 된다.

(2) 항복특성

[그림 9-9]는 제너다이오드의 특성곡선 중에서 역방향 부분을 나타낸 것이다. 역방향전압 V_R이 증가할 경우 역방향 전류 I_R는 곡선의 변곡점(knee)에 이르기 전까지는 거의 일정한 값을 갖는다.

이 점에 이르게 되면 항복효과가 일어나기 시작한다. 즉 전류 I_z가 급격하게 증가함에 따라 제너저항이 감소하기 시작한다. 변곡점 이하에서 항복전압 V_z는 거의 일정하게 유지된다. 이러한 조절기능이 제너다이오드의 대표적인 특징이다. 제너다이오드는 특정한 범위의 역방향 전류값에 대하여 다이오드 양단에 전압을 거의 일정하게 유지하는 특성이 있다.

역방향 전류의 최소치 I_{ZK}는 다이오드를 정전압 소자로 이용하기 위하여 유지해야만 하는 최소전류이다. 역방향 전류가 곡선의 변곡점 이하로 감소되면, 전압도 급격하게 변화되고 조정기능을 잃게 되는 것을 곡선상에서 알 수 있다. 또한 최대전류, I_{ZM}은 다이오드가 손상되기 바로 전 전류이다. 그래서 근본적으로 제너다이오드는 I_{ZK}에서 I_{ZM}까지의 역방향 전류 변화에 대하여 다이오드 양단의 전압을 거의 일정하게 유지한다.

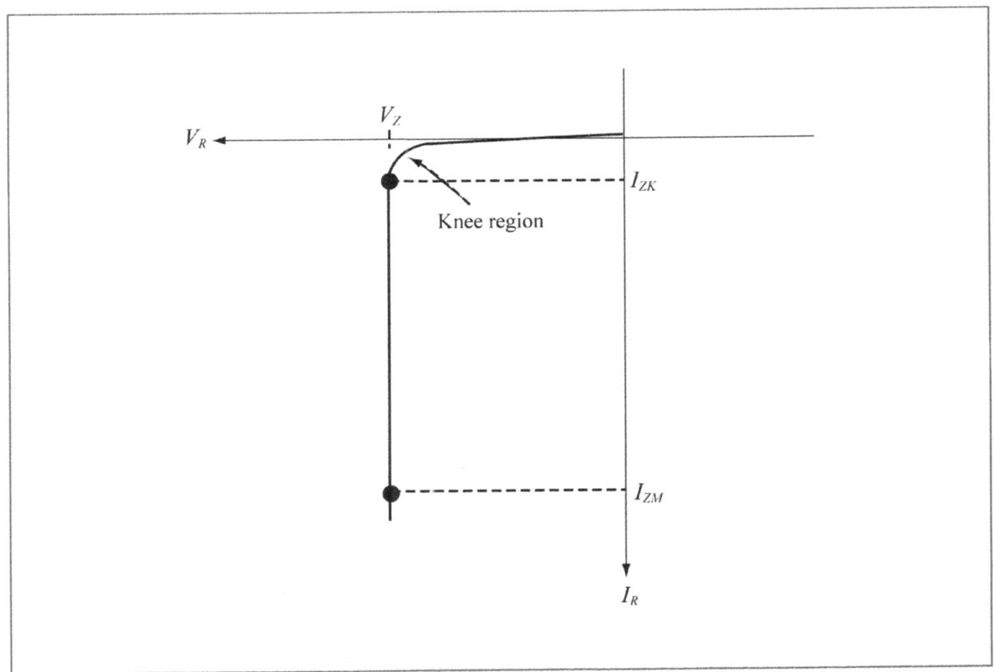

[그림 9-9] 제너다이오드의 역방향 특성 곡선

(3) 제너다이오드의 등가회로

[그림 9-10]은 제너다이오드의 역방향 항복에서의 이상적인 등가회로를 나타낸 것이다. 이 것은 단순히 제너전압과 동일한 전압을 갖는 전지로서 작용한다. [그림 9-10] (b)는 제너저항 r_z를 포함하는 제너다이오드의 실제적인 등가회로를 나타낸 것이다. 전압의 변화는 완전한 수직이 아니므로 [그림 9-10] (c)와 같은 미소한 역방향 전류의 변화는 미소한 제너전압의 변화를 가져오게 된다.

제너저항 r_z는 ΔV_z와 ΔI_z의 비로서 나타낸다.

$$r_z = \frac{\Delta V_z}{\Delta I_z} \tag{9-4}$$

보통 r_z는 제너 시험전류라고 불리우는 특별한 역방향 전류 I_{ZT}에서 규정되는 값이다. 대 부분의 경우 r_z의 값은 역방향 전류의 전 범위에 대하여 거의 일정하게 유지된다.

예를 들어 어떤 다이오드 전류 I_z이 2[mA]변화에 대하여 전압 V_z이 50[mV]변화되었다면 제너 저항 r_z은 $r_z = \dfrac{\Delta V_z}{\Delta I_z} = \dfrac{50\,[\mathrm{mV}]}{2\,[\mathrm{mA}]} = 25\,[\Omega]$ 이 된다.

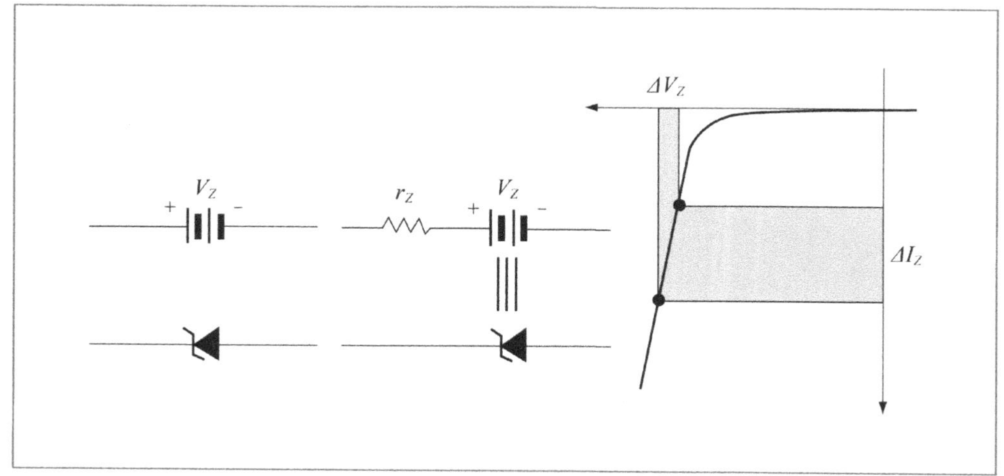

[그림 9-10] 제너다이오드의 등가회로

(4) 온도계수

온도계수는 각 1[℃]변화에 대한 제너 전압의 %변화율로 규정된다. 예를 들면 0.1%/℃ 의 온도계수를 갖는 12[V]제너다이오드는 접합부 온도가 1[℃]증가할 때 V_z 에서 0.012 [V] 증가 된다.

규정된 온도계수에 대하여 주어진 접합부의 온도변화에 따른 제너전압의 변화를 계산하는 공식은 다음과 같다.

$$\Delta V_z = V_z \times TC \times \Delta T \tag{9-5}$$

여기서 V_z는 25[℃]에서의 명목상 제너전압이고, TC는 온도계수, ΔT는 온도변화이다. 정의 온도계수는 제너전압이 온도의 증가에 따라 증가하는 경우이고, 부의 온도계수는 감소하는 경우를 나타낸다.

예를 들어 8.2V 제너다이오드(25[℃]에서 8.2V)가 0.048%/℃ 의 정의 온도계수를 가졌다. 60[℃]에서 제너전압을 구해 보면

$$\begin{aligned}
\Delta V_z &= V_z \times TC \times \Delta T \\
&= (8.2\text{V})(0.048\%/℃)(60℃ - 25℃) \\
&= 8.2\text{V}(0.00048/℃)(35℃) \\
&= 0.138\text{V}
\end{aligned}$$

따라서 $60[\text{℃}]$에서 제너전압은

$$V_z + \Delta V_z = 8.2\text{V}+0.138 = 8.338[\text{V}]$$

이 된다.

2. 제너전압 안정기

(1) 입력전압의 변화에 따른 전압안정

제너다이오드는 정전압소자로서 광범위하게 활용된다. [그림 9-11]의 회로는 제너다이오드가 가변 직류전압을 어떻게 조정 할 수 있는가 하는 것을 설명하는 것이다. 이것을 입력(상용전원) 전압안정기라 부른다. 압력전압이 변화할(제한된 범위 내) 때 제너다이오드는 출력단자 양단의 전압을 일정하게 유지한다. 그러나 V_{IN}이 변화하면 I_z도 비례하여 변화되며 입력 변화에 대한 제한은 동작할 수 있는 최소와 최대전류값에 의하여 정해진다. R은 직렬로 연결된 전류 제한저항이다.

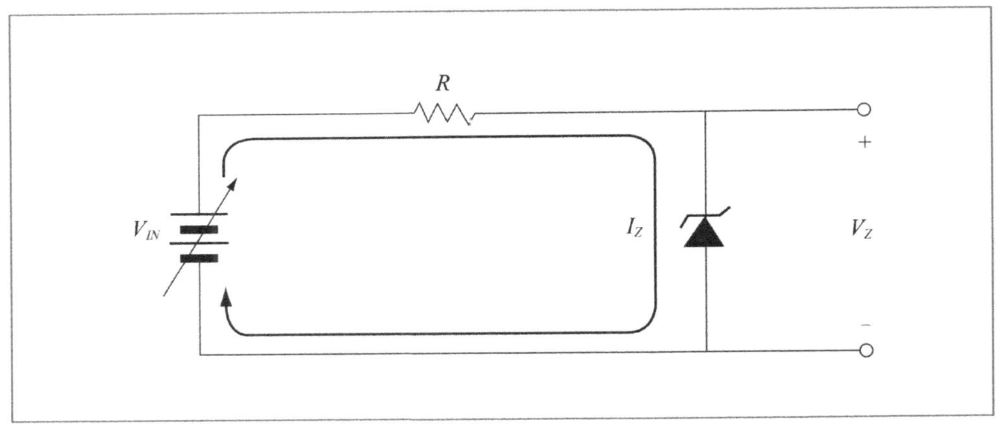

[그림 9-11] 입력저항의 변화에 따른 제너 전압안정

예를 들어 [그림 9-12]의 제너 다이오드가 $4[\text{mA}]\sim40[\text{mA}]$사이의 전류값에 대해 정전압을 유지할 수 있다고 가정하자.

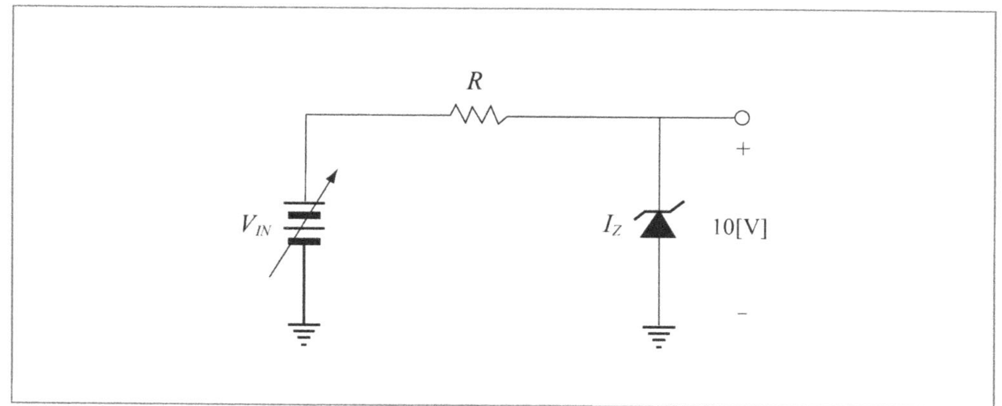

[그림 9-12] 입력전압의 변화에 따른 제너 전압안정

최소전류에 대하여 1[KΩ]양단의 전압은 V_R = 40[mA], 1[KΩ] = 4[V]이다. 그러므로 V_R = $- V_{IN} - V_z$이므로, $V_{IN} = V_R + V_Z$ =4[V]+10[V] = 14[V]이다. 최대전류에 대하여 1 [KΩ] 양단의 전압은 V_R = 40[mA]×1[KΩ] = 40[V], 그러므로 V_{IN} = 40[V]+10[V] = 50 [V]이다.

이것은 이 제너다이오드가 14[V]에서 50[V]까지의 입력전압을 조정할 수 있으며 대략 10[V]의 출력전압을 유지할 수 있다는 것을 나타낸다(출력은 제너 임피던스 때문에 약간 변화하게 될 것이다). [그림 9-13]의 제너다이오드에 의하여 조정될 수 있는 최소 및 최대 입력을 구해보면(단 I_{ZK} = 1mA, I_{ZM} = 15mA, V_z = 5.1V, r_z = 10Ω 이라고 가정한다.) 등가회로는 [그림 9-14]와 같다.

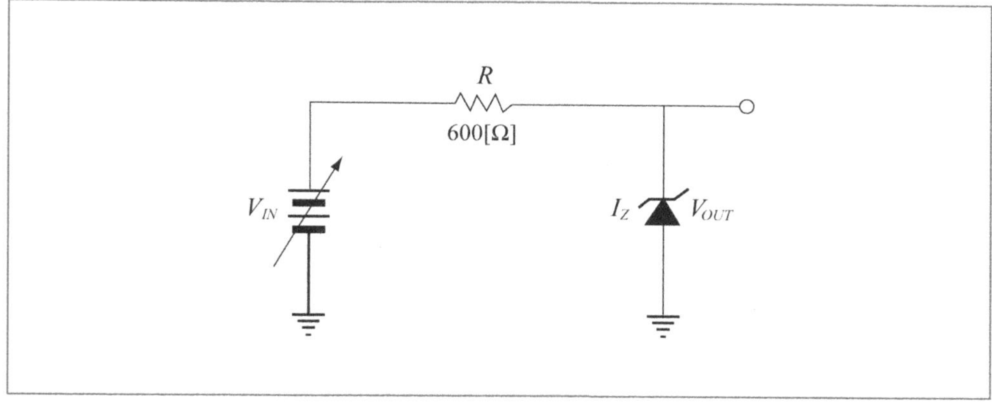

[그림 9-13] 제너다이오드 전압 조정회로

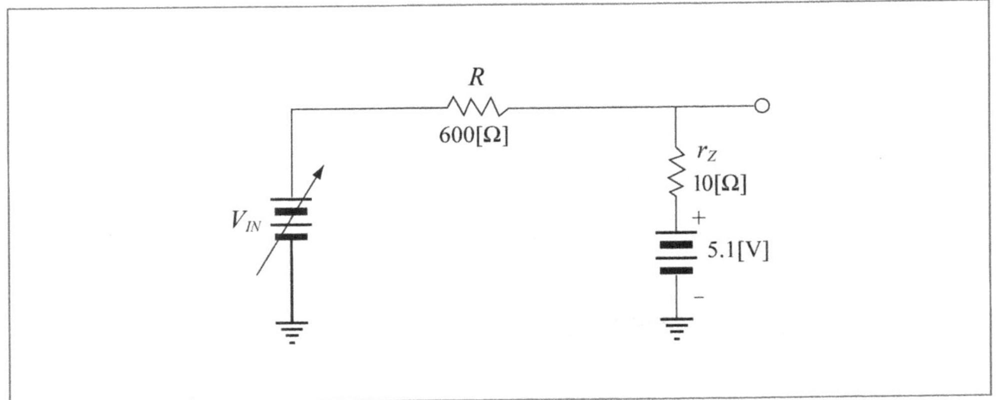

[그림 9-14] [그림 9-13]의 등가회로

I_{ZK} = 1[mA]에서 출력전압은

$$V_{OUT} = V_Z + I_{ZK}r_Z$$
$$= 5.1[V] + (1mA)(10\Omega)$$
$$= 5.1[V] + 0.010[V]$$
$$= 5.11[V]$$

그러므로

$$V_{IN(min)} = I_{ZK}R + V_{OUT}$$
$$= (1mA)(600\Omega) + 5.11[V]$$
$$= 5.71[V]$$

I_{ZM} = 15[mA]에서, 출력 전압은

$$V_{OUT} = V_Z + I_{ZK}r_Z$$
$$= 5.1[V] + (15mA)(10\Omega)$$
$$= 5.1[V] + 0.15[V]$$
$$= 5.25[V]$$

그러므로

$$V_{IN(\min)} = I_{ZK}R + V_{OUT}$$
$$= (15\text{mA})(600\,\Omega) + 5.25[\text{V}]$$
$$= 14.25[\text{V}]$$

(2) 부하의 변화에 따른 전압안정

[그림 9-15]의 회로는 단자에 가변저항을 갖는 제너전압 안정기를 나타낸 것이다.

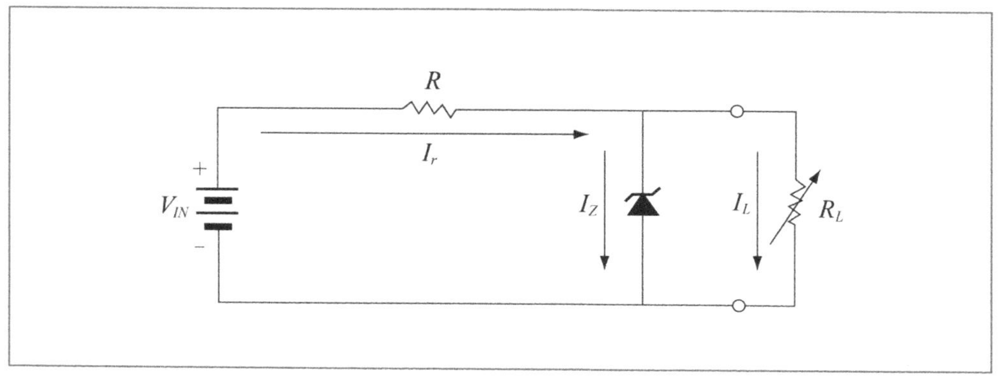

[그림 9-15] 가변 부하를 갖는 제너전압안정기

제너 전류가 I_{ZK}보다 크고 I_{ZM}보다 적은범위에서 동작하는 경우 제너다이오드는 R_L양단에 전압을 일정 하게 유지한다. 이것을 부하전압안정기(load regulation)라 부른다.

(3) 부하와 무부하

출력단이 개방 $R_L = \infty$ 되었을 때 부하전류는 0이므로 거의 모든 전류는 제너를 통하여 흐른다. 부하저항이 연결되면 총 전류 중 일부는 제너를 통하여 흐르게 되고 나머지는 R_L을 통하여 흐른다.

R_L이 감소하면 I_L은 증가하고 I_Z는 감소한다. 제너다이오드는 I_Z가 최소치 I_{ZK}에 도달되기 전까지는 계속해서 전압을 일정하게 유지한다. I_Z가 최소치가 되면 부하전류는 최대가 된다.

예를 들어 [그림 9-16]의 제너다이오드가 일정한 전압을 유지하기 위한 최소 및 최대 부하 전류와 사용가능한 최소 R_L을 구해보면(단, $V_Z = 12[\text{V}]$, $I_{ZK} = 3[\text{mA}]$, $I_{ZM} = 90[\text{mA}]$, $r_z = 0$ [Ω]이라고 한다.)

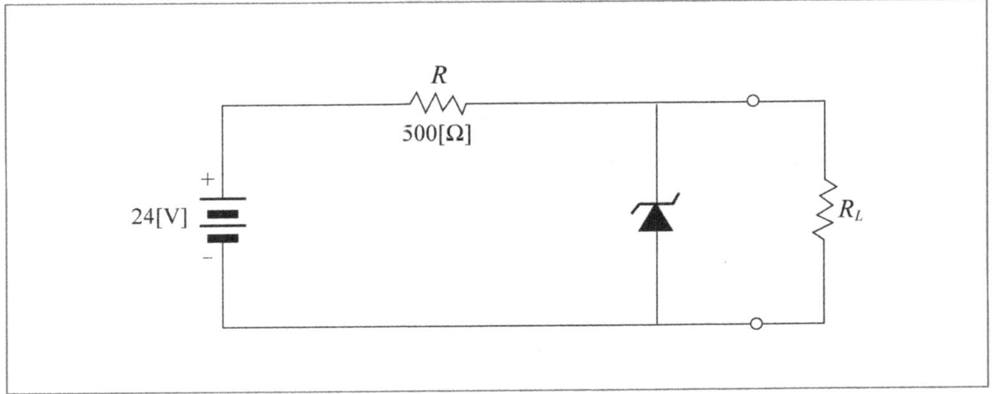

[그림 9-16] 일정한 전압을 유지하기 위한 제너다이오드 회로

$I_L = 0$[A]인 경우 I_z는 최대가 되고 전체 전류 I_T와 같게 된다.

$$I_Z = \frac{V_{IN} - V_Z}{R} = \frac{24[V] - 12[V]}{500\Omega} = 24[\text{mA}]$$

이것은 I_{ZM}보다 더 적으므로, 0[A]는 I_L에 대하여 받아들일 수 있는 최소치이다.

$$I_{L(\min)} = 0 \ [\text{A}]$$

I_L의 최대치는 I_Z가 최소인 경우에 나타나므로, $I_{L(\max)}$은 다음과 같이 구할 수 있다.

$$I_{L(\max)} = I_T - I_{Z(\min)}$$
$$= 24[\text{mA}] - 3[\text{mA}]$$
$$= 21[\text{mA}]$$

R_L의 최소치는 다음과 같다.

$$R_{L(\min)} = \frac{V_Z}{I_L[\min]} = \frac{12[V]}{21[mA]} = 571[\Omega]$$

⑷ %전압 변동률

%전압 변동률은 전압안정기의 성능을 나타내는 데 사용되는 성능지수이다. 이것은 입력 (전원) 전압 변동률과 부하 전압 변동률로 나타낼 수 있다.

%입력전압 변동률은 입력전압의 주어진 변화에 따른 출력전압의 변화의 정도를 나타낸다. 이것은 보통 V_{IN}의 단위 변화에 대한 V_{out}의 %변화$\left(\dfrac{\%}{V}\right)$로 표시된다.

%부하 전압변동률은 부하전류의 변화에 따른 출력전압 변화의 정도를 나타낸다. 이것은 보통 %로 표시되며 다음 공식에 의하여 계산된다.

$$\%부하\ 전압변동율 = \frac{V_{NL} - V_{FL}}{V_{FL}} \times 100\,[\%] \tag{9-6}$$

여기서 V_{NL}의 무부하시의 출력전압이고, V_{FL}은 부하가 걸렸을 때의 출력전압이다.

예를 들어 어떤 전압조정기가 6[V]의 무부하출력전압과 5.8[V]의 부하출력전압을 가졌다고 할 때 %부하 전압변동률을 구해 보면

$$\begin{aligned}
\%\ 부하\ 전압변동율 &= \frac{V_{NL} - V_{FL}}{V_{FL}} \times 100\,[\%] \\
&= \frac{6\,[V] - 5.82\,[V]}{5.82\,[V]} \times 100\,[\%] \\
&= 3.09\,[\%]
\end{aligned}$$

이 된다.

3. 바랙터다이오드(varactor diode)

바랙터다이오드는 용량이 전압에 따라서 변화되는 특성을 이용한 것이다. 바랙터는 근본적으로 공핍층의 고유용량을 이용하기 위하여 만들어진 역방향으로 바이어스된 pn접합 다이오드이다.

역방향으로 바이어스된 공핍층은 콘덴서의 유전체와 같은 구실을 한다.

[그림 9-17]에서와 같이 p와 n영역은 전도성이 있으며 콘덴서의 극판과 같은 구실을 한다. 역바이어스 전압이 증가되면 공핍층은 넓어지고, 유전체의 두께가 증가하여 용량은 감소된

다. 역바이어스 전압이 감소되면 공핍층은 좁아지게 되므로 용량도 증가된다.

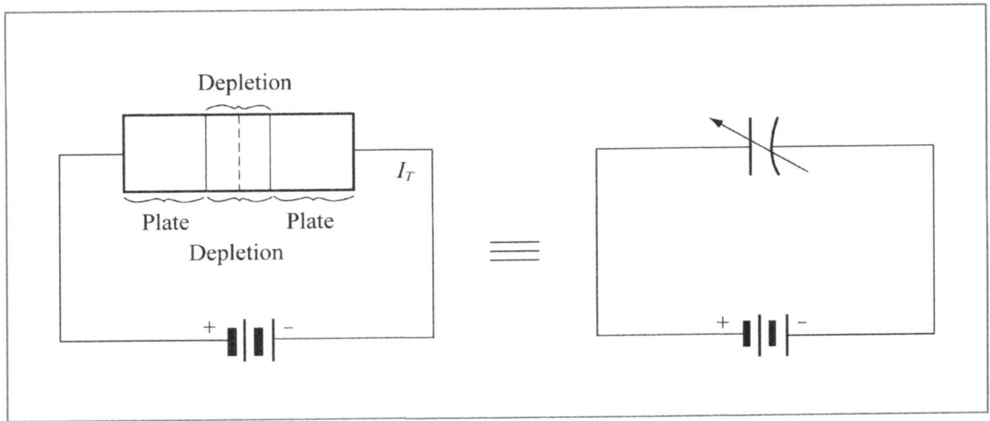

[그림 9-17] 역방향으로 바이어스된 바랙터는 가변용량 다이오드로 동작

이러한 작용은 [그림 9-18] (a)와 (b)에 나타나 있다. 용량 대 전압의 일반적인 곡선은 그림 (c)에 나타나 있다. 정전용량은 다음 공식과 같이 극판면적 유전상수 그리고 유전체의 두께에 의하여 좌우된다.

$$C = \frac{A\varepsilon}{d} \tag{9-7}$$

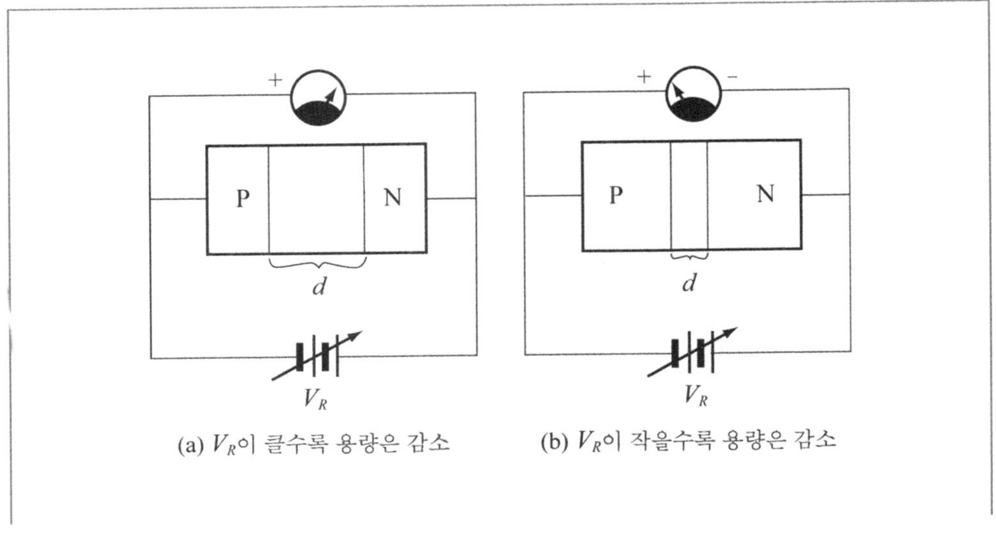

(a) V_R이 클수록 용량은 감소   (b) V_R이 작을수록 용량은 감소

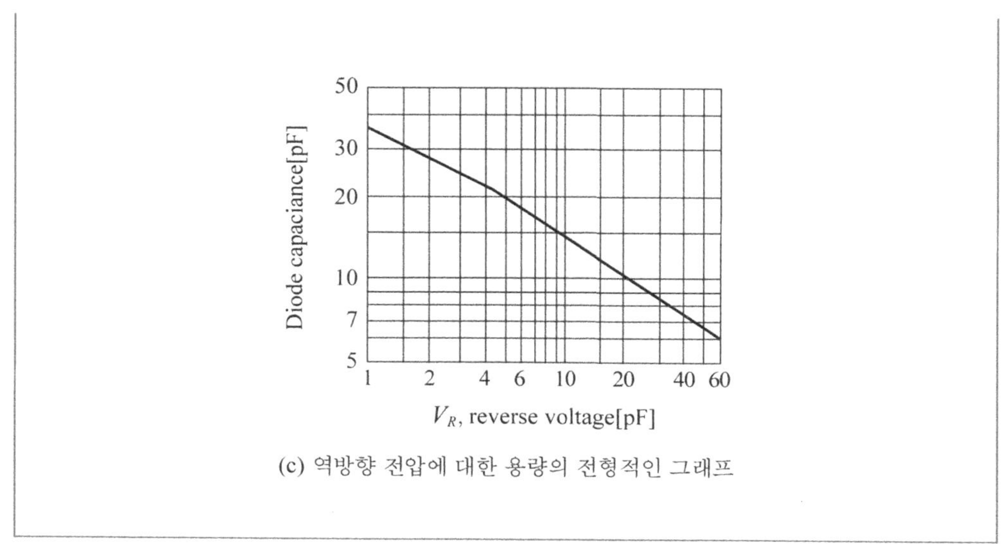

[그림 9–18] 바렉터다이오드의 용량은 역방향 전압에 따라 변화한다

바랙터다이오드의 정전용량은 불순물을 도우핑시키는 방식과 다이오드 구조의 모양과 크기에 따라서 좌우된다. 바랙터의 정전용량은 보통 수[pF]에서 수백[pF]범위이다.

[그림 9-19] (a)는 바랙터에 대한 기호를 나타낸 것이고 [그림 9-19] (b)는 간략화한 등가회로이다. R_S는 역방향 직렬저항이고 C_V는 가변정전용량이다.

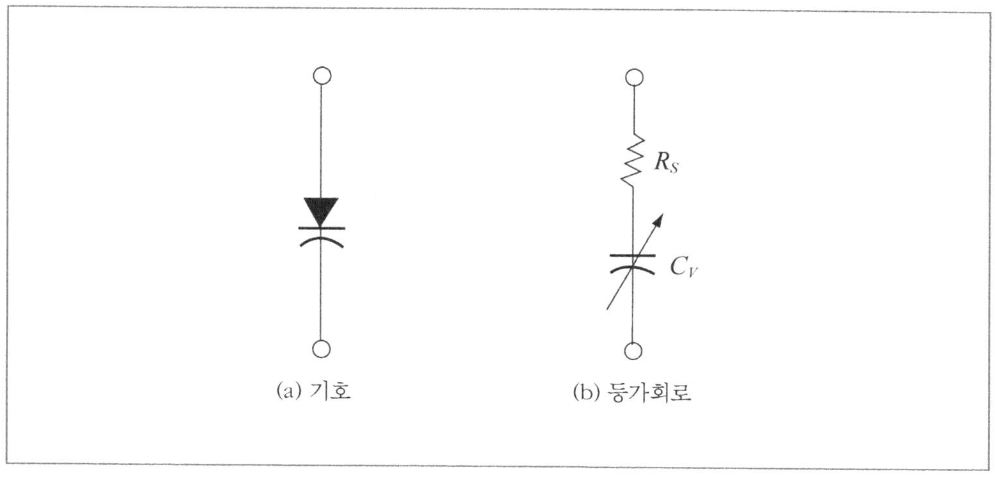

[그림 9–19] 바랙터다이오드

(8) 응용

바랙터의 중요한 응용분야는 동조회로이다. 예를 들어 TV나 다른 사용수신기의 전자 동조기(electronic tuner) 내의 하나의 부품으로 바랙터를 이용한다. 바랙터는 공진회로에서 가변콘덴서로 동작하므로 [그림 9-20]의 공진회로에서와 같이 공진주파수를 가변전압에 의하여 조정할 수 있다.

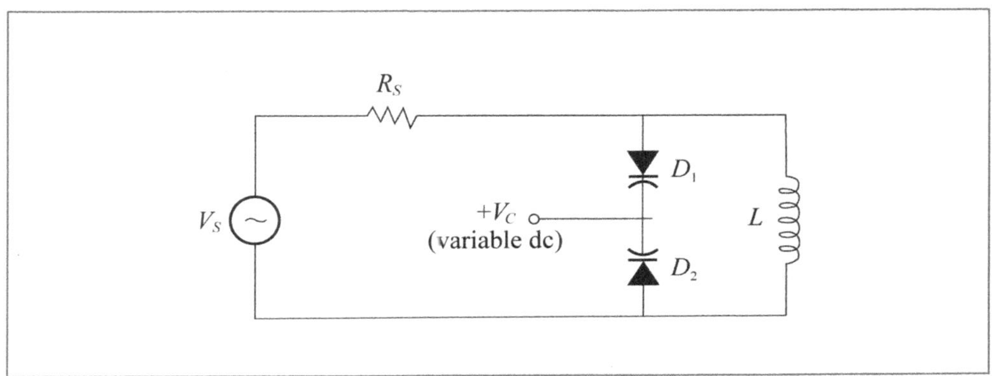

[그림 9-20] 공진회로에서 바랙터

여기서 두 개의 바랙터다이오드가 공진회로의 전체 가변용량을 결정하게 된다. V_c는 역방향바이어스를 제어함으로써 다이오드의 용량을 제어하는 가변직류전압이다.

탱크회로(tank circuit)의 공진주파수는 다음과 같다.

$$f_r \cong \frac{1}{2\pi\sqrt{LC}} \tag{9-8}$$

이 근사식은 $Q > 10$인 경우 유효하다.

예를 들어 어떤 바랙터의 정전용량이 5[pF]까지 가변될 수 있고, [그림 9-20]과 유사한 동조회로에서 다이오드가 된다고 할 때, $L = 10$[mH]인 회로에 대한 동조범위를 구해보면, 등가회로는 [그림 9-21]과 같이 바랙터의 정전용량은 직렬로 표시된다는 것을 알 수 있다.

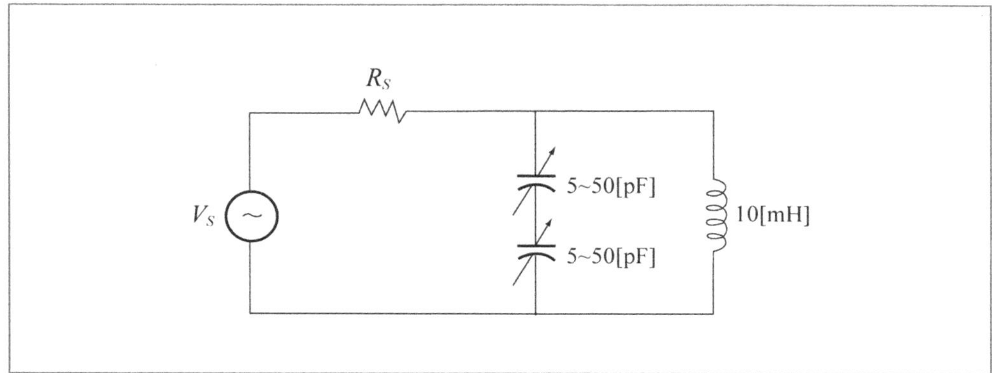

[그림 9-21]

최초 전체 정전용량은

$$C_{T(\min)} = \frac{C_{1(\min)} C_{2(\min)}}{C_{1(\min)} + C_{2(\min)}} = \frac{5[pF]5[pF]}{10[pF]} = 2.5[pF]$$

그러므로 최대 공진주파수는

$$f_r \cong \frac{1}{2\pi\sqrt{LC}} = \frac{1}{2\pi\sqrt{10[mH]2.5[pF]}} \cong 1[MH_Z]$$

최대 전체 정전용량은

$$C_{T(\max)} = \frac{C_{1(\max)} C_{2(\max)}}{C_{1(\max)} + C_{2(\max)}} = \frac{(50pF)(50pF)}{100[pF]} = 25[pF]$$

그러므로 최소 공진주파수는

$$f_{r(\min)} \cong \frac{1}{2\pi\sqrt{LC}} = \frac{1}{2\pi\sqrt{10[mH]25[pF]}} \cong 318[MH_Z]$$

4. 쇼트키다이오드(schottky diode)

핫-캐리어(hot-carrier)라고도 불리는 쇼트키(schottky)다이오드는 고주파용과 고속 스위치용으로 이용된다.

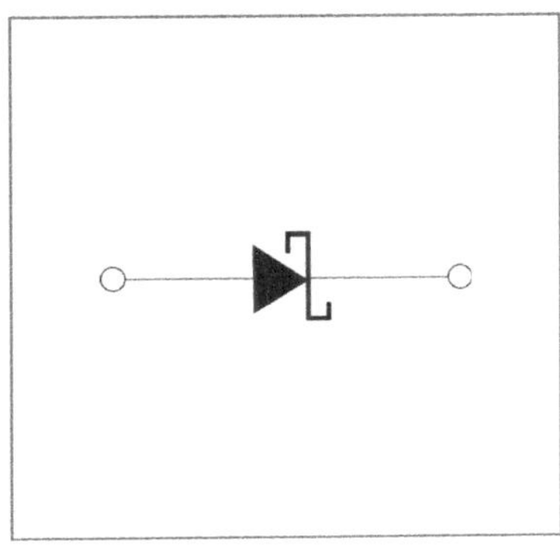

[그림 9-22] 쇼트키다이오드의 기호

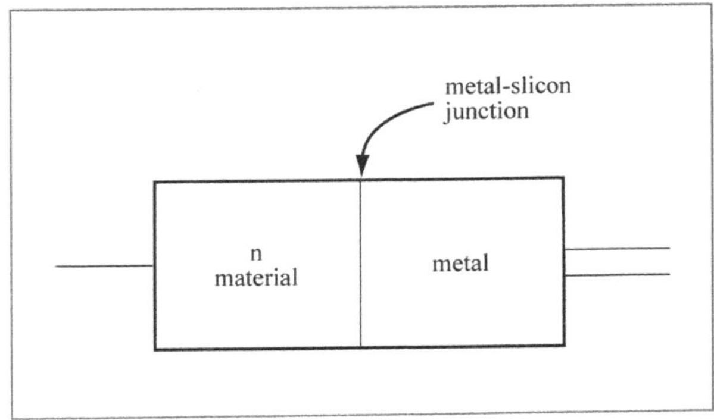

[그림 9-23] 전형적인 쇼트키다이오드의 내부구조

쇼트키다이오드는 금, 은, 백금과 같은 금속에 반도체를 도우핑시킴으로써 만들어진다. 그러므로 일반적인 pn접합과는 달리 [그림 9-23]에 표시된 것과 같은 금속-반도체 접합이다.

쇼트키다이오드는 전적으로 다수캐리어에 의하여 전도가 일어나며 다른 형태의 다이오드에서 발생되는 소수캐리어는 존재하지 않는다. 금속영역은 전도대의 전자로 매우 조밀하게 점유되어 있고 n형 반도체 영역은 약하게 도우핑되어 있다. 순방향으로 바이어스되면 n형 영역의 매우 높은 에너지를 갖는 전자는 금속영역으로 주입되고, 여기서 그들의 과잉 에너지를 급속히 방출시킨다. 보통의 다이오드와 같은 소수 캐리어가 없으므로 바이어스의 변화에 대하여 빠른 속도로 응답할 수 있다. 쇼트키다이오드는 매우 빠른 응답특성을 갖는 다이오드이며 대부분의 응용에서 이점을 이용하고 있다.

예를 들면, 쇼트키다이오드는 초고주파 신호를 정류하는 데 사용할 수 있다.

5. 터널다이오드(tunnel diode)

터널다이오드는 부성저항으로 알려진 특별한 특성을 갖고 있다. 이러한 특성은 발진기와 마이크로파 증폭기의 분야에서 유용하게 응용된다. 몇 가지의 전형적인 기호가 [그림 9-24]에 나타나 있다. 터널다이오드는 일반 정류용 다이오드보다 Ge나 GaAs에 더 많은 불순물을 도우핑시킨 것이다.

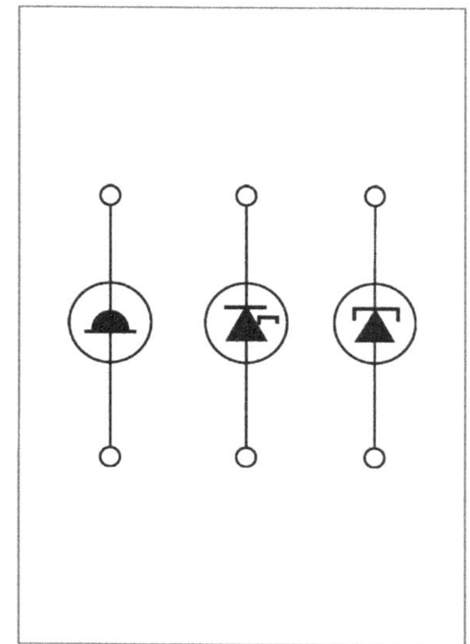

[그림 9-24] 터널다이오드의 기호

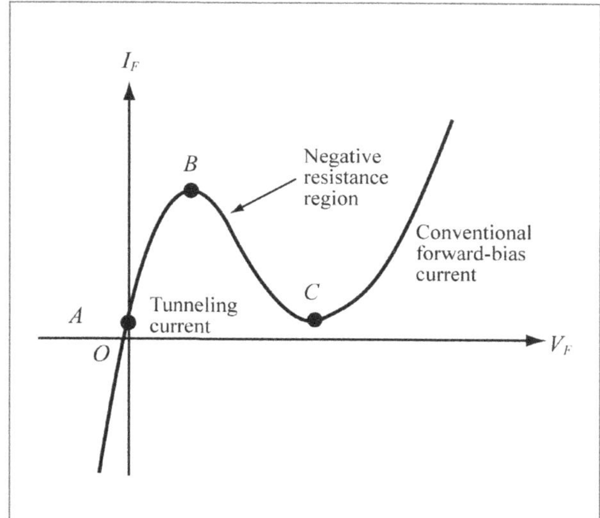

[그림 9-25] 터널다이오드의 특성

이러한 불순물농도의 증가는 매우 좁은 공핍층을 형성하게 되며 일반 다이오드에서와 같은 항복효과가 존재하지 않고 모든 역방향 전압층에 대하여 도통하게 된다. 이것은 [그림 9-25]에 나타나 있다. 또한 공핍층이 매우 좁기 때문에 순방향으로 약간 전압을 걸면 pn접합 양단에 터널 전자가 많아져 순방향 전류를 형성하게 되므로 다이오드가 도체와 같은 작용을 한다.

이러한 현상은 그림의 점 A와 B사이에서 나타난다. 점 B에서부터 순방향으로 조금 더 큰 전압이 걸리게 되면 장벽이 형성되기 시작하고 순방향 전압을 더욱 증가시키면 전류는 오히려 감소된다. 이것은 부성저항을 나타내는 영역이다.

$$R_F = - \frac{\Delta V_F}{\Delta I_F} \tag{9-9}$$

이러한 효과는 전압이 증가하면 전류도 증가하는 식 (9-9)와 같은 옴의 법칙에 반대되는 현상이다. 점 C에서부터 순방향으로 더욱 큰 전압을 인가하면 순방향으로 바이어스된 일반 다이오드처럼 동작하게 된다.

(1) 응용

병렬 공진회로는 [그림 9-26] (a)와 같이 캐패시턴스, 인덕턴스 그리고 저항이 병렬로 연결된 것으로 나타낼 수 있다. R_p는 코일의 직렬 권선저항과 등가인 병렬저항이다.

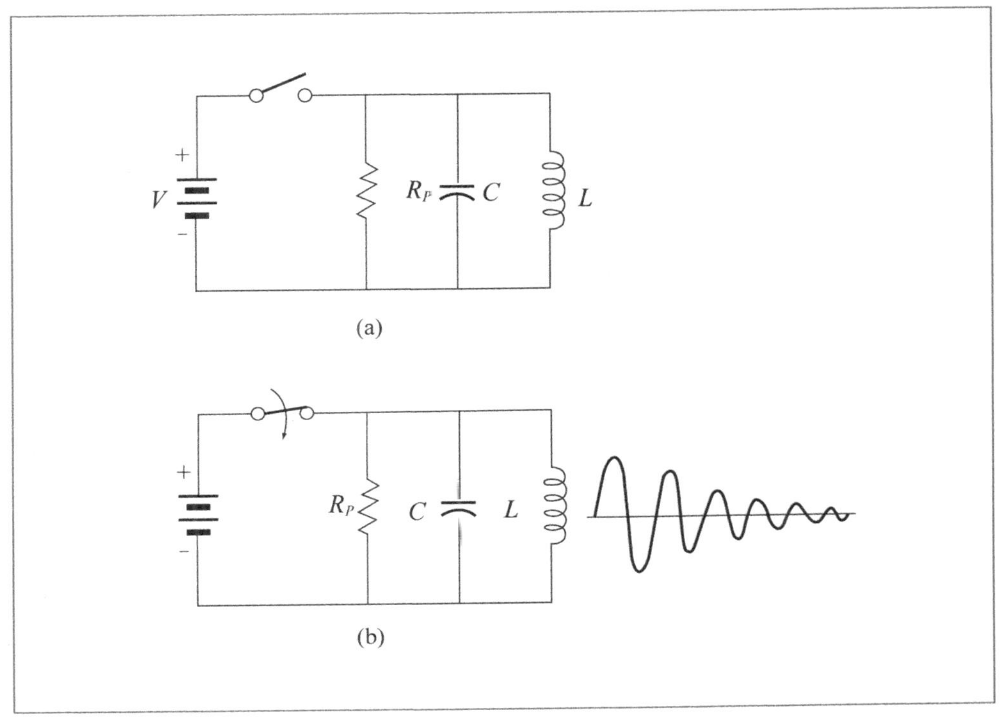

[그림 9-26] 병렬 공진회로

[그림 9-26] (a)에서와 같은 탱크회로에 발진하기 위한 충격을 가할 경우 감쇠 사인파 출력이 나타나게 된다. 감쇠현상은 탱크회로의 저항 때문에 나타나게 되며, 이는 저항을 통하여 전류가 흐를 때 에너지를 잃게 되기 때문이며 결국 사인파의 발진이 소멸하게 된다. 만약 [그림 9-27]에 나타난 바와 같이 터널다이오드를 탱크회로와 직렬로 연결시킬 경우 특성곡선의 부성저항을 나타내는 중앙부분에서 바이어스되기 때문에 사인파 발진(일정한 사인파)이 계속해서 출력에 나타난다. 이것은 터널다이오드의 부성저항 특성이 탱크회로의 양성저항과 서로 반대작용을 하기 때문이다.

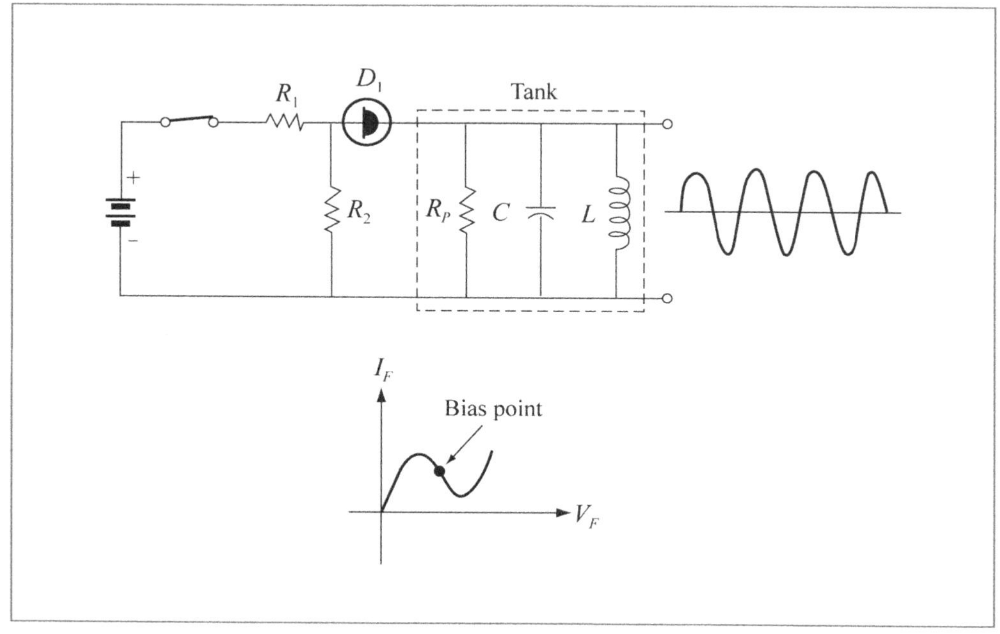

[그림 9-27] 터널다이오드 발진기

9.6 기타 다이오드

1. LED(light-emitting diode)

전도대의 전자가 pn접합을 통하여 이동하여 가전자대(valence band)의 정공과 재결합할 때 높은 에너지레벨에서 낮은 에너지레벨로 변화하게 된다. 이러한 과정에서 에너지가 방출된다. 일반 다이오드에서 이 에너지는 빛보다 더 낮은 주파수의 열형태로 방출된다. Si이나 Ge을 사용하는 대신에 LED는 GaAsP(gallium arsenide phosphide) 또는 GaP(gallium phosphide)로 만들어진다. 사용된 재질의 형태가 방출될 빛의 파장 즉 색상을 결정한다. GaAsP은 붉은색을 방출하게 되고 GaP은 황색에서 초록까지 범위에 파장을 방출한다. LED 의 기호는 [그림 6-28] (a)에 나타나 있다. LED의 주요한 응용분야는 표시기 와 디스플레이 (display)이다. [그림 6-28] (b)는 일반 7-세그먼트 디스플레이에 대한 LED 배열을 나타낸 것이다.

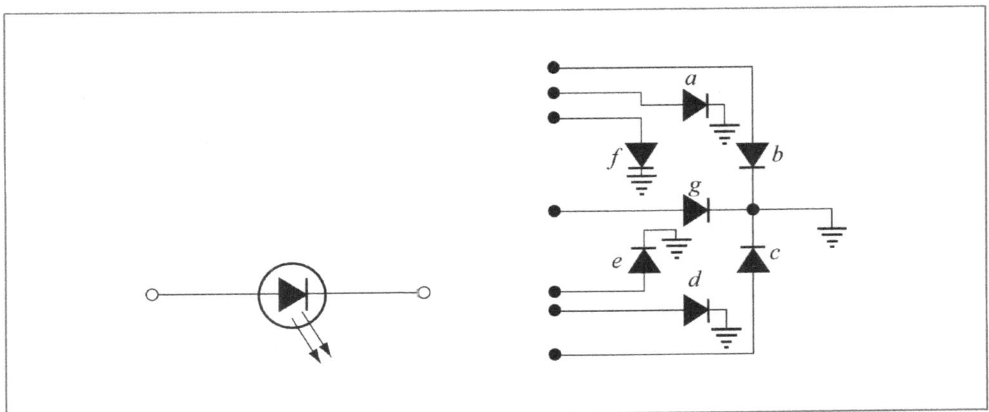

[그림 9-28] 입력 바이어스 전류는 전압 플로어에서 출력 오차 전압을 형성

2. 광다이오드(photo diode)

광다이오드는 역방향으로 바이어스된 영역에서 동작하는 pn접합 소자이다. 그것의 기호는 [그림 9-29] (a)에 나타나 있다.

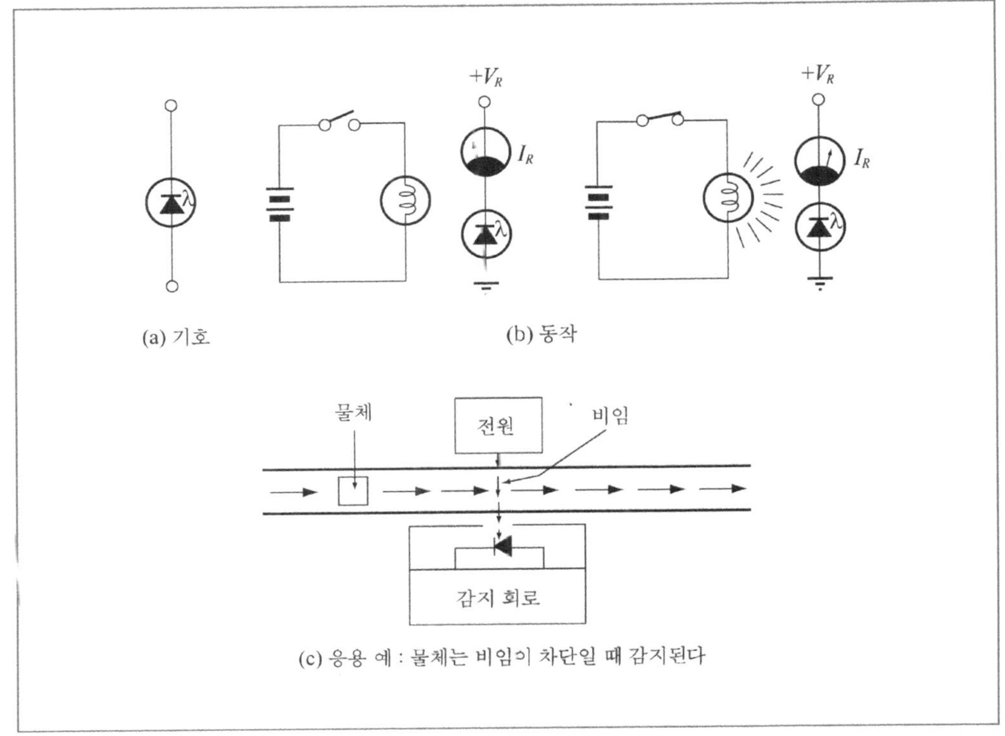

[그림 9-29] 광다이오드

빛 에너지가 접합면을 노출시킨 창(window)을 통하여 인가되면 전자와 정공의 쌍이 생성된다. 이것이 다이오드의 역포화전류의 기본적인 메카니즘이다.

광다이오드에서 역방향 전류는 [그림 9-29] (b)에 나타난 바와 같이 입사되는 빛이 증가하면 증가한다. 빛을 비추지 않았을 때 나타나는 역방향 전류를 암(dark) 전류라 한다. 광다이오드는 [그림 9-29] (c)에서 설명한 바와 같이 많은 응용분야에서 광 검출기로 사용된다.

3. PIN다이오드

[그림 9-30] (a)에 나타난 바와 같이 PIN다이오드는 세게 도우핑된 p형과 n형 영역 사이에 진성반도체 영역이 있다. 역방향으로 바이어스되면 PIN다이오드는 일정한 용량을 갖는 콘덴서와 같이 동작하고 [그림 9-30] (b)와 (c)에 나타난 바와 같이 순방향으로 바이어스되면 가변저항과 마찬가지로 동작한다. 진성영역의 순방향저항은 전류가 증가하면 감소된다.

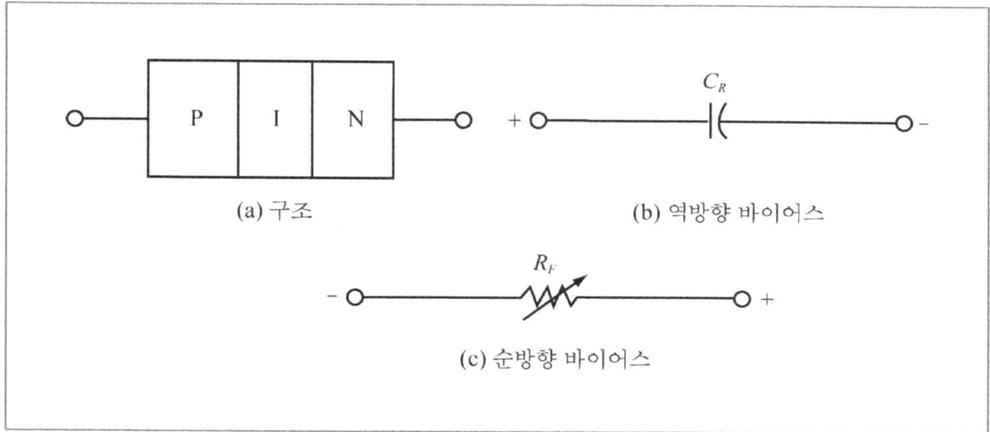

[그림 9-30] PIN 다이오드

PIN다이오드는 바이어스의 빠른 변화에 따라 동작하는 직류제어 마이크로파 스위치로 사용되거나 다양한 순방향 저항 특성의 장점을 지닌 변조소자로 사용된다. 어떠한 정류도 pn접합영역에서 발생되지 않으므로 고주파신호는 저주파 바이어스 변동에 의해 변조될 수 있다. PIN다이오드는 저항이 전류의 양에 의해 제어되기 때문에 감쇠기 응용분야에서도 사용된다.

4. IMPATT다이오드

1958년 Bell 전화연구소의 W. T. Read는 [그림 9-31]과 같이 N^+PIP^+라 하는 4층 구조를 제안하였다. 이것은 1965년에 실현되었으며 그 당시에는 Read diode라고 불렀다.

일반적으로 캐리어가 전계에 의하여 가속되면 에너지는 전계로부터 캐리어로 옮겨지게 되며, 반대로 캐리어가 전계에 의하여 감속되면 에너지는 캐리어로부터 전계로 옮겨진다. 전계가 교류일 경우에는 전계가 에너지를 얻으면 그 진폭은 커지고, 에너지를 잃으면 그 진폭은 줄어든다. 따라서 N^+PIP^+다이오드에 애버런치 항복전압 V_C와 같은 역방향 직류바이어스 전압을 가하고 교류전압 $Vac = Vo\sin\omega t$를 중첩시키는 경우를 생각해 보면 $\omega t = 0$의 순간부터 애버런치 항복이 시작되었다고 하면, 다이오드 전압이 V_C보다 크게 되는 $0 < \omega t < \pi$동안에는 다이오드 내의 전류는 지수함수적으로 증가하고 다이오드 내의 전하도 급격히 증가한다. 이 동안에는 V_{ac}에 의한 교류의 방향은 직류전압의 방향과 같으므로, 교류전압의 에너지는 감소하게 된다.

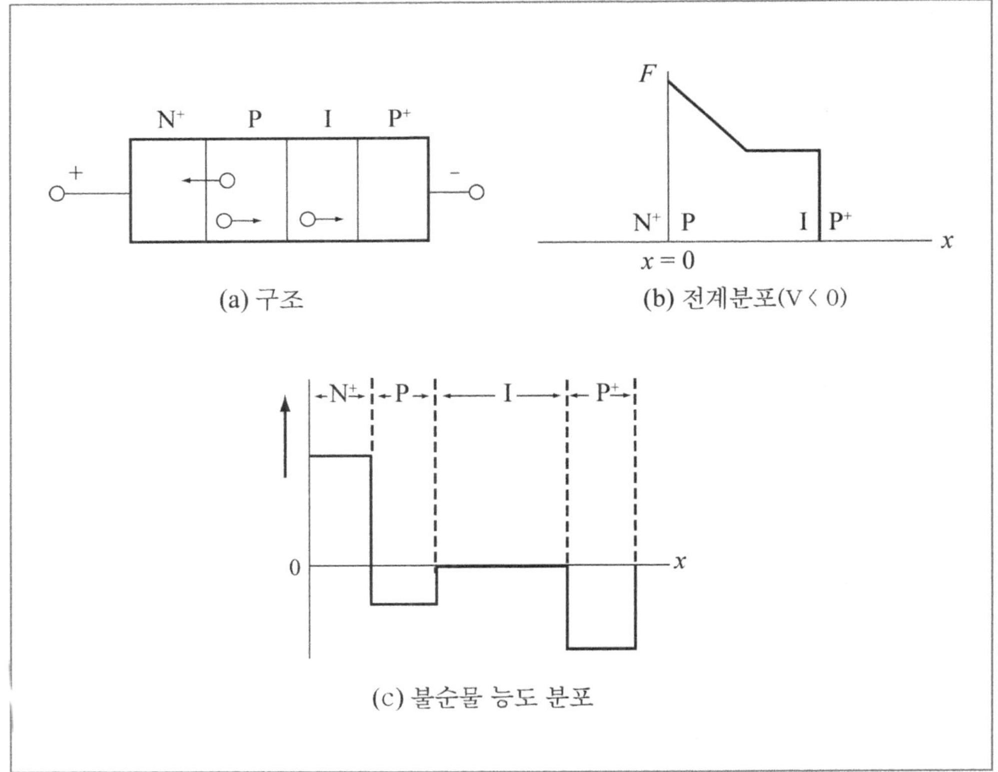

[그림 9-31] IMPATT 다이오드

다음에 다이오드의 전압이 V_C보다 작게 되는 $\pi < \omega t < 2\pi$동안에는 다이오드의 전류는 지수함수적으로 감소하며, 다이오드 내의 전하는 점차 줄어든다. 그러나 이 동안은 교류전압의 방향은 직류전압의 방향과 반대로되므로 교류전압의 에너지는 증가한다.

이와 같이 교류전압은 처음의 반주기 동안은 에너지를 잃고 다음 반주기 동안은 에너지를 얻게 되므로 실효적인 에너지의 증가는 없을 것 같이 보이나, 애버런치에 의하여 생긴 전자나 정공이 다이오드 내를 이동하는 주행시간(transit time)이 고주파 전계의 주기와 비슷할 경우에는 전계가 얻는 에너지는 전계가 잃는 에너지보다 크게 된다.

즉 [그림 9-31] (a)는 이러한 다이오드의 구조로, 여기에 역바이어스 전압을 가하면 [그림 9-31] (b)와 같은 전위분포가 되고, 그 인가전압을 높이면 N^+P접합에 애버런치 항복이 일어나 발생된 캐리어는 I층을 통과하여 P^+영역에 흘러 들어온다. 이 때 항복을 일으키는 직류 한계전압에 교류전압을 중첩시키면 애버런치의 성장, 정지가 이루어진다. 더구나 애버런치와 인가 전압 사이에 시간적 지연이 생겨 그 지연시간이 주파수의 증가와 함께 약 $90°$에 가깝게 얻어질 수 있다. 이 지연이 $90°$가 되도록 I층의 두께를 선택하면 외부 회로에 흐르는 전류는 인가된 교류전압에 대하여 약 $180°$만큼 지연된다. 이것은 이 다이오드에 부성저항이 생기는 것과 같으므로, 이 부성저항에 따라 마이크로파 발진이 생긴다.

이상과 같이 애버런치나 캐리어의 주행시간을 이용한 다이오드를 총칭하여 IMPATT(impact avalanche transit time)다이오드라 부른다.

5. 건다이오드

1963년 J. B. Gunn은 직육면체의 N형 GaAs의 양단에 오옴접촉 전극을 붙이고, 직류전압 V를 인가하면 처음에는 V의 증가에 따라 전류가 직선적으로 증가하지만 다이오드내의 평균 전계가 수 100 [V/m]에 달하면 발진이 일어난다는 사실을 발견했다. 이와 같은 현상을 건(Gunn)효과라 부르며, 이 때 일어나는 발진을 건효과발진(Gunn effect oscillation)이라 하고, 이것을 이용한 마이크로파 다이오드를 건다이오드(Gunn diode)라 한다. 이와 같이 천이영역을 가지고 있지 않은 균일한 반도체를 벌크반도체라고 하며, 벌크효과를 이용한 소자를 벌크반도체소자(Bulk semiconductor element)라고 한다.

일반적으로 트랜지스터 발진회로나 발진현상을 나타내는 반도체소자는 모두 부성저항을 가지고 있다. 건다이오드도 역시 부성저항소자의 일종이며, 건다이오드가 부성저항을 갖는 이유는 다음과 같다. [그림 9-32]는 N형 GaAs의 파수 k에 따르는 전자에너지의 준위도이다. 건다이오드의 에너지 분포는 그림과 같이 ΔW만큼의 에너지차가 있는 두 개의 곡점(vally)

을 가지고 있는데 아래의 곡점을 L vally라 하고 위의 곡점을 U vally라 한다.

전자는 두 곡점에 다 분포하지만 다이오드내에 전계가 존재하지 않을 때는 전자는 주로 L vally에 있으며, 전계가 증가하면 U vally로 이동하므로 L vally에서는 전자농도가 감소하며 U vally에서는 전자농도가 증가한다. 만일 전계 E가 E_a보다 작을 때는 전자는 L vally에만 있고 그 농도가 N_2이며, E가 E_b보다 클 때는 전자가 U vally에만 있고 그 농도가 N_1이라면 전체 전자농도 N_0는

$$N_1 = N_0, \, N_2 = N_0 \left(0 < E < E_a \right)$$
$$N_1 + N_2 = N_0 \quad \left(E_a < E < E_b \right) \tag{9-10}$$
$$N_1 = N_0, \, N_2 = N_0 \left(E > E_b \right)$$

로 표시될 수 있고, L vally 및 U vally의 전자의 실효질량을 각각 $m_1{}^*, m_2{}^*$라 하고, 이동도를 μ_1, μ_2라면

$$m_1{}^* < m_2{}^* \tag{9-11}$$
$$\mu_1 < \mu_2 \tag{9-12}$$

가 되고 L 및 U vally에 있는 전자의 속도 및 전하밀도를 각각 $\vartheta_1, \vartheta_2, \rho_1, \rho_2$라 하면

$$\vartheta_1 = \mu_1 E, \, \vartheta_2 = \mu_2 E \tag{9-13}$$
$$J = \rho_1 \vartheta_2 = e N_o \mu_1 E \quad \left(0 < E < E_a \right) \tag{9-14}$$
$$J = \rho_2 \vartheta_2 = e N_o \mu_2 E \quad \left(E > E_b \right) \tag{9-15}$$

의 관계식 을 세울 수 있다

[그림 9-32] (b)는 건다이오드 내의 전계 E와 전류밀도 J사이의 관계를 나타낸 것이며, 그림에서 직선 OA및 OB는 각각 식 (9-11) 및 (9-12)의 관계를 나타낸다. $0 < E < E_a$의 범위에서는 전류밀도 J는 직선 OA에 따라 변화하며, $E < E_b$의 범위에서는 J는 직선 OB에 따라 변화한다. 그러므로 만약 $\mu_1 E_a > \mu_2 E_b$의 관계가 성립할 경우에는, $E_a < E < E_b$에서는 E의 증가에 따라 J가 감소하는 영역이 존재하게 되어 이 부분에 부성저항 특성이 나타난다. 따라서 이 소자에 부성저항영역의 전계가 가해지면 이 다이오드는 부성저항소자로 동작한다.

실제의 마이크로파 발진용의 건다이오드에서는 건다이오드에 가해진 전압이 한계치를 넘

으면 결정내부에 부성저항이 발생하는 결과, 한결같이 분포하여 운동하고 있는 전자에 국부적인 밀도의 축적과 결함이 생기고, 더구나 그것이 다시 부성저항에 의하여 조장되어 소자안에 전자의 축적층과 결함층에 의한 전기적 2중층 즉, 고전계층이 형성되어 그것이 양극을 향하여 이동하는 것을 이용한 것이다. 따라서 한번 고전계층이 형성되면, 인가전압은 그 부분에 집중하기 위하여 다른 영역은 정저항영역이 되어 별도의 고전계층은 발생하지 않는다.

이와 같이 하여 발생한 고전계층은 양극에 달하면 소멸되고, 소자는 최초의 상태로 돌아가나 다시 음극측으로부터 고전계층이 만들어져 양극으로 향한다. 이 고전계층의 주행현상이 주기적으로 반복되면 그 전계주행시간을 1주기로 하는 진동이 생기므로 발진주파수는 소자의 크기에 따라 결정되고 외부 공진회로에서 발진주파수를 변경시키는 것은 곤란하다.

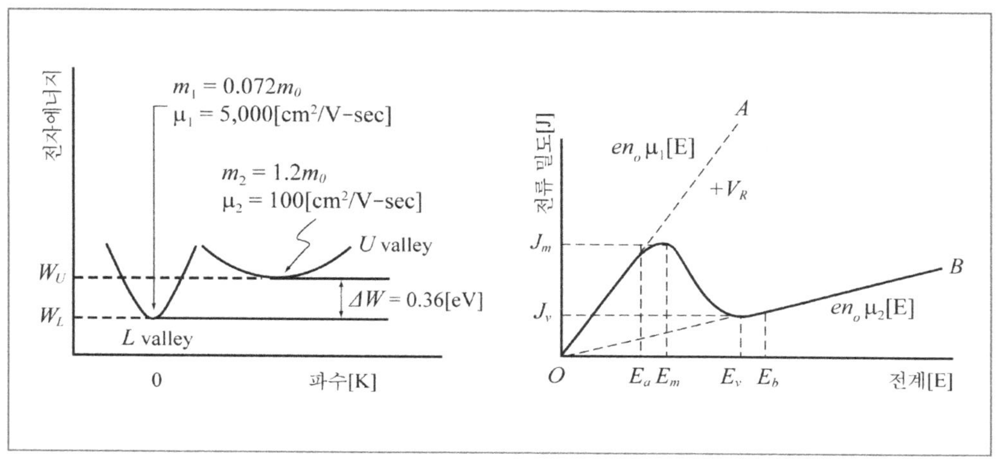

[그림 9-32] Gunn 다이오드

6. 바랙터다이오드

역바이어스 된 다이오드의 공간전하용량 C_T는 바이어스 전압 V에 따라 광범위하게 변화한다.

이러한 특성을 이용하기 위해서 특별히 설계된 것을 바랙터다이오드(varactor diode) 혹은 VVC다이오드 (voltage variable capacitance diode)라고 한다. [그림 9-33]에 그 대표적 예를 나타내었다. 그림 9-33 (a)는 교류저항 r과 접합용량 C_T를 포함한 다이오드의 소신호 모델을 표시한다. 여기서 R_s는 중성영역의 저항이다. C_T와 병렬로 된 교류저항 r은 역바이어스 일 때, $1[M\Omega]$ 이상으로 대단히 크기 때문에 무시될 수 있다.

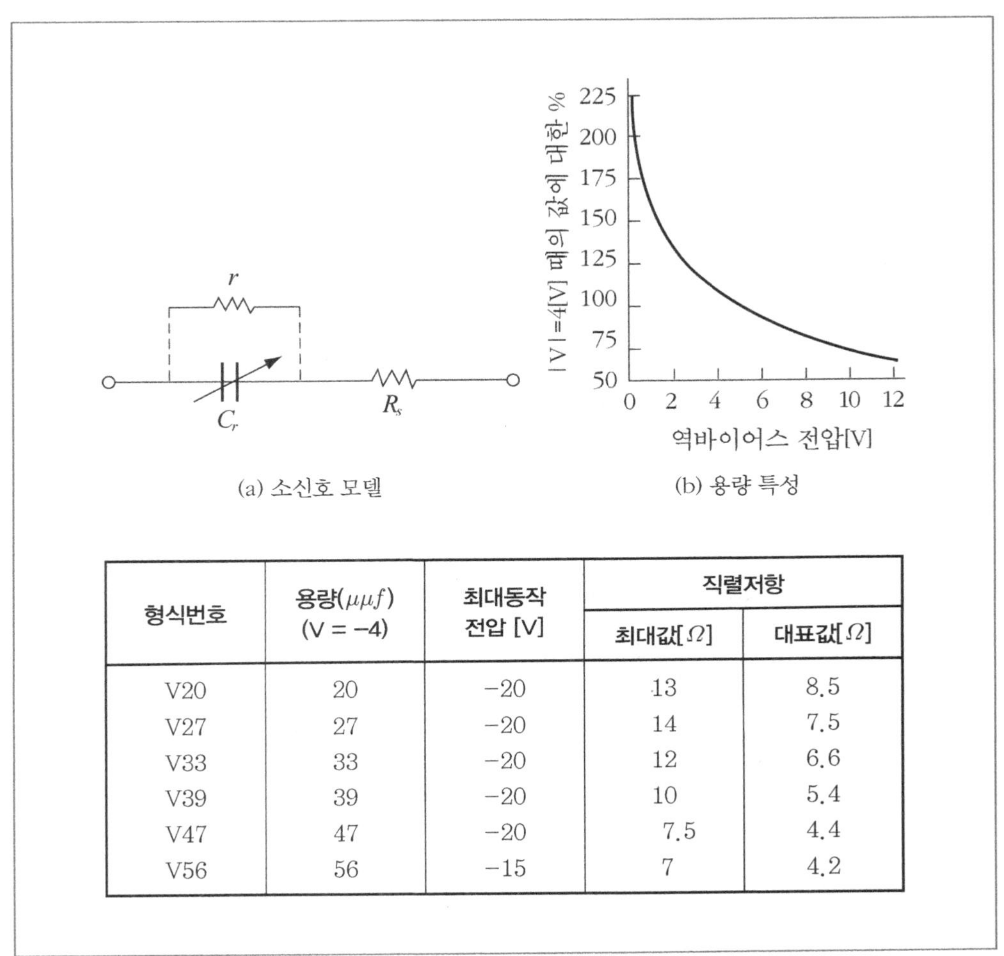

형식번호	용량($\mu\mu f$) (V = −4)	최대동작 전압 [V]	직렬저항	
			최대값[Ω]	대표값[Ω]
V20	20	−20	13	8.5
V27	27	−20	14	7.5
V33	33	−20	12	6.6
V39	39	−20	10	5.4
V47	47	−20	7.5	4.4
V56	56	−15	7	4.2

[그림 9-33] 상용 바랙터다이오드의 특성

[그림 9-34]에 바랙터다이오드를 동조회로에 응용한 예를 나타내었다. C_c는 다이오드를 동조회로에 결합시키기 위한 결합콘덴서(coupling condenser)이며 직류전압이 L_1C_1회로에 걸리는 것을 막는 동시에 고주파신호에 대해서는 적은 리액턴스($1/\omega C_c$)를 나타낸다. L_c는 역바이어스 전압을 다이오드에 걸어주는 동시에 고주파신호에 대해서는 큰 리액턴스(ωL_c)를 나타내기 위한 radio frequency choke coil이다. 가변저항 R의 접촉점의 위치를 변화시키면 역바이어스 전압을 변화시킬 수 있으므로, 다이오드의 접합용량을 조정할 수 있다. [그림 9-34] (b)는 고주파신호에 대한 등가회로이며, 다이오드용량 C_T를 변화시켜서 회로의 동조 주파수를 조정할 수 있음을 보여준다.

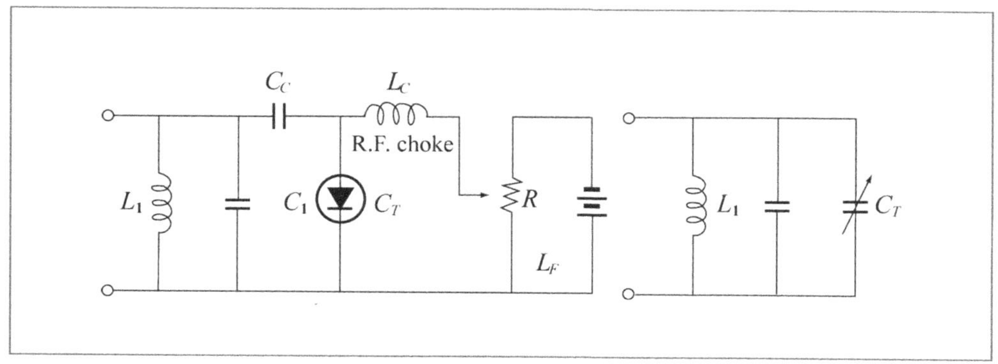

[그림 9-34] 바랙터다이오드를 사용한 동조회로

바랙터다이오드의 가장 간단한 응용은 TV나 FM수신기의 AFC회로에 널리 쓰이고 있으며 FM송신기의 변조회로나 소인 발전기의 소인용으로도 중요하다. 이것은 주파수도 높고 Q도 높을 필요가 있으므로 Si의 합금형 또는 확산형의 소형 다이오드가 적당하며 바리콘 대신에 동조용으로 쓰려면 용량 변화율이 클 뿐 아니라 용량과 그 변화율이 나란한 것이 몇 개가 필요하다. 이것은 Si PN접합의 비직선 용량 소자로써 특히 대전력용으로 만든 것은 VHF, UHF 대에서 저손실의 주파수 체제가 된다. 또 각종 VHF 송신기나 마이크로파 송신장치의 출력단으로 트랜지스터로는 실현할 수 없는 주파수, 출력전력의 영역에서 이용된다.

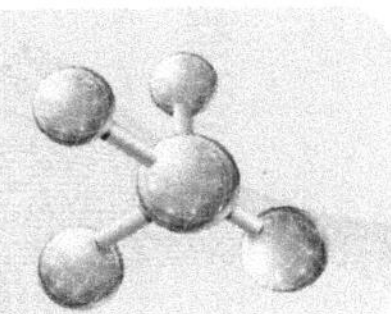

연 습 문 제

9-1 다음을 설명하여라.

(1) 정류성 접촉

(2) Ohm성 접촉

9-2 금속 정류기에 관하여 설명하여라.

9-3 Ge에서 제너항복은 전계강도 2×10^7[V/cm]에서 일어난다. $N_a \ll N_d$일 경우 항복전압 V_z는 $\dfrac{\varepsilon E_z^{\,2}}{2N_a}$와 같이 표시할 수 있다. $V_z = \dfrac{51}{\sigma_p}$가 됨을 증명하라.

9-4 6.8[V] 제너다이오드가 5[Ω]의 저항을 갖고 있다. 전류가 20[mA]일 때 제너다이오드 양단의 실제 전압은 얼마인가?

9-5 제너다이오드의 특성 곡선을 그리고 설명하라.

9-6 터널다이오드의 특성 곡선을 그리고 설명하라.

트랜지스터의 특성

10.1 트랜지스터의 구조

트랜지스터(transistor)는 3층으로 된 반도체 디바이스로 2층의 n형층과 1층의 p형층 혹은 2층의 p형층과 1층의 n형층으로 되어 있으며 전자를 npn형 트랜지스터, 후자를 pnp형 트랜지스터라고 불린다. 접합트랜지스터는 대단히 좁은 간격을 두고 만들어진 두 개의 PN접합으로 구성된 전자소자이다. 이 장에서는 트랜지스터 안에서의 물리적 메커니즘을 고찰하여 PN접합의 이론에 따라 동작을 해석함으로써 그 특성을 논의하고자 한다.

접합 트랜지스터(junction transistor)는 두 개의 PN접합이 아주 가까운 간격으로 배치 된 것과 같은 물리적 구조를 가지고 있다. [그림 10-1]에 대표적 트랜지스터의 구조를 나타내었다. 이들은 반도체층의 배열순서에 따라 PNP, NPN 트랜지스터라고 불리어진다. 3개의 반도체층을 차례로 에미터(emitter), 베이스(base) 및 콜렉터(collector)라고 부른다. [그림 10-1] (b)는 N형 반도체 wafer의 양쪽에 합금법으로 두 개의 PN접합을 만든 것이며, 이러한 구조의 트랜지스터를 PNP 합금접합형 트랜지스터(alloy junction transistor)라고 부른다. 두 개의 접합 사이의 얇은 N형 영역은 활성 베이스영역이라고 불리어지는 부분이며, 트랜지스터작용에 있어서 가장 중요한 곳이다. [그림 10-1] (c)는 N형 반도체 안에 P형 및 N형 불순물을 차례로 확산시켜서 만든 것이며 PNP확산접합 트랜지스터(diffused junction transistor)라고 부른다. 반도체층의 배열순서를 NPN으로 할 수도 있으며 이러한 것을 NPN 트랜지스터라고 한다.

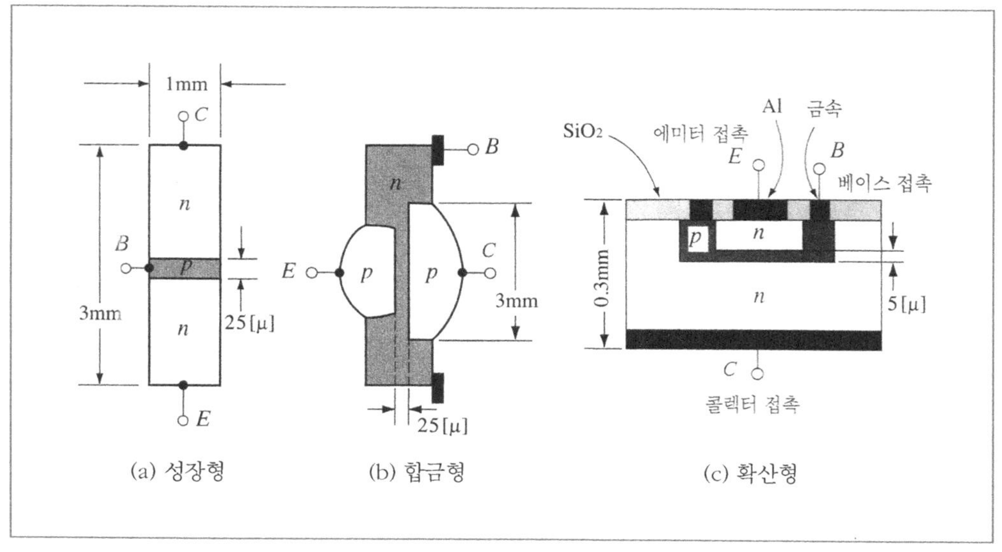

[그림 10-1] 접합 트랜지스터의 물리적 구조

1. 이상적 트랜지스터

다이오드 경우와 마찬가지로 트랜지스터의 물리적 메카니즘을 고찰함에 있어서 우선 이상적 1차원 모델을 사용하겠다. 즉 [그림 10-2]와 같이 3개의 외인성반도체영역으로 이루어져 있고 그 영역은 균일하며, 접합은 계단적이라고 가정하자. 실제의 트랜지스터의 구조는 이러한 물리적 구조와는 상당한 차이를 보이고 있다 그렇지만 이 모델은 덜 복잡한 해석으로서 트랜지스터의 기본적 동작 메카니즘을 이해시켜 줄 뿐만 아니라, 모든 실제의 트랜지스터에 공통적인 전기적 특성의 특징을 보여준다. 그러므로 이러한 1차원 모델을 이상적 트랜지스터(ideal transistor)라고 부르기로 하겠다.

이상적 트랜지스터를 특징 짓는 중요한 가정을 다음과 같이 정의하자. 이것은 여기서 얻은 이론적 결과를 실제의 트랜지스터에 적용하려 말 때 적응한계를 명백히 하는 데 도움이 되기 위한 것이다.

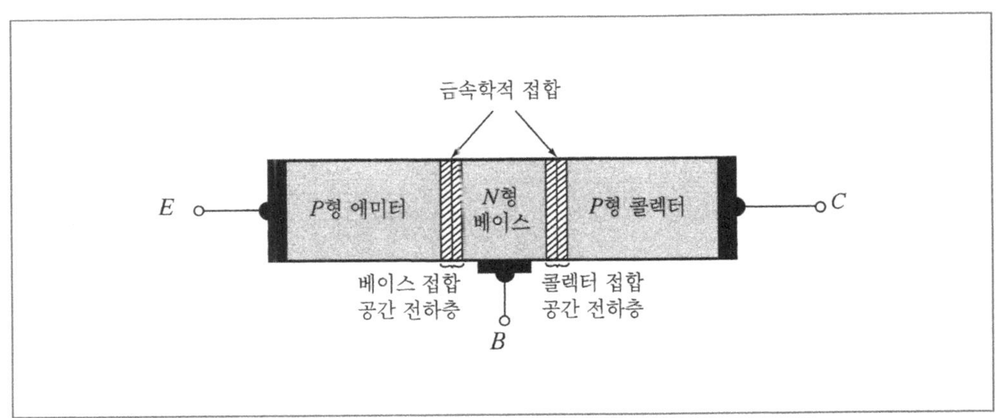

[그림 10-2] PNP 트랜지스터의 1차원 모델

ⅰ) 반도체 영역의 접합면에 평행한 평면에서의 캐리어농도는 균일하다.

ⅱ) 캐리어들의 운동방향은 접합면의 직각방향이다

ⅲ) 중성영역에서의 전압강하를 무시한다 따라서 이 영역 안에는 전장이 없으며 캐리어들의 운동은 순전히 확산에 의한 것이다.

ⅳ) 공간전하층 안에서의 캐리어의 재결합 및 열생성을 무시한다.

ⅴ) 베이스의 폭은 일정하다고 가정 한다

앞으로 PNP 트랜지스터에 대해서 논술하는 데 있어서도 내용은 본질적으로 NPN 트랜지스터에 대해서 그대로 적용될 수 있다.

10.2 트랜지스터 작용

트랜지스터의 동작 메카니즘을 해석적으로 다루기에 앞서 트랜지스터 작용을 정성적으로 고찰해 두는 것이 도움이 될 것이다. [그림 10-3]은 에너지대 구조를 기초로 해서 트랜지스터 작용을 나타낸 그림이다. 이 그림에서 베이스의 폭은 많이 확대되어 그려져 있다. 실제의 트

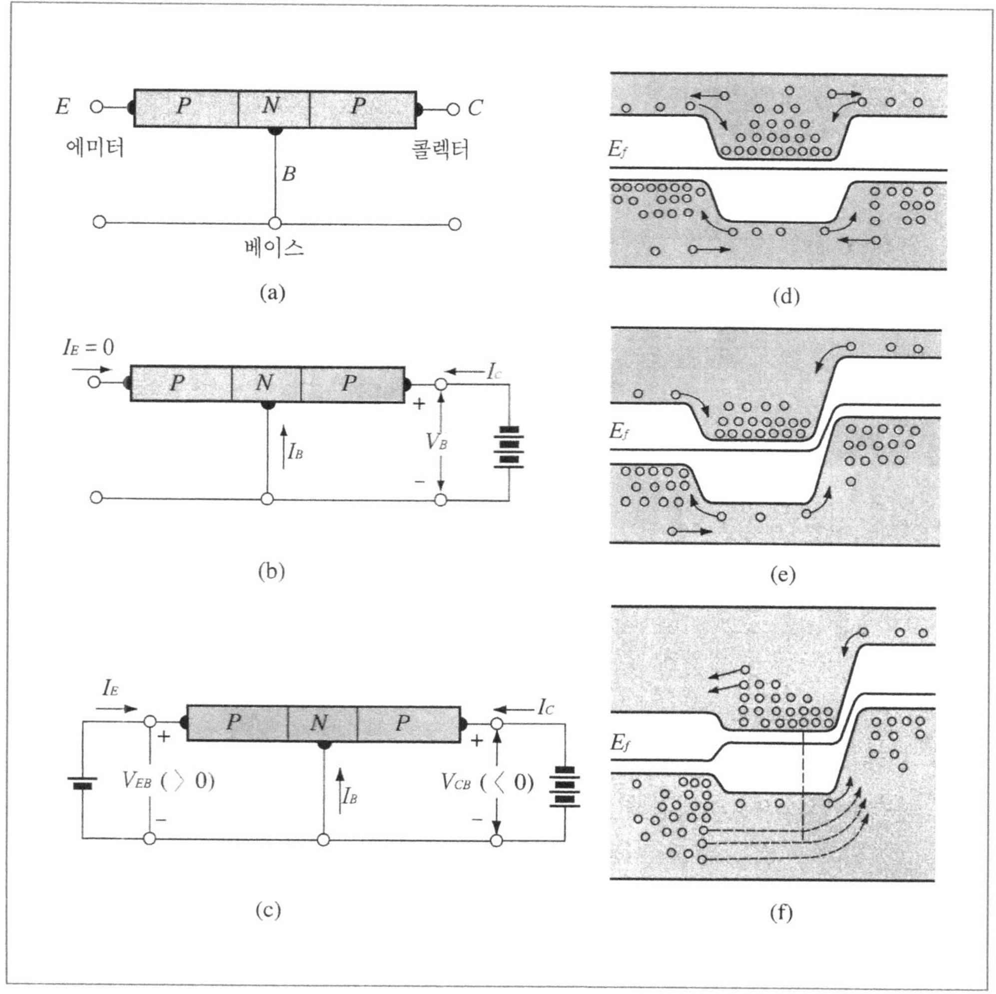

[그림 10-3] 트랜지스터 작용

랜지스터에 있어서 베이스폭은 $0.02[mn]$ 정도로 대단히 좁다. 또 실제의 트랜지스터에서는 에미터 및 콜렉터는 베이스보다 훨씬 세게 도우핑(doping)되어 있음을 염두에 넣어두는 것이 좋겠다.

앞으로의 정성적 고찰은 두 개의 이상적 다이오드가emitter-base 및 collector-base로 단순히 전기적 접촉으로 되어 있음을 전제로 한다. 실제의 트랜지스터에서는 두 개의 접합이 아주 가깝게 배치되어 있기 때문에, 이러한 전제가 충분히 용납될지는 의문의 여지가 있으며, 한쪽의 접합 상태가 다른 쪽에 영향을 미친다고 생각하는 것이 타당하다. 그러나 앞으로의 정성적 고찰의 결과는 실제의 트랜지스터의 기본적 동작을 충분히 잘 반영하고 있음을 나중에 알게 될 것이다.

여기서는 PNP트랜지스터의 경우에 대해서 논의하겠다.

1. 평형상태

[그림 10-3] (a, d)는 세 개의 단자가 접속되어 있지 않으며 트랜지스터가 열평형상태에 있는 경우를 나타내었다. 페르미준위는 모든 곳에서 균일하며 에미터접합 및 콜렉터접합에서는 서로 반대방향으로 움직이는 다수캐리어의 확산운동과 소수캐리어의 드리프트운동이 서로 균형을 유지하고 있다.

2. 콜렉터 역바이어스 포화전류(I_{CO})

에미터단자를 개방한 상태에서 콜렉터단자에 역바이어스전압 $V_{CB}(\ <0)$를 걸었을 경우 [그림10-3] (b), (e)를 살펴보자. 에미터단자가 개방되어 있으므로 에미터전류 I_E는 0이며, 에미터접합에서의 캐리어의 흐름은 균형을 유지하고 있다. 그러나 역바이어스된 콜렉터접합에서는 전위장벽이 높아지기 때문에 다수캐리어와 소수캐리어의 흐름이 평형을 잃게 되어 균형이 깨지며 콜렉터전류 $I_C(\ <0)$가 흐르게 된다. 역바이어스가 충분히 큰 경우, 다수캐리어의 착산전류는 거의 차단되고, 소수캐리어의 드리프트전류가 콜렉터전류를 형성하게 된다. 이 전류는 다이오드에서 역바이어스 포화전류 I_O와 똑같은 성격의 전류이며 콜렉터 역바이어스 포화 전류(reverse-bias saturation current)라고 부르며 I_{CO}로 표시하는 것이 보통이다. I_{CO}를 차단전류(cutoff current)라고 부르기도 한다. 또 I_{CO}는 콜렉터접합의 공간전하층 근처의 중성영역에서 열생성된 소수캐리어에 기인하는 것이므로 이것을 열생성 전류

(thermally generated currrnt)라고 부르기 도 한다

$I_E = 0$일 때 CB접합의 동작은 다이오드의 경우와 같다고 생각된다. 그러므로 콜렉터전류 I_C는 다음 식으로 주어진다.

$$I_C = (-I_{CO}) \left[e^{e V_{cB}/kT} - 1 \right] \tag{10-1}$$

식 (10-))에서 $-I_{CO}$로 표시한 것은 PNP 트랜지스터에서 $I_{CO} < 0$임을 염두에 두고 있기 때문이다. $V_{CB} < 0$일때 $e^{e V_{cB}/kT} < 1$이며, $I_C < 0$임에 주의하여라.

콜렉터 역바이어스가 충분히 큰 경우($V_{CB} < 0 , |V_{CB}| \gg kT/e$), 식 (10-1)은

$$I_C \cong I_{CO}(< 0) \tag{10-2}$$

이다.

3. 트랜지스터 작용

트랜지스터를 증폭기(amplifier)로서 사용할 때는 에미터 베이스인 EB접합을 순바이어스, 콜렉터 베이스인 CB접합을 역 바이어스한다.

[그림 10-3] (c, f)에 이 상태를 나타내었다. 순바이어스된 EB접합에서는 에미터에서 베이스로 정공이 주입된다. 주입된 정공들은 베이스 안으로 확산해가면서 CB접합쪽으로 이동한다. 중간에서 재결합에 의해서 소멸하는 것도 있으나, 대부분의 정공들은 CB접합에 이르게 될 것이며, CB접합의 공간전하층의 강한 전장에 끌려서 콜렉터로 흘러 들어가게 된다. 에미터 순바이어스 전류는 다이오드의 경우와 같다고 생각된다. 그러므로 콜렉터전류는 에미터 순바이어스에 따라 급격히 증대하게 된다. 이와 같이 콜렉터전류가 에미터바이어스에 의해서 제어되는 현상을 트랜지스터 작용(transister action)이라고 한다.

4. 전류증폭율

[그림 10-3] (c, f)에서 보는 바와 같이 에미터 전류는 전자전류성분과 정공전류성분으로 되어있으며, 트랜지스터 작용에 기여할 수 있는 것은 후자뿐이다. 그러므로 에미터 효율

(emitter efficiency) γ를 다음과 같이 정의한다.

$$\gamma = \frac{\text{에미터전류의 정공전류성분}}{\text{에미터 전류}} \tag{10-3}$$

에미터 효율 γ를 높이려면 전자전류성분의 비율을 줄여야 한다. 이러한 효과는 에미터를 베이스보다 훨씬 세게 도우핑함으로써 이루어질 수 있다. 실제의 트랜지스터에서 에미터를 세게 도우핑하는 것은 이러한 까닭이다.

베이스영역을 확산해가는 주입정공의 재결합은 트랜지스터작용의 감소를 초래 한다. 그러므로 베이스의 수승계수(transport factor) β^*를 다음과 같이 정의해 두자.

$$\beta^* = \frac{CB\text{접합까지 확산해 간 주입정공전류}}{\text{베이스에 주입된 정공전류}} \tag{10-4}$$

실제의 트랜지스터에서 베이스폭을 되도록 좁게 하는 것은 β^*값을 높이기 위해서이다.

콜렉터가 역바이어스되어 있을 때 콜렉터전류 I_C는 콜렉터 역바이어스 전류 [식 (10-1)]와 에미터에서 주입된 정공전류로써 구성되어 있다. 에미터전류 I_E에 기인하는 콜렉터전류성분 과 I_E와의 비율은 트랜지스터를 특징짓는 가장 중요한 parameter의 하나이며 전류증폭율 (current amplification factor)이라고 불리어 진다. 이것을 α_F로 표시하면

$$\alpha_F = -\frac{I_C - (-I_{CO})\left[e^{eV_{cB}/kT} - 1\right]}{I_E} \tag{10-5}$$

여기서 -를 붙인 것은 분모, 분자의 부호가 서로 반대임을 고려해서이다. 콜렉터접합이 충분히 역바이어스되어 있는 경우에는

$$\alpha_F \cong -\frac{I_C - I_{CO}}{I_E} \tag{10-6}$$

트랜지스터의 실제 동작상태에서는 $|I_C| \gg |I_{CO}|$로 가정할 수 있다. 그러므로 식 (10-6)은

$$\alpha_F \cong \frac{(-I_C)}{I_E} \tag{10-7}$$

로 표시되며, α_F를 간단히 클렉터전류와 에미터전류와의 비라고 생각하더라도 대개의 경우 실제적으로 지장이 없다. 여기서 역방향 포화전류 I_{CO}는 되도록 적을수록 좋다. 그러므로 실제의 트랜지스터에서는 콜렉터를 되도록 세게 도우핑한다. 식 (10-4)의 정의에 의해서 α_F가 다음 식으로 표시된다.

$$\alpha_F = \gamma\beta^* \tag{10-8}$$

α_F는 1보다 크게 될 수는 없으나 실제의 트랜지스터에서는 1에 대단히 가깝게 만들어져 있으며 보통 0.9~0.999의 범위에 있다.

5. 특성

식 (10-5)로부터 콜렉터전류 I_C는 다음 식으로 주어진다.

$$I_C = -\alpha_F I_E + (-I_{CO})\left[e^{eV_{cB}/kT} - 1\right] \tag{10-9}$$

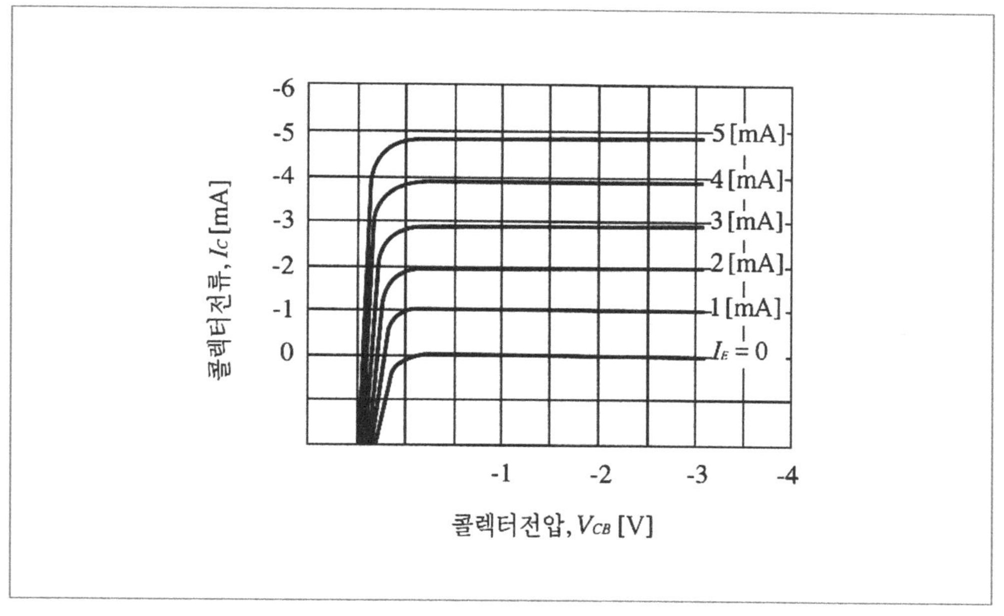

[그림 10-4] PNP 접합트랜지스터의 특성

혹은 충분히 역바이어스된 경우에는

$$I_C \cong -\alpha_F I_E + I_{CO} \tag{10-10}$$

[그림 10-4]에 실제로 PNP 트랜지스터의 특성을 측정한 예를 나타내었다. 식 (10-9), (10-10)이 실제의 특성과 잘 부합되어 있음을 볼 수 있을 것이다. I_{CO}는 10$[\mu A]$ 정도이므로 이 그림에 나타나지 않는다.

6. 베이스 전류

베이스전류에 대해서 고찰하자. 에미터가 순바이어스, 콜렉터가 역바이어스되어 있을 때, 트랜지스터 안에서의 전류성분의 구성은 [그림 10-5]와 같다. 이 그림에서 베이스전류는 다음 세 가지의 성분으로 구성되어 있음을 알 수 있다.

i) 에미터전류의 전자전류성분, ii) 베이스에 주입된 정공과 재결합하여 소멸되는 전자를 보충하기 위한 재결합전자전류, iii) 역바이어스된 콜렉터접합을 흐르는 열생성전류 I_{CO}.

지금까지 PNP 트랜지스터의 경우에 대해서만 논의해 왔으나, NPN 트랜지스터의 경우에 대해서도 역시 위의 논의는 본질적으로 그대로 적용될 수 있다. 특히 식 (10-6), (10-7), (10-8), (10-10)은 그대로 성립한다. 단 NPN의 경우에는 $I_{CO} > 0$이며 EB접합이 순바이어스, CB접합이 역바이어스일 때 $I_C > 0$, $I_E < 0$이다.

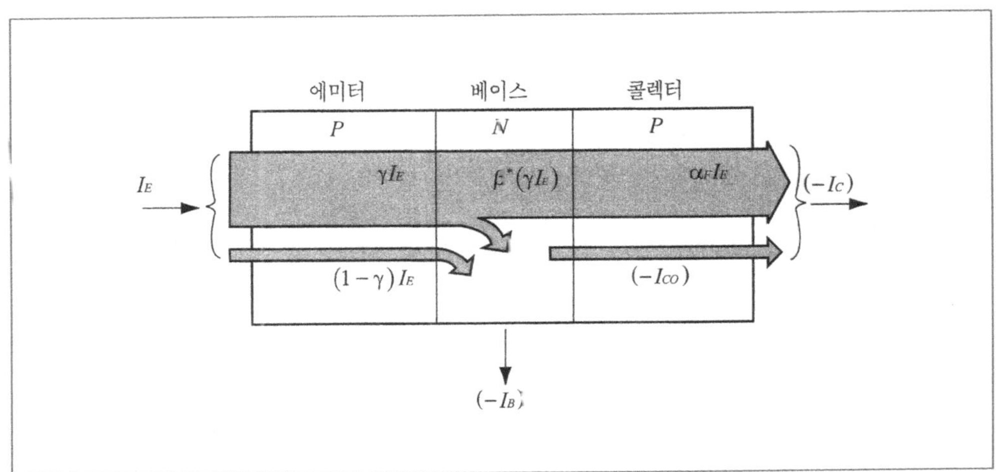

[그림 10-5] PNP 트랜지스터의 전류성분구성(EB순바이어스, CB역바이어스)

10.3 이상적 트랜지스터의 해석

트랜지스터의 특성을 보다 정확하게 파악하기 위해서 이상적 트랜지스터의 동작을 해석적으로 고찰하자. 트랜지스터의 동작상태를 다음 네 가지로 분류할 수 있다.

i) 포화영역 : EB접합, 순바이어스 , CB접합, 순바이어스
ii) 활성영역 : EB접합, 순바이어스 ; CB접합, 역바이어스
iii) 차단영역 : EB접합, 역바이어스 : CB접합. 역바이어스
iv) 역활성영역 : EB접합, 역바이어스 ; CB접합, 순바이어스

[그림 10-6]에 PNP트랜지스터의 경우에 대하여 동작상태의 구분을 나타내었다. 포화영역과 차단영역에서의 동작은 펄스회로에서 응용된다. 활성영역은 증폭기로서 사용할 때의 동작상태이다. 역활성영역은 에미터 와 콜렉터의 입장을 서로 바꾼 활성동작이며 실제로 쓰이는 일은 없다.

이상적 다이오드의 경우와 마찬가지로 이상적 트랜지스터를 해석함에 있어서 우선 중성영역에서의 소수캐리어의 농도분포에 주목하자. [그림 10-7]에 이것을 나타내었다.

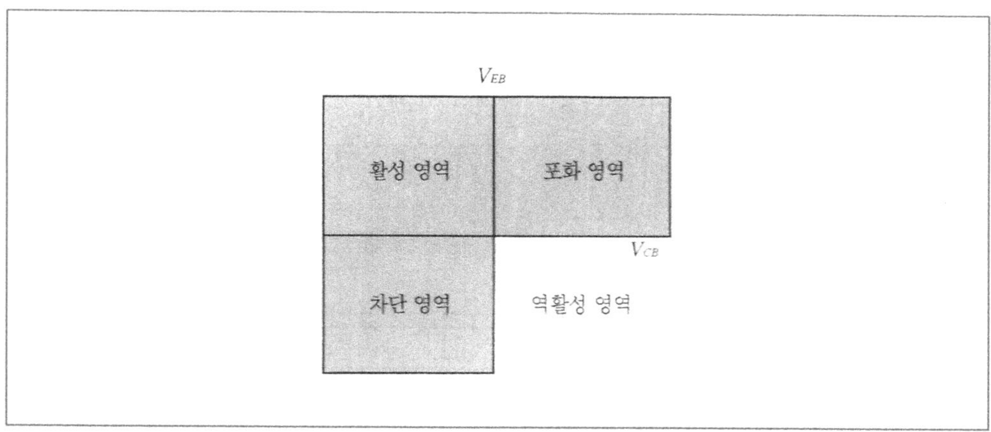

[그림 10–6] PNP 트랜지스터의 동작상태 구분

앞으로의 해석은 PNP 트랜지스터의 모든 동작상태에 대해서 적용될 수 있는 일반적인 것이다. 또 이 해석은 NPN 트랜지스터의 경우에 대해서도 본질적으로 그대로 적용된다. 트랜지스터의 경우 단지 "소수캐리어"라고 말했을 때는 베이스 영역에서의 소수캐리어를 가리키는 것이 보통이다. 그러므로 PNP트랜지스터에서의 소수캐리어는 정공을 뜻하는 셈이 된다.

1. 경계면에서의 소수캐리어농도

중성영역에 있어서 공간전하층과의 경계면에서의 캐리어농도는 접합의 법칙에 따라 곧 결정될 수 있으며 다음과 같다.

$$P_b(0) = P_{bo}e^{eV_{EB}/kT}, \; P_b(W) = P_{bo}e^{eV_{CB}/kT}$$
$$n_e(0) = n_{eo}e^{eV_{EB}/kT}, \;\; n_c(0) = n_{co}e^{eV_{CB}/kT}$$

(10-11)

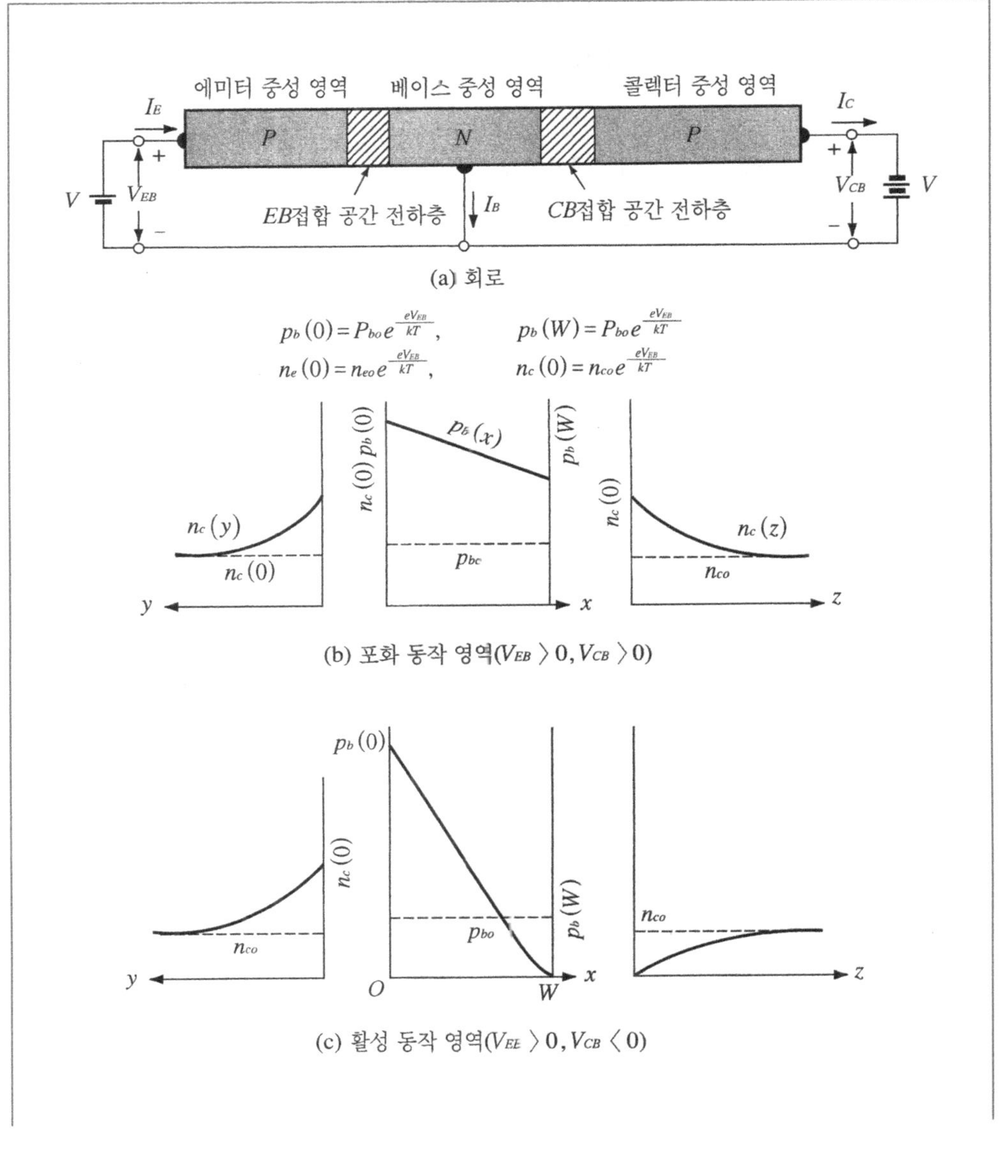

(a) 회로

$$p_b(0) = P_{bo}e^{\frac{eV_{EB}}{kT}}, \qquad p_b(W) = P_{bo}e^{\frac{eV_{EB}}{kT}}$$
$$n_e(0) = n_{eo}e^{\frac{eV_{EB}}{kT}}, \qquad n_c(0) = n_{co}e^{\frac{eV_{EB}}{kT}}$$

(b) 포화 동작 영역($V_{EB} > 0, V_{CB} > 0$)

(c) 활성 동작 영역($V_{EE} > 0, V_{CB} < 0$)

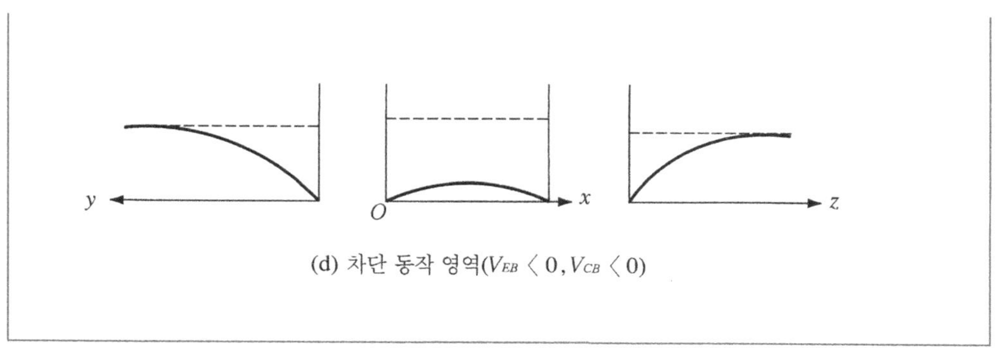

(d) 차단 동작 영역($V_{EB} < 0$, $V_{CB} < 0$)

[그림 10-7] PNP 트랜지스터에서의 소수캐리어농도 분포

2. 중성영역에서의 소수캐리어농도 분포

이상적 트랜지스터에서는 중성영역에서의 전장은 무시할 수 있는 것으로 가정 한다. 그러므로 중성영역에서의 소수캐리어의 운동은 확산에 의한 것이다. 따라서 정상상태에서의 이들의 흐름은 확산의 방정식에 따른다. 즉 정공의 확산의 흐름을 해석적으로 나타낸 기본식이며 확산의 식 (diffusion equation)이라고 불리어지는 다음 식 $D_p \dfrac{d^2 P_n(x)}{dx^2} = \dfrac{P_n(x) - p_{no}}{\tau_p}$ 에 따른다.

여기서 D_p는 정공의 확산정수이다. 우선 베이스에서의 정공농도분포를 살펴보자. 위의 확산의 방정식 에 따라 정공농도 $p_b(x)$는 다음 식을 만족한다.

$$D_p \frac{d^2 P_b(x)}{dx^2} = \frac{P_b(x) - p_{bo}}{\tau_p} \tag{10-12}$$

이 미분방정식의 일반해는 다음과 같다.

$$P_b^*(x) \equiv P_b(x) - P_{bo} = k_1 e^{-x/L_p} + k_2 e^{+x/L_p} \tag{10-13}$$

여기서 $P_b^*(x)$는 과잉캐리어 농도(excess carrier density)이며, k_1, k_2는 적분상수이 다. 또 L_p는 정공의 확산거리이며 다음과 같다.

$$L_p = \sqrt{D_p \tau_p} \tag{10-14}$$

식 (10-11)의 경계조건을 적용하면 k_1, k_2를 결정할 수 있으며 다음과 같이 된다.

$$k_1 = \frac{P_{bo}\left[e^{eV_{EB}/kT}-1\right]e^{W/L_p} - P_{bo}\left[e^{eV_{CB}/kT}-1\right]}{e^{W/L_p} - e^{-W/L_p}} \tag{10-15}$$

$$k_2 = \frac{-P_{bo}\left[e^{eV_{EB}/kT}-1\right]e^{-W/L_p} + P_{bo}\left[e^{eV_{CB}/kT}-1\right]}{e^{W/L_p} - e^{-W/L_p}} \tag{10-16}$$

식 (10-15), (10-16)을 식 (10-13)에 넣으면 정확한 정공농도분포를 구할 수 있다. [그림 10-7]의 $P_b(x)$는 이것을 나타낸 것이다. 정공분포가 거의 직선적임에 주의하여라. 이 것은 $L_p \gg W$임을 고려해 넣어서 그렸기 때문이다. $L_p \gg W$일 때 정공분포가 거의 직선적이라는 것은 다음 고찰로써도 알 수 있다. 즉 $L_p \gg W$일 때 베이스 영역에서 재결합에 의해서 소멸되는 과잉정공의 수효가 대단히 적다는 것은 분명하다. 그러므로 이것을 무시한다면 베이스 영역에서의 정공확산 전류밀도 $\left[\dfrac{-eD_p dP_b(x)}{dx}\right]$는 일정하다. 따라서

$$\frac{dP_b(x)}{dx} = const$$

이다.

에미터영역 및 콜렉터영역에서의 전자농도분포는 다이오드의 경우와 똑같이 구해진다. 즉 식 (8-14) $P_{n(x)} = p_{no} + p_{no}\left[e^{eV/kT}-1\right]e^{-x/L_p}$, 식 (8-18) $n_{p(y)} = n_{po} + n_{po}\left[e^{eV/kT}-1\right]e^{-y/L_n}$ 에 따라

$$n_e^*(y) \equiv n_e(y) - n_{eo} = n_{eo}\left[e^{eV_{EB}/kT}-1\right]e^{-y/L_n} \tag{10-17}$$

$$n_c^*(z) \equiv n_c(z) - n_{co} = n_{co}\left[e^{eV_{CB}/kT}-1\right]e^{-z/L_{n'}} \tag{10-18}$$

여기서 $n_e^*(y)$ 및 $n_c^*(z)$는 각각 에미터 및 콜렉터영역에서의 과잉전자농도이다. L_n, $L_{n'}$는 각 영역에서의 전자의 확산거리이며,

$$L_n = \sqrt{D_n \tau_n} \qquad\qquad L_{n'} = \sqrt{D_n \tau_{n'}} \tag{10-19}$$

여기서 τ_n, $\tau_{n'}$는 에미터 및 콜렉터 영역에서의 과잉전자의 수명이다.

3. 에미터 전류 및 콜렉터 전류

에미터 전류 I_E는 에미터에서 베이스로 주입된 정공전류성분 $I_{E(p)}$와 베이스에서 에미터로 주입된 전자전류성분 $I_{E(n)}$으로써 구성되어 있다. 이들은 경계면에서의 농도분포의 기울기로써 결정될 수 있으며 다음과 같이 된다.

$$I_{E(p)} = -eAD_p \frac{dp_b(x)}{dx}\Big|_{x=0}$$

$$= \frac{eAD_p p_{bo}}{L_p}\left\{\left[e^{eV_{EB}/kT}-1\right]\coth\frac{W}{L_p} - \left[e^{eV_{CB}/kT}-1\right]\operatorname{csch}\frac{W}{L_p}\right\} \tag{10-20}$$

$$I_{E(n)} = -eAD_n \frac{dn_e(y)}{dy}\Big|_{y=0} = \frac{eAD_n n_{eo}}{L_n}\left[e^{eV_{EB}/kT}-1\right] \tag{10-21}$$

여기서 A는 이상적 트랜지스터의 단면적이다. 따라서 에미터전류 I_E는

$$I_E = I_{E(p)} + I_{E(n)}$$

$$= \left\{\frac{eAD_p p_{bo}}{L_p}\coth\frac{W}{L_p} + \frac{eAD_n n_{eo}}{L_n}\right\}\left[e^{eV_{EB}/kT}-1\right] - \frac{eAD_p p_{bo}}{L_p}\operatorname{csch}\frac{W}{L_p}\left[e^{eV_{CB}/kT}-1\right] \tag{10-22}$$

EB접합을 건너가는 캐리어의 흐름이 CB접합의 바이어스전압에 관련되는 점에 주의하여라. 이것은 두 접합이 아주 가깝게 배치되어 있기 때문이다.

같은 방법으로 콜렉터전류를 구할 수 있다. 정공전류성분은

$$I_{c(p)} = -\frac{eAD_p p_{bo}}{L_p}\operatorname{csch}\frac{W}{L_p}\left[e^{eV_{EB}/kT}-1\right] + \frac{eAD_p p_{bo}}{L_p}\coth\frac{W}{L_p}\left[e^{eV_{CB}/kT}-1\right] \tag{10-23}$$

전자전류성분은

$$I_{c(n)} = \frac{eAD_n n_{co}}{L_{n'}}\left[e^{eV_{CB}/kT}-1\right] \tag{10-24}$$

따라서 콜렉터전류는

$$I_c = I_{c(p)} + I_{c(n)} \tag{10-25}$$

$$= -\frac{eAD_p p_{bo}}{L_p} csch \frac{W}{L_p} \left[e^{eV_{EB}/kT} - 1 \right] + \left\{ \frac{eAD_p p_{bo}}{L_p} coth \frac{W}{L_p} + \frac{eAD_n n_{co}}{L_{n'}} \right\} \left[e^{eV_{CB}/kT} - 1 \right]$$

4. Ebers-Moll의 식

여러 가지 효과를 구체화시킨 트랜지스터 모델이 Ebers와 Moll에 의하여 제안되었다. 이 모델을 설명하는 Ebers-Moll의 식과 그 모델을 알아보기로 한다.

식 (10-22) 및 (10-25)는 다음과 같이 표시할 수 있다.

$$I_E \equiv a_{11} \left[e^{eV_{EB}/kT} - 1 \right] + a_{12} \left[e^{eV_{CB}/kT} - 1 \right] \tag{10-26}$$

$$I_C \equiv a_{21} \left[e^{eV_{EB}/kT} - 1 \right] + a_{22} \left[e^{eV_{CB}/kT} - 1 \right] \tag{10-27}$$

여기서

$$
\begin{aligned}
a_{11} &= \frac{eAD_p p_{bo}}{L_p} coth \frac{W}{L_p} + \frac{eAD_n n_{eo}}{L_n} \\
a_{22} &= \frac{eAD_p p_{bo}}{L_p} coth \frac{W}{L_p} + \frac{eAD_n n_{co}}{L'_n} \\
a_{12} &= a_{21} = -\frac{eAD_p p_{bo}}{L_p} csch \frac{W}{L_p}
\end{aligned}
\tag{10-28}
$$

$a_{12} = a_{21}$ 임에 주의하여라. 식 (10-26) 및 (10-27)은 임의의 바이어스상태에서 트랜지스터의 전류를 나타내는 일반식이며 Ebers-Moll의 식이라고 불리어진다. $L_p \gg W$일 때 식 (108)은 다음과 같이 간단한 식으로 표시된다.

$$
\begin{aligned}
a_{11} &\cong \frac{eAD_p p_{bo}}{W} + \frac{eAD_p n_{eo}}{L_n} \\
a_{22} &\cong \frac{eAD_p p_{bo}}{W} + \frac{eAD_p n_{co}}{L'n} \\
a_{12} &= a_{21} \cong -\frac{eAD_p p_{bO}}{W}
\end{aligned}
\tag{10-29}
$$

식 (10-26)과 (10-27)에서 V_{EB}혹은 V_{CB}를 소거하면 에미터전류 및 콜렉터전류를 다음과 같이 표시할 수 있다.

$$I_E = \left(\frac{a_{12}}{a_{22}}\right) I_C - \left(\frac{a_{12}a_{21}}{a_{22}} - a_{11}\right)\left[e^{eV_{EB}/kT} - 1\right] \tag{10-30}$$

$$I_C = \left(\frac{a_{21}}{a_{11}}\right) I_E - \left(\frac{a_{12}a_{21}}{a_{11}} - a_{22}\right)\left[e^{eV_{CB}/kT} - 1\right] \tag{10-31}$$

식 (10-31)은 I_E와 V_{CB}가 주어졌을 때 I_C를 계산할 방법을 제공한다. 지금 새로운 parameter를 다음 식으로 정의한다면

$$\alpha_R \equiv -\frac{a_{12}}{a_{22}} \qquad I_{EO} \equiv \frac{a_{12}a_{21}}{a_{22}} - a_{11}$$
$$\alpha_F \equiv -\frac{a_{21}}{a_{11}} \qquad I_{CO} \equiv \frac{a_{12}a_{21}}{a_{11}} - a_{22} \tag{10-32}$$

식 (10-30), (10-31)은 다음과 같이 간단해진다.

$$I_E = -\alpha_R I_C + (-I_{EO})\left[e^{eV_{EB}/kT} - 1\right] \tag{10-33}$$

$$I_C = -\alpha_F I_E + (-I_{CO})\left[e^{eV_{CB}/kT} - 1\right] \tag{10-34}$$

새로운 parameter $\alpha_R, \alpha_F, I_{EO}, I_{CO}$의 물리적 내용은 곧 밝혀질 것이다. 이 식에서 $-I_{CO}$, $-I_{EO}$로 표시한 것은 PNP에서 $I_{CO} < 0$, $I_{EO} < 0$임을 고려하였기 때문이다. 식 (10-32)를 $a_{11}, a_{12}, a_{21}, a_{22}$에 대해서 풀면

$$a_{11} = \frac{-I_{EO}}{1 - \alpha_F \alpha_R} \qquad a_{12} = \frac{\alpha_R I_{\infty}}{1 - \alpha_F \alpha_R}$$
$$a_{21} = \frac{\alpha_F I_{EO}}{1 - \alpha_F \alpha_R} \qquad a_{22} = \frac{-I_{CO}}{1 - \alpha_F \alpha_R} \tag{10-35}$$

또 $a_{12} = a_{21}$이므로, 다음 관계식이 성립됨을 알 수 있다.

$$\alpha_R I_{CO} = \alpha_R I_{EO} \tag{10-36}$$

식 (10-35)를 식 (10-26), (10-27)에 넣으면

$$I_E = \frac{(-I_{EO})}{1-\alpha_F\alpha_R}\left[e^{eV_{EB}/kT}-1\right] - \frac{\alpha_R(-I_{CO})}{1-\alpha_F\alpha_R}\left[e^{eV_{CB}/kT}-1\right] \tag{10-37}$$

$$I_C = -\frac{\alpha_F(-I_{EO})}{1-\alpha_F\alpha_R}\left[e^{eV_{EB}/kT}-1\right] + \frac{(-I_{CO})}{1-\alpha_F\alpha_R}\left[e^{eV_{CB}/kT}-1\right] \tag{10-38}$$

식 (10-37), (10-38)은 Ebers-Moll의 식에 대한 또 하나의 형식이다. 곧 밝혀지겠지만 $\alpha_F, \alpha_R, I_{CO}, I_{EO}$는 뚜렷하고 구체적인 물리적 내용을 가진 양이며 간단히 측정될 수 있다. 그러므로 앞으로 트랜지스터의 정특성을 고찰할 때 이 식을 기본식으로 삼을 것이다.

식 (10-37), (10-38)을 또 다음과 같이 표시하는 것이 편리한 경우도 있다.

$$I_E = I_{ES}\left[e^{eV_{EB}/kT}-1\right] - \alpha_R I_{CS}\left[e^{eV_{CB}/kT}-1\right] \tag{10-39}$$

$$I_C = -\alpha_F I_{ES}\left[e^{eV_{EB}/kT}-1\right] + I_{CS}\left[e^{eV_{CB}/kT}-1\right] \tag{10-40}$$

여기서

$$I_{ES} = \frac{(-I_{EO})}{1-\alpha_F\alpha_R}, \qquad I_{CS} = \frac{(-I_{CO})}{1-\alpha_F\alpha_R} \tag{10-41}$$

이며 , PNP에서 $I_{ES} > 0$, $I_{CS} > 0$이다.

5. 콜렉터 역포화전류 I_{CO}

[그림 10-8] (a_1)과 같이 에미터 단자를 개방하였을 때 $I_E = 0$이므로 식 (10-34)로부터

$$I_C = (-I_{CO})\left[e^{eV_{CB}/kT}-1\right] \tag{10-42}$$

따라서 콜렉터 역바이어스가 충분히 큰 경우$(V_{CB} < 0 , |V_{CB}| \gg kT/e)$ 콜렉터전류 I_C는

$$I_C \cong I_{CO} \tag{10-43}$$

이다. 즉 "I_{CO}는 에미터단자를 개방했을 때의 콜렉터 역바이어스 전류의 포화값"을 나타낸다. 앞 절의 정성적 고찰[식 (10-1), (10-2)]이 해석결과와 일치하는 점에 주의하여라. I_{CO}를 콜렉터 역포화전류(reverse saturation current) 혹은 차단전류(cutoff current)라고 한다. I_{EO}도 역시 비슷한 개념을 나타내는 양임을 증명할 수 있다.

[그림 10-8] (c)를 참조하여라. I_{CO}, I_{EO}는 회로적으로 간단히 측정되는 parameter임에 주의하여라.

I_{CO}값을 트랜지스터의 물리적 구조로부터 구하려면 식 (10-29), (10-32)를 이용하면 된다. 즉

$$I_{CO} = \frac{a_{12}a_{21}}{a_{11}} - a_{22}$$

$$= -A\left\{ \frac{eD_p p_{bo}}{L_p}\left(\frac{W}{L_p}\right) + \frac{eD_n n_{\infty}}{L_{n'}} \right\} \tag{10-44}$$

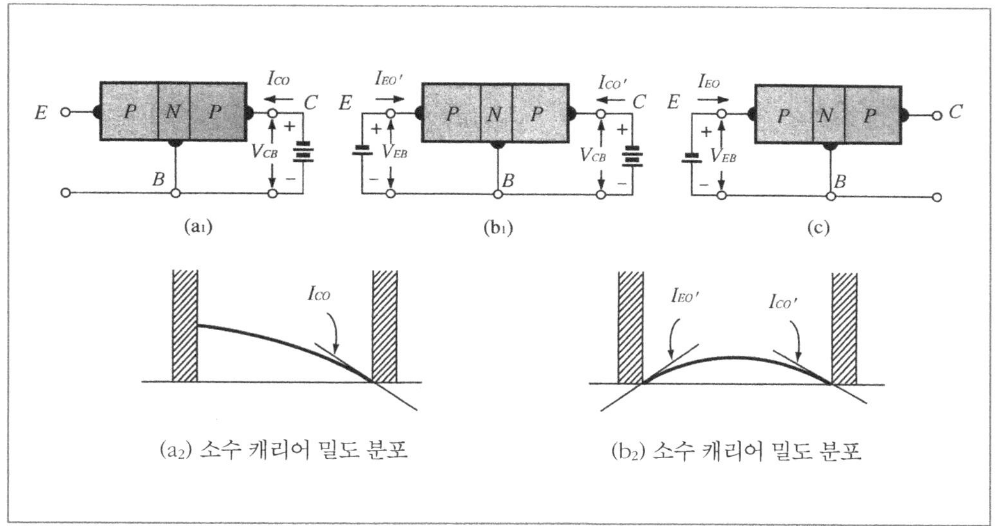

(a₂) 소수 캐리어 밀도 분포   (b₂) 소수 캐리어 밀도 분포

[그림 10-8] 차단전류 I_{CO}, I_{EO}

이 식에서 $I_{CO} < 0$임이 확인되었다. I_{CO}[식 (10-44)]를 이상적 다이오드의 전류 $I_o = eA\left(\dfrac{D_p p_{no}}{L_p} + \dfrac{D_n n_{po}}{L_n}\right) = eA\left(\dfrac{L_p p_{no}}{\tau_p} + \dfrac{L_n n_{po}}{\tau_n}\right)$와 비교하면 첫째 항이 계수 $\dfrac{W}{L_p}$만큼 적어져 있음을 알 수 있다. 이것은 EB접합이 가까이 배치되어 있기 때문에 그 영향으로 인한 것이다. I_{EO}에 대해서도 식 (10-44)와 비슷한 식을 유도할 수 있다.

[그림 10-8] (b_1, b_2) 와 같이 EB접합과 CB접합이 모두 충분히 역바이어스된 경우의 콜렉터 차단전류 $I_{CO'}$ 를 계산해보자. 식 (10-27), (10-29)로부터

$$I_{CO'} = -a_{21} - a_{22}$$

$$= -A \left\{ \frac{eD_p p_{bo}}{L_p} \left(\frac{\frac{W}{2}}{L_p} \right) + \frac{eD_n n_{co}}{L_{n'}} \right\} \tag{10-45}$$

식 (10-44)와 비교하면 베이스폭이 1/2로 줄어든 경우와 같이 됨을 알 수 있다. $|I_{CO'}| < |I_{CO}|$ 임에 주의하여라. 그러므로 콜렉터역전류를 차단하려면 에미터전자를 개방하기보다는 역바이어스를 걸어주는 것이 근소하나마 효과적일 것이다.

6. 전류증폭율 α_F

parameter α_F 의 물리적 내용은 식 (10-34)

$$I_C = -\alpha_F I_E + (-I_{CO}) \left[e^{eV_{CB}/kT} - 1 \right] \tag{10-46}$$

에서 찾을 수 있다. 이 식이 식 (10-9)와 똑같은 식임에 주의하여라. 이것은 앞절에서의 정성적 고찰이 정확한 해석과 부합됨을 나타내기도 하는 셈이다. 그러므로 α_F 의 뜻에 대하여 다시 되풀이할 필요가 없을 것이다. α_F 를 전류증폭율(current amplification factor)이 라고 한다. 콜렉터 역바이어스가 충분히 클 때

$$I_C \cong \alpha_F I_E + I_{CO} \cong -\alpha_F I_E \tag{10-47}$$

이 된다. α_F 의 물리적 내용도 식 (10-33)으로부터 쉽게 찾아볼 수 있다. 에미터와 콜렉터의 입장을 바꾸기만 하면 된다. α_F 은 역방향전류증폭율이 라고 한다. $\alpha_F, \alpha_R, I_{CO}, I_{EO}$ 사이에 $\alpha_F I_{CO} = \alpha_R I_{EO}$ [식 (10-36)]의 관계가 성립되는 점에 주의하여라.

α_F 은 I_{CO} 와 더불어 트랜지스터를 특징짓는 가장 중요한 parameter의 하나이다. 식 (10-47)의 관계를 사용하면 α_F 를 회로적으로 간단히 측정할 수 있다. α_F 의 값을 트랜지스터의 물리적 구조에서 구하려면 식 (10-28), (10-32)를 이용하면 된다. 즉

$$\alpha_F = -\frac{a_{21}}{a_{11}} = \cfrac{1}{1 + \cfrac{L_p}{L_n}\cfrac{D_n}{D_p}\cfrac{n_{eo}}{p_{bo}}tanh\cfrac{W}{L_p}}\,sech\frac{W}{L_p} \tag{10-48}$$

$$= \cfrac{1}{1 + \cfrac{L_p}{L_n}\cfrac{\sigma_b}{\sigma_e}tanh\cfrac{W}{L_p}}\,sech\frac{W}{L_p} \tag{10-49}$$

여기서 σ_e, σ_b는 각각 에미터 및 베이스의 도전율이다. α_F는 두 개의 항으로 되어 있음에 주의하여라. 첫째 항은 에미터 효율(emitter efficiency) γ, 둘째 항은 베이스의 수송계수 (transport factor) β^*를 나타낸다.

$$\alpha_F = \gamma\beta^* \tag{10-50}$$

$$\gamma = \cfrac{1}{1 + \cfrac{L_p}{L_n}\cfrac{\sigma_b}{\sigma_e}tanh\cfrac{W}{L_p}} \tag{10-51}$$

$$\beta^* = sech\,\frac{W}{L_p} \tag{10-52}$$

실제문제로서 $L_p \gg W$, $\sigma_e \gg \sigma_b$인 경우에는

$$\gamma \cong \cfrac{1}{1 + \cfrac{\sigma_b}{\sigma_e}\cfrac{W}{L_p}} \cong 1 - \frac{\sigma_b}{\sigma_e}\frac{W}{L_p} \tag{10-53}$$

$$\beta^* \cong 1 - \frac{1}{2}\left(\frac{W}{L_p}\right)^2 \tag{10-54}$$

이며, 따라서

$$\alpha_F = \gamma\beta^* \cong 1 - \frac{\sigma_b}{\sigma_e}\frac{W}{L_p} - \frac{1}{2}\left(\frac{W}{L_p}\right)^2 \tag{10-55}$$

식 (10-55)에서 $\alpha_F < 1$임을 볼 수 있다. 이것은 α_F의 물리적 개념과도 물론 부합된다. α_F 는 되도록 1에 가까운 것이 좋으며, 이것을 위해서는 $W \ll L_p$, $\sigma_b \ll \sigma_e$로 해야 한다. 실제의 트랜지스터에서 베이스폭을 되도록 적게 하며, 에미터를 베이스보다 세게 도우핑하는 것은 이러한 까닭이다.

10.4 Ebers–Moll의 회로모델

Ebers-Moll의 식 (10-39), (10-40)을 기초로 하여 이상적 트랜지스터의 회로모델을 얻을 수 있으며, [그림 10-9] (a)와 같이 된다. 이 회로가 식 (10-39), (10-40)과 똑같은 내용을 표시하고 있음을 확인하여라. 여기서 $D(|I_{ES}|)$, $D(|I_{CS}|)$는 역포화전류가 각각 $|I_{ES}|$, $|I_{CS}|$되는 이상적 다이오드를 표시 한다.

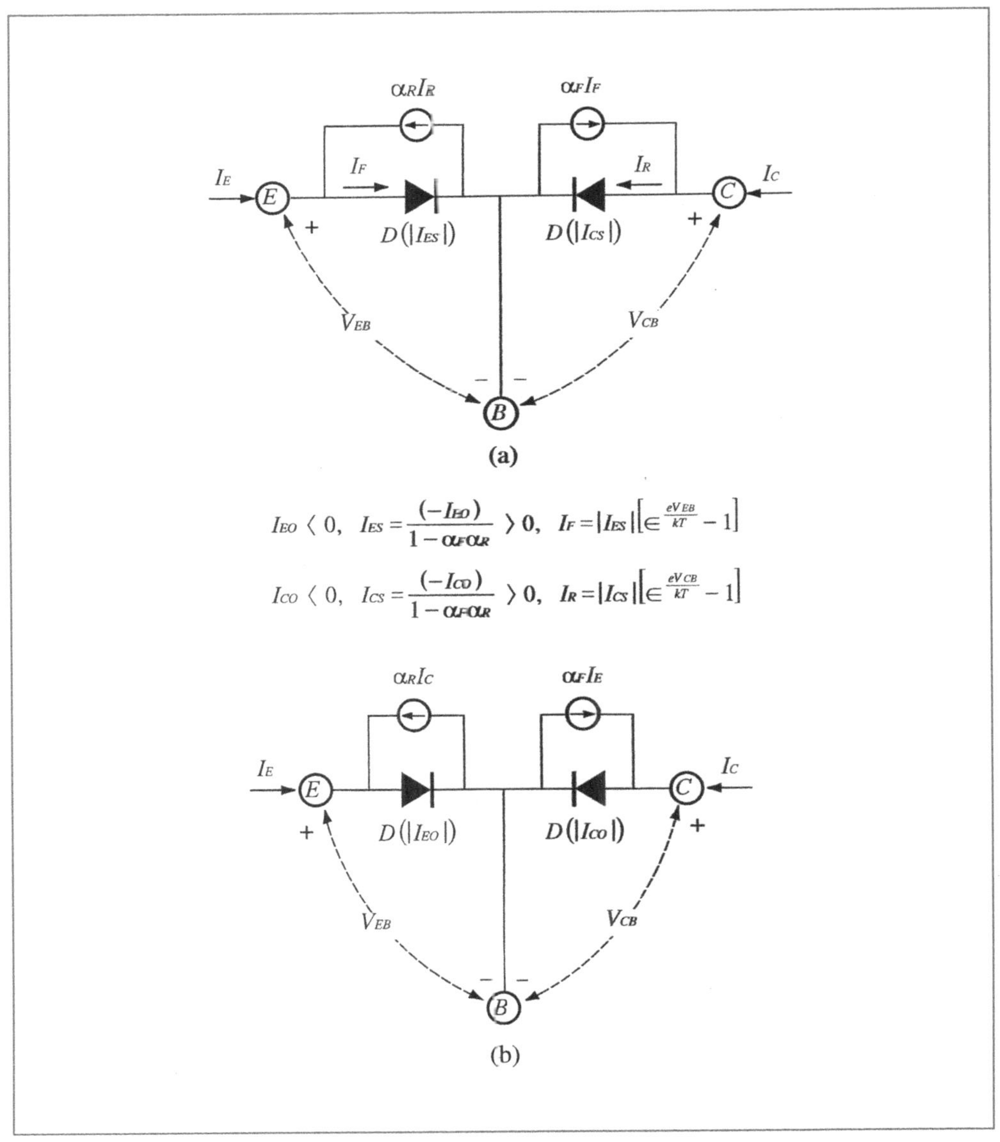

$$I_{EO} < 0, \quad I_{ES} = \frac{(-I_{EO})}{1 - \alpha_F \alpha_R} > 0, \quad I_F = |I_{ES}| \left[\in^{\frac{eV_{EB}}{kT}} - 1 \right]$$

$$I_{CO} < 0, \quad I_{CS} = \frac{(-I_{CO})}{1 - \alpha_F \alpha_R} > 0, \quad I_R = |I_{CS}| \left[\in^{\frac{eV_{CB}}{kT}} - 1 \right]$$

[그림 10-9] 이상적인 PNP 트랜지스터에 대한 Ebers-Moll의 회로모델

α_F, I_{ES}에 대하여 적당한 회로적 해석을 내릴 수 있다. [그림 10-9] (a)에서 CB단자를 단락시키면 $I_R=0$이므로, $(-I_C)/I_E=\alpha_F$, $I_E=I_F=|I_{ES}|\left[e^{eV_{EB}/kT}-1\right]$로 된다. I_{ES}를 에미터접합 단락포화전류, α_F를 단락순방향 전류이득(current gain)이라고 부르는 것은 이 사실로부터 온 것이다. 마찬가지로 α_R, I_{CS}에 대해서도 비슷한 해석을 내릴 수 있다. 이들을 콜렉터단락 포화전류, 단락역방향 전류이득이라고 한다.

식 (10-33), (10-34)를 기초로 하면 [그림 10-9] (b)와 같은 또 하나의 회로모델을 얻을 수 있다.

이 모델에서는 전류전원 $\alpha_R I_C$, $\alpha_F I_E$가 단자전류 I_C, I_E로 제어되어 있는 것이 특징이다. 회로해석에 있어서 어느 모델을 사용하는 것이 편리한가는 트랜지스터에 접속되어 있는 외부 회로가 단자전압을 속박하느냐 혹은 단자전류를 속박하느냐에 따라 정해진다.

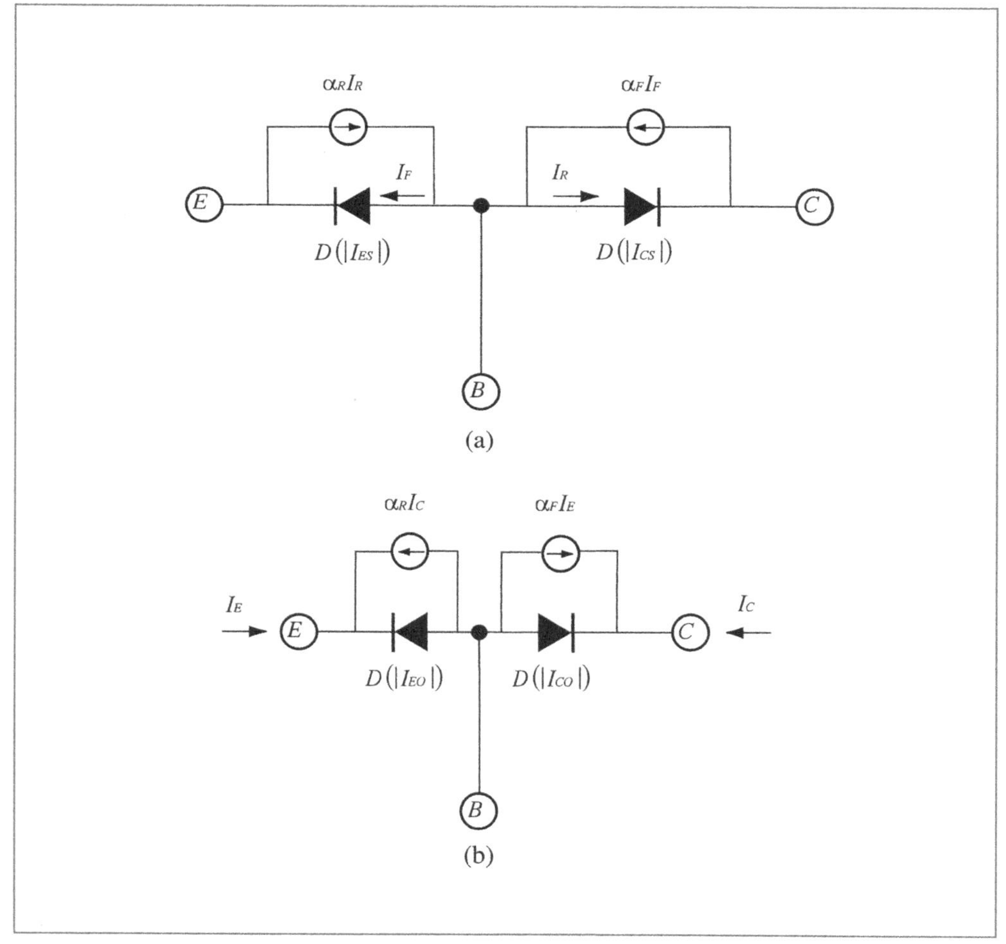

[그림 10-10] 이상적 NPN 트랜지스터에 대한 Ebers-Moll의 회로모델

10.5 실제의 트랜지스터

이상적 트랜지스터에서 가정한 몇 가지 성질은 실제의 트랜지스터에 있어서 무시할 수 없는 영향을 나타낸다. 이 절에서는 실제의 트랜지스터의 특성을 이해하는 데 있어서 중요한 몇 가지 문제에 대해서 고찰하겠다.

1. 베이스폭 변조

이상적 트랜지스터에서 베이스 중성영역의 폭 W는 일정하다고 가정하고 있다. 실제의 트랜지스터에서는 콜렉터전압 V_{CB}의 변화에 따른 베이스폭의 변화가 상당한 영향을 미치게 된다. [그림 10-11]에 이 관계를 나타내었다. CB접합의 공간전하층의 폭은 콜렉더 역바이어스가 증가함에 따라 넓어지며 따라서 베이스중성영역의 폭이 줄어든다. 그림에서 보는 바와 같이 베이스폭의 감소는 베이스영역에서의 소수 캐리어농도분포의 기울기를 증대시킨다. 그러므로 콜렉터역바이어스의 증가에 따라 에미터전류와 콜렉터전류가 증대함을 알 수 있다. 베이스폭의 변화가 가져오는 또 하나의 중요한 효과는 전류증폭율 α_F의 변화에 있다. 식 (10-53), (10-54)에서 보는 바와 같이 베이스폭 W의 감소는 에미터 효율 γ및 수송계수 β^*의 증가를 초래하며 따라서 α_F가 증대한다. 이와 같이 베이스폭의 변화에 따르는 현상을 베이스폭 변조(base-width modulation) 혹은 Early효과라 한다.

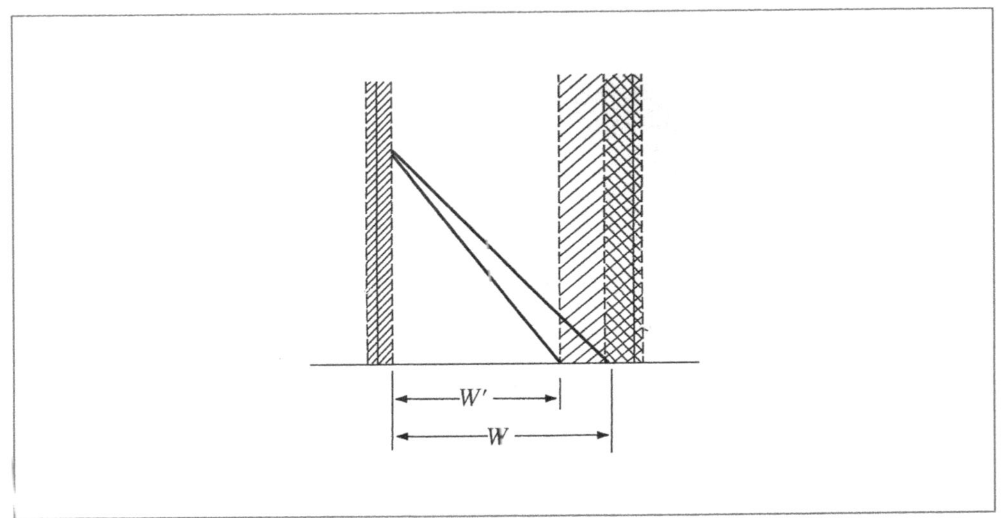

[그림 10-11] 베이스폭 변조

콜렉터역바이어스를 계속해서 증대시키면 CB접합의 공간전하층이 베이스영역 안으로 깊숙히 퍼져가며 마지막에는 EB접합의 공간전하층과 닿게 되며 베이스중성영역은 없어진다. 이 현상을 punch-through라고 한다. Punch-through가 일어난 상태에서는 에미터, 베이스 및 콜렉터 는 모두 단락상태가 되므로 트랜지스터작용을 나타낼 수 없게 된다. 실제의 트랜지스터에 있어서 콜렉터는 베이스보다 훨씬 세게 도우핑되어 있다. 그러므로 공간전하층은 거의 베이스 안에 생겨 있으며, 그 폭은 PNP의 경우

$$W_n \cong \sqrt{\frac{2e|V_{CB}|}{eN_d}} \tag{10-56}$$

punch-through전압 V_{pt}는 W_n이 베이스폭 W와 같이 될 때의 콜렉터전압으로서 주어진다. 따라서

$$V_{pt} = \frac{2N_dW^2}{2\epsilon} \tag{10-57}$$

punch-through가 일어났다고 해서 트랜지스터가 파괴되었다고 생각해서는 안 된다. 트랜지스터가 영구적으로 파괴되는 원인은 온도상승에 있다. 그러므로 punch-through에 의해서 단락상태로 되었다 하더라도(외부저항에 의해서 전류가 제한되어), 과대한 전류에 따르는 온도상승이 트랜지스터의 허용 최고온도를 넘지 않는 한, 콜렉터역바이어스를 낮추면 다시 트랜지스터 작용을 복구하게 된다.

2. 접합의 항복

앞에서 설명한 바와 같이 PN접합에 큰 역바이어스전압이 걸리는 경우, 공간전하층을 지나가는 캐리어들이 결정격자와 충돌할 때 새로운 한 쌍의 캐리어를 발생케 한다.

이러한 애벌란치 항복이 나타내는 효과는 중배계수

$$M = \frac{1}{1-\left(\dfrac{V_{CB}}{V_z}\right)^n} \tag{10-58}$$

로서 표시될 수 있다. n은 비교적 큰 값(3~7)을 가진 정수이므로 실제문제로서는 항복전압 V_z에 가까운 전압범위에서 그 효과를 나타낸다.

[그림 10-5]에서 보는 바와 같이, 항복효과를 고려해 넣는다면 식 (10-10), (10-47)은 다음과 같이 수정되어야 한다.

$$I_C = M(-\alpha_F I_E + I_{CO}) \tag{10-59}$$
$$= -(M\alpha_F)I_E + MI_{CO} \tag{10-60}$$

그러므로 항복의 효과는 이상적 트랜지스터의 전류증폭율 α_F와 역포화전류 I_{CO}를 각각 M 배로 증대시키는 것으로 해석할 수 있다.

3. 에미터 효율

이상적 트랜지스터에서는 공간전하층에서의 재결합을 무시할 수 있는 것으로 가정한다. 실제의 트랜지스터에 있어서 EB공간전하층에서 캐리어가 재결합하는 모양을 [그림 10-12]에 나타내었다. 에미터전류 I_E가 적을수록 재결합전류성분이 차지하는 비율이 증가하므로 에미터 효율 γ는 I_E의 감소에 따라 적어진다.

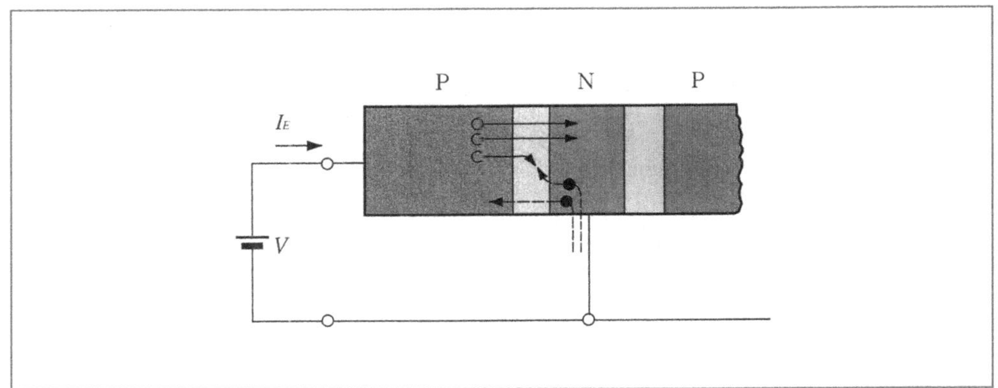

[그림 10-12] EB공간전하층에서의 재결합

이러한 경향은 공간전하층에 많은 재결합중심을 가지고 있는 Si에서 현저하게 나타나며 $I_E \to 0$에서 $\Gamma \to 0(\alpha_F \to 0)$으로 된다. [그림 10-13]에 Si트랜지스터에 대한 대표적 예를 나타내었다. 한편 Ge트랜지스터에서는 재결합중심이 적게끔 만들어질 수 있으므로 그 영향이 대단히 적으며 $I_E \rightarrow 0$에서도 $\alpha_F \approx 0.9$정도이다.

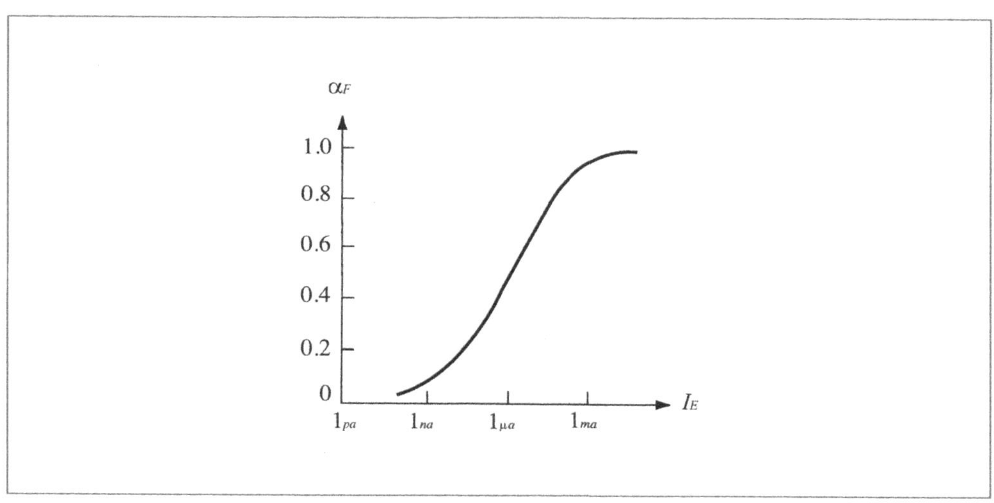

[그림 10-13] α_F와 I_E와의 관계(Si)

[그림 10-14]에 Si트랜지스터의 α_F측정 결과를 나타내었다. 에미터전류가 어느 한도 이상으로 크게 되면 α_F가 급속히 감소하는 데 주목할 필요가 있다. 이것은 주입된 과잉캐리어들로 인하여 베이스영역의 도전율이 증가하며, 따라서 에미터능률이 감소하기 때문이다. 이것을 도전율변조(conductivity modulation)라고 한다.

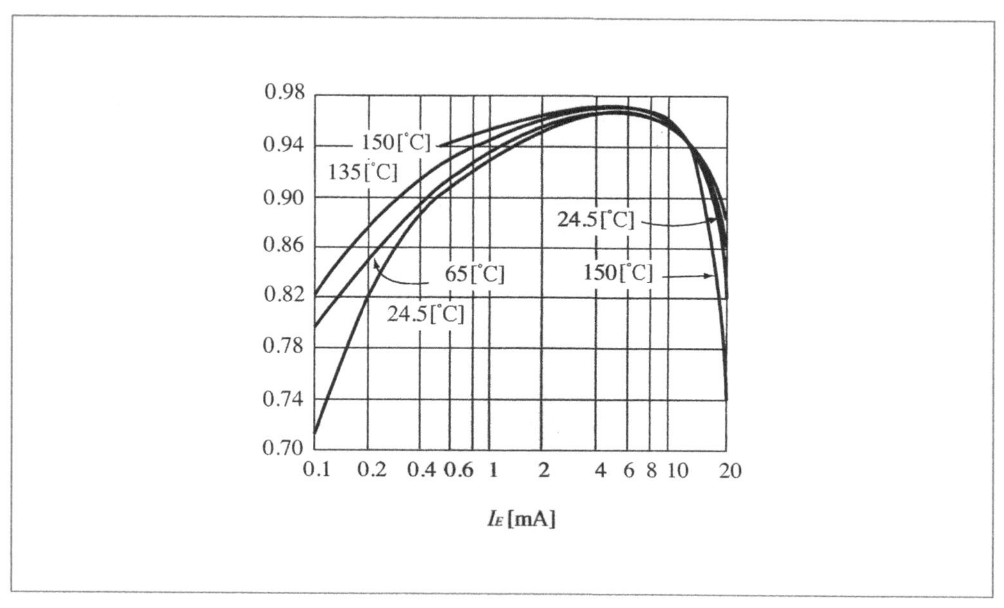

[그림 10-14] 확산형 Si NPN 트랜지스터에서 α_F와 I_E와의 관계를 측정한 예

4. 베이스분포저항

[그림 10-15] (a)는 대표적 planar 트랜지스터에서의 베이스전류의 통로를 나타낸다. 베이스영역에 있어서 다수 캐리어전류는 드리프트전류이며, 소수 캐리어전류에 대하여 직각방향으로 흐른다. 베이스영역은 두 개의 영역으로 구분해서 생각할 수 있다. 하나는 에미터 바로 밑의 영역이며 실제로 트랜지스터 작용에 관여하는 부분이다. 이 부분을 활성영역(active region)이라고 한다. 또 하나는 활성영역과 베이스단자 사이의 부분이며 베이스전류의 통로가 되는 불활성영역(Inactive region)이다. 대략적으로 보아서 불활성영역은 고정저항으로 근사할 수 있다.

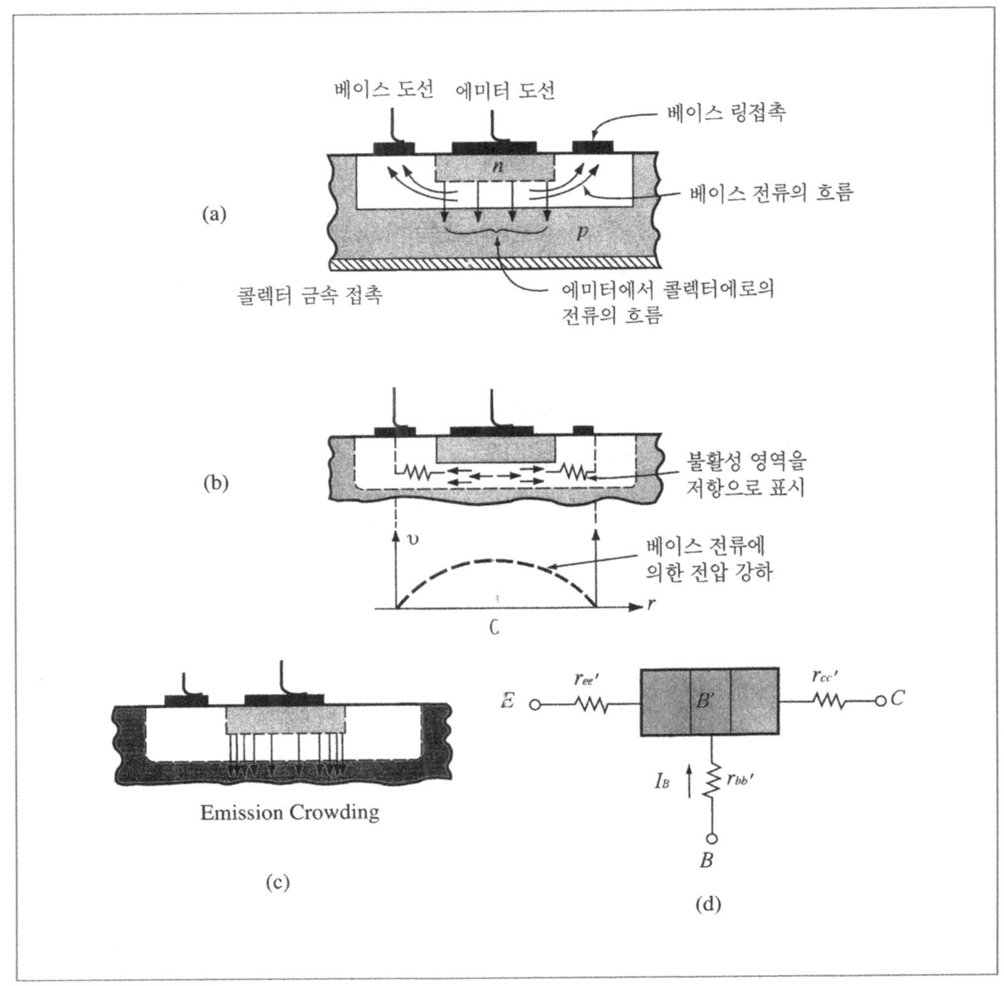

[그림 10-15] 베이스분포저항

그러므로 실제의 트랜지스터는 [그림 10-15] (d)와 같이 실효베이스영역(effective baseregion) B'와 외부베이스단자 B사이에 불활성영역을 나타내는 저항 rbb'가 접속되어 있는 것으로 근사할 수 있다. rbb'를 베이스분포저항(base spreading resistance)이라고 한다. 이 그림에서 ree' 및 rcc'는 에미터 및 콜렉터중성영역의 저항을 나타낸다. 에미터 및 콜렉터영역의 단면은 비교적 넓기 때문에 ree' 및 rcc'는 실제문제로서는 무시될 수 있다. 그러나 베이스영역은 비교적 약하게 도우핑되어 있어서 저항율이 큰 편인 동시에 영역폭이 얇기 때문에 문제가 되는 일이 적지 않다

베이스영역에 대해서 좀 더 자세히 고찰해보자. 그림 (b)와 같이 얇은 베이스층을 흐르는 베이스전류에 의한 전압강하 때문에 실제의 EB접합의 순바이어스전압은 중앙부에 가까울수록 적어진다. 그러므로 [그림 10-15] (c)와 같이 에미터전류 밀도분포의 불균일이 생기게 되며 끝의 부분일수록 커진다. 이 현상을 emission crowding이라고 한다. 전류레벨이 높은 경우, 끝부분의 전류밀도가 지나치게 크게 되어 이 부분의 과대한 온도상승 때문에 트랜지스터를 파괴할 우려가 있다.

10.6 공통베이스 특성

[그림 10-16]에 트랜지스터를 표시하는 방법을 나타내었다. 에미터를 표시하는 화살표의 방향은 EB접합의 순방향을 가리킨다. 트랜지스터를 외부회로에 접속할 때 어느 단자를 입력(input)쪽과 출력(output)쪽의 공통단자로 택하는가에 따라 세 가지의 방법이 있다.

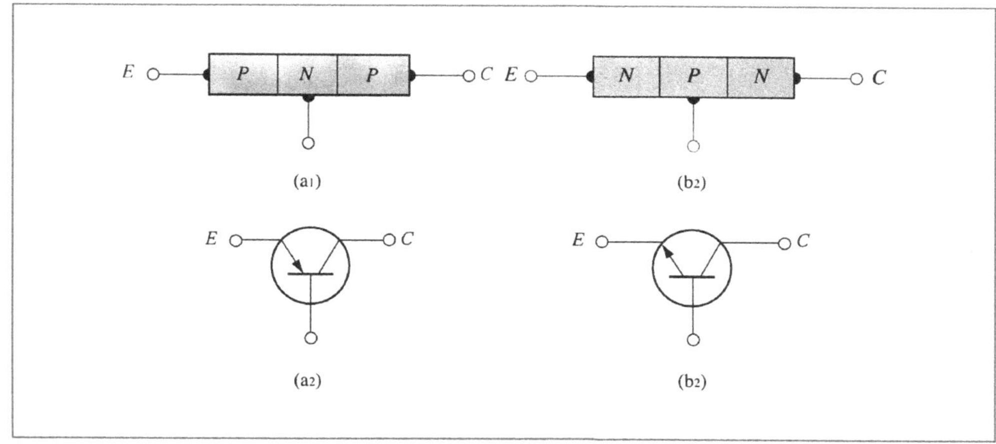

[그림 10-16] PNP 및 NPN 트랜지스터의 표시

[그림 10-17] (a)는 베이스단자를 공통단자로 한 것이며 공통베이스접속(CB, common base connection) 혹은 베이스접지접속(grounded base connection)이라고 불리어진다. 마찬가지로 [그림 10-17] (b)의 방법을 공통-에미터접속(CE) 혹은 에미터접지접속, [그림 10-17] (c)의 방법을 공통콜렉터접속(CC) 혹은 콜렉터접지접속이라고 부른다. 앞으로 이들을 간단히 CB, CE, CC접속이라고 부르겠다.

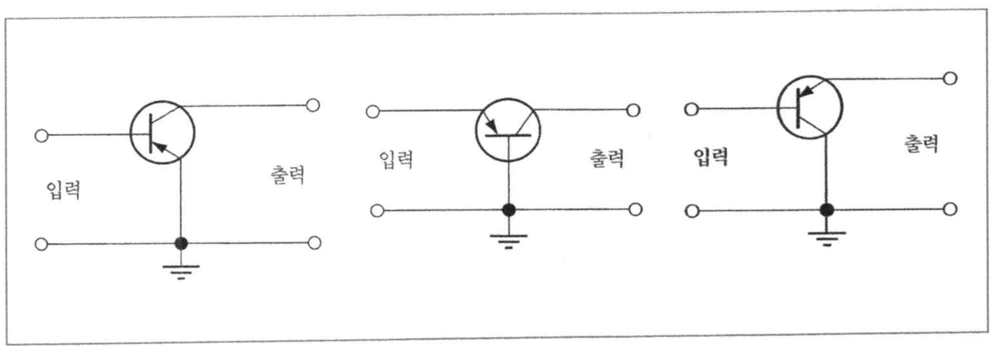

[그림 10-17] 트랜지스터의 접속방법

[그림 10-18] (a)에서 보는 바와 같이 베이스단자를 공통으로 했을 때 트랜지스터의 정특성은 4개의 변수 즉 입력전류 I_E 전압 V_{EB} 와 출력전류 I_C 전압 V_{CB} 사이의 관계로써 규정될 수 있다. 이들 가운데 어느 둘을 독립변수로 택하는가에 따라 CB특성을 표시하는 방법을 여러 가지로 생각할 수 있으나, 실제로 쓰이고 있는 것은 V_{CB} 와 I_E 를 독립변수로 삼고 V_{EB} 와 I_C 를 그들의 함수의 형식으로 나타내는 방법이다. 즉 CB특성은 일반적으로 다음 형식으로 주어진다.

$$V_{EB} = f(I_E, V_{CB}), \quad I_C = g(I_E, V_{CB}) \tag{10-61}$$

1. 입력특성

입력 쪽의 전류-전압관계를 표시한 것을 입력특성(input characteristics)이라고 한다. 입력특성을 이론적으로 고찰하려면 식 (10-39) 혹은 [그림 10-8](a)의 모델을 이용하는 것이 편리하다. 즉

$$I_E = I_{ES}\left[e^{eV_{EB}/kT} - 1\right] - \alpha_R I_{CS}\left[e^{eV_{CB}/kT} - 1\right] \tag{10-62}$$

여기서

$$I_{ES} = \frac{-I_{EO}}{1-\alpha_F\alpha_R} \ , \ I_{CS} = \frac{-I_{CO}}{1-\alpha_F\alpha_R} \tag{10-63}$$

$V_{CB}=0$인 경우, 둘째 항은 0이며 다이오드와 똑같은 특성을 나타냄을 알 수 있다. [그림 10-18] (b)에 PNP Ge트랜지스터에 대한 대표적 입력특성을 V_{CB}를 parameter로 해서 나타내었다.

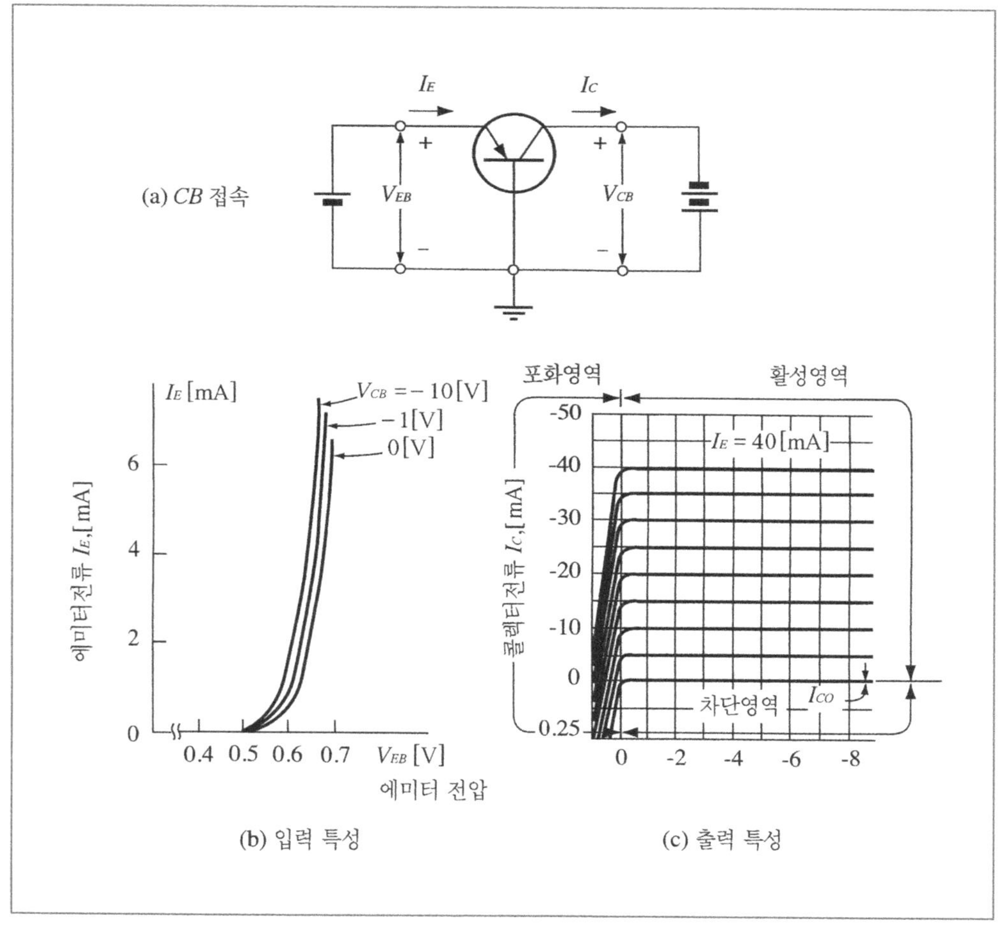

[그림 10-18] PNP Ge 트랜지스터의 CB 특성

$V_{CB} = 0$의 특성을 보면 V_{EB}가 어떤 값에 이르기까지는 I_E가 대단히 적으며, 그 값을 넘으면 I_E가 갑자기 증대해가는 임계적인 값이 있다. 이러한 임계적 전압을 cutin전압 혹은 offset or threshold voltage이라고 하며 V_r로 표시 한다. 일반적으로 Ge트랜지스터에서 는 $V_r \cong 0.1[V]$, Si에서는 $V_r \cong 0.5[V]$이다.

식 (10-62)의 둘째 항은 입력특성에 미치는 V_{CB}의 영향을 표시하고 있다. 그러나 실제문제로서는 활성영역에 있어서 그 영향은 무시될 수 있다. [그림 10-18] (b)에서 보는 V_{CB}의 효과는 사실은 Early효과에 기인한 것이다. 콜렉터 역바이어스가 증대하면 베이스폭이 줄어들어 α_F, α_R이 1에 가까워지며 따라서 I_E가 증대한다.

2. 출력특성

출력전류-전압의 관계를 표시하는 출력특성(output characteristics)을 고찰하려면 식 (10-34) 혹은 [그림 10-9] (b)의 모델을 이용하는 것이 적당하다.

$$I_C = -\alpha_F I_E + (-I_{CO})\left[e^{e V_{CB}/kT} - 1\right] \tag{10-64}$$

즉 우선 $I_E = 0$ 에미터 개방일 때의 특성 [그림 10-19]를 살펴보자. 이 때

$$I_C = (-I_{CO})\left[e^{e V_{CB}/kT} - 1\right] \tag{10-65}$$

이며, 콜렉터 역바이어스가 충분히 클 때, $I_C = I_{CO}(V_{CB} < 0)$로 된다. 실제의 콜렉터전류의 일반적 모양을 나타낸 [그림 10-19] (b)에서 I_C가 포화상태를 나타내지 않는 원인은 다음 두 가지 때문이다.

ⅰ) CB접합표면을 흐르는 누설전류(leakage current)가 $|V_{CB}|$에 비례해서 증대한다.

ⅱ) 애벌란치항복: 실제의 트랜지스터에서 에미터단자를 개방했을 때의 콜렉터역바이어스 전류를 I_{CBO}로 표시하는 것이 보통이다. 또 항복이 일어나는 콜렉터전압 BV_{CBO}를 CB항복(breakdown voltage)한다.

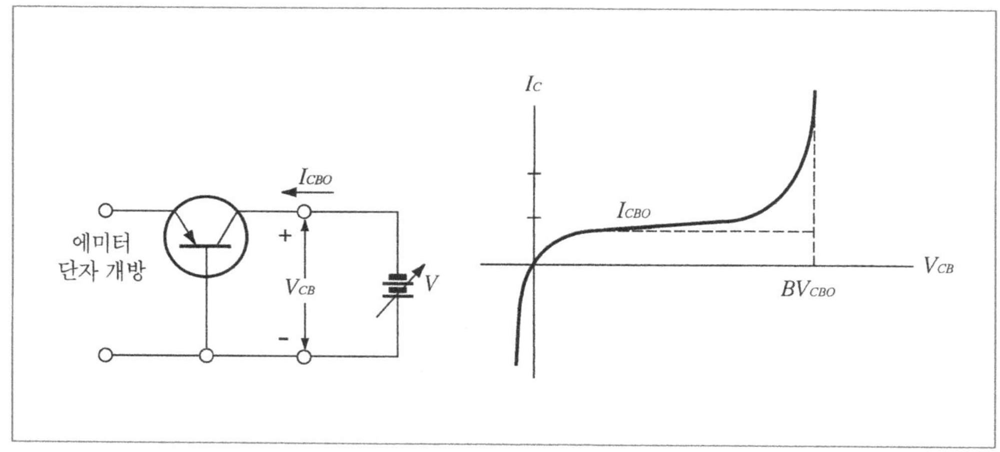

[그림 10-19] IE=0인 에미터단자 개방일 때의 CB출력 특성

EB단자를 정전류전원(constant current source)으로 구동(drive)할 경우, 실제의 출력특성을 [그림 10-18] (c)에 나타내었다. 여기서는 항복효과가 나타나지 않은 범위에서 그려져 있으며, 또 I_{CBO}는 너무 적어서 수평축과 일치한 모양으로 되어 있다. I_E에 의한 전류성분은 $|\alpha_F I_E|$이다.

Early효과에 의해서 $|V_{CB}|$의 증가에 따라 α_F가 증대하므로, I_E의 같은 간격($\triangle I_E$)으로 그려진 특성곡선들 사이의 수직간격($\alpha_F \triangle I_E$)이 $|V_{CB}|$의 증가에 따라 크게 될 것으로 기대된다. 그러나 그 변화는 적으므로 실제의 특성에서 이것을 감지하기가 어렵다.

10.7 공통 에미터접속 CE의 정특성

트랜지스터의 물리적 메카니즘에서 볼 때 베이스접지가 원칙적 접속방법이라고 할 수 있겠으나, 실제로 전자회로에서 이용되는 회로는 보통 공통에미터회로이다. [그림 10-20]는 CE접속의 기본회로이다. CE특성은 다음 형식으로 표시하는 것이 편리하다.

$$V_{EB} = f(I_B, V_{CE}), \quad I_C = g(I_B, V_{CE}) \tag{10-66}$$

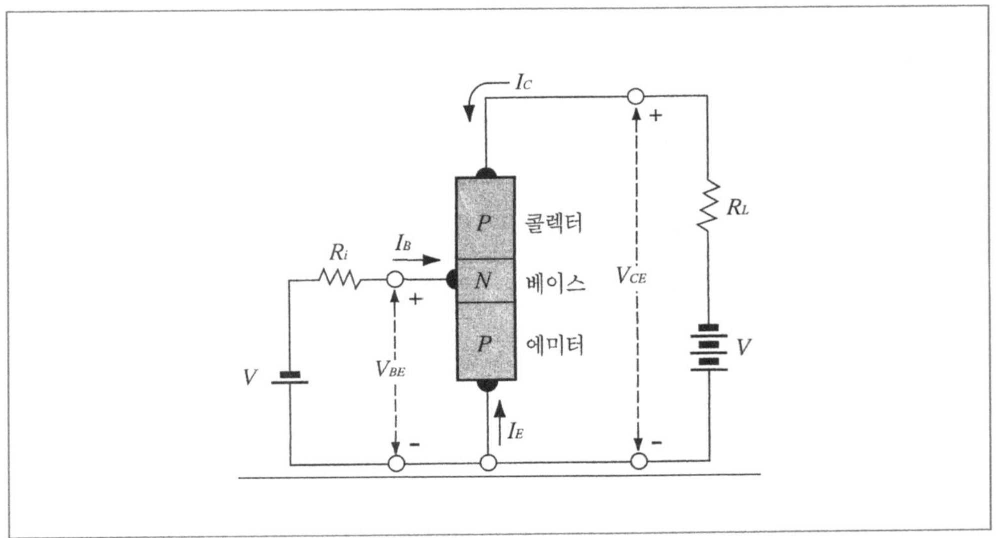

[그림 10-20] CE접속

[그림 10-21]에 PNP Ge트랜지스터의 대표적 CE특성을 나타내었다. 이 특성의 자세한 특징은 CB특성의 경우와 달라 직관적으로 이해하기 어렵다. 이 절에서는 정성적 설명을 위주로 하겠으며, 해석적 취급은 다음 절로 미루겠다.

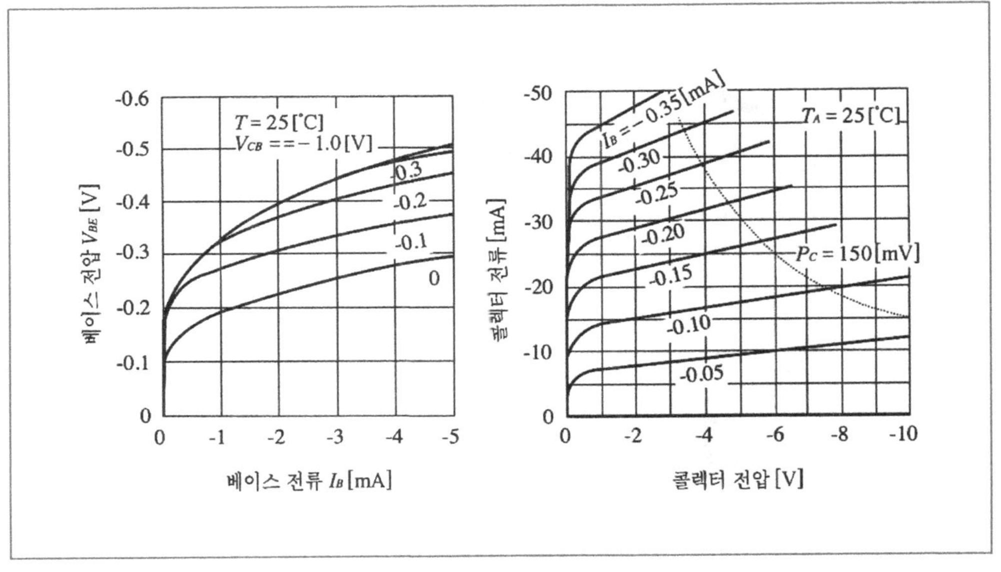

[그림 10-21] 대표적 CE특성(2N404, PNP Ge)

1. 입력특성

[그림 10-22] (a)에 CE입력특성의 일반적 특징을 나타내었다. [그림 10-22] (b) $V_{CE}=0$일 때 EB접합 및 CB접합은 모두 순바이어스되므로 베이스전류는 CB 및 EB접합의 순바이어스 전류로 구성되어 있는 셈이며 다이오드와 비슷한 특성을 나타낸다. $V_{CE}=-0.1\,[V]$ 일 때의 특성에서 동작점 C, D, E, F, G에 대응하는 동작상태를 [그림 10-22] (c), (d), (e), (f), (g)에 개

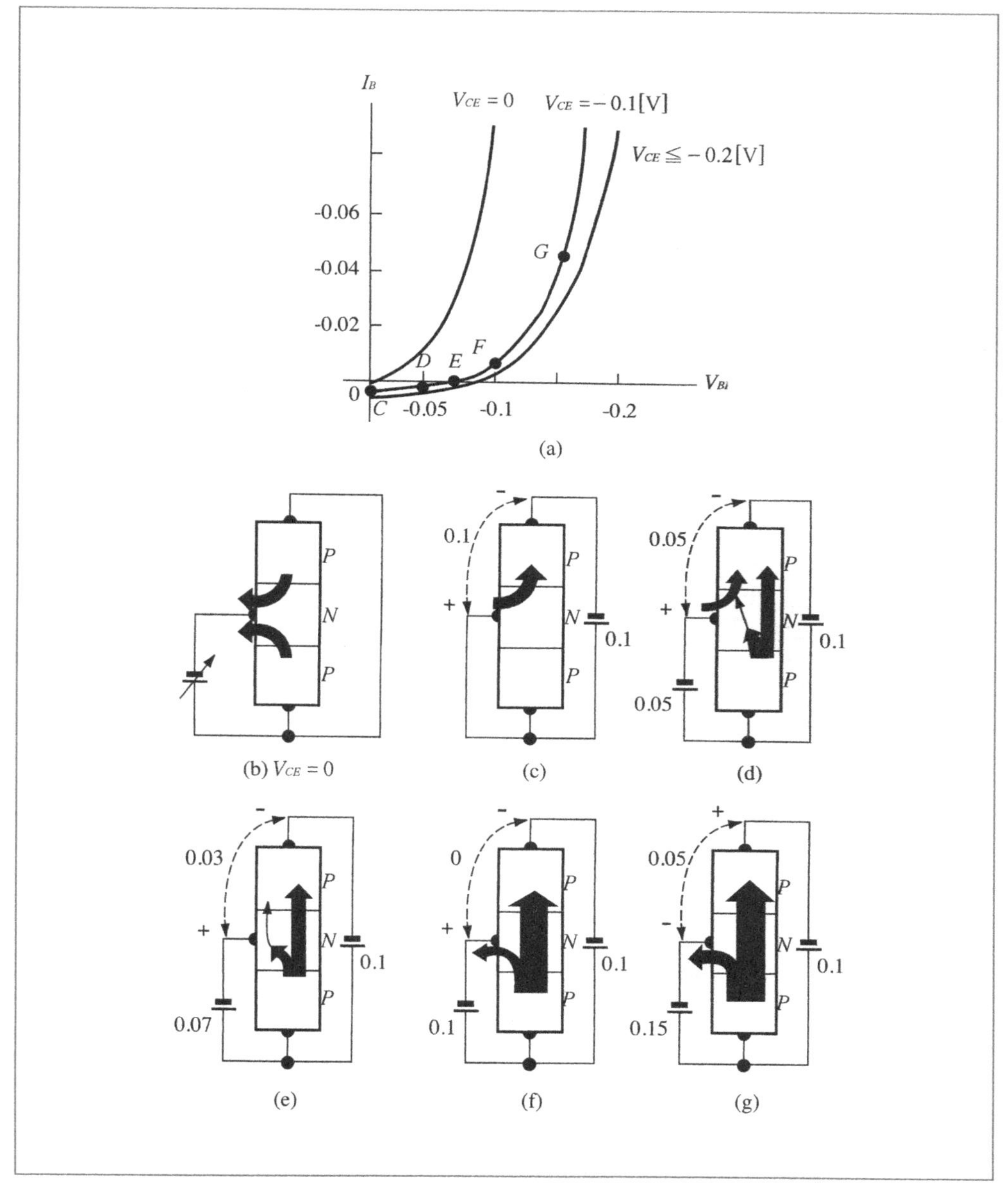

[그림 10–22] CE입력 특성(PNP Ge)

념적으로 나타내었다. 이 그림을 자세히 검토하면 입력특성의 특징을 이해할 수 있을 것이다. $|V_{CE}| > 0.2\,[V]$ 이상인 경우 입력특성은 실질적으로 하나의 곡선으로 나타낼 수 있다. 그러므로 실제문제로서는 활성영역(EB 순바이어스, CB 역바이어스)에서 동작할 경우, 입력특성은 V_{CE}의 값에 관계없이 하나의 곡선으로서 표시된다고 할 수 있다. 그러므로 [그림 10-22] (a)에서 $V_{CE} = -2.0\,[V]$ 특성이 실용적인 입력특성을 나타내는 것으로 생각해두면 된다. 입력특성을 특징짓는 중요한 parameter는 cutin전압 V_r이다. Ge에서는 $0.1 \sim 0.2\,[V]$, Si에서는 $0.5 \sim 0.6\,[V]$ 범위에 있다.

2. 출력특성(활성영역)

EB접합이 순바이어스, CB접합이 충분히 역바이어스된 동작상태에서의 출력특성은 식 (10-47)

$$I_C = -\alpha_F I_E + I_{CO} \tag{10-67}$$

를 기초로 해서 쉽게 짐작할 수 있다. 관계식

$$I_C + I_E + I_B = 0 \tag{10-68}$$

을 식 (10-67)에 넣어서 정리하면

$$I_C = \left(\frac{\alpha}{1 - \alpha_F}\right) I_B + \left(\frac{1}{1 - \alpha_F}\right) I_{CO} \tag{10-69}$$

여기서 새로운 parameter를

$$\beta_F \equiv \frac{\alpha_F}{1 - \alpha_F} \tag{10-70}$$

로 정의한다면

$$I_C = \beta_F I_B + (\beta_F + 1) I_{CO} = \beta_F I_B + I_{CEO} \tag{10-71}$$

여기서

$$I_{CEO} \equiv (\beta_F + 1) I_{CO} \tag{10-72}$$

로 놓았다. I_{CEO}는 베이스단자 개방인 $I_B = 0$일 때의 콜렉터전류이며 CB접속에서의 차단전류 I_{CO}에 해당된다. I_{CEO}를 CE차단전류라고 한다. I_{CEO}가 I_{CO}의 약 β_F배가 됨을 알 수 있다. 실제의 동작에서는 I_{CEO}를 무시할 수 있는 경우가 대부분이다.

이때 식 (10-71)은

$$I_C \cong \beta_F I_B \tag{10-73}$$

로 표시되며, 따라서 β_F는 출력전류와 입력전류와의 비를 나타내는 셈이 된다. 활성영역에서의 동작에 있어서 parameter h_{FE}를 다음 식으로 정의한다.

$$h_{FE} \equiv \frac{I_C}{I_B} \tag{10-74}$$

실제문제로서는 β_F와 h_{FE}는 동일한 것으로 볼 수 있으며 혼동해서 쓰이는 일이 많다. β_F, h_{FE}는 모두 CE전류증폭율이라고 불리어진다. α_F는 CB전류증폭율이라고 불러 구별하는 것이 좋겠다.

[그림 10-23]에 β_F와 α_F와의 관계를 나타내었다. 근소한 α_F의 변화가 β_F의 큰 변화를 초래한다.

한 예로 α_F가 $0.98 \rightarrow 0.99$로 변화할 때 β_F는 $49 \rightarrow 99$로 변화한다. [그림 10-13]과 [그림 10-14]에서 본바와 같이 α_F는 $|I_E|$에 따라 변화하므로 β_F, h_{FE}도 역시 비슷한 모양으로 변화한다. 한 예로 3개의 2N404 Ge트랜지스터에 대해서 $V_{CE} = -0.25\,V$에서 측정한 결과를 [그림 10-24]에 나타내었다.

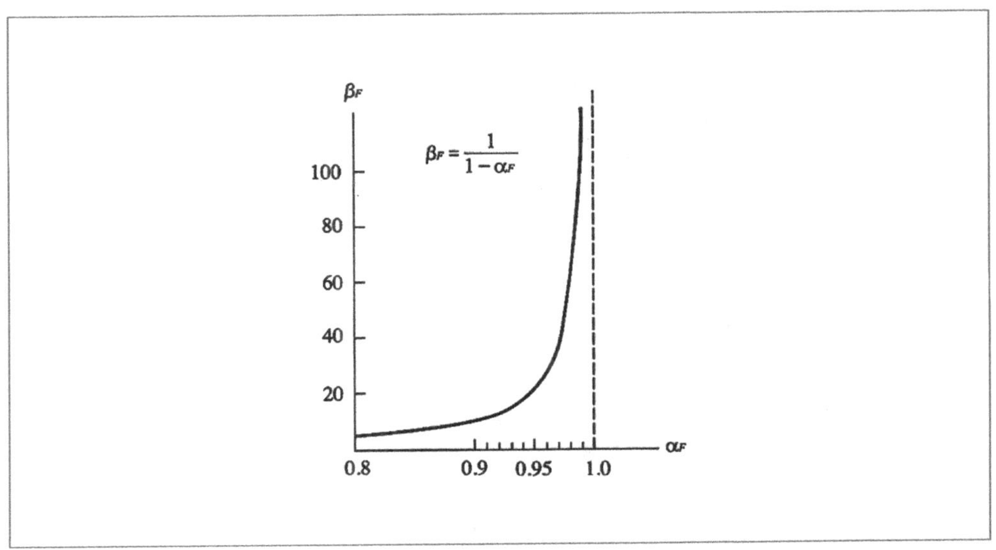

[그림 10–23] β_F와 α_F와의 관계

시료에 따라 h_{FE}의 값이 많이 틀리는 것은 품질이 고르지 않기 때문이다. 이것은 모든 형의 트랜지스터에서 공통적인 사실이며, 제조회사에서는 h_{FE}의 값에 대하여 최고·평균 및 최저 값을 제시하는 것이 보통이다. 그러므로 트랜지스터회로를 설계할 때 이 점을 고려해 넣어야 한다. h_{FE}의 값이 시료에 따라 고르지 않다 하더라도 $|I_C|(\cong|I_E|)$에 따르는 h_{FE}의 변화는 모두 같은 경향을 나타내고 있다. h_{FE}는 또 $|V_{CE}|$ 따라 변화한다. 이것은 Early효과에 의해서 α_F가

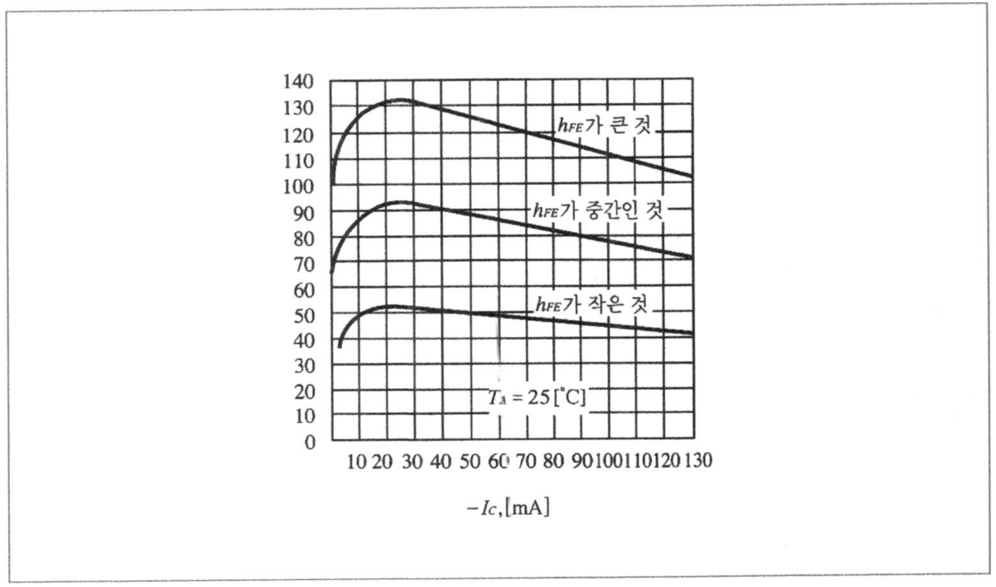

[그림 10–24] IC($\cong$IE)에 따르는 h_{FE}의 변화 (2N404 GE트랜지스터, VCE=−0.25V)

변화하는 데 기인한다.

식 (10-71)로부터 이상적 트랜지스터의 출력특성은 활성영역에서 [그림 10-25]와 같은 모양이 된다. 실제의 트랜지스터의 출력특성은 이러한 이상적 특성과는 상당한 차이를 보이는데 그 원인은 다음과 같다.

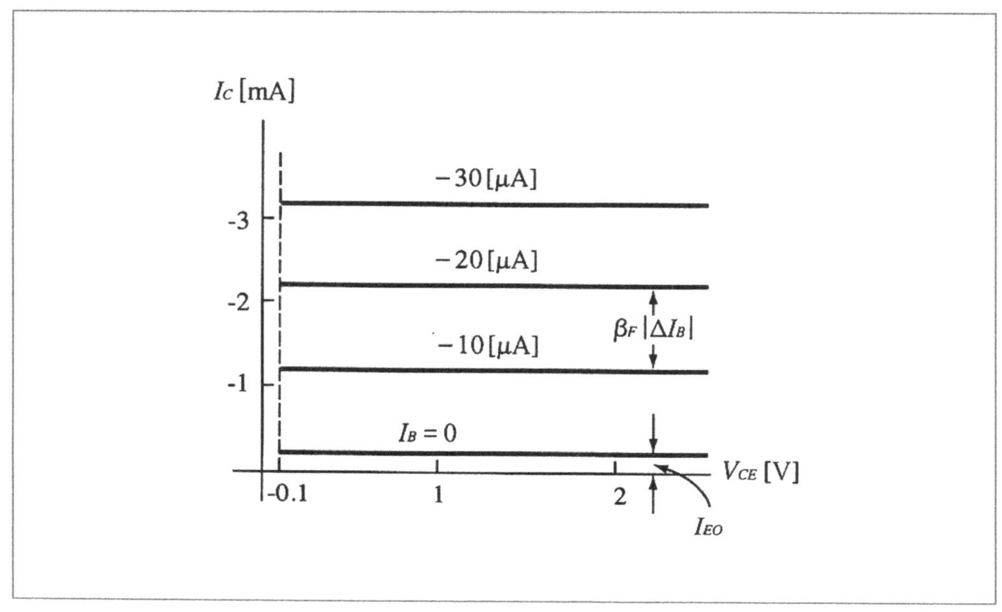

[그림 10-25] 이상적 트랜지스터의 CE출력특성(PNP)

ⅰ) $|V_{CE}|$의 증가에 따라 β_F가 크게 증대한다. 이것은 Early효과에 의한 α_F의 변화에 관련된 것이며, 근소한 α_F의 변화가 β_F의 큰 변화를 초래하기 때문이다.

ⅱ) 베이스단자 개방 $I_E = 0$일 때 실제로 흐르는 콜렉터전류를 I_{CEO}로 표시하는 것이 보통이다. 이것을 CE차단전류라고 한다. 식 (10-71)로부터 $I_{CEO} = (\beta_F + 1)I_{CBO} \cong \beta_F I_{CBO} \cdot I_{CEO}$ 는 애벌란치 항복으로 인해서 증대하므로 I_{CEO}도 역시 이에 따른다.

ⅲ) CB접합 표면에서의 누설전류는 $|V_{CE}|$에 비례해서 증대한다. 그러나 좋은 트랜지스터에 있어서는 이 효과는 대단히 적다.

V_{BE}를 parameter로 해서 표시한 출력특성을 [그림 10-26] (b)에 나타내었다.

3. CE항복전압 BV_{CEO}

[그림 10-26] (a)에서 보는 바와 같이 $|V_{CE}|$가 크게 되면 애벌란치항복에 의해서 I_C가 급격히 증가하며 특성은 대단히 비직선적으로 된다.

입력단자를 개방한 상태에서 I_C가 ∞로 되는 콜렉터전압을 CE항복전압이라고 하며 BV_{CEO}로 표시한다. 그 값은 CB항복전압 BV_{CEO}로부터 다음과 같이 간단히 구해질 수 있다.

애벌란치 항복을 고려해 넣을 때 식 (10-70)의 α_F는 $M\alpha_F$로 바뀌어져야 한다. [식 (10-58~60)]. 따라서

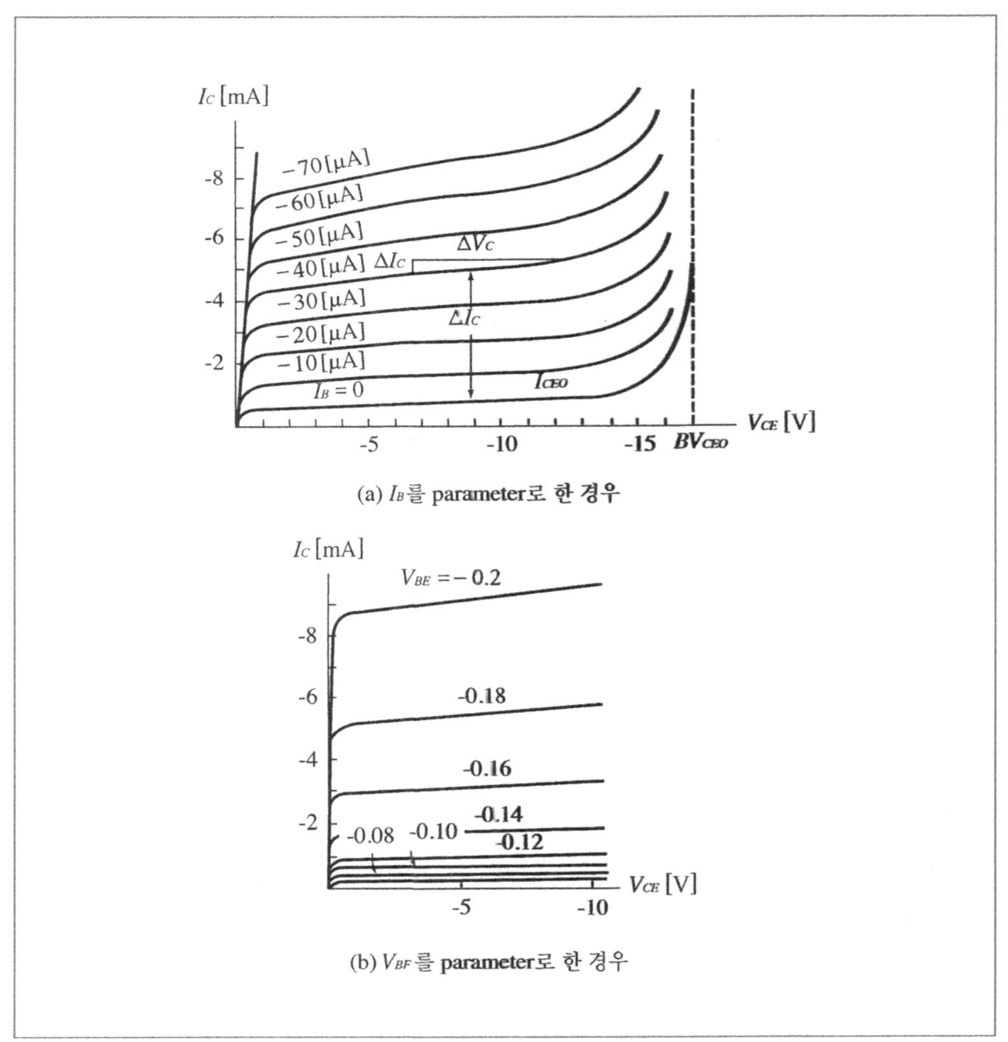

(a) I_B를 parameter로 한 경우

(b) V_{BF}를 parameter로 한 경우

[그림 10-26] CE출력특성

$$\beta_F = \frac{M\alpha_F}{1 - M\alpha_F} \tag{10-75}$$

식 (10-58)의 증배계수를 넣어서 계산하면(V_z를 BV_{CBO}로 바꾸어)

$$\beta_F = \frac{\alpha_F}{1 - \alpha_F} \frac{1}{1 - \left[\dfrac{V_{CE}}{\sqrt[n]{1 - \alpha F}\, BV_{CBO}} \right]^n} \tag{10-76}$$

이식을 유도할 때 $V_{CE} = V_{CB} + V_{BE} \cong V_{CB}$를 이용하였다. 생각하고 있는 전압범위에서 는 $|V_{BE}|$를 무시할 수 있기 때문이다. 식 (10-72)에서 β_F가 ∞일 때 I_{CEO}가 ∞로 되므로

$$BV_{CEO} = \sqrt[n]{1 - \alpha F}\, BV_{CBO} \tag{10-77}$$

한 예로 $\alpha_F = 0.98$, $n = 3$일 때 $BV_{CEO} = \sqrt[n]{1 - 0.98}\, BV_{CBO} = 0.27 BV_{CBO}$이다. BV_{CEO}가 BV_{CBO}보다 상당히 낮음을 알 수 있다. 그러므로 CE접속에서는 CB접속의 경우보다 동작전압범위가 많이 제한된다.

4. 차단영역

[그림 10-27] (a)에 나타낸 바와 같이 베이스 단자 개방시 $I_B = 0$일 때 트랜지스터가 차단상태에 있다고 가정하기 쉽다. 그러나 사실은 EB접합은 순바이어스된 상태에 있으며, 적지 않은 콜렉터전류 I_{CEO}가 흐르고 있다. $I_{CEO} = (\beta_F + 1)I_{CBO}$이며, Ge의 경우 차단상태 근처에서도 $\alpha_F \approx 0.9$이므로 $\beta_F \approx 10$, $I_{CEO} \approx 10 I_{CBO}$된다. 그러므로 CE접속의 트랜지스터를 차단상태가 되도록 하면 약간의 역바이어스를 EB접합에 걸어주어야 한다. 우리는 "$I_E = 0$, $I_C = I_{CBO}$되는 상태"를 차단상태로 정의한다. Si의 경우 I_E가 대단히 적은 범위에서 $\alpha_F \cong 0$이므로 (그림 10-12) $I_{CEO} = (\beta_F + 1)I_{CBO} \cong I_{CBO}$이며, $I_B = 0$일 때 대략 차단상태 에 있다고 볼 수 있다.

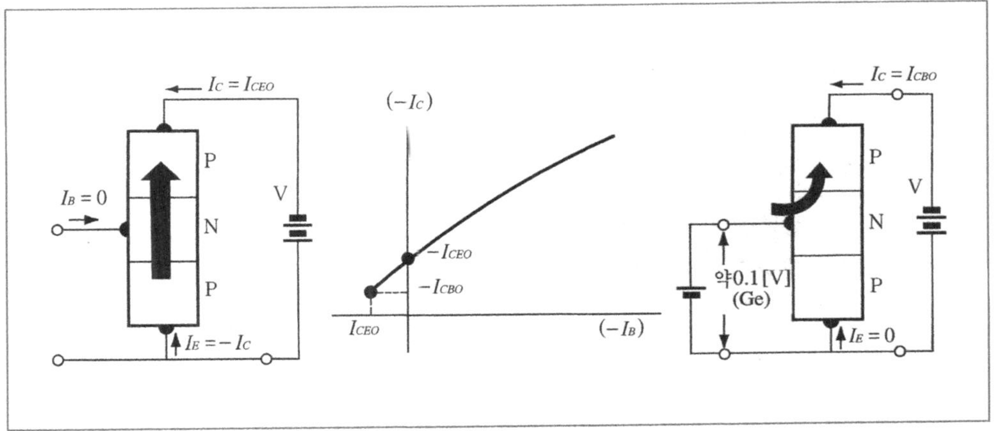

[그림 10-27] β_F와 α_F와의 관계

5. 포화영역

CE출력특성에서 $|V_{CE}|$가 대단히 작은 전압범위에서는 CB접합이 순바이어스되어 있으며, 식 (10-69), (10-71)은 성립하지 않는다. [그림 10-28] (b)에 한 예를 나타내었다. 이러한 범위에서의 특성을 포화특성이라고 한다. 보통 제조회사에서 제공되는 [그림 10-21] (b)와 같은 CE특성에서는 포화특성의 자세한 특징을 알아보기 어렵다. [그림 10-28] (a)는 [그림 10-21] (b)의 포화영역을 확대해서 나타낸 것이다. 포화영역에서의 포화전압을 포화전압(satu-

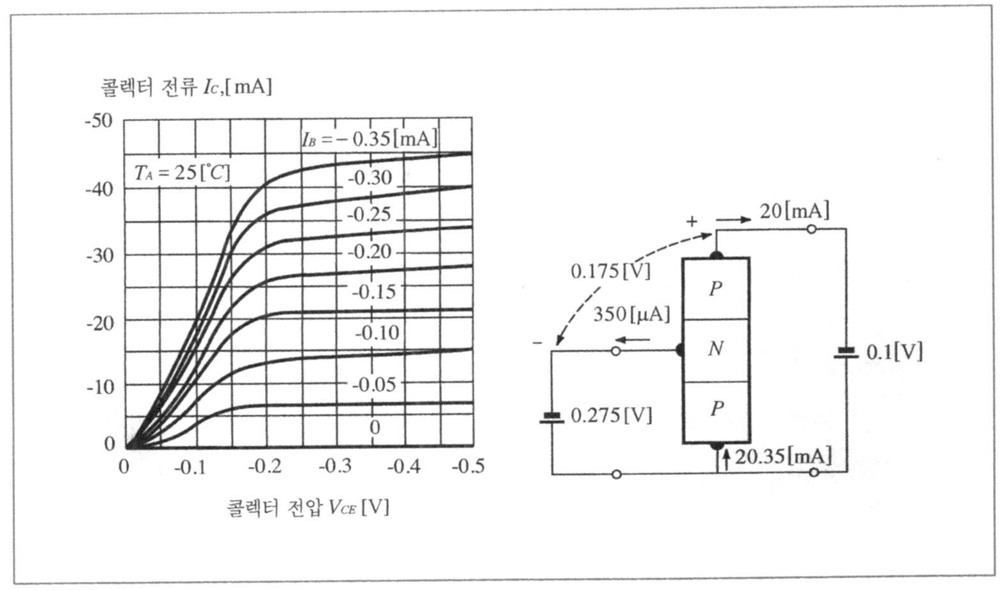

[그림 10-28] PNP Ge트랜지스터 2N404의 포화영역에서의 특성

ration voltage)이라고 하며, $V_{CE}(sat)$로 표시하는 일이 많다. 포화특성의 모양에 대해서는 다음 절에서 해석적으로 고찰하겠다.

포화특성에 관련된 중요한 parameter는 포화저항(saturation resistance) $R_{CE}(sat)$이며 $V_{CE}(sat)/I_C$로써 정의한다. 한 예로 [그림 10-28] (a)에서 $I_C = -20[mA]$, $I_B = -350[\mu A]$ 의 동작점에서 $R_{CE}(sat) \cong -0.1 V/-20[mA] = 5[\Omega]$ 이다 정확하게 말하자면 $R_{CE}(sat)$의 값은 동작점에 따라 다르다. 그러나 실제문제로서는 [그림 10-21] (b)에서 보는 바와 같이 실질적으로 일정하다고 보아도 좋다. $R_{CE}(sat)$가 유익한 parameter로서 이용되는 이유는 여기에 있다.

$V_{CE}(sat)$의 값은 동작점 뿐만 아니라 반도체재료(Ge, Si) 및 트랜지스터의 구조에도 관계한다.

합금접합 및 epitaxial트랜지스터 에서 가장 적으며 $[R_{CE}(sat) \approx 1\Omega]$, 성장접합트랜지스터에서 가장 크다. Ge에서의 값은 Si보다 적다. [그림 10-28] (b)에서 보는 바와 같이 $V_{CE}(sat)$는 EB 및 CB접합의 순바이어스전압의 합이다. 이들의 온도계수는 모두 $-2.5[mV/℃]$ 정도로서 서로 상쇄하므로 $V_{CE}(sat)$의 온도변화는 대단히 적다.

트랜지스터회로가 주어졌을 때 트랜지스터가 어떤영역에서 동작하고 있는가를 판정할 방법을 알아두는 것이 유익하다. 차단상태는 보통 쉽게 판정되므로 EB접합이 순바이어스되어 있는 상태에서 활성 동작과 포화상태를 판정할 유력한 방법을 다음에 적어두겠다.

ⅰ) 회로에서 I_C와 I_B를 결정할 수 있는 경우 : $|I_C| < h_{FE}|I_B|$일 때 트랜지스터는 포화상태에 있다.

ⅱ) 회로에서 V_{CB}를 결정할 수 있는 경우 : CB접합이 순바이어스되어 있을 때 포화상태에 있다.

10.8 CE정특성에 관한 해석

CE정특성의 일반적 특징을 이상적 트랜지스터에 대한 Ebers-Moll의 식을 기초로 하여 해석적으로 고찰해보자. [식 (10-37), (10-38)]

$$I_E = \frac{(-I_{EO})}{1-\alpha_F\alpha_R}\left[e^{e\,V_{EB}/kT} - 1\right] - \frac{\alpha_R(-I_{CO})}{1-\alpha_F\alpha_R}\left[e^{e\,V_{CB}/kT} - 1\right] \tag{10-78}$$

$$I_C = \frac{\alpha_F(-I_{EO})}{1-\alpha_F\alpha_R}\left[e^{e\,V_{EB}/kT}-1\right] + \frac{(-I_{CO})}{1-\alpha_F\alpha_R}\left[e^{e\,V_{CB}/kT}-1\right] \tag{10-79}$$

를 V_{EB} 및 V_{CB}에 대해서 풀면 다음 식을 얻는다.

$$V_{EB} = \frac{kT}{e}\ell n\left(1-\frac{I_E+\alpha_R I_C}{I_{EO}}\right) \tag{10-80}$$

$$V_{CB} = \frac{kT}{e}\ell n\left(1-\frac{I_C+\alpha_F I_E}{I_{CO}}\right) \tag{10-81}$$

따라서

$$V_{CE} = V_{CB} - V_{EB} = -\frac{kT}{e}\ell n\frac{1-\dfrac{I_E+\alpha_R I_E}{I_{EO}}}{1-\dfrac{I_C+\alpha_F I_E}{I_{CO}}} \tag{10-82}$$

관계식 $I_C+I_E+I_B=0$ 및 $\alpha_F I_{EO}=\alpha_R I_{CO}$를 고려하여 식 (10-82)를 정리하면 $I_B \neq 0$일 때 각 식을 얻는다.

$$V_{CE} = -\frac{kT}{e}\ell n\frac{\dfrac{I_{EO}}{I_B}+\dfrac{1}{\alpha_R}+\dfrac{1-\alpha_R}{\alpha_R}\dfrac{I_C}{I_B}}{\dfrac{I_{CO}}{\alpha_F I_B}+1-\dfrac{1-\alpha_R}{\alpha_F}\dfrac{I_C}{I_B}} \tag{10-83}$$

따라서 $\alpha_F I_B \gg I_{CO}$, $I_B \gg I_{EO}$의 조건이 성립되는 동작에서는

$$V_{CE} = -\frac{kT}{e}\ell n\frac{\dfrac{1}{\alpha_R}+\dfrac{1}{\beta_R}\dfrac{I_C}{I_B}}{1-\dfrac{1}{\beta_F}\dfrac{I_C}{I_B}} \tag{10-84}$$

여기서

$$\beta_F = \frac{\alpha_F}{1-\alpha_F} \qquad \beta_R = \frac{\alpha_R}{1-\alpha_R} \tag{10-85}$$

I_B가 주어졌을 때 식 (10-84)는 I_C와 V_{CE}와의 관계를 표시한다. 즉 이 식은 위의 조건이 성립하는 범위에서 I_B를 parameter로 한 이상적 트랜지스터의 출력특성을 표시하는 일반식이다.

식 (10-84)로써 주어진 출력특성이 [그림 10-29]과 같은 일반적인 형태를 나타냄을 확인하기 위하여 다음에 보기를 들면서 검토하겠다.

ⅰ) $I_C = 0$일 때

$$V_{CE} = -\frac{kT}{e}\ell n\left(\frac{1}{\alpha_R}\right) \tag{10-86}$$

따라서 특성곡선은 원점을 지나가지 않는다. $\alpha_R = 0.78$로 가정한다면 실내온도 ($T = 300\,^\circ K$)에서

$$V_{CE} = -0.026\ell n\left(\frac{1}{0.78}\right) = -0.006\,[\,V\,] = -6\,[\mathrm{mV}]$$

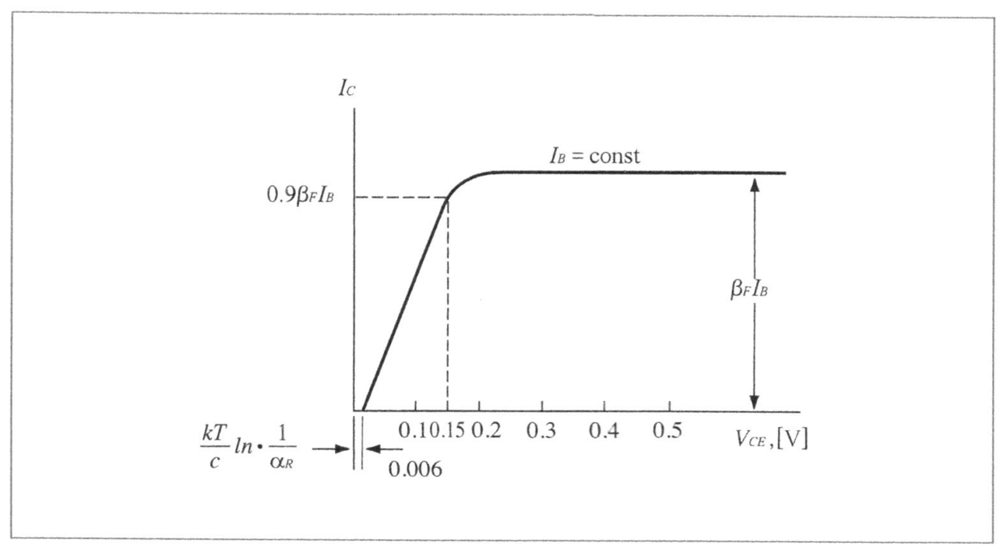

[그림 10-29] 해석적으로 얻어진 CE출력특성

이것은 대단히 적은 값이므로 [그림 10-21] (b)의 특성곡선에서는 마치 원점을 지나가는 것 같이 보인다. 그러나 사실은 수[mV] 정도 오차가 있다.

ⅱ) 식 (10-84)에서 $V_{CE} \to -\infty$일 때 $I_C \to \beta_F I_B$임을 알 수 있다.

ⅲ) $I_C = 0.9\beta_F I_B$가 되는 V_{CE}의 값을 구해보자. $\alpha_R = 0.78$, $\beta_F = 100$으로 가정한다면,

$$V_{CE} = -0.026 \ell n \left(\frac{\dfrac{1}{0.78} + \dfrac{90}{3.5}}{1 - 0.9} \right) \cong -0.15\,[V]$$

ⅳ) $I_C = 0.99\beta_F I_B$가 되는 V_{CE}의 값은

$$V_{CE} = -0.026 \ell n \left(\frac{\dfrac{1}{0.78} + \dfrac{99}{3.5}}{1 - 0.99} \right) \cong -0.208\,[V]$$

ⅴ) 따라서 V_{CE}가 $(-0.15\,V) \to (-0.12\,V)$사이에서 I_C가 $(90 I_B) \to (99 I_B)$ 혹은 $(-0.21\,V) \to (-\infty)$사이에서 I_C가 $(99 I_B) \to (100 I_B)$로 변화함을 알 수 있다.

이것으로 [그림 10-29]의 일반적 경향이 확인된 셈이 된다.

식 (10-84)에서 V_{CE}가 주어지면 I_C / I_B가 결정 된다. 이 값을 k로 하면 $I_C = kI_B$. 지금 V_{CE}를 일정하게 유지해놓고, I_B를 ΔI_B만큼 증가시켰을 때의 I_C의 증가를 ΔI_C로 하면 $I_C + \Delta I_C = k(I_B + \Delta I_B)$이므로 $\Delta I_C = k\Delta I_B$. 그러므로 동일한 ΔI_B간격으로 특성곡선을 그린다면, 이 곡선들의 수직간격은 V_{CE}의 같은 값에서 동일하다고 결론지어진다. 실제의 특성[그림 10-21] (b)은 이 결론을 잘 반영하고 있다($I_B = 0$의 곡선은 제외). 식 (10-84)는 $I_B \gg I_{EO}$, $\alpha_F I_B \gg I_{CO}$의 조건 밑에 얻어진 것임을 주의하여라. $I_B = 0$의 곡선은 원점을 지난다. 이론적 특성(그림 10-29)과 실제의 특성[그림 10-21] (b)이 활성영역에서 적지 않은 차이를 보이는 것은 이미 지적한 바와 같이 Early효과에 의한 α_F(따라서 β_F)의 증가에 기인한 것이다. 이론에서는 α_F가 일정하다고 가정하고 있다.

1. 차단영역

식 (10-80)에서 $I_E = 0$, $I_C = I_{CO}$로 놓으면 차단상태 [그림 10-30] (c)에서의 EB바이어스전 압을 구할 수 있다. 즉

$$V_{EB} = \frac{kT}{e} \ell n \left(1 - \frac{\alpha_R I_{CO}}{I_{EO}} \right) = \frac{kT}{e} \ell n (1 - \alpha_F) \tag{10-87}$$

식 (10-87)의 V_{EB}를 floating emitter potential이라고 하는데 이러한 이유는 $I_E = 0$이므로 에미터단자가 개방되어 있는 상태와 동일하니까 그렇다. 차단상태와 같이 $|I_C|$가 적은 동작 상태에서는 α_F의 값은 규격값(≈ 0.98 nominal value)보다 많이 떨어지며 Ge에서 $\alpha_F \approx 0.9$, Si에서 $\alpha_F \approx 0$이다. 따라서 Ge에서 $V_{EB} \cong -0.06\,V$, Si에서 $V_{EB} \cong 0$이 된다.

다음에 EB접합의 역바이어스를 차단상태$(I_E = 0, I_C = I_{CO})$보다 더 크게 했을 때의 I_C, I_E를 구해보자[그림 10-30] (b). 식 (10-33), (10-34)로부터

$$I_C = -\alpha_F I_E + I_{CO}, \quad I_E = -\alpha_R I_C + I_{EO}$$

이므로, 이것을 I_E, I_C에 대해서 풀면 기호를 $I_C \rightarrow I_{CO'}$, $I_E \rightarrow I_{EO'}$로 바꾸어서

$$I_{CO'} = \frac{(1 - \alpha_R) I_{CO}}{1 - \alpha_F \alpha_R}$$
$$I_{EO'} = \frac{(1 - \alpha_R) I_{EO}}{1 - \alpha_F \alpha_R} \tag{10-88}$$

Ge의 경우 $\alpha_F = 0.9$, $\alpha_R = 0.5$로 가정한다면, $I_{CO'} = 0.91 I_{CO}$, $I_{EO'} = 0.18 I_{EO}$이다. Si의 경우 $\alpha_F = 0$, $\alpha_R = 0$으로 가정하여 $I_C = I_{CO}, I_E = I_{EO}$. 그러므로 EB역바이어스를 차단상태보다 더 크게 하더라도, 콜렉터전류를 작게 하는 데 있어서 그 효과는 별로 없다고 말할 수 있다.

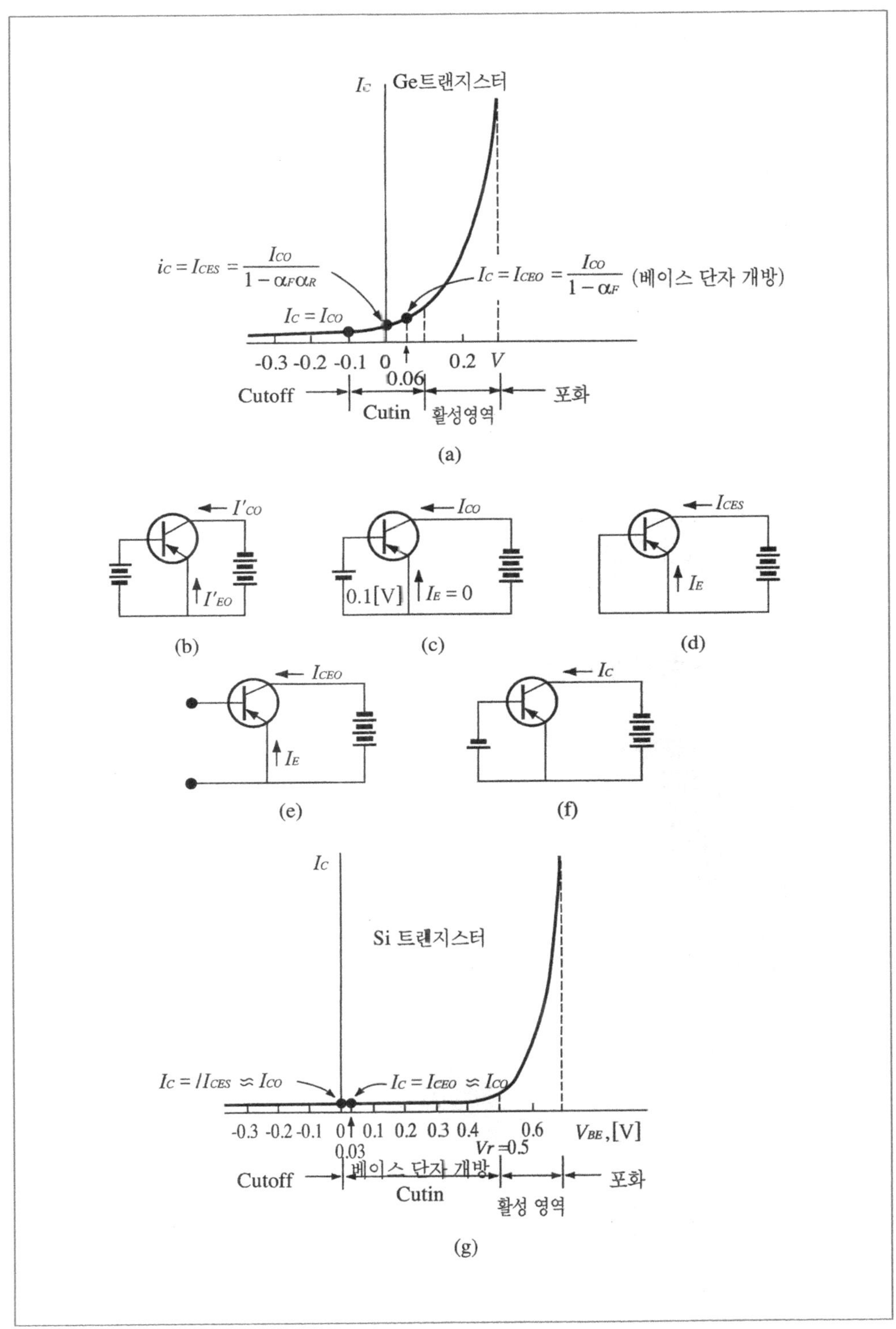

[그림 10–30] $I_C - V_{BE}$ 특성(I_C의 눈금은 정확한 것이 아님)

2. 베이스단자를 단락한 경우

입력단자를 단락한 경우[그림 10-30] (d)의 콜렉터전류를 로 표시하면 식 (10-78), (10-79)에서 $V_{EB}=0$ 으로 하여 CB접합이 충분히 역바이어스된 경우

$$I_{CES} = \frac{I_{CO}}{1-\alpha_F\alpha_R}$$

$$I_E = \frac{-(\alpha_F I_{CO})}{1-\alpha_F\alpha_R} = -\alpha_R I_{CES} \tag{10-89}$$

Ge의 경우 $\alpha_F=0.9$, $\alpha_R=0.5$로 가정한다면, $I_{CES}=1.82 I_{CO}$, $I_E=-0.91 I_{CO}$. Si의 경우 $\alpha_F\approx 0, \alpha_R\approx 0$으로 하여 $I_{CES}\approx I_{CO}$, $I_E\approx 0$. 그러므로 베이스를 단락한 상태에서도 아직 차단상태와 비슷한 상태가 있는 것이다.

3. 베이스단자를 개방한 경우

베이스단자를 개방하여 $I_B=0$으로 하면[그림 10-30] (e) 차단상태에서 벗어나게 된다. 이 때의 콜렉터전류를 I_{CEO}로 표시하면

$$I_{CEO} = \frac{I_{CO}}{1-\alpha_F} \tag{10-90}$$

이 때 EB접합의 바이어스접합 V_{EB}는 식 (10-80)에 $-I_E=I_C=\dfrac{I_{CO}}{1-\alpha_F}$를 넣어서 구해진다. 즉

$$V_{EB} = \left\{\frac{(kT)}{e}\right\}\ln\left\{1+\left[\frac{(1-\alpha_R)\alpha_F}{(1-\alpha_F)\alpha_R}\right]\right\} \tag{10-91}$$

Ge의 경우 $\alpha_F=0.9$, $\alpha_R=0.5$로 하여 $V_{EB}=+0.06[V]$, Si의 경우 $\alpha_F\approx 2\alpha_R\approx 0$으로 $V_{EB}\approx +0.028[V]$이다. 그러므로 이 때 EB접합은 약간 순바이스되어 있는 셈이다.

4. cutin전 압

$V_{CE=const}$일 때 $I_C - V_{BE}$특성이 다이오드의 특성과 비슷하게 된다는 것은 이해하기 어렵지 않다. 그러므로 $I_C - V_{BE}$특성에서의 cutin전압은 관심의 대상이 된다. 지금 $|I_C|$가 차단상태에서 20 [mA]까지 의 범위에서 동작하는 경우를 생각해보자. $|I_C|$가 최대값(20mA)의 1% (0.2 [mA])로 올라갔을 때의 V_{BE}의 값을 cutin전압 V_r로 규정한다면 식 (10-80)에서 $I_E = -(I_C + I_B) \cong -I_C = +0.2[mA], \alpha_R = 0.5, I_{EO} = -1[\mu A], T = 300[°K]$로 하여

$$V_r = (0.026)(2.30)\,log\left\{1 - \frac{[(0.2 \times 10^{-3}) + 0.5(-0.2 \times 10^{-3})]}{-10^{-6}}\right\} = 0.12\,[V]$$

만일 2[mA]까지의 범위에서 동작하는 경우를 생각한다면 같은 요령으로 계산하여 $V_r = 0.06\,[V]$로 보는 것이 타당하다. Si의 경우에는 $\alpha_R = 0.5$, $I_{EO} = -1[nA]$로 해서 계산하는 것이 좋겠다. 따라서 20[mA](혹은 2[mA]) 까지의 범위에서 동작하는 경우 $V_r = 0.6\,[V]$(혹은 0.3[V])로 계산된다. 그러므로 일반적으로 Ge에서 $V_r = 0.1\,[V]$, Si에서 $V_r = 0.5\,[V]$로 보아 두는 것이 합리적이다.

[그림 10-3l]에 $I_C - I_{BE}$특성의 한 예(2N337 Si)를 나타내었다. 이 특성을 보면 실내온도에서 $V_r = 0.5\,[V]$로 평가한 것은 아주 합리적임을 알 수 있다. V_r의 온도변화는 EB순바이어스전압의 온도변화에 기인한 것이므로 대략 -2.5 [mV/℃]로 짐작할 수 있다.

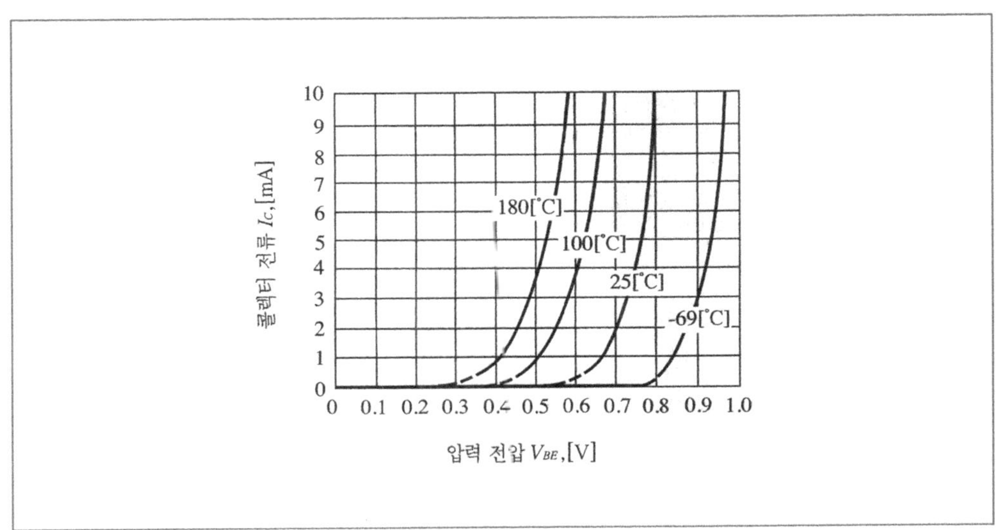

[그림 10-31] 2N337 Si트랜지스터의 $I_C - V_{BE}$ 특성

5. 포화영역

[그림 10-21] (b), [그림 10-28]의 2N404 PNP Ge트랜지스터 가 $I_C = -20$[mA]. $I_B = -350\,[\mu A]$ ($I_E = +20.35$[mA])의 동작상태에 있을 때의 포화전압을 계산하여 보자. 이 경우 $I_{CO} = -2.0\,[\mu A]$, $I_{EO} = -1.0\,[\mu A]$, $\alpha_F = 0.99$로 가정하는 것이 타당하다. 따라서 식 (10-36)에 따라 $\alpha_R = 0.50$이다. 그러므로 실내온도에서는 식 (10-80), (10-81)에 의하여

$$V_{EB} = (0.026)(2.30)\,log\left\{1 - \left[\frac{(20.35 \times 0.50 \times 20)}{-10^{-3}}\right]\right\} = 0.24\,[V]$$

$$V_{CB} = (0.026)(2.30)\,log\left\{1 - \left[\frac{(-20 \times 0.99 \times 20.35)}{-2 \times 10^{-3}}\right]\right\} = 0.11\,[V]$$

가 된다. 따라서

$$V_{CE} = V_{CB} - V_{EB} = -0.13\,[V]$$

위의 계산에서는 베이스분포저항 $r_{bb'}$를 무시하였다. $r_{bb'} \approx 100\,[\Omega]$ 을 고려해 넣는다면[그림 10-15] (d)

$$V_{CB} = V_{CB'} - r_{bb'}I_B = 0.11 + 0.035 = 0.145\,[V]$$

$$V_{EB} = V_{EB'} - r_{bb'}I_B = 0.24 + 0.035 = 0.275\,[V]$$

가 된다.

V_{CE}의 계산에는 $r_{bb'}$가 관련되지 않음에 주의하여라.

〈표 10-1〉 PNP트랜지스터에 대한 대표적 접합전압(25[℃])

상태 종류	Ge	Si
포화상태	$V_{CE} = -0.1$V $V_{BE} = -0.3$V	$V_{CE} = -0.3$V $V_{BE} = -0.7$V
활성영역	$V_{BE} = -0.2$V	$V_{BE} = -0.6$V
Cutin 전압	$V_{BE} = -0.1$V	$V_{BE} = -0.5$V
차단상태	$V_{BE} = -0.1$V	$V_{BE} = 0$V

지금까지 결과를 종합하면 PNP트랜지스터의 단자전압에 대한 대표적 값으로 〈표 10-1〉을 얻을 수 있다. 이 표는 트랜지스터의 단자전압을 근사적으로 짐작하는 데 큰 도움이 된다. NPN의 경우에는 표에서 부호의 음양을 바꾸면 된다. 베이스저항 $r_{bb'}$를 고려해 넣어야 할 경우에는 $r_{bb'}$를 베이스단자에 접속된 외부저항으로 보아서 회로계산을 하면 된다.

10.9 트랜지스터의 최대정격

트랜지스터를 파괴하지 않고 유익하게 사용하려면 물리적 구조 및 전기적 특성에서 제한되는 어떤 범위 안에서 동작시켜야 한다. 제조회사는 이러한 동작범위의 한계에 대한 기술자료를 제공하고 있는데, 이것을 최대정격(maximum rating)이라고 한다. 다음에 이것에 대하여 간단히 설명하겠다.

① 보존온도 T_{stg} : 특성을 열화시키지 않고 보존할 수 있는 온도를 말하며 보통 하한과 상한이 주어진다. 하한은 각 부분의 열팽창계수의 차이 때문에 기계적 일그러짐이 생기는 것을 고려한 데서 온다.

② 최고접합부온도 $T_{j\,max}$: 트랜지스터로서 만족스럽게 동작할 수 있는 접합부온도의 최대값이다. 접합부온도는 (i) 주위온도, (ii) 트랜지스터 안에서 발생하는 joule열, (iii) 트랜지스터의 방열조건에 관련된다. T_{stg}의 상한은 $T_{j\,max}$과 같은 온도로 되어 있는 예가 많다. Ge트랜지스터에서는 $T_{j\,max} = 75 \sim 100\,[\text{℃}]$ 이며 Si트랜지스터에서는 175 ~ 200[℃]이다.

③ 최대에미터전류 $I_{E\,max}$: 에미터순바이어스 전류의 최대허용값

④ 최대콜렉터전류 $I_{C\,max}$: 활성영역에서의 동작에 있어서 콜렉터전류의 최대허용값 일반적으로 $I_{C\,max} = I_{E\,max}$으로 주어져 있는 예가 많다. $I_{E\,max}, I_{C\,max}$ 은 일반적으로 다음 사항을 고려해서 정해진다. (i)내부전력손실에 의한 접합부 온도 상승, (ii) 내부의 리이드선은 용기 밖에 나와 있는 리이드선보다 훨씬 가늘다. 그러므로 큰 전류가 흐르면 타서 끊어질 염려가 있다. (iii) I_E가 너무 증대하면 h_{FE}가 감소하며(그림 10-24) 증폭기로서 사용할 때 파형의 일그러짐이 크게 된다. 증폭용으로 트랜지스터에서는 h_{FE}의 값은 적은 전류범위에서의 1/3로 떨어지는 I_E의 값으로 $I_{E\,max}$ 을 정하는 일도 있다.

⑤ 최대에미터전압 BV_{EBO} 혹은 $V_{EB\,max}$: 트랜지스터를 파괴하지 않는 범위 안에서 EB 접합의 역방향으로 걸어줄 수 있는 전압의 최대값.

⑥ 최대콜렉터전압 BV_{CBO} 혹은 $V_{CB\,max}$: CB접속, 에미터개방상태에서 CB접합의 역방향으로 트랜지스터를 파괴함이 없이 걸어줄 수 있는 전압의 최대값.

⑦ 최대콜렉터손실 $P_{C\,max}$: 콜렉터손실 $I_C V_{CB}$는 joule열로 트랜지스터의 온도를 높인다. 이 전력손실의 최대허용값을 $P_{C\,max}$으로 표시탄다. EB접합에서의 손실 $I_E V_{EB}$는 V_{EB}가 작기 때문에 보통 무시될 수 있다. $P_{C\,max}$는 $T_{j\,max}$와 트랜지스터의 방열조건에 따라 정해진다.

[그림 10-21] (b)에서 $P_C = 150[\text{mW}]$의 곡선은 콜렉터손실이 150[mW] 이하에서 동작되어야 함을 표시한다. 그러므로 동작점은 이 곡선 아래 범위에 제한되어야 한다. 〈표 10-2〉에 Ge트랜지스터에 대한 최대정격의 예를 표시하였다.

〈표 10-2〉 최대정격의 예(2sb172)

T_{stg}	$T_{j\,max}$	$I_{E\,max}$	$I_{c\,max}$	VB_{CEO}	VB_{CBO}	$P_{c\,max}$
$-55\sim+85\,°\!C$	75℃	130mA	125mA	10V	37V	125mW

1. 최대콜렉터전압

콜렉터의 내압을 결정하는 물리적 요인은 애벌란치 항복, 제너 항복 및 punch throuth 셋을 생각할 수 있으나 실제의 트랜지스터에서는 애벌란치 항복에 의해서 정해지는 것이 보통이다.

CE회로의 최대콜렉터전압은 회로상태에 따라 달라질 수 있으므로 이 점에 대하여 좀 더 자세히 살펴보기로 하자. [그림 10-32] (b)에 일반적인 회로상태를 나타내었다. 여기서는 베이스분포저항 $r_{bb'}$를 외부저항처럼 표시하였다. [그림 10-32] (b)의 PNP트런지스터회로에서 역 바이어스 $|V_{CE}|$가 점차 증대할 때 I_C의 변화를 생각하자. 해석을 간단히 하기 위해서 입력특성에 대하여 다음과 같이 가정하겠다. "V_{EB}가 cutin전압 V_r에 이르기까지는 $I_E = 0$이며 이 전압을 넘으면 급격히(한없이) 증대한다." 또 문제의 대상으로 되는 전압범위에서는 $|V_{CE}| \gg |V_{EB}|$ 이며 $V_{CE} = V_{CB} - V_{EB} \cong V_{CB}$임을 강조해 두겠다.

$V_{EB} < V_r$ 되는 범위에서는 $I_E = 0$ 이므로 $I_B = -I_C$ 이며 $|I_B|$, $|I_C|$ 는 $|V_{CE}|$ 에 따라 증대 하는데 다음 식으로 주어진다.

$$I_B = -I_C = -MI_{CO} = \frac{(-I_{CO})}{1 - \left(\dfrac{V_{CB}}{BV_{CBO}}\right)^n} \quad (\,>0\,) \tag{10-92}$$

여기서 M은 애벌란치 증배계수이다. [그림 10-31] (a)의 곡선(4)에서 BV_{CEV} 까지의 범위가 이것을 나타낸 것이다.

I_B 의 증가에 따라 V_{EB} 는 다음 관계식

$$V_{EB} = -V_{BB} = (R_g + r_{bb'})I_B \tag{10-93}$$

에 따라 증대하며 결국은 V_r 에 이르게 된다. [그림 10-31] (a)의 BV_{CEV} 는 이때의 콜렉터전압을 나타낸 것이다. 일단 V_r 에 이르게 되면 회로상태는 갑자기 달라진다. 왜냐하면 트랜지스터가 차단 영역에서 활성영역으로 들어가기 때문이다. 따라서 콜렉터전류는 식 (10-71)에 따라

$$I_C = \beta_F I_B + (\beta_F + 1)I_{CO} \tag{10-94}$$

로 되어야 한다.

상태의 변화는 이것만으로써 그치지 않는다. 다음에 계속해서 일어나는 변화를 이해하려면 우선 β_F 의 변화를 살펴둘 필요가 있다.

$\beta_F = M\alpha_F/(1 - M\alpha_F)$ 이므로 β_F 의 변화는 [그림 10-32] (a)와 같이 된다. 여기서 BV_{CEO} 는 $M\alpha_F \to 1$, $\beta_F \to +\infty$ 로 되는 콜렉터 전압이다. $|V_{CE}| > |BV_{CEO}|$ 의 범위에서는 $\beta_F < 0$ 이며, $|V_{CE}|$ 가 감소함에 따라 $|\beta_F|$ 가 증대하는 점에 주의하여라.

문제로 돌아가서 [그림 10-32] (b)의 회로를 보자. 지금까지의 $|V_{CE}|$ 의 증가는 콜렉터공급전압 V_{CC} 의 증가에 의한 것이며 V_{CE} 가 BV_{CEV} 로 될 때까지 V_{CC} 를 올렸다고 생각하여라. 이때 트랜지스터는 차단영역에서 활성영역으로 들어가면서 $|I_C|$ 는 식 (10-92)에서 식 (10-94)으로 증대한다.

이 때 $|I_C|$ 의 증가는 다음과 같은 일련의 사태를 빚어낸다. $|I_C|$ 증가 $\to R_L$ 에서의 전압강하의 증가 $\to |V_{CE}|$ 감소 $\to |\beta_F|$ 증가 $\to |I_C|$ 증가 $\to \cdots \cdots$. 이리하여 $|I_C|$ 는 한없이(R_L 에 의해서 제한

되지 않는다면) 올라갈 것이며 , 곡선(4)와 같은 기묘한 전류-전압 관계를 나타내게 된다. 이 과정은 순식간에 진행되므로 R_L에 의해서 제한되지 않는 한 순식간에 트랜지스터를 파괴하고 말 것이다.

지금까지의 논술로부터 [그림 10-32] (b)의 회로에서의 최대허용콜렉터전압은 BV_{CEV}임을 알 수 있다 BV_{CEV}의 값은 식 (10-93)의 V_{EB}가 cutin전압 V_r로 되는 콜렉터전압으로 구할 수 있다.

따라서 다음식이 성립되어야 한다.

$$V_r =- V_{BB} + (R_g + r_{bb'})I_B =- V_{BB} + \frac{(R_g + r_{bb'})(-I_{\infty})}{1 - \left(\dfrac{BV_{CEV}}{BV_{CBO}}\right)^n} \tag{10-95}$$

따라서 $|BV_{CEV}| < |BV_{CBO}|$임에 주의하여라.

[그림 10-32] (b)의 회로에서 $V_{BB} = 0$의 경우에 대한 특성을 곡선(2)에 나타내었다 이 경우의 최대전압은

$$BV_{CER} = n\sqrt{1 - \frac{(R_g + r_{bb'})(-I_{CO})}{V_r + V_{BB}}} \; BV_{CBO} \tag{10-96}$$

BV_{CER}은 R_g에 관계하며, R_g가 작을수록 크다. $R_g = 0$일 때 [곡선(3)]

$$BV_{CES} = n\sqrt{1 - \frac{r_{bb'}(-I_{CO})}{V_r}} \; BV_{CBO} \tag{10-97}$$

지금까지의 해석은 $|V_{CE}|$가 $|BV_{CEO}|$를 넘은 후에 활성영역으로 들어가는 것으로 가정하고 있다. R_g가 대단히 큰 경우에는 $|BV_{CEO}|$를 넘기 전에 벌써 활성영역으로 들어갈 수도 있는 일이다[식 (10-93)]. 베이스단자를 개방한 경우는 그 한 예이며 $R_g = \infty$에 해당한다. $R_g \neq \infty$인 경우의 특성이 베이스단자 개방의 경우 [곡선(1)]과 비슷한 모양으로 될 것은 식 (10-94) 및 [그림 10-32]로부터 곧 짐작할 수 있을 것이다.

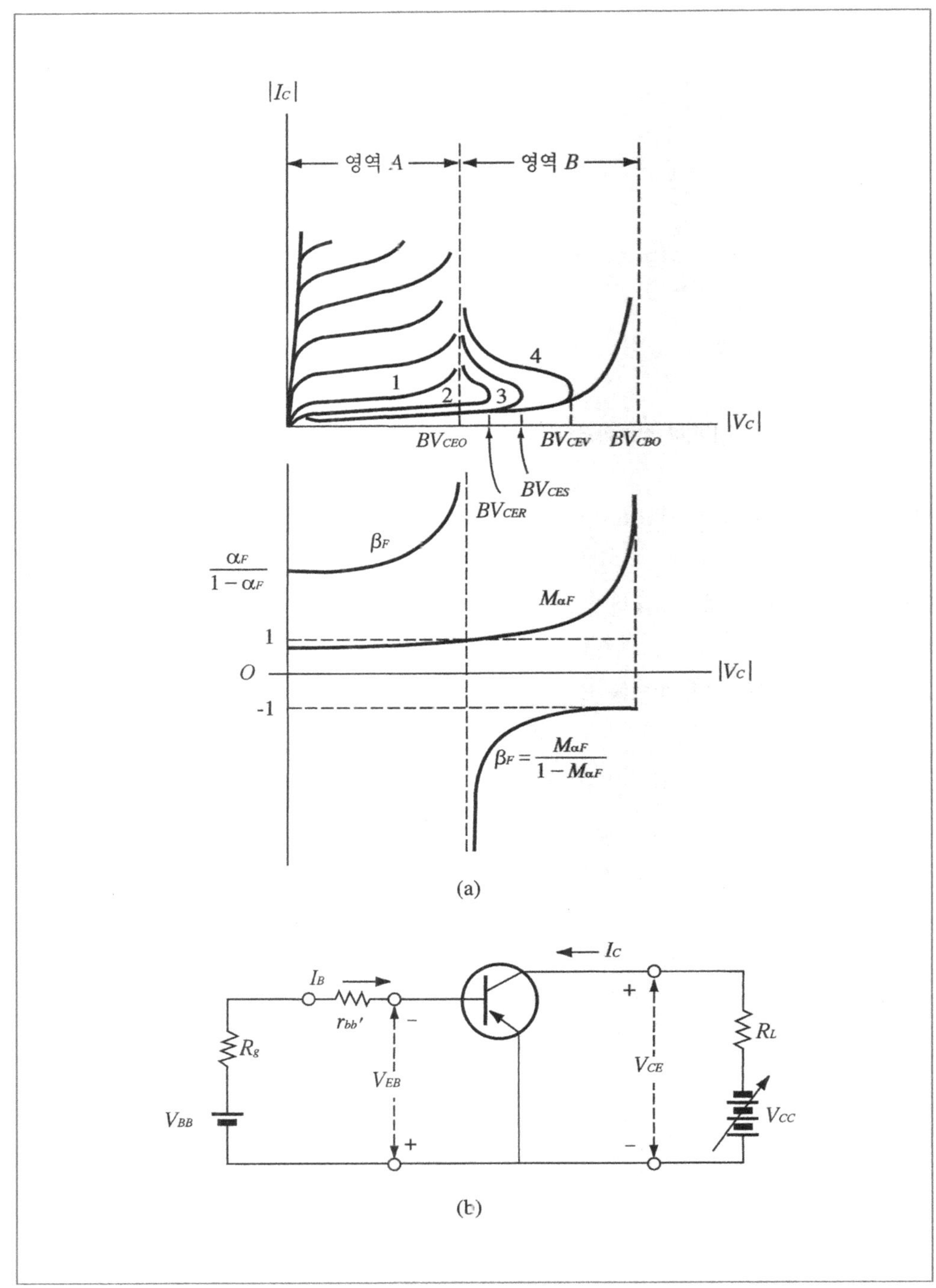

[그림 10-32] 여러 가지 최대콜렉터전압

연습문제

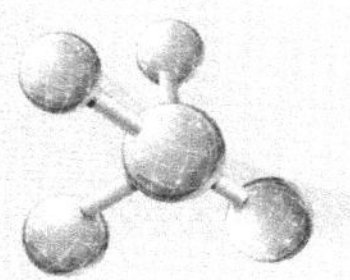

10-1 대표적인 트랜지스터의 구조를 3가지 이상 그려라.

10-2 콜렉터 역포화전류를 설명하라.

10-3 PNP트랜지스터에서 소수캐리어 농도분포를 그려라.

10-4 이상적 트랜지스터에서 에미터전류 I_E와 콜렉터전류 I_C의 식을 유도하라.

10-5 Ebers−Moll의 회로모델을 그려라.

10-6 트랜지스터의 접속 방법을 그려라.

10-7 트랜지스터의 최대 정격을 설명하라.

전계효과 트랜지스터

11.1 전계효과 트랜지스터(field effect transistor)의 일반적 해설

1. FET의 일반적 해설

진성반도체에 불순물을 도우핑하여 NPN형의 결정을 성장시켜 트랜지스터 소자 재료로 사용할 수 있다. 이와 같은 결정체를 P형 반도체와 N형 반도체와의 접합형태로 되어 있다 하여 접합 트랜지스터(junction transistor)라 한다. 접합 트랜지스터의 N형 영역은 캐리어(carrier)가 주로 전도대의 전자로 구성되고, P형 영역은 주로 정공으로 구성되어 있다. 이러한 이유 때문에 접합 트랜지스터를 쌍극접합 트랜지스터(bipolar junction transistor ; BJT)라 부른다.

NPN이나 PNP형의 결정으로 만들어진 쌍극접합 트랜지스터는 전자전류(electron current)와 정공전류(hole current)에 의한 전류제어소자인 반면에 전계효과 트랜지스터(field effect transistor ; FET)는 이동하는 캐리어(carrier)의 종류에 따라 n채널 전계효과 트랜지스터와 p채널 전계효과 트랜지스터로 구분한다. n채널 FET는 전자전류, p채널 FET는 정공전류에 의해 동작된다. 그러므로 전계효과 트랜지스터를 단극성 접합트랜지스터(unipolar junction transistor ; UJT)라 한다. 전계효과 트랜지스터는 여러 가지 점에서 지금까지 취급해온 트랜지스터와 다른 특징을 가지고 있으며 이 새로운 소자의 실용화에 따라 반도체의 새로운 응용분야가 개척되었다.

전계효과 트랜지스터는 구조에 따라 분류하면 두 가지 유형이 있으며 그 중 하나는 접합 전계효과 트랜지스터(junction field effect transistor ; JFET)이며 다른 또 하나는 금속 산화물 전계효과 트랜지스터(metal oxide semiconductor field effect transistor ; MOSFET)이다.

2. BJT와 UJT의 차이점

BJT나 UJT 디바이스는 한 개의 증폭기회로나 또는 다른 비슷한 전자회로에서 서로 다른 바이어스 특성으로 사용될 수 있다. BJT와 UJT 디바이스의 몇 가지 특성을 비교해 보면 다음과 같다.

ⅰ) 전계효과 트랜지스터의 동작은 다수캐리어의 이동에 의존한다. 그러므로 단극성 소자(unipolar device)이다.

ii) BJT의 입력저항은 2[kΩ]정도로 매우 낮은 반면에 FET는 100[MΩ]정도의 아주 높은 입력저항을 가진다.

iii) 전계효과 트랜지스터는 쌍극성 트랜지스터보다 잡음이 적어 저전력증폭기의 입력단에 매우 접합하다.

iv) 전계효과 트랜지스터는 제조과정이 더 간단하며 집적회로에서 차지하는 공간이 더 작다. 그러므로 집적도(packing density)를 아주 높게 할 수 있다.

v) FET는 BJT보다 훨씬 높은 열적 안정도(thermal stability)를 갖는다.

vi) 전계효과 트랜지스터는 대칭형 쌍방향 스위치(symmetrical bilateral switch)로 사용할 수 있다.

vii) 전계효과 트랜지스터는 내부의 작은 커패시턴스에 전하를 축적하므로 기억소자(memory device)로 작용한다.

viii) 전계효과 트랜지스터는 스위치로 작용될 때 옵셋전압(offset voltage)이 발생하지 않는다.

ix) 전계효과 트랜지스터를 저항부하로 사용할 수 있으므로 MOS소자만으로도 디지털 시스 템을 구성할 수 있다.

x) FET는 방사능(radiation)에 비교적 영향을 받지 않지만 BJT는 대단히 민감한데 특히 β가 영향을 받는다.

이상과 같다 또한 FET의 주요 결점은 BJT와 비교해서 그 이득 대역폭(gain band with product)이 작다는 것이다. MOSFET는 반도체 기억소자, 긴자리 이동 레지스터(shift register), 마이크로프로세서(microprocessor)와 같은 LSI 어레이(array)에 주로 응용된다. 실용적인 응용분야로서는 복잡하면서도 비교적 값이 싼 디지털 손목시계나 휴대용 계산기 같은 것들이 있다.

11.2 접합전계효과 트랜지스터의 제조와 특성

전계효과 트랜지스터는 한 개의 기본 PN 접합을 갖는 3단자 소자로서 외형적인 구조적 측면으로 볼 때 접합전계효과 트랜지스터(junction field effect transistor ; JFET)와 금속산화물 반도체 전계효과 트랜지스터(metal oxide semiconductor field transistor ; MOSFET)의 두 종류가 있다. 전계효과 트랜지스터는 증폭작용을 위해 가장 먼저 제안된 고체소자 중의 하나였지만 제조기술의 한계로 인해 1960년대 중반까지 상업용소자로서의 개발이 늦어졌다. 대형 집적회로(LSI)및 초대형집적회로(VLSI)는 기본적으로 MOSFET 트랜지스터 소자를 사용해서 만든다.

1. 접합전계효과 트랜지스터의 동작

접합전계효과 트랜지스터의 물리적 구조를 [그림 11-1]에 나타내었다. 그림 (a)는 n채널 JFET이고, 그림 (b)는 p채널 JFET이다 그림에서 보여주고 있는 것처럼 n채널 JFET는 한 개의 n형 반도체 재료에 한 쌍의 p형 영역을 확산시켜서 만든다.

또한 p채널 JFET는 p형 반도체 재료에 한 쌍의 n형 영역을 확산시켜서 만든다.

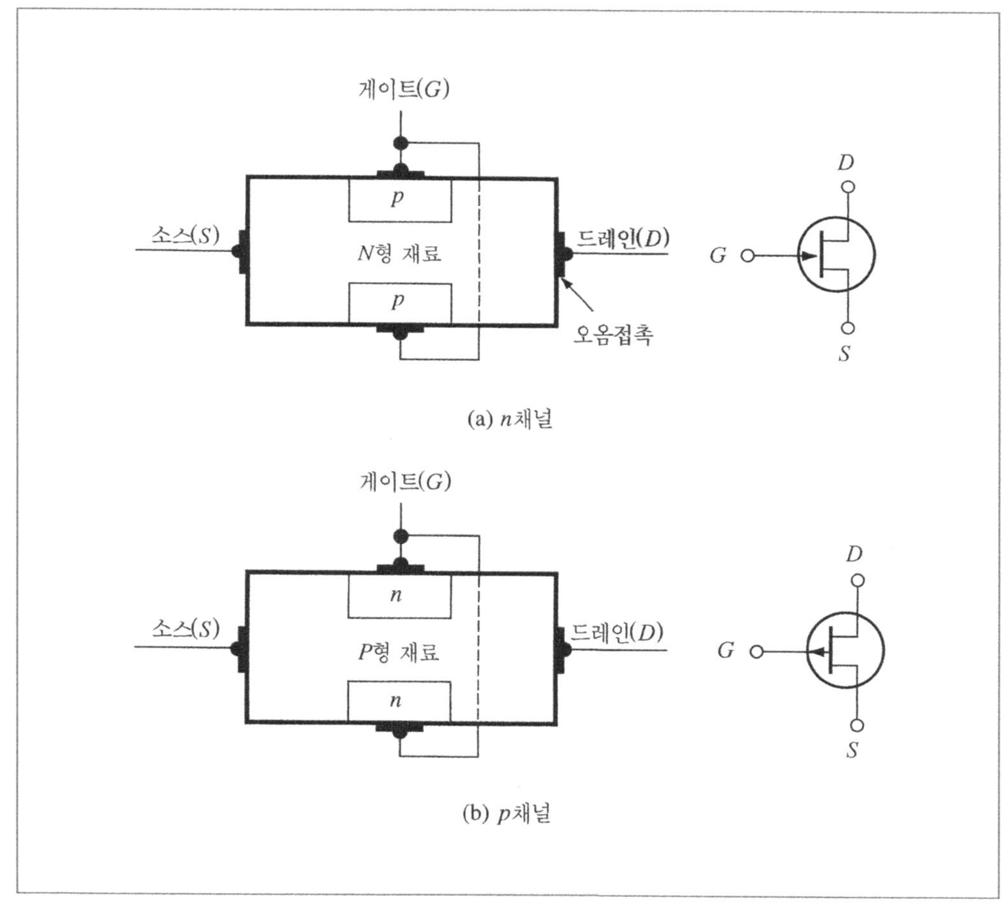

[그림 11-1] 접합전계효과 트랜지스터의 구조와 기호

접합전계효과 트랜지스터의 동작을 조사해 보기 위해 [그림 11-2]를 검토해보자. n형 반도체 재료의 양쪽 끝에 Ohm성 접촉으로 전극이 접촉되어 있고 이들 사이에 전압을 걸면 전류가 흐르게 된다. 이 때 흐르는 전류는 다수캐리어(이 경우 전자)에 의해서 운반되는 것이며 다수캐리어가 반도체 재료로 흘러 들어가는 쪽의 전극을 소오스(source), 한편 다수캐리어가 반도체 재료로부터 흘러 나가는 쪽의 전극을 드레인(drain)이라고 부른다. n형 재료의 양 옆면 은 억셉터 원자로 무겁게 도우핑되어 있으며 n형 반도체 재료와 PN접합을 이루고 있다. 이 p^+형 영역을 게이트(gate)라고 한다. 게이트는 무겁게 도우핑되어 있으므로 공간전하층은 대부분 n형 재료 안에 생긴다.

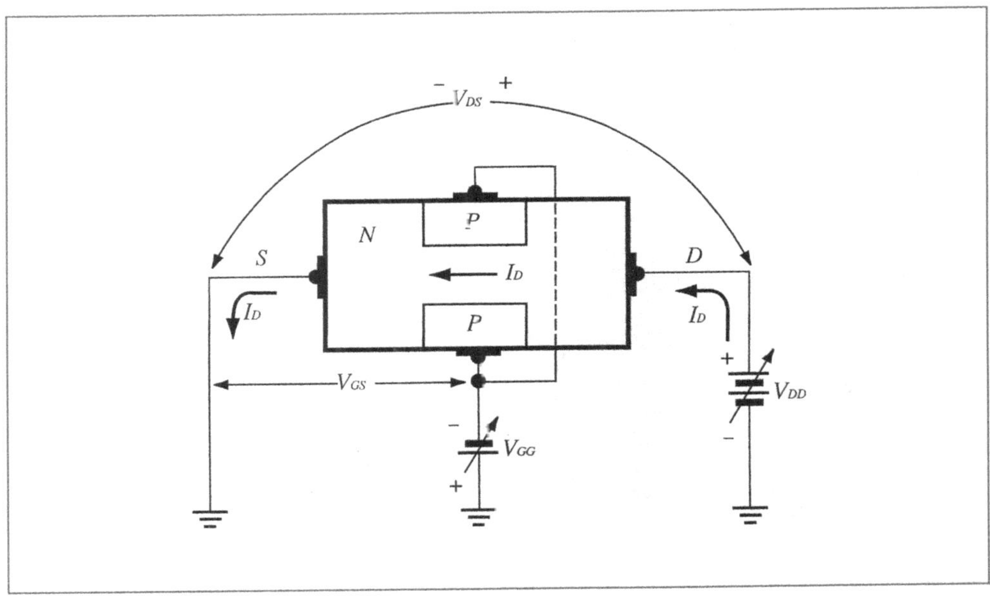

[그림 11-2] 접합전계효과 트랜지스터의 기본동작

공간전하층 안에는 캐리어가 고갈되어 있으므로 n형 반도체의 전도도(conductivity)에 기여할 수 없다. 공간전하층으로 덮이지 않은 n형 부분을 채널(channel)이라고 부른다. 이들을 좀 더 이해를 돕기 위해 요약하면 다음과 같다.

(1) 소오스(source)

소오스 S는 다수캐리어가 반도체로 들어가기 위하여 통과하는 단자이다. 단자 S에서 반도체로 들어가는 전류는 I_s로 표시 한다.

(2) 드레인(drain)

드레인 D는 다수캐리어가 반도체로부터 나가기 위하여 통과하는 단자이다. 단자 D에서 반도체 소자로 들어가는 전류를 관습적으로 I_D라고 표기한다. 드레인-소오스 전압을 V_{DS}라 하며 단자 D가 단자 S보다 더 높은 전위일 때 V_{DS}는 양(+)이다. [그림 11-2]에서 $V_{DS} = V_{DD} =$ 드레인 공급전압이다. V_{DD}, V_{SS}, V_{GG}는 항상 양(+)이며 각각 드레인, 소오스, 게이트 전압의 크기를 나타낸다.

(3) 게이트(gate)

[그림 11-2]의 n형 소자의 양쪽 옆에는 합금법, 확산법, 혹은 p-n 접합을 만드는 방법에 의해서 억셉터 불순물을 강하게 도우핑한 영역을 형성한다. 이 불순물 영역을 게이트(gate)라고 한다. 게이트와 소오스 사이의 전압 $V_{GS} = -V_{GG}$는 PN접합을 역바이어스 시키는 극성으로 인가한다.

위에서 소자내부로 들어가는 전류를 I_G로 표기 한다.

(4) 채널(channel)

[그림 11-2]에서 두 개의 게이트 영역사이의 n형 영역은 다수캐리어가 소오스로부터 드레인으로 이동하기 위하여 통과하는 채널(channel)이 된다.

[그림 11-2]에서 공급전압 V_{DD}는 드레인-소오스 전압 V_{DS}를 공급하여 드레인(drain)에서 소오스(source)로 전류 I_D를 흘린다(n채널에서는 전자가 소오스로부터 드레인으로 이동한다). 이 드레인 전류는 p형 게이트로 둘러싸인 채널을 통해 흐른다. 게이트(gate)와 소오스 사이의 전위차 V_{GS}공급전압 V_{GG}에 의해 설정된다.

게이트-소오스 전압을 역방향 바이어스시키므로 게이트 전류는 전혀 흐르지 않는다. 게이트 전압의 효과는 채널내에 공핍영역을 발생시켜 채널폭을 좁아지게 한다. 이렇게 되면 드레인-소오스 저항이 높아지고 드레인 전류는 감소하게 된다. 먼저 $V_{GS} = 0[V]$일 때와 역방향 바이어스 전압 V_{GS}를 가할 때의 디바이스의 동작을 생각해 보자. [그림 11-3]에 접합전계효과 트랜지스터의 채널전류에 의한 차단동작 형태를 나타내었다. [그림 11-3] (a)는 드레인-소오스 간의 n형 재료를 통해 전류가 흐르게 되면 채널을 따라 전압강하가 일어나서 소오스-게이트 접합보다는 드레인-게이트 접합이 더 높은 전압을 갖게 된다. 이렇게 해서 발생되는 pn접합에 걸리는 역방향 바이어스 전압으로 인해 [그림 11-3] (a)와 같은 공핍 영역이 발생한다. 전

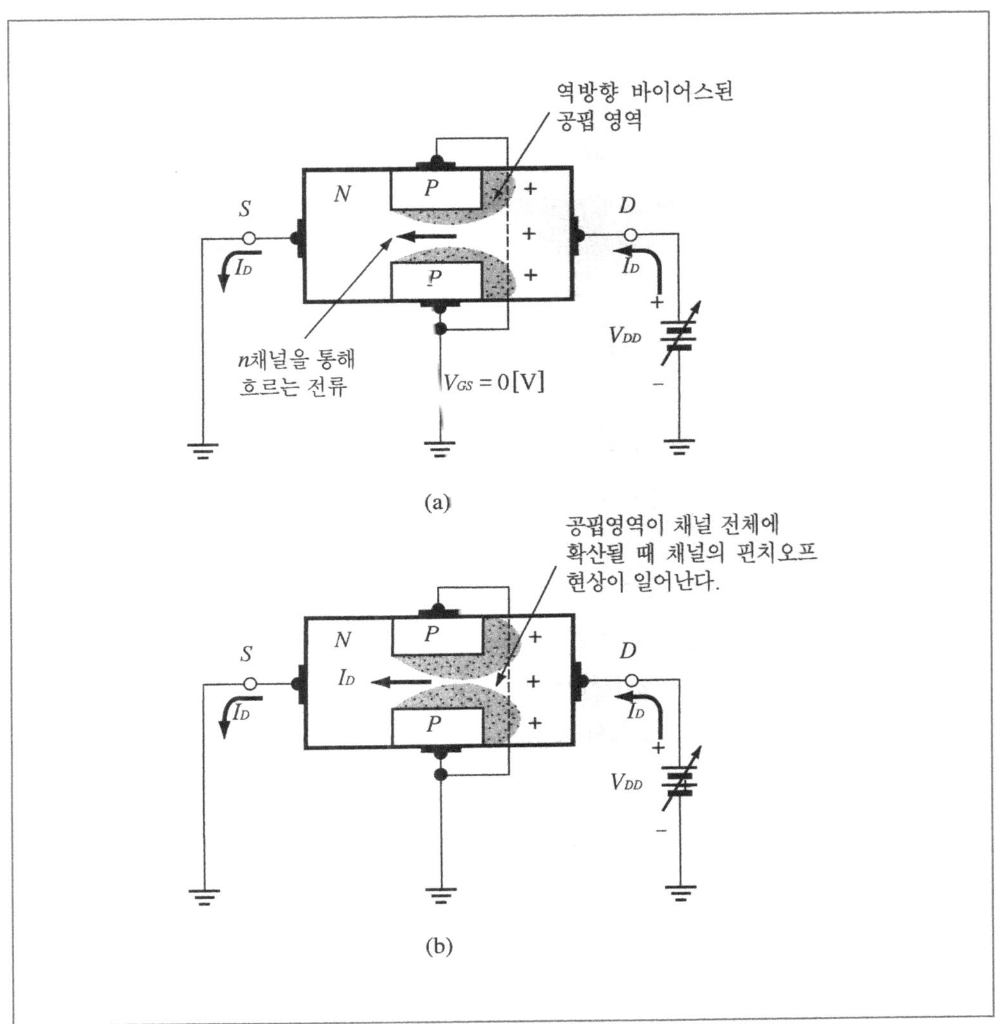

[그림 11-3] 접합전계효과 트랜지스터의 채널전류에 의한 차단동작

압 V_{DD}가 증가하면 전류 I_D가 증가하여 공핍영역은 더욱 확장되고 결국 드레인-소오스 채널 저항이 증가하게 된다. 전압 V_{DD}가 더욱 더 커지면 [그림 11-3] (b)와 같이 채널을 완전히 가로막는 공핍 영역이 형성되는데 이 때에는 V_{DD}값이 더 증가해도 공핍영역에 걸리는 전압만 증가되고 공핍점과 접지 사이의 전압은 일정한 상태로 유지되어 전류 I_D도 일정하게 된다. V_D가 증가하면 채널에 공핍영역이 완전히 이루어질 때까지 전류 I_D도 증가하지만 그 후에는 포화되어 전압 V_{DS}가 증가하더라도 일정한 값을 갖는다. V_{GS} = 0인 경우의 드레인 전류값은 JFET의 동작을 규정하기 위해 사용되는 중요한 파라미터로서 I_{DSS} [게이트-소오스 단락(V_{GS} = 0V)시의 드레인-소오스 전류]로 표시 한다.

2. 접합전계효과 트랜지스터의 물리적 특성

접합전계 트랜지스터에 관하여 좀 더 자세히 알아보기 위하여 물성적 특성을 다음과 같이 구체적으로 고찰하자.

(1) 핀치오프와 포화

[그림 11-4]에서는 소오스와 드레인전극과 채널의 각 끝 사이의 전압강하를 무시함으로써 단순화된 방법으로 이 채널을 생각할 수 있다. 예를 들어, 채널의 드레인 끝에서의 전위는 전극 D에서의 전위와 같다고 가정한다. 소오스와 드레인영역이 비교적 커서 채널의 끝과 전극 사이에 저항이 거의 없다면 이것이 좋은 근사 방법이다. [그림 11-4]에서 게이트는 소오스와 단락회로를 이루고 있어($V_G = 0$), $x = L$ 에서의 전위는 게이트영역의 모든 곳에서의 전위와 같다. [그림 11-4] (a)에서 보여주고 있는 것과 같이 매우 작은 전류에 대하여 공핍영역의 폭은 평형상태의 값과 거의 같다. 그러나 전류 I_D가 증가함에 따라 V_x는 드레인 끝 부분에서는 크고, 소오스 끝 부근에서는 작게 된다는 것이 중요하다. V_G가 0일 때 게이트-채널 사이 접합에서의 각 점을 가로질러서 나타나는 역방향 바이어스는 단순히 V_x가 되기 때문에 공핍영역의 모양은 [그림 11-4] (b)에서와 같이 어림잡을 수 있다. 역방향 바이어스는 드레인 근처에서는 비교적 크고($V_{GD} = -V_D$) 소오스 근처에서는 0으로 감소한다. 그 결과 공핍영역은 드레인 부근에서 채널 속으로 파고 들어가며 유효채널 단면적은 제한된다.

이 제한된 채널의 저항은 커서 이 채널에 대한 I-V관계도는 낮은 전류수준일 때 타당하였던 선형관계로부터 이탈되기 시작한다. 전압 V_D와 전류 I_D가 더욱 더 증가함에 따라 드레인 부근의 채널영역은 공핍영역으로 인하여 더욱 제한되고 채널저항은 계속 증가한다. [그림 11-4] (c)에서 보여주고 있는 것처럼 V_D가 증가함에 따라 이 공핍영역이 드레인 부근에서 서로 맞닿아서 본질적으로 채널을 핀치오프(pinch-off)되게 하는 어떤 바이어스전압이 있어야 한다. 핀치오프가 일어나면 V_D가 더 증가하여도 I_D는 별로 증가하지 않는다. 이 핀치오프 점을 넘어서면 전류는 근사적으로 핀치오프에서의 값에서 포화(saturated)를 이루게 된다.

일단 채널로부터 전자들이 공핍영역의 전계로 들어가면 그들은 완전히 쓸려가서 결국은 정(positive)전위의 드레인접촉부로 흐르게 된다. 핀치오프를 넘어서는 전류가 포화되고 난 후 채널의 미분저항 $\dfrac{dV_D}{dI_D}$ 매우 크게 된다. 잘 맞는 근사로서 임계 핀치오프전압에서의 전류를 계산할 수 있고 V_D가 증가함에 따라 더 이상의 전류의 증가는 없다고 가정할 수 있다.

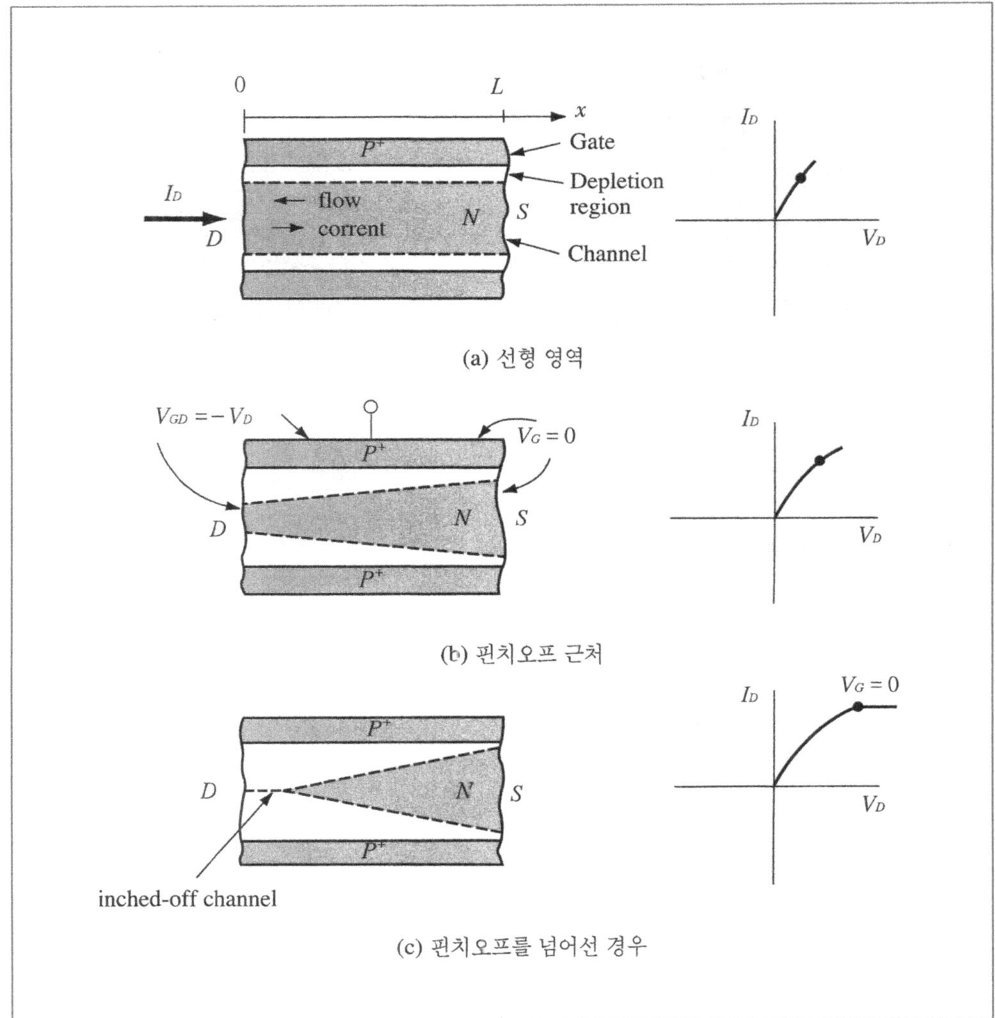

[그림 11-4] 게이트 바이어스가 0일 때 세 가지 V_D에 대한 JFET의 공핍영역 특성

(2) 게이트 제어

[그림 11-5]에서 보여주고 있는 것처럼 음(negative)의 게이트 바이어스 $-V_G$의 영향은 채널의 저항을 증가시키고 보다 낮은 전류값에서 핀치오프를 유기시키는 것이다. 공핍영역은 음($-$)의 V_G와 더불어 증가되기 때문에 유효 차널폭은 보다 작아지며 저항은 특성의 저전류 영역에서는 더욱 높아진다.

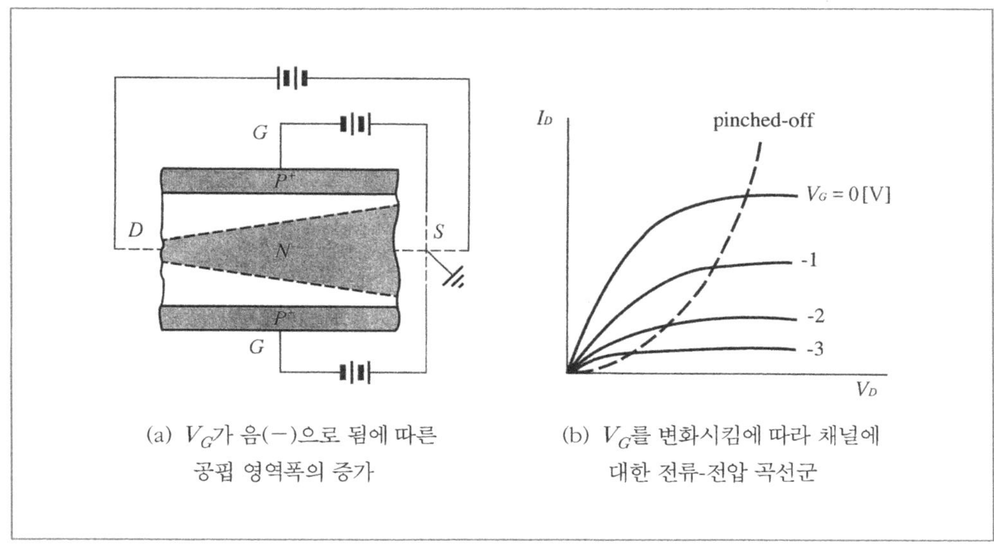

(a) V_G가 음(−)으로 됨에 따른
공핍 영역폭의 증가

(b) V_G를 변화시킴에 따라 채널에
대한 전류-전압 곡선군

[그림 11-5] 음(negative)의 게이트 바이어스의 영향

따라서, [그림 11-5] (b)에서 보여주고 있는 것처럼 핀치오프 이하에서는 I_D대 V_D곡선의 경사는 게이트전압이 더욱 음(−)으로 됨에 따라 작아진다. 핀치오프상태는 보다 낮은 드레인-소오스간 전압에서 도달되며 포화전류는 0게이트 바이어스의 경우보다 작게 된다. V_G가 변함에 따라 채널의 I -V 특성에 대하여 [그림 11-5] (b)와 같은 곡선군이 얻어진다.

핀치오프전압을 넘어서면 드레인 전류 I_D는 V_G에 의하여 제어되며 게이트 바이어스를 변화시킴으로써 교류신호를 증폭할 수 있다. 입력제어전압 V_G는 역방향으로 바이어스된 게이트 접합을 가로질러서 나타나므로 이 소자의 입력 임피던스는 크다.

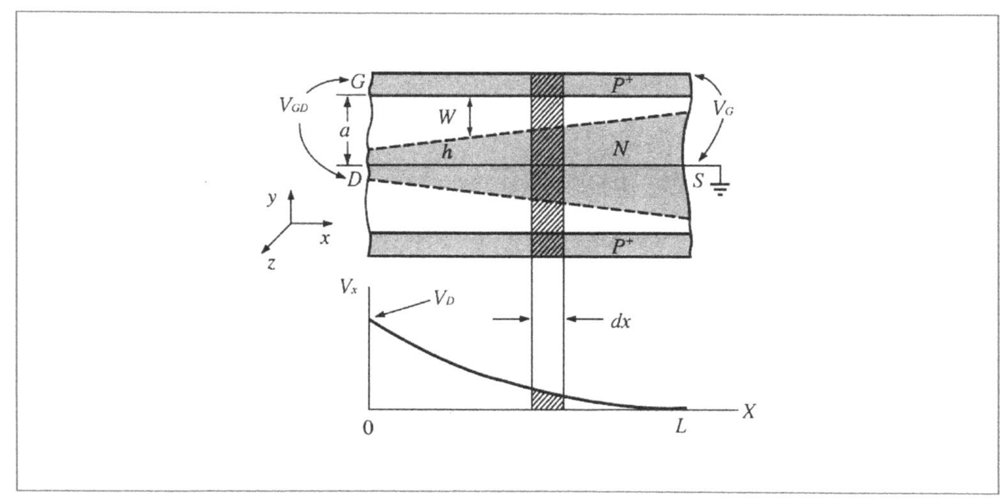

[그림 11-6] 계산을 위하여 치수와 미소체적을 정의한 채널의 개략도

채널을 [그림 11-6]의 근사적 형태르 나타냄으로써 핀치오프 전압을 다소 간단하게 계산할 수 있다. 채널이 대칭적이며 게이트의 작용이 채널영역 각 반쪽부분에서 같다고 하면, 중앙선 $(y=0)$에서부터 측정한 이 채널의 반쪽폭 $h(x)$에 주의를 한정시킬 수 있다. 채널의 금속학적 반쪽폭(즉, 공핍영역을 무시할 때)은 a이다. 여기서 n형 채널과 이 채널의 드레인 끝$(x=0)$의 p^+형 게이트 사이의 역방향 바이어스를 계산함으로써 핀치오프 전압을 구할 수 있다. 계산을 간단하게 하기 위하여 드레인에서의 채널폭은 역방향 바이어스를 핀치오프까지 증가시킴에 따라 균일하게 감소된다고 가정 한다. 게이트와 드레인 사이의 역방향 바이어 스가 $-V_{GD}$라면 $x=0$에서의 공핍영역의 폭은 식 (7-37)로부터 구할 수 있다. 즉,

$$W(x=0) = \left[\frac{2\varepsilon(-V_{GD})}{qN_d}\right]^{1/2} \quad (V_{GD}\text{는 음}) \tag{11-1}$$

이 식에서 평형상태에서의 접촉전위 V_o는 V_{GD}에 비하여 무시할 수 있고, p^+-n접합에 대하여 공핍영역은 주로 채널 속으로 퍼진다고 가정한다.

이 채널의 드레인 끝에서는

$$h(x=0) = a - W(x=0) = 0 \tag{11-2}$$

일 때, 즉 $W(x=0)=a$일 때 핀치오프가 일어난다. 핀치오프에서의 $-V_{GD}$값은 V_p로 정의하면

$$a = \left[\frac{2\varepsilon V_p}{qN_d}\right]^{1/2} \tag{11-3}$$

$$V_p = \frac{qa^2 N_d}{2\varepsilon}$$

핀치 오프전압 V_p는 정(positive)이며, V_D와 V_G에 대한 관계는

$$V_p = -V_{GD}(\text{핀치오프}) = -V_G + V_D \tag{11-4}$$

이고, 여기서 적절한 소자동작을 위하여 V_G는 0또는 음(negative)의 값을 가진다. 게이트에 순방향 바이어스를 가하면 p^+영역에서 채널로 정공이 주입되며, 이 소자의 전계효과에 의한

제어능력을 상실하게 된다. 식 (11-4)로부터 핀치오프는 게이트-소오스 사이의 전압과 드레인-소오스 사이의 전압과의 결합으로부터 이루어지는 것이 틀림없다. 음(−)의 게이트 바이어스가 인가되면 [그림 11-5] (b)에서처럼 보다 낮은 V_D의 값(따라서, 보다 낮은 I_D)에서 핀치오프에 도달한다.

(3) 전류−전압 특성

핀치오프 이하에서의 수학은 비교적 간단한 것이기는 하나 채널전류의 계산은 다소 복잡하다.

여기서 하고자 하는 접근방법은 바로 핀치오프에서의 I_D에 대한 식을 구하고, 그 다음 핀치오프를 넘어서도 포화전류는 이 값에 상당히 일정하게 머무른다고 가정하는 것이다.

[그림 11-6]의 정의된 좌표계에서 드레인 끝으로부터 채널의 중앙을 원점으로 취한다. X방향으로의 채널의 길이는 L, Z방향으로의 채널의 깊이는 Z이다. 이 n형 채널물질의 저항률을 ρ(공핍 영역 밖의 중성인 n형 물질에 대하여만 합당함)라 한다. 중성인 채널물질의 미소체적 $Z2h(x)dx$를 생각하면 이 체적요소의 저항은 $\rho dx/Z2h(x)$이다. 전류는 채널을 따라 거리와 더불어 변하지는 않으므로 I_D는 체적요소에서의 미소전압강하 $-dV_x$와 체적요소의 전도도에 의하여 관련지여진다. 즉,

$$I_D = -\frac{Z2h(x)}{\rho}\frac{dN_x}{d_x} \tag{11-5}$$

dV_x와 관련된 음(−)의 부호는 단순히 채널을 따라 x가 증가하면 V_x는 감소한다는 것을 나타내는 것이다. 항 $2h(x)$는 x에서의 채널폭이다.

점 x에서의 채널의 반쪽폭은 게이트와 채널간의 국부적인 역방향 바이어스 $-V_{Gx}$에 따른다. 즉, $V_{Gx} = V_G - V_x$ 및 $V_p = qa^2Na/2\varepsilon$이므로

$$h(x) = a - W(x) = a - \left[\frac{2\varepsilon(-V_{Gx})}{qN_d}\right]^{1/2} = a\left[1 - \left(\frac{V_x - V_G}{V_p}\right)^{1/2}\right] \tag{11-6}$$

식 (11-6) 속에 함축되어 있는 것은 $W(x)$에 대한 식은 채널내의 점 x까지 단순히 식 (11-1)을 확대시킴으로써 얻을 수 있다는 가정이다. 이것을 점근적 근사(gradual approximation)라 하는데 $h(x)$가 임의의 요소 dx에서 급격히 변동하지 않으면 타당하다.

적절한 동작을 위하여 게이트전압 V_G를 영 또는 음$(-)$으로 취하기 때문에 전압 V_{Gx}는 음$(-)$의 값이 될 것이다. 식 (11-6)을 (11-5)에 대입하면

$$\frac{2Za}{\rho}\left[1-\left(\frac{V_x - V_G}{V_p}\right)^{1/2}\right]dV_x = -I_D d_x \tag{11-7}$$

를 얻을 수 있다. 이 방정식을 풀면

$$I_D = G_o V_p\left[\frac{V_D}{V_p} + \frac{2}{3}\left(-\frac{V_G}{V_p}\right)^{3/2} - \frac{2}{3}\left(\frac{V_D - V_G}{V_p}\right)^{3/2}\right] \tag{11-8}$$

이 되며, 여기서 V_G는 음$(-)$이며 $G_o \equiv 2aZ/\rho L$은 $W(x)$를 무시할 수 있을 때, 즉 게이트 전압이 없고 I_D가 낮은 값을 가질 때 이 채널의 전도도이다. 이 방정식은 $V_D - V_G = V_p$인 핀치오프에 이르기까지만 타당한 것이다. 이 포화전류가 본질적으로 핀치오프에서의 값에 일정하게 머물러 있다고 가정 한다면

$$I_D(\text{포화}) = G_o V_p\left[\frac{V_D}{V_p} + \frac{2}{3}\left(-\frac{V_G}{V_p}\right)^{3/2} - \frac{2}{3}\right]$$

$$= G_o V_p\left[\frac{V_G}{V_p} + \frac{2}{3}\left(\frac{V_G}{V_p}\right)^{3/2} + \frac{1}{3}\right] \tag{11-9}$$

이 되며, 여기서 $\dfrac{V_D}{V_p} = 1 + \dfrac{V_G}{V_p}$ 이다.

결과적으로 이 채널에 대한 I-V 곡선군은 정상적으로 예측했던 [그림 11-5] (b)와 일치한다. 포화전류는 V_G가 0일 때 가장 크며, V_G가 음$(-)$으로 될수록 작아진다.

포화영역에서 바이어스된 이 소자는 드레인전류의 변화가 다음 식에 의해 게이트전압의 변화와 관련된다는 등가회로로 나타낼 수 있다.

$$g_m(\text{포화}) = \frac{\partial I_D(\text{포화})}{\partial V_G} = G_o\left[1 - \left(-\frac{V_G}{V_p}\right)^{1/2}\right] \tag{11-10}$$

여기서 g_m은 상호컨덕턴스(mutual transconductance)라고 하며, S(siemens)단위(A/V)를

가지고 때때로 mhos라 한다. FET소자의 이점을 나타내는 지표로서 상호컨덕턴스를 단위 채널폭 Z로 나누어서 표현하는 것이 일반적이다. 이 g_m/Z양은 일반적으로 mS/mm의 단위로 주어진다.

제곱법칙에 따르는 특성이 포화상태의 드레인전류를 정확하게 근사시킨다는 것은 실험적으로 알려져 있다. 즉,

$$I_D(\text{포화}) \simeq I_{DSS}\left(1 + \frac{V_G}{V_p}\right)^2, \, (V_G \text{는 음}) \tag{11-11}$$

이며, 여기서 I_{DSS}는 $V_G = 0$일 때의 포화 드레인 전류이다.

식 (11-8)~(11-10)에서 채널저항 (G_0항으로 나타난 것)이 일정한 값으로 나타나 있는 것은 전자의 이동도가 일정함을 암시한다. 강전계에서는 전자의 속도가 포화됨으로 인해 이 가정은 타당하지 않게 될 수도 있다. 특히 적당한 드레인 전압에서조차 채널에 따른 강전계를 초래하는 단채널에 대해서는 더욱 그러하다. 이상적인 모형에서 벗어나는 또 다른 것은 [그림 11-4] (c)에서 제시된 바와 같이 핀치오프 이상으로 드레인전압이 증가함에 따라 유효채널길이가 감소하는 사실에 기인한다. L은 식 (11-9)의 G_0에서 분모항에 포함되어 있으므로 단채널 소자에서 이 효과는 핀치오프 이상에서 I_D가 증가하도록 한다. 따라서, 포화전류가 일정하다는 가정은 단채널 소자에서는 타당하지 못하다.

[그림 11-7]은 n채널 JFET의 동작을 요약한 것이다. 게이트-소오스 전압 V_{GS}가 핀치오프전압보다는 크고 0[V]보다는 작을 때 드레인 전류 I_{DSS}가 존재하게 되는데 이 전류는 전압 V_{GS}로 조절 될 수 있다. 게이트 전류는

$$I_G = 0 \tag{11-12}$$

이것은 게이트-소오스 사이가 역 방향 바이어스일 때 에는 어떠한 전류도 흐를 수 없기 때문이다. 게이트-소오스 전압이 0[V]로 정확하게 고정될 때 드레인 전류의 레벨은 중요한 값이 되는데 이것은 [그림 11-4] (b)에서 보여 주고 있는 것처럼 I_{DSS}로 정의된다.

게이트 전류는 식 (11-12)에 의하여 주어진 것처럼 역시 0이다. 게이트-소오스 전압이 핀치오프 전압(채널을 핀치오프시키기 위해 필요한 값보다 훨씬 negative)보다 훨씬 증가하면 드레인전류는 0으로 감소, 즉 $I_G = 0$가 되고, JFET디바이스는 완전하게 턴 오프 즉 [그림 11-7] (c)와 같이 된다.

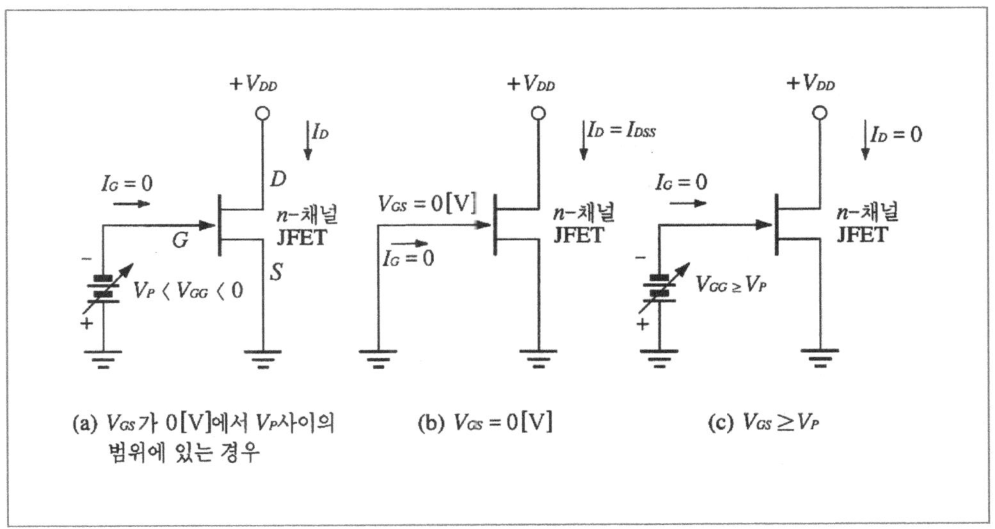

[그림 11-7] 디바이스 심볼을 이용한 n-채널 JFET의 동작

3. 접합전계 효과 트랜지스터의 드레인-소오스 특성

[그림 11-8] (a)는 전형적인 n채널 JFET드레인-소오스 특성을 나타내었다. $V_{GS} = 0[V]$에서 묘사된 곡선은 전류가 안정되는 점(혹은 포화상태에 이르는 점)에 이를 때까지 V_{DS}가 증가하는 것처럼 드레인 전류도 증가한다는 사실을 나타낸다. 앞 절의 토론에서 우리는 내부 공핍 영역은 드레인-소오스 전류를 제한하기 위하여 작용된다는 것을 알 수 있다. $V_{GS} = 0$으로 고정시켰을 때 얻어지는 이 포화 전류(saturation current)를 I_{DSS}라고 명명한다.

만일 게이트-소오스 전압이 [그림 11-8] (b)에 나타내고 있는 것처럼 $V_{GS} = -1[V]$로 고정되면 전류는 포화 레벨에 이를 때까지 V_{DS}가 증가하는 대로 증가한다. 그러나 이 경우는 $V_{GS} = 0[V]$보다 낮은 레벨까지만 증가한다. 왜냐하면 $V_{GS} = -1[V]$로 인하여 부분적으로 형성되기 시작하는 공핍 영역은 드레인-소오스 전류의 낮은 레벨에서 완벽하게 형성된다.

드레인-소오스 특성은 V_{GS}가 0[V]에서 핀치오프 전압에 이르는 여러 가지 값에 대한 일단의 곡선으로 나타난다. 즉 이 전압에서 공핍 영역은 어떤 드레인-소오스 전류 없이도 형성된다. 그리고 이 전압에서는 드레인-소오스 전류가 전혀 발생되지 않는다. 핀치오프 전압은 보통 V_p혹은 $V_{GS(off)}$로 규정된다. [그림 11-9]는 드레인-소오스 전압을 갖는 p-채널 JFET의 드레인-소오스 특성을 나타낸다.

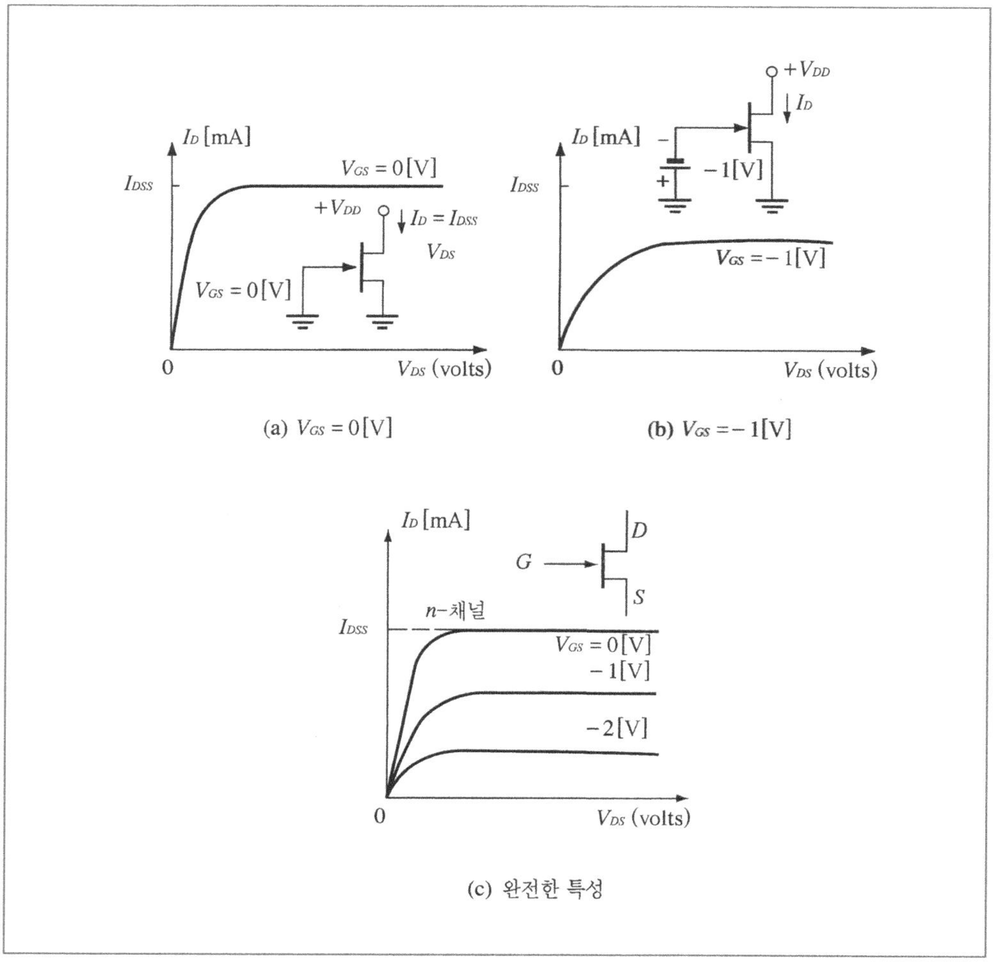

(a) $V_{GS} = 0$ [V]

(b) $V_{GS} = -1$ [V]

(c) 완전한 특성

[그림 11-8] 드레인-소오스 특성

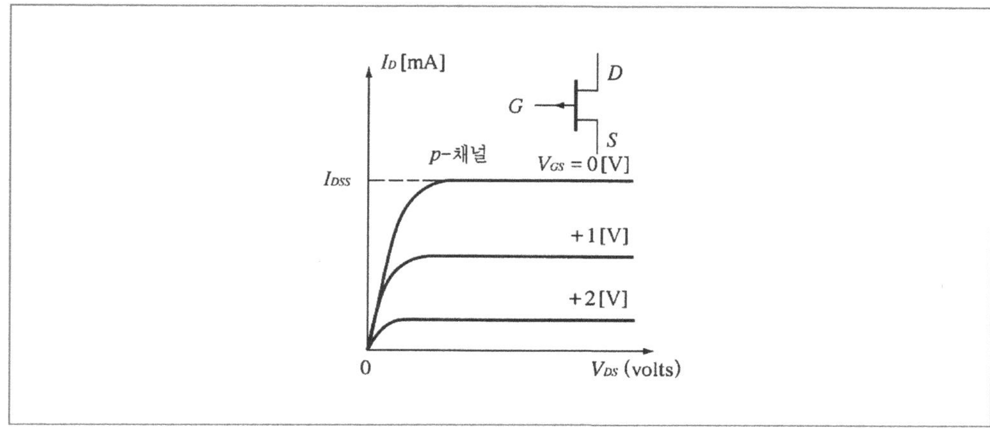

[그림 11-9] p-채널 JFET 드레인-소오스 특성

4. 접합전계효과 트랜지스터의 전달 특성

접합전계효과 트랜지스터소자 특성의 또 다른 형태는 드레인-소오스 전압 V_{DS}의 일정 한 값에 대하여 드레인 전류 I_D를 게이트-소오스 전압 V_{GS}의 함수로서 그린 전달특성(transfer characteristic)이다. 전달 특성은 커브트레이서 장치(curve tracer unit)로 직접 디바이스의 동작을 측정하여 얻거나 [그림 11-10]에 나타낸 드레인 특성으로부터 구할 수도 있다 이 전달 곡선의 두 가지 중요한 점은 I_{DSS}및 V_p값이다. 이 두 값이 고정되면 곡선의 나머지 부분은 전 달 특성으로부터 알 수 있고 JFET에서 일어나는 물리적 과정의 이론적 고찰로부터 구할 수도 있다.

$$I_D = I_{DSS}\left(1 - \frac{V_{GS}}{V_p}\right)^2 \tag{11-13}$$

이 식은 [그림 11-10]의 전달특성곡선을 나타낸다. 전달특성에 나타난 것처럼 $V_{GS} = 0$일 때 $I_D = I_{DSS}$, $I_D = 0$일 때 $V_{GS} = V_p$이다.

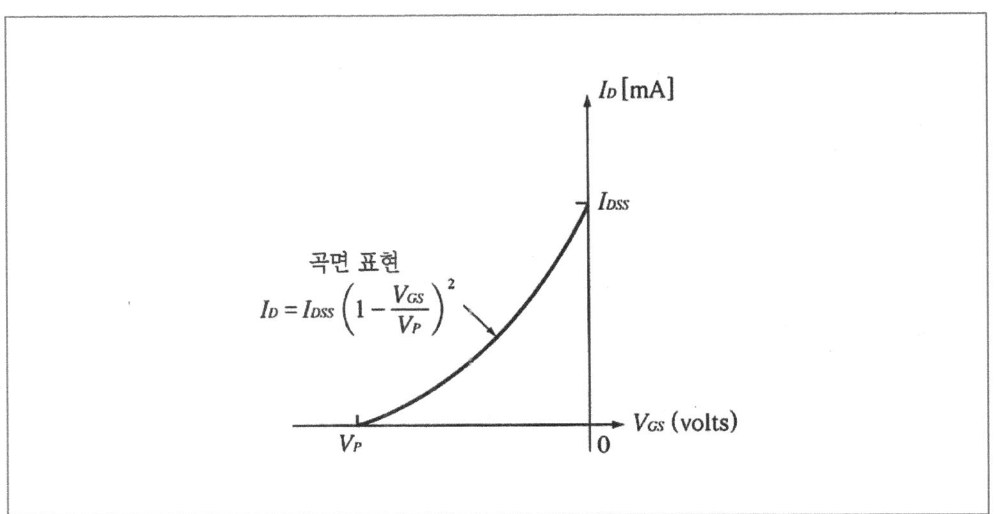

[그림 11-10] JFET의 전달특성(n-채널)

5. 접합전계효과 트랜지스터의 파라미터

반도체 제조회사들은 접합전계효과 트랜지스터를 설명함과 더불어 여러 장치들에 있어서 선택을 위해 필요한 데이터를 제공하기 위하여 다수의 파라미터를 규정하고 있다. 이들 중 보다 유용한 파라미터를 규정한 것들은 아래와 같다.

 ⅰ) 가. I_{DSS}, 드레인-소오스 포화 전류

 ⅱ) $V_p = V_{GS(off)}$, 핀치오프 또는 게이트-소오스 차단 전압

 ⅲ) BV_{GSS}, 드레인-소오스 단락 상태의 디바이스 붕괴 전압(device break-down voltage)

 ⅳ) $g_m = g_{fs}$, 디바이스의 전달 컨덕턴스(transconductance)

 ⅴ) $r_{ds(on)}$, 디바이스 동작 시의 드레인-소오스 저항

보통 제조회사의 규격표에는 디바이스의 커패시턴스, 잡음 전압(noise voltage), 턴온 및 턴오프 타임, 전력 취급(power handling) 등에 관련되는 많은 파라미터들이 주어진다.

(1) I_{DSS}, 드레인-소오스 포화 전류

게이트-소오스 사이가 단락($V_{GS}=0$)되었을 때 채널의 차단 전류는 매우 중요한 디바이스 파라미터이다. I_{DSS} 값은 소자의 측정회로를 사용해서 쉽게 측정할 수 있으며, 역방향 바이어스된 JFET를 사용한 가장 큰 드레인 전류를 나타낸다. 소신호 디바이스에 대해서 이 전류는 보통 [mA]정도의 크기를 갖는다.

(2) $V_p = V_{GS(off)}$, 게이트-소오스 차단(핀치오프) 전압

드레인-소오스 채널이 차단되거나 또는 핀치오프되어 드레인 전류가 전혀 흐르지 않을 때의 게이트-소오스 전압이 제조회사의 규격표에 나와 있는 $V_{GS(off)}$ 또는 V_p 전압이다. 실제 측정할 때에는 전류가 전혀 흐르지 않거나 너무 작으면 측정하기가 상당히 모호하므로 수[μA] 정도의 규정된 드레인 전류값에서 차단 전압을 결정할 필요가 있다. 특정 V_{DS} 값에 대해 I_D가 아주 작은 전류로 감소되어 차단 상태를 가리킬 때까지 V_{GS}를 변화시키면서 I_D와 V_{GS}를 측정 한다.

(3) BV_{GSS}, 소오스-게이트 붕괴 전압

소오스-게이트 접합의 붕괴 전압 BV_{GSS}는 드레인-소오스 사이가 단락 상태 $V_{DS}=0[V]$인 어

떤 특정 전류값에 대해 측정된다. 붕괴 전압값은 게이트-소오스 전압의 한계치를 나타내며, 이 값 이상에서는 디바이스의 전류가 외부 회로에 의해 제안되어야 한다. 그렇지 않으면 그 밖의 장치들도 크게 손상될지 모른다. 붕괴전압은 드레인에 공급되는 전압의 한계치를 나타낸다.

(4) $g_{fs} = g_m$, **소오스 공통 순방향 전달 컨덕턴스**

g_{fs}로 규정되는 디바이스의 소오스 공통 순방향 전달 컨덕턴스는 g_m으로도 표시된다. 이 값은 드레인-소오스 사이를 단락시키고 측정한다. 즉,

$$g_{fs} = \frac{\Delta I_D}{\Delta V_{Gs}} \Big|_{V_{DS} = 0} \tag{11-14}$$

으로 JFET의 교류 증폭을 나타낸다. g_{fs}(또는 g_m)의 값은 인가된 교류 게이트-소오스 전압에 의해 교류 전류가 얼마만큼 변화했는가를 나타낸다.

g_m의 값은 시멘스(siemens ;S)로 측정되며(앞에서는 mho($\mho$)) 전형적인 값은 1[mS]에서 10[mS] 또는 1,000[μS]에서 10,000[μS]이다. 식 (11-13)을 미분하여 다음 관계식을 얻을 수 있다.

즉, 식 (11-13) $I_D = I_{DSS}\left(1 - \dfrac{V_{GS}}{V_P}\right)^2$ 을 미분하면

$$g_m = \frac{\partial I_D}{\partial V_{GS}} = \frac{2I_{DSS}}{V_p}\left(1 - \frac{V_{GS}}{V_p}\right) = \frac{2I_{DSS}}{|V_p|}\left(1 - \frac{V_{GS}}{V_p}\right) \tag{11-15}$$

$$g_m = g_{mo}\left(1 - \frac{V_{GS}}{V_p}\right) \tag{11-16}$$

$$여기서 \ g_{mo} = \frac{2I_{DSS}}{|V_p|} \tag{11-17}$$

g_{mo}값은 $V_{GS} = 0$[V]로 바이어스될 때 JFET의 최대 교류 이득 파라미터이다. 어떤 바이어스 조건에서도 g_m의 값은 g_{mo}보다 더 작다.

(5) $r_{ds(on)}$, **드레인-소오스 동작시의 저항**

특정 게이트-소오스 전압과 드레인 전류에서 측정되는 드레인-소오스 동작시의 저항은 JFET를 스위치로 사용할 때 중요하다. JEFT가 포화 혹은 저항영역에서 동작될 때 드레인과 소오스 사이의 저항 $r_{ds(on)}$은 10에서 수100[Ω]에 이른다.

11.3 금속–절연체–반도체 전계효과 트랜지스터

디지털 집적회로에서 가장 널리 사용되는 전자소자 중의 하나는 금속-절연체-반도체 (metal insulator semiconductor ; MIS) 트랜지스터이다. 이 소자의 채널전류는 채널로부터 절연체에 의하여 분리된 게이트 전극에 인가된 전압으로 제어된다. 이 결과로 얻어진 소자를 일반적으로 절연게이트 전계효과 트랜지스터 (Insulated gate field effect transistor ; IGFET) 라 한다. 그러나 이와 같은 소자의 대부분이 반도체로서는 Si를 절연체에는 SiO_2를, 그리고 게이트 전극에는 A1이나 다른 금속을 써서 만들어지므로 MOS트랜지스터(MOST)의 용어가 일반적으로 쓰이고 있다.

1. 기본동작

p형 Si기판 위에 n형 채널이 형성된 경우의 기본적인 MOS트랜지스터를 [그림 11-11]에 나타내었다. n^+형 소오스와 드레인 영역은 비교적 저농도로 도우핑된 p형 기판에 확산 또는 주입공정으로 이루어지며 , 얇은 산화물층은 Si표면으로부터 A1금속 게이트를 분리시킨다. 드레인-소오스의 결합은 직렬로 서로 반대방향으로 된 p-n접합을 포함하고 있기 때문에, 그들 사이에 전도성 n형 채널이 없이는 드레인에서 소오스로 아무 전류도 흐르지 않는다.

기판에 대하여 양(+)의 전압을 게이트에 인가하면(이 경우 기판은 소오스에 연결됨) 실질적으로 양(+)의 전하가 게이트 금속에 부착된다. 이에 대응하여 그 밑쪽의 Si의 공핍영역과 이동성 전자를 함유하는 얇은 표면층의 형성으로 인해 음(−)의 전하가 유기된다. 이들 유기된 전자는 FET의 채널을 형성하며 드레인에서 소오스로 전류를 흐르게 만든다. [그림 11-11] (c)가 암시하듯이 게이트전압의 효과는 JFET의 경우와 유사하게 낮은 드레인-소오스간 전압에 대해 이 유기된 채널의 전도도를 변화시키는 것이다. V_G의 주어진 값에 대하여 전류가 포화되고 그 이후에는 전류가 본질적으로 일정하게 머무는 어떤 드레인 전압 V_D가 있을 것이다.

MOS트랜지스터에서 중요한 파라미터 는 문턱전압(threshold voltage) V_T이며, 이것은 채널을 유기시키는 데 필요한 최소 게이트전압이다. 일반적으로 [그림 11-11]에 보인 것과 같은 n형 채널소자의 양(+)의 게이트전압은 어떤 값 V_T보다는 커야만 전도성 채널이 유기된다. 비슷하게 p형 채널소자(p형의 소스와 드레인 확산이 되어 있는 n형 기판 위에 만들어진 것) 는 채널에 필요한 양(+)의 전하(이동성 정공)를 유기시키기 위해서는 어떤 문턱값보다 더욱 음(−)의 게이트전압이 필요하다. 그러나 이 일반적인 규칙에는 다음에서 알 수 있듯이 예외

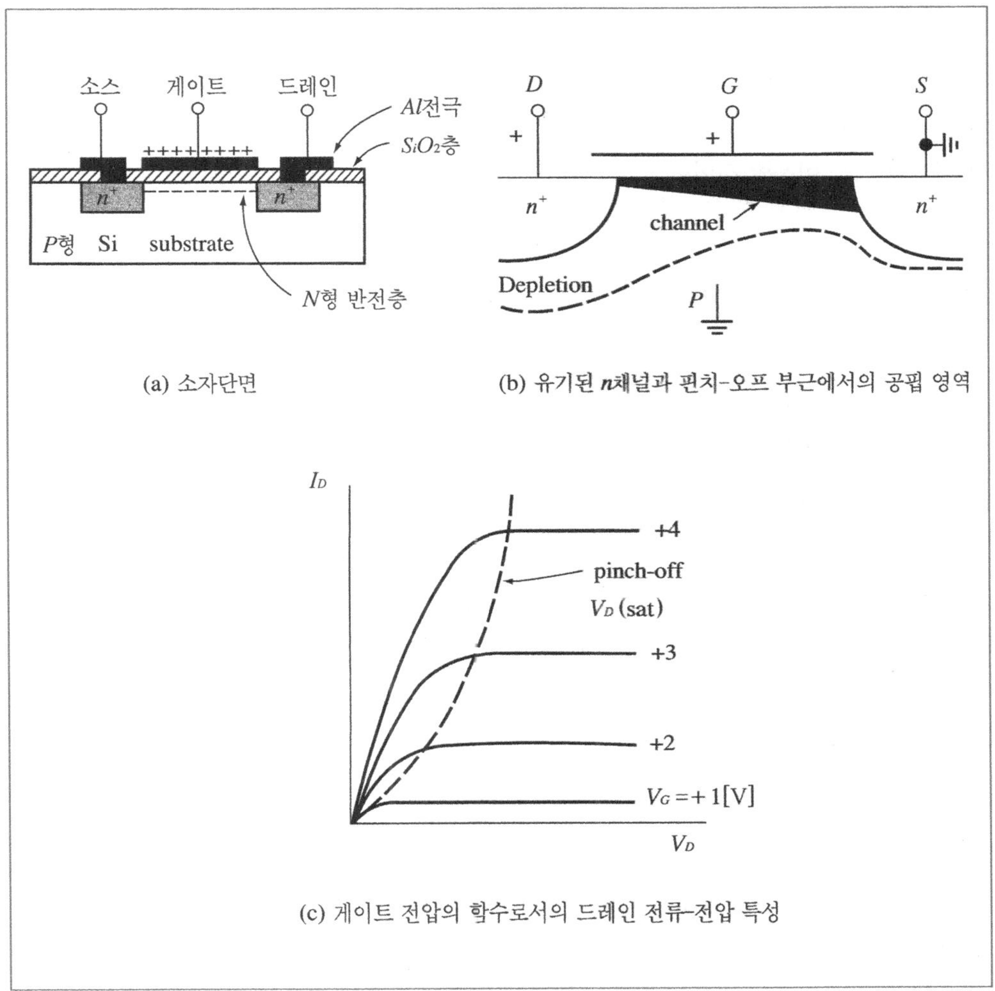

[그림 11-11] 증식형 n채널 MOS트랜지스터

가 있다. 사실상 이 소자를 차단상태로 하는 데는 음(−)의 게이트전압이 요구된다. 이와 같은 정상전도상태(normally on)에 있는 소자에서는 평형상태에서 존재하는 채널을 공핍시키기 위해 게이트전압이 필요하므로 공핍형(depletion-mode) 트랜지스터라 한다. 보다 일반적인 MOS 트랜지스터는 0의 게이트전압 때 정상자단상태(normally off)로 되어 있으며 전도성 채널을 유기하는 데 충분하게 큰 게이트전압을 인가하는 증식형(enhancement mode)으로 동작한다.

MOS트랜지스터는 특히 디지털회로에서 유용하며 이때에는 그것이 차단상태(off, 전도성 채널이 없음)에서 전도상태(on)로 스위치된다. 드레인전류의 제어는 산화물에 의하여 소오스와 드레인으로부터 절연된 게이트전극에서 이루어진다. 따라서, MOS회로의 직류 입력 임피던스는 매우 크게 될 수 있다.

n형 채널과 p형 채널의 MOS의 트랜지스터는 다 같이 일반적으로 쓰이고 있다. [그림 11-11]에 보인 n형 채널양식은 그것이 Si에서의 전자 이동도가 정공 이동도보다 크다는 사실을 이용하고 있기 때문에 일반적으로 보다 바람직한 것이다. 앞으로의 검토에서는 대부분 n형 채널의 예를 이용할 것이다.

2. 이상적 MOS 커패시터

외견상 단순한 MOS 구조에서 생기는 표면효과는 실제로는 매우 복잡하다. 이들 효과의 많은 것들은 대표적인 MOS트랜지스터의 동작을 제어하는 것들을 알 수 있다. 금속의 일함수 특성은 Fermi준위로부터 금속 밖으로 한 전자를 이동하는 데 필요한 에너지의 항으로 정의할 수 있다.

MOS에 대한 연구에서는 금속-산화물 계면에 대해 변형된 일함수(modified work function) $q\Phi_m$을 쓰는 것이 더욱 편리하다. 에너지 $q\Phi_m$은 금속의 Fermi준위로부터 산화물의 전도대역까지 측정된 것이다. 이와 유사하게 $q\Phi_s$는 반도체-산화물 계면에서의 변형된 일함수이다. 이상적인 경우에는 $\Phi_m = \Phi_s$로 가정하고 따라서 이 두 일함수에는 차이가 없다. 후에 설명할 논의에서 유사하게 될 또 다른 양은 $q\Phi_F$이며, 이것은 반도체에 대해 진성 Fermi준위 E_i보다 아래쪽으로의 Fermi준위의 위치를 측정한 것이다. 이 양은 얼마나 강하게 이 반도체가 p형으로 되어 있는가를 나타낸다.

[그림 11-12]의 MOS구조는 본질적으로 한쪽판이 반도체로 된 커패시터(capacitor)이다. 금속과 반도체 사이에 음(−)의 전압을 인가하면 실효적으로는 금속에 음(−)의 전하가 부착되게 된다.

이에 대응하여 같은 양의 실질적 양(+)의 전하가 반도체 표면에 축적될 것이 예측된다. p형 기관의 경우는 이것이 반도체-산화물 계면에서의 정공축적(hole accumulation)으로써 발생된다.

인가된 음(−)의 전압은 반도체에 대해 금속의 정전적 전위를 낮게(depresses) 해주므로 전자의 에너지는 전체적으로 반도체에 대해 금속에서는 상승한다. 그 결과 금속의 Fermi준위 E_{Fm}은 qV만큼 그의 평형위치보다 위쪽에 있으며 여기서 V는 인가전압이다.

Φ_m와 Φ_s는 인가전압에 따라 변하지 않으므로 E_{Fs}에 대한 상대적인 에너지에 있어 E_{Fm}이 위로 이동하여 이것이 산화물 전도대역의 경사를 생기게 한다. 전계가 E_i에서 경사도를 생기게 하므로 경사도 $T(x)$는

$$T_{(x)} = \frac{1}{q}\frac{dE_i}{dx} \tag{11-18}$$

와 같은 경사(tilt)가 예상된다.

반도체의 에너지대역은 계면 부근에서 휘어서 정공의 축적을 마련해 준다.

$$P = n_i e^{(E_i - E_F)/kT} \tag{11-19}$$

이므로 정공농도의 증가는 반도체 표면에서의 $E_i - E_F$의 증가를 의미 한다.

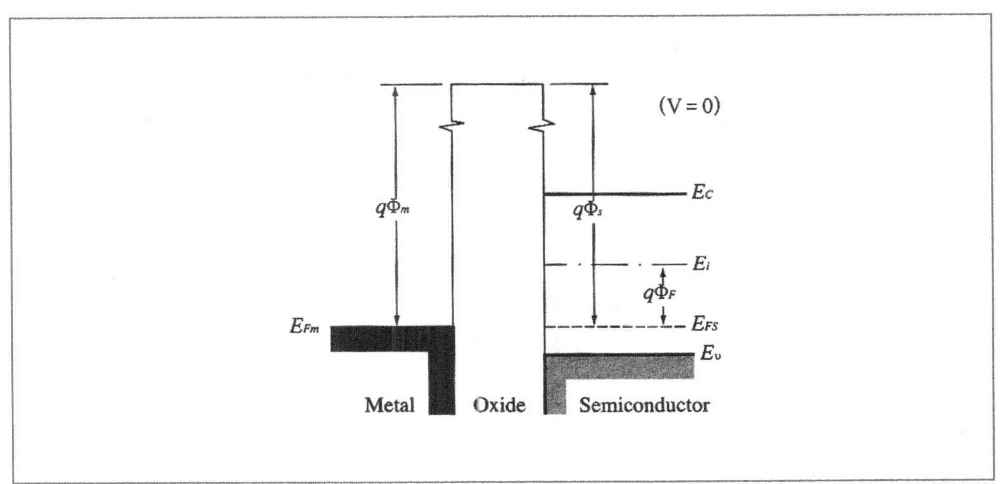

[그림 11-12] 평형상태의 이상적 구조에 대한 에너지 대역도

MOS구조를 통하여는 전류가 흐르지 않으므로 반도체내의 Fermi준위에는 변동이 전혀 있을 수 없다. 따라서, $E_i - E_F$가 증가하려면 표면부근의 에너지에서 E_i가 위로 이동하여야 한다. 그 결과가 계면 근처에서의 반도체대역의 휨이다. [그림 11-13] (a)에서 계면 근처의 Fermi준위는 가전자대역에 보다 가깝게 있어 p형 반도체의 도우핑으로부터 생기는 것보다 더 큰 정공농도를 나타낸다는 것을 알 수 있다.

[그림 11-13] (b)에서는 금속에서 반도체로 양(+)의 전압을 인가한다. 이것은 금속의 전위를 높이며 금속의 Fermi준위를 그의 평형위치에 대하여 qV만큼 저하시킨다. 그 결과 산화물의 전도대 역은 다시 기울게 된다. 이 에너지 대역의 경사는 단순히 반도체 쪽에 대하여 금속쪽을 아래로 이동시킴으로써 얻어지는데, 이것은 인가전계에 대하여 적절한 방향으로 되어 있음을 알 수 있다.

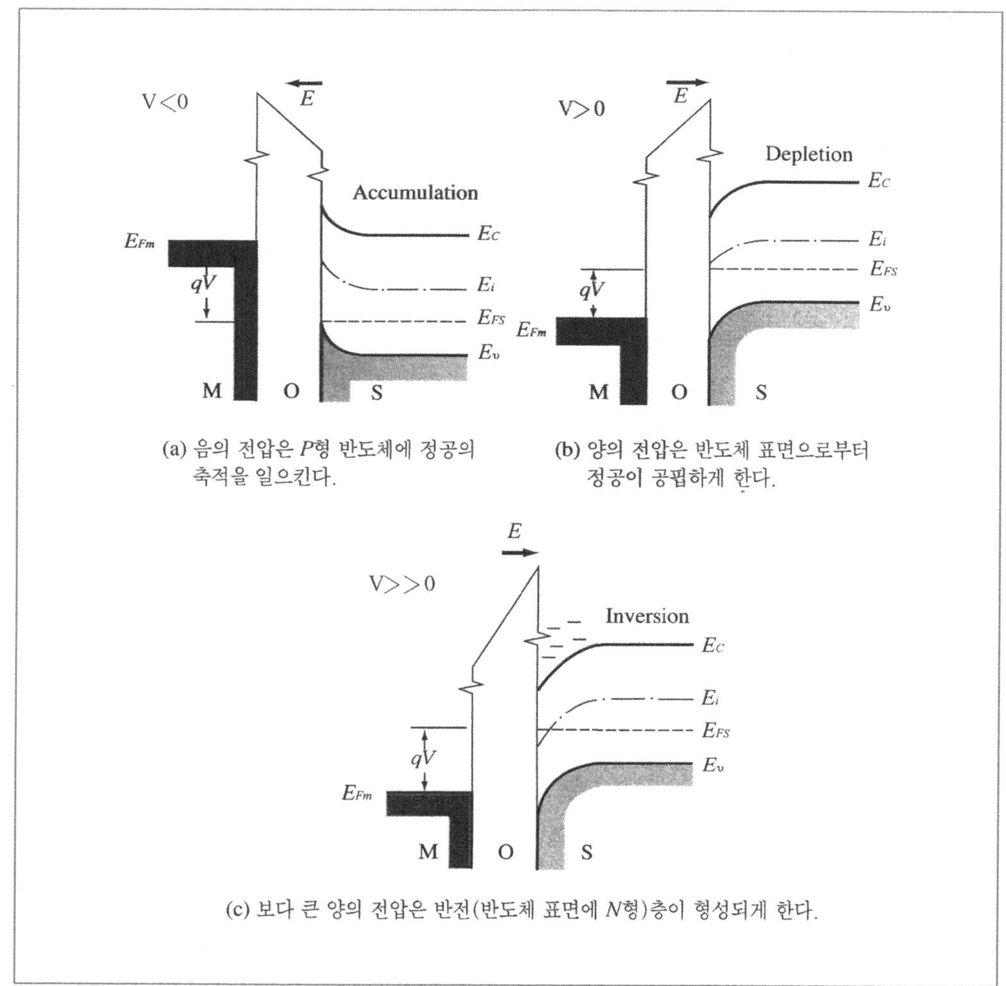

(a) 음의 전압은 *P*형 반도체에 정공의 축적을 일으킨다.

(b) 양의 전압은 반도체 표면으로부터 정공이 공핍하게 한다.

(c) 보다 큰 양의 전압은 반전(반도체 표면에 *N*형)층이 형성되게 한다.

[그림 11-13] 이상적 MOS커패시터에 대한 인가전압의 영향

양(+)의 전압은 금속 위에 양(+)의 전하를 부착시키며 반도체 표면에는 대응되는 실질적인 음(−)의 전하를 불러일으키게 한다. 이와 같은 p형 물질에서의 음(−)의 전하는 표면 부근의 영역으로부터 정공이 공핍(depletion)되어, 보상되지 않은 이온화된 억셉터를 뒤에 남김으로써 생긴다.

공핍영역에서는 정공농도가 감소하고 E_i는 E_F로 접근하여 움직이며, 대역들은 반도체 표면부근에서 아래 로 휜다.

양(+)의 전압을 계속 증가시키면 반도체 표면에서의 대역은 더욱 크게 아래쪽으로 휜다. 사실상 충분히 큰 전압은 [그림 11-13] (c)에서 보여주고 있는 것처럼 E_i를 E_F아래(below)로 휘게 할 수 있다. $E_F \gg E_i$는 전도대역에서의 큰 전자농도를 의미하므로 특히 흥미로운 경우이다.

이 경우 반도체 표면 부근의 영역은 전자농도를 가지는 전형적인 n형 물질의 전도특성을 가진다. 이 n형의 표면층은 도우핑으로 형성된 것이 아니라, 인가전압에 의해 원래는 p형인 반도체의 반전(inversion)으로써 형성된 것이다. 이 밑에 있는 p형 물질로부터 공핍영역에 의하여 분리되어 있는 반전층은 MOS트랜지스터 동작의 열쇠이다.

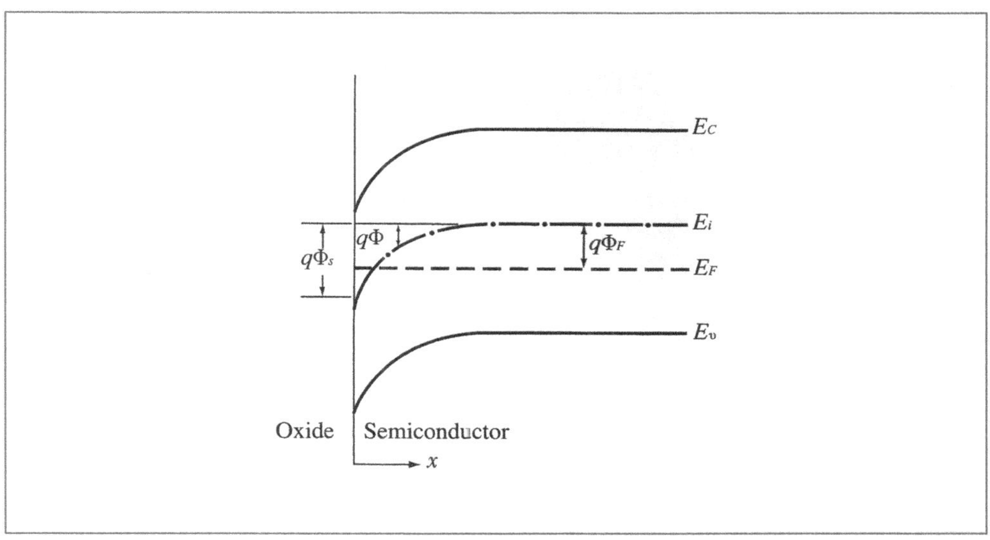

[그림 11-14] 상태 시작에서의 반도체대역의 휨. 표면전위 ϕ_s는 중성인 p형 물질에서의 ϕ_F 값의 2배이다.

반전영역은 FET에서의 전도성 채널로 되기 때문에 좀 더 면밀하게 관찰을 하여야 한다. [그림 11-14]에서 임의의 점 x에서 E_i의 평형위치에 대하여 측정한 전위 ϕ를 정의한다. 이 에너지 $q\phi$는 x에서 대역의 휨을 말해주며, $q\phi_s$는 표면에서의 대역의 휨을 나타낸다. $\phi_s = 0$이 이상적 MOS의 경우에 대한 평탄대역(flat band) 즉, [그림 11-12]와 같이 보이는 대역의 조건이라는 것을 알 수 있다. $\phi_s < 0$이면 [그림 11-13] (a)에서 보여주고 있는 것처럼 에너지대역은 표면에서 위로 휘며 정공축적이 이루어진다. 이와 유사하게 $\phi_s > 0$이면 [그림 10-13] (b)에서 보여주고 있는 것처럼 공핍상태가 이루어진다. 끝으로 ϕ_s가 양(+) 고 ϕ_F보다 크면 표면에서의 대역은 $E_i(x=0)$가 E_F보다 아래쪽에 있게 아래로 휘고 반전상태가 얻어진다.

ϕ_s가 ϕ_F보다 크면 언제나 표면상태는 반전된다는 것은 사실이지만, 실제 n형의 전도성 채널이 표면에 존재하는지의 석부를 말하는 데는 실제적인 기준이 필요하다. 강반전(strong inversion)상태에 대한 가장 좋은 기준은 기판이 p형인 것만큼 표면이 강하게 n형이어야 한다는 것이다. 즉, E_i는 그것이 표면으로부터 떨어진 곳에서는 E_F보다 위쪽에 있는 양만큼 표면에서는 E_F보다 아래쪽에 있어야 한다. 이 상태는

$$\phi_s(\text{반전}) = 2\phi_F = 2\frac{kT}{q}\ln\frac{N_a}{n_i} \tag{11-20}$$

일 때 생긴다. ϕ_F의 표면전위는 대역들이 표면에서의 진성상태(intrinsic condition)$(E_i = E_F)$로 까지 휘게 하는 데 필요한 것이며 E_i는 표면에서 소위 강반전의 상태를 얻기 위하여 다시 $q\phi_F$만큼 낮아져야 한다.

전자의 정공농도는 [그림 11-14]에서 정의된 $\phi(x)$와 관련되어 있다. 평형상태에서 전자농도는

$$n_o = n_i e^{(E_F - E_i)/kT} = n_i e^{-q\phi F/kT} \tag{11-21}$$

이 값을 임의의 점 x에서의 전자농도와 쉽게 관련지워 줄 수 있다. 즉,

$$n = n_i e^{-q(\phi F - \phi)/kT} - n_o e^{q\phi/kT} \tag{11-22}$$

이며, 같은 방식으로 임의의 점 x에 있는 정공에 대하여는

$$p = p_o e^{-q\phi/kT} \tag{11-23}$$

이들 식을 Poisson방정식 식 (11-24)와 보통의 전하밀도의 식 (11-25)를 결합시켜 $\phi(x)$에 대하여 풀 수 있다. 즉,

$$\frac{\partial^2 \phi}{\partial X^2} = -\frac{\rho(x)}{\varepsilon_s} \tag{11-24}$$

$$\rho(x) = q(N^+{}_d - N^-{}_a + p - n) \tag{11-25}$$

반전된 표면에 대한 전하분포, 전계 및 정전적 전위를 [그림 11-15]에 대략적으로 나타내었다. 간단하게 하기 위하여 이 그림에서는 $0 < x < W$에서는 완전히 공핍상태이며 $x > W$에서는 중성적 물질이라고 가정하는 공핍근사(depletion approximation)를 사용한다.

이 근사방식에서는 공핍 영역의 보상되지 않은 억셉터에 의한 단위면적당 전하는 $-qN_aW$이다. 본 장에서는 전체적 검토를 통하여 A를 첨부하는 것을 피하기 위하여 단위면적당 전하

Q와 단위면적당 정전용량 C를 사용할 것이다. 금속의 양($+$)의 전하 Q_m은 반도체의 음($-$)의 전하 Q_s와 균형을 이루는데, 이 전하 Q_s는 공핍층 전하 반전영역에 의한 전하 Q_n을 합한 것이다. 즉,

$$Q_m = -Q_s = qN_a W - Q_n \tag{11-26}$$

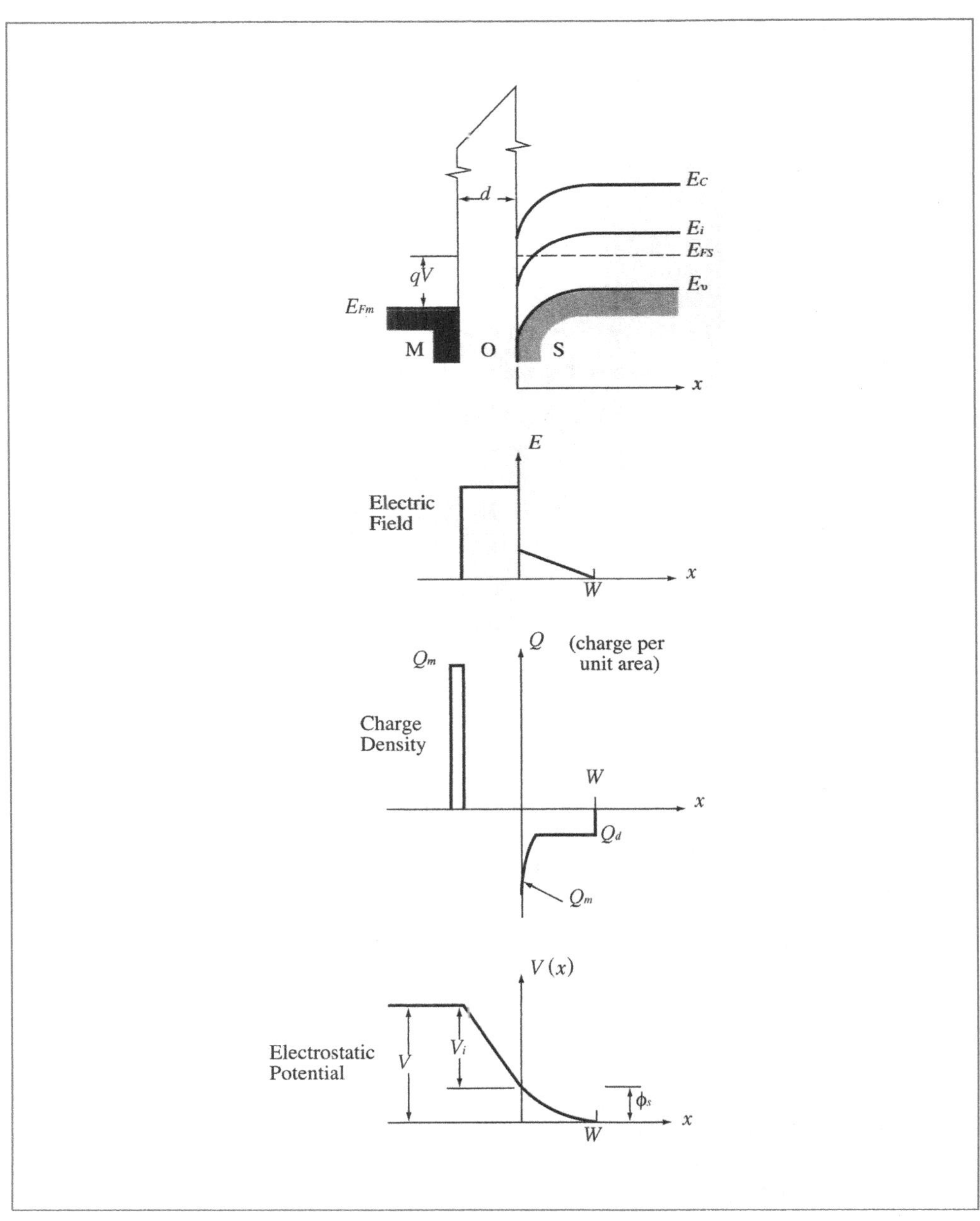

[그림 11-15] 반전상태에서 이상적 MOS 커패시터의 근사적인 전하

반전영역의 폭은 설명의 목적에서 [그림 11-15]에서는 과장되어 있다. 실제로 이 영역의 폭은 일반적으로 100[Å]이하이다. 따라서 전계와 전위분포의 개략도를 그릴 때는 그것을 무시하였다. 전위분포도에서는 인가전압 V의 일부는 절연체를 가로질러서 (V_i) 또 일부는 반도체의 공핍영역에 걸쳐서(ϕ_s) 나타난다는 것을 알 수 있다. 즉,

$$V = V_i + \phi_s \tag{11-27}$$

절연체를 가로지르는 전압은 분명히 양쪽에 있는 전하와 관계되며, 전하를 정정용량으로 나눈 것이 된다. 즉,

$$V_i = \frac{-Q_s d}{\varepsilon_i} = \frac{-Q_s}{C_i} \tag{11-28}$$

여기서 ϵ_i는 절연체의 유전율(permittivity)이고 C_i는 단위면적당 절연체의 정전용량이다. 양(+)의 V_i가 주어짐에 따라 전하 Q_s는 n채널에 대하여는 음(−)이 될 것이다.

공핍근사를 사용하면 W를 ϕ_s의 함수로 풀 수 있다. 그 결과는 공핍영역이 거의 모두 p형 영역 속으로 확장된 n^+-p형 접합에 대하여 얻어진 것과 같다. 즉,

$$W = \left[\frac{2\varepsilon_s \phi_s}{q N_a}\right]^{1/2} \tag{11-29}$$

강반전이 이루어질 때까지의 공핍영역은 커패시터에 걸리는 전압이 증가함에 따라 증가함에 따라 증가한다.

그 후 전압이 더욱 커지면 공핍영역이 커지기보다는 더욱 강한 반전층이 이루어지게 된다. 이리하여 공핍영역폭의 최대값은 식 (11-20)을 써서

$$W_m = \left[\frac{2\varepsilon_s \phi_s(\text{반전})}{q N_a}\right]^{1/2} = 2\left[\frac{\varepsilon_s k T \ln(N_a/n_i)}{q^2 N_a}\right]^{1/2} \tag{11-30}$$

이 식에서의 여러 양을 알고 있으므로 W_m을 계산할 수 있다. 예를 들면 $N_a = 10^{15}[\text{cm}^{-3}]$인 p형 Si 위에 형성된 이상적 MOS커패시터에 대한 공핍영역의 최대폭을 구해보자. Si의 비유전율을 11.8로 하면 식 (11-20)으로부터 ϕ_F를 구하면

$$\phi_F = \frac{kT}{q}1n\frac{N_a}{n_i} = 0.02591n\frac{10^{15}}{1.5\times 10^{10}} = 0.288\,[V]$$

따라서

$$W_m = 2\sqrt{\frac{\varepsilon_s\phi_F}{qN_a}} = 2\left[\frac{(11.8)(8.85\times 10^{-14})(0.288)}{(1.6\times 10^{-19})(10^{15})}\right]^{1/2}$$

$$= 8.66\times 10^{-5}\,[cm] = 0.867\,[\mu m]$$

강반전 상태에서 공핍영역의 단위면적당 전하는 p형 채널(n형 기판)의 경우, ϕ_F는 음($-$)이 되어 $Q_d = +qN_dW_m = 2(\varepsilon_s qN_d|\phi_F|)^{1/2}$을 이용한다면

$$Q_d = -qN_aW_m = -2(\varepsilon_s qN_a\phi_F)^{1/2} \tag{11-31}$$

인가전압은 이 공핍영역전하에 표면전위 ϕ_s(반전)를 생기게 하는 데 충분할 정도로 커야 한다. 따라서, 이 이상적 MOS커패시터에서 강반전이 생기는 데 필요한 문턱전압(threahold voltage)은

$$V_T = -\frac{Q_d}{C_i} + 2\phi_F(\text{이상적인 경우}) \tag{11-32}$$

이것은 반전된 때 반도체 표면에서의 음($-$)의 전하 ϕ_s는 대부분 공핍영역의 전하 ϕ_d에 의한 것이라고 가정한 것이다. 이 문턱전압은 강반적이 이룩되는 데 필요한 최소전압을 나타내며, MOS트랜지스터에서 가장 중요한 양이다. 다음 절에서는 실제의 MOS구조의 경우 이 식에 또 다른 항이 첨가되어야 한다는 것을 알게 될 것이다.

이 이상적 MOS구조의 정전용량-전압의 특성인 [그림 11-16]은 그 반도체표면이 축적(accumulation), 공핍(depletion) 또는 반전(inversion)상태에 있는가에 따라 변한다. 음($-$)의 전압의 경우는 [그림 11-13] (a)와 같이 정공이 표면에 축적된다. 그 결과 MOS구조는 거의 평행판형 커패시터와 같이 보이며 절연체의 성질로써 주도되어 $C_i = \varepsilon_i/d$로 된다. 전압이 양($+$)으로 됨에 따라 이 반도체 표면은 공핍상태로 된다. 따라서, 공핍층의 정전용량 C_d가 C_i와 직렬로 첨가된다. 즉,

$$C_d = \frac{\varepsilon_s}{W} \tag{11-33}$$

여기서 ε_s는 반도체의 유전율이고 W는 식 (11-29)으로부터의 공핍영역의 폭이다. 전체적 정전용량은

$$C = \frac{C_i C_d}{C_i + C_d} \tag{11-34}$$

이다.

이 정전용량은 W가 커짐에 따라 양(+)의 전압과 더불어 감소되어 끝내는 V_T에서 반전상태에 이르게 된다. 반전상태에서는 공핍영역의 폭이 그의 최대값 W_m에 이르므로 C_d변화는 더 이상 없다. 실제적으로는 이 정전용량의 측정이 매우 낮은 주파수의 시료채취(sampling) 전압 (즉.~10[Hz]을 써서 이루어진다면 이 반전층에서의 전자들의 재결합-생성의 역학관계가 전압변동에 대응하여 변할 수 있다. 따라서, 교류측정은 공핍영역에서보다는 도리어 반전영역에서의 작은 변화를 나타내게 된다. 이 효과 때문에 매우 낮은 주파수에서의 측정에서는 반전동작상태에 있는 MOS커패시터가 [그림 11-16]에서의 점선과 같이 역시 평행판형 커패시터와 흡사하다. 이와 같은 효과는 보다 높은 측정 주파수에서 캐리어 생성을 빠르게(즉, 시료에의 빛의 조사) 함으로써 유기시킬 수 있다.

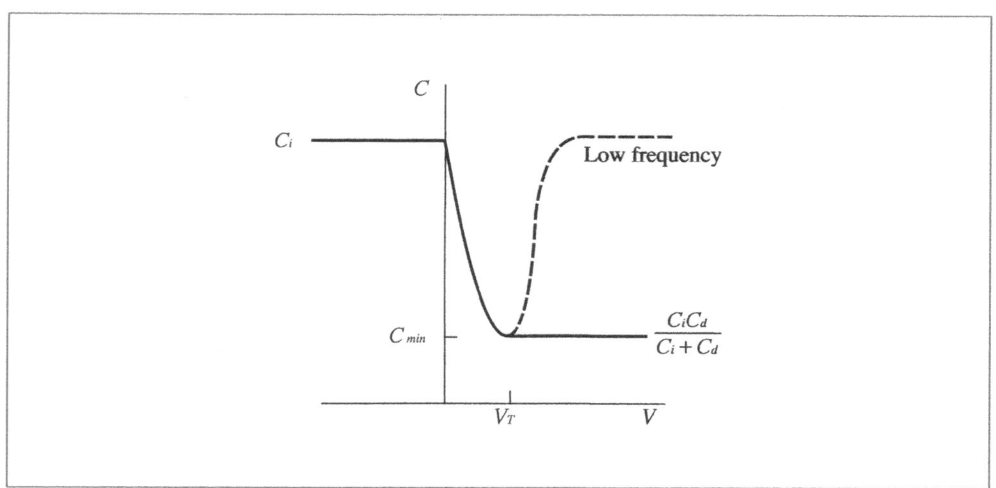

[그림 11-16] 이상적 n형 채널(p형 기판) MOS 커패시터에 대한 정전용량−전압관계, $V > V_T$에 대한 점선은 극히 낮은 측정주파수에서만 볼 수 있다.

예를 들어 $W_m = 0.867[\mu m]$라 할 때 $1000[\text{Å}]$두께의 SiO_2층을 써서 [그림 11-16]의 C-V곡선 상의 중요한 점을 계산할 수 있다. SiO_2의 비유전율은 3.9이라 하면,

$$C_i = \frac{\varepsilon_i}{d} = \frac{(3.9)(8.85 \times 10^{14})}{10^{-15}} = 3.45 \times 10^{-8}[F/cm^2]$$

$$Q_d = -qN_a W_m = -(1.6 \times 10^{-19})(10^{15})(0.867 \times 10^{-4})$$
$$= 1.39 \times 10^{-8}[C/cm^2]$$

$$V_T = -\frac{Q_d}{C_i} + 2\phi_F = \frac{1.39 \times 10^{-8}}{3.45 \times 10^{-8}} + 2(0.288) = 0.98[V]$$

V_T에서는

$$C_d = \frac{\varepsilon_s}{W_m} = \frac{(11.8)(8.85 \times 10^{-14})}{0.867 \times 10^{-4}} = 1.2 \times 10^{-8}[F/cm^2]$$

$$C_{\min} = \frac{C_i C_d}{C_i + C_d} = \frac{3.45 \times 1.2}{3.45 + 1.2}10^{-8} = 0.89 \times 10^{-8}[F/cm^2]$$

이 된다.

3. 실제 표면의 영향

MOS소자가 대표적 물질 즉, A1-SiO_2-Si로 만들어진 때에는 앞서 기술한 이상적인 경우로부터의 이탈상태가 V_T와 기타 성질에 크게 영향을 미칠 수 있다. 첫째 A1의 일함수는 Si의 일함수와 같지 않다. 둘째로 Si-SiO_2 계면과 산화물 내에 계산에 넣어야 할 불가피한 전하가 있다.

(1) 일함수의 차이

Φ_s는 반도체의 도우핑에 따라 변할 것이 예상된다. [그림 11-17]은 도우핑을 변화시켰을 때 Si 위의 A1에 대한 일함수에 대응하는 일함수 전위차 $\Phi_{ms} = \Phi_m - \Phi_s$를 보인 것이다. 이 경우 Φ_{ms}는 언제나 음($-$)이며 고농도로 도우핑된 p형 Si(즉, E_F가 가전자대역에 접근된 경우)에 대하여 가장 음($-$)의 값으로 됨을 알 수 있다.

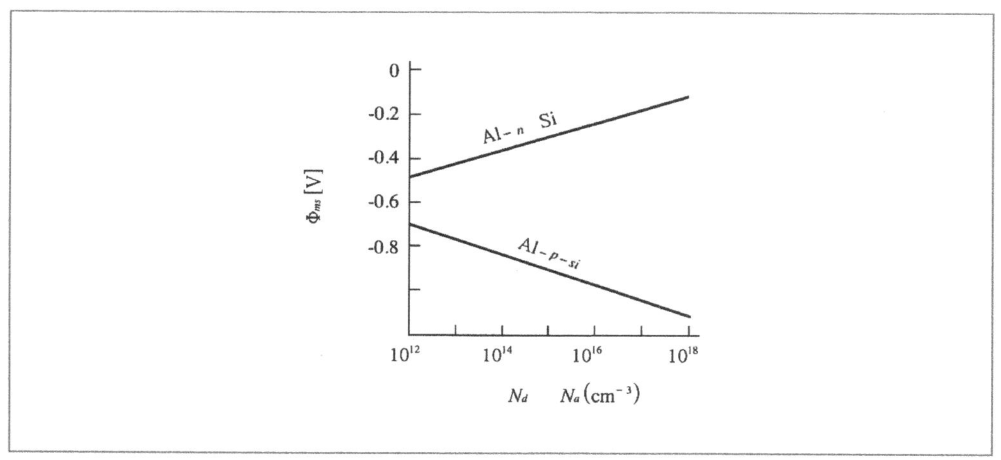

[그림 11-17] Al-Si에 대한 기판 도우핑농도에 따르는 금속-반도체 일함수 전위차 Φ_{ms}의 변화

Φ_{ms}가 음($-$)일 때의 평형상태에 대한 에너지대역도를 [그림 11-18] (a)와 같이 구성하고자 한다면 E_F를 일치시킴에 있어 산화물의 전도대의 경사(이것은 전계의 존재를 암시함)를 포함시켜야함을 알 수 있다. 따라서, 일함수의 차이를 수용하기 위하여 평형상태에서는 금속은 양($+$)으로, 반도체 표면은 음($-$)으로 대전된다. 그 결과 에너지대역들은 반도체 표면부근에서 아래쪽으로 휘게 된다. 사실상 Φ_{ms}가 충분한 음($-$)의 값을 가지게 되면 어떠한 외부전압을 인가하지 않아도 반전영역이 존재할 수 있다. [그림 11-18] (b)에 그린 평탄대역(flat band)을 얻으려면 금속에 음($-$)의 전하($V_{FB} = \Phi_{ms}$)을 인가하여야 한다.

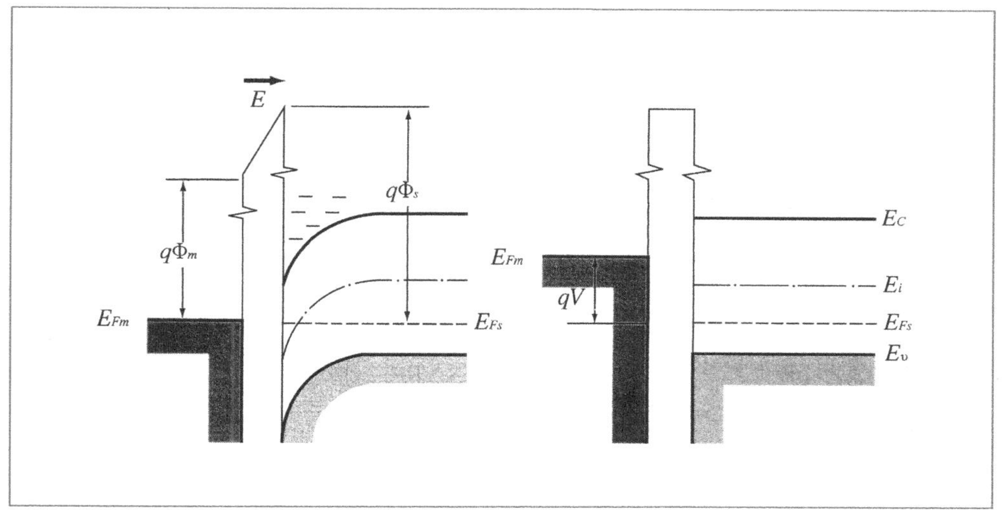

[그림 11-18] 음($-$)의 일함수차이($\Phi_{ms} < 0$)의 영향

(2) 계면전하

일함수의 차이에 덧붙여서 평형상태의 MOS는 [그림 11-18]에 나타낸 것 같이 절연체 내의 전하와 반도체-산화물의 계면에서의 전하에 의해 영향을 받는다. 예를 들어, 알칼리(alkali) 금속 이온(특히 Na^+)이 성장과정 및 후속되는 처리단계 중에 산화물속에 비고의적으로 첨가될 수 있다.

나트륨(sodium)은 일반적인 오염체(contaminant)이므로 극도로 정결한 화학약품, 물, 가스, 및 처리한경을 써서 유전체층에의 그 영향을 최소로 할 필요가 있다. 나트륨 이온은 이 산화물에 양(+)전하(Q_m)를 도입하게 되어 반도체에 음(−)전하를 유기시킨다. 산화물에서 이와 같은 양(+)이온 전하의 영향은 함유된 이온의 수와 반도체 표면으로부터의 거리에 의존한다. 반도체에 유기되는 음(−)전하는 Na+이온이 계면에서 멀리 있을 때보다 가까이 있을 때 더 커지게 된다. 문턱전압이 주는 이온전하의 영향을 Na^+이온이 SiO_2에서 특히 상승된 온도에서는 비교적 이동하기 쉽고, 따라서 인가된 전계 내에서 표동할 수 있다는 사실로 인해 복잡하게 된다. V_T가 이미 지나간 전압바이어스에 의존하는 소자는 분명히 아무 쓸모가 없다. 다행히도 산화물의 N_a오염은 공정중에 적절한 주의를 함으로써 감내할 수 있는 수준으로까지 감소시킬 수 있다. 산화물은 또한 SiO_2의 불완전에 기인하는 포획된 전(Q_{ot})를 포함한다.

산화물의 전하에 덧붙여 Si-SiO_2계면의 계면상태(interface states)로부터 일련의 양(+)전하가 생긴다. Q_{it}라 하는 이들 전하는 반도체의 결정격자가 산화물 계면에서 갑자기 끊어지는 데서부터 생긴다. 계면 근처는 고정된 전하(Q_f)를 함유하고 있는 전이영역(SiO_x)이다. SiO_2층을 형성함에 있어서 산화가 일어남에 따라 Si는 계면 근처에 남는다. 표면에는 보상되지 않는 Si의 결합(bond)들과 더불어 이들 이온은 그 계면에서 양(+)전하 Q_f의 판을 이루게 된다. 이 전하는 산화의 속도와 후속되는 열처리 및 결점방향에 의존한다. 조심스럽게 처리한 Si-SiO_2계면에 대하여 Q_{it}와 Q_f로 인한 전형적인 전하밀도는 {100}표면의 시료에 대 해 10^{10}[개/cm²]정도이다. {111}표면에 대한 계면전하 밀도는 10배 정도 높다.

간단하게 하기 위하여 여러 산화물층 및 계면전하를 계면에서의 유효(effective) 양(+)전하 Q_i[C/cm²]에 포함시키기도 한다. 이 전하의 효과는 반도체에 등가적인 음(−)전하를 유기하게 하는 것이다. 따라서, 평탄대역 전압에 부가적인 성분을 첨가하여야 한다. 즉,

$$V_{FB} = \Phi_{ms} - \frac{Q_i}{C_i} \tag{11-35}$$

일함수의 차이와 양(+)의 계면전하는 다 같이 반도체 표면에서의 대역을 아래쪽으로 휘게 하므로 [그림 11-19]의 (b)의 평탄대역상태를 얻으려면 반도체에 대하여 금속에 음(−)의 전압을 인가하여야 한다.

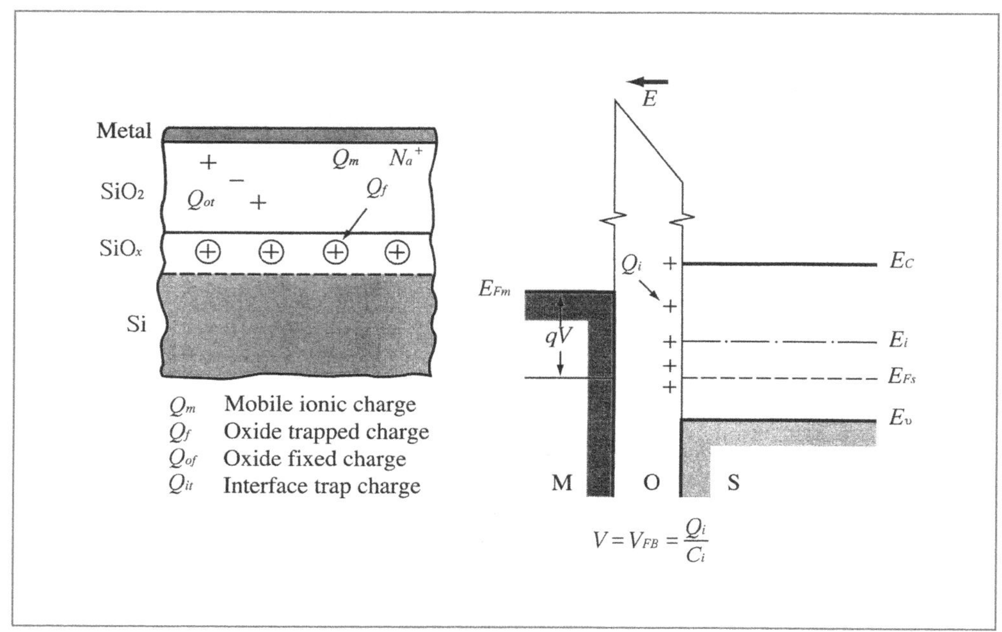

[그림 11-19] 산화물층과 계면에 있는 전하의 영향

4. 문턱전압

평탄대역을 얻기 위하여 필요한 전압은 이상적인 MOS구조(평탄대역전압이 0이라고 가정함)에 대하여 얻어진 문턱전압의 방정식 (11-32)에 추가하여야 한다.

$$V_T = \Phi_{ms} - \frac{Q_i}{C_i} - \frac{Q_d}{C_i} + 2\phi_F \tag{11-36}$$

그래서 강반전이 생기는 데 필요한 전압은 우선 평탄대역상태를 얻고(Φ_{ms}와 Q_i/C_i의 항) 다음에 공핍영역에 전하가 수용되어 있어야 하고(Q_d/C_i) 끝으로 반전영역을 유기($2\phi_F$)시키는 데 충분하도록 커야 한다. 이 방정식은 대표적 MOS소자에서 문턱전압에 주된 영향을 주는 효과를 설명하는 것이다. 각 항에 적절한 부호를 포함시킨다면 이것은 n형과 p형 기판 모두에 대하여 쓸 수 있다. Φ_{ms}는 [그림 11-17]에서와 같이 변하지만 전형적으로 음(−)의 값을 가진다. 계면의 전하는 양(+)이며 따라서 항 $-Q_i/C_i$의 기여는 어느 기판의 형식에 대해서든 음(−)의 값이다. 반면 공핍영역의 전하는 이온화된 억셉터에 대하여는(p형 기판에 n형 채널일 때) 음(−)이고 이온화된 도너의 경우는(n형 기판에 p형 채널일 때) 양(+)이다. 또 중성기판에 $(E_i - E_F)/q$로서 정의되는 항 ϕ_F는 기판의 전도양식에 따라 양(+) 또는 음(−)일 수 있다. [그림 11-20]의 부호를 고찰하면 4가지 항이 p형 채널의 경우 모두 음(−)의 기여를 함을 알 수 있다. 따라서 전형적인 p형 채널소자의 경우 모두 음의 문턱전압이 예상된다. 반면 n형 채널의 소자는 식 (11-36)의 각 항들의 상대적 값에 따라 양(+) 또는 음(−)의 문턱전압을 가질 수 있다.

식 (11-36)에서 Q_i/C_i를 제외한 모든 항은 기판의 도우핑에 의존한다. 항 Φ_{ms}와 ϕ_F는 E_F가 도우핑에 의하여 위아래로 이동함에 따라 비교적 변화가 적다. 보다 큰 변동은 Q_d에서 생길 수 있는데 이것은 식 (11-31)에서와 같이 도우핑 불순물농도의 제곱근에 따라 변한다. [그림 11-20]에는 기판 도우핑에 따른 문턱전압의 변화를 보였다. 식 (11-36)으로부터 기대되는 바와 같이 V_T는 p형 기판에 대하여는 주된 영향을 줄 수 있어 그 결과 음(−)의 문턱전압이 이루어진다. 그러나 보다 더 고농도로 도우핑된 기판에서는 Q_d항에 대한 N_a의 증가하는 기여가 커지게 되어 V_T는 양(+)으로 된다.

여기서 일단 중지하고 하고 양(+)이나 음(−)의 V_T가 두 경우에 무엇을 뜻하는가를 고려하여야 한다. p형 채널의 소자에서는 채널에 양(+)의 전하를 유지시키기 위하여 금속에서 반도체로 음(−)의 전압을 인가해야 할 것으로 생각된다. 이 경우 음(−)의 문턱전압은 강반전상태를 얻기 위해서는 인가하는 음(−)의 전압이 V_T보다 커야 한다는 것을 의미한다. n형 채널의 경우 채널을 유기하기 위해서는 금속에 양(+)의 전압을 인가해야 할 것으로 생각된다.

따라서 양(+)의 V_T의 값은 강반전상태와 전도성 n형 채널을 얻기 위하여 인가전압이 이 문턱 값보다 커야 한다는 것을 의미한다. 반면 V_T가 음(−)의 경우는 $V=0$에서 Φ_{ms}와 Q_i의 효과로 인하여 채널이 존재하는 것을 의미하며, 또 이 소자를 차단상태로 하기 위해서는 음(−)의 전압 V_T를 인가하여야 한다. 저농도로 도우핑한 기판은 소오스와 드레인에 대한 높은 접합 항복 전압을 유지하는 데는 바람직하드로 [그림 11-20]은 기준공점으로 제작된 n형 채널의 소자에 대해서는 V_T가 음(−)으로 될 것으로 예상된다. 공핍형(정상전도 상태) n형 채널 트랜지스터의 형성에 대한 이와 같은 경향은 특수한 제작방법을 써서 처리해야 할 문제이다.

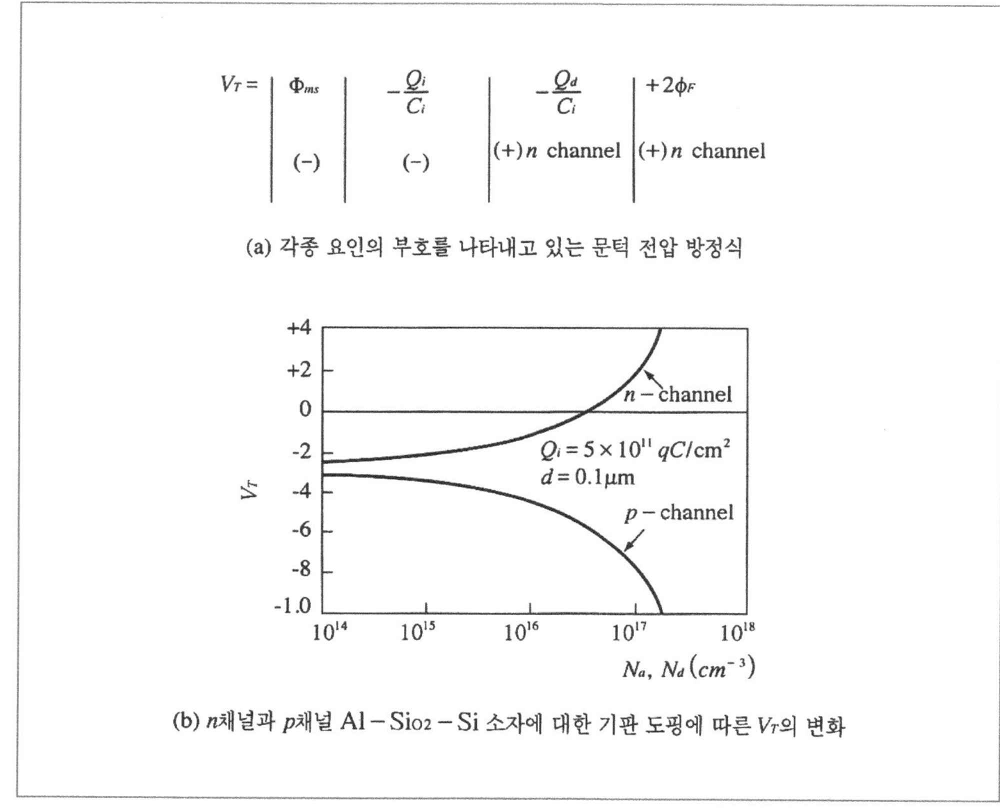

[그림 11-20] 문턱전압에 대한 물질 파라미터의 영향

11.4 MOS전계효과 트랜지스터의 구조 및 특성

1. MOS전계효과 트랜지스터의 구조

게이트 단자가 채널과 절연된 전계효과 트랜지스터를 제조할 수 있다. 널리 사용되고 있는 MOSFET(Metal-Oxide-Semiconductor FET)는 [그림 11-21] (a)와 같은 중진형(depletion) MOSFET 또는 [그림 11-21] (b)와 같은 공핍형(enhancement) MOSFET중의 하나로 제작된다.

공핍 모드(depletion-mode)구조에서는 채널이 물리적으로 구성되고 드레인과 소오스 사이 의 전류는 드레인-소오스에 걸리는 전압으로부터 발생한다. 중진형 MOSFET는 디바이스가 제조될 때는 어떤 채널도 구성되지 않는다. 전하 캐리어의 채널을 형성하기 위해서는 게이트에 전압이 인가되어야 하고 결국 드레인-소오스 단자에 전압이 인가될 때 전류가 흐르게 된다.

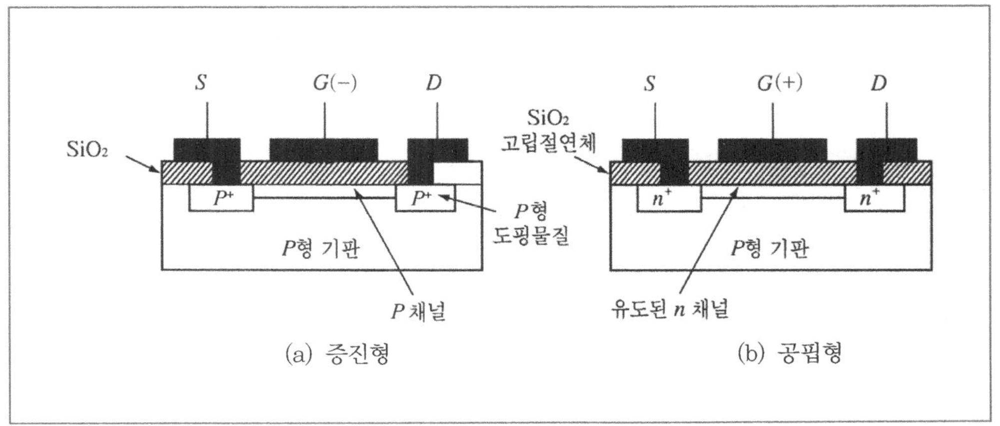

[그림 11-21] MOSFET의 구조

2. MOS 전계효과 트랜지스터 의 특징

MOS트랜지스터는 반도체 표면에서 얇은 통로, 즉 채널을 통하는 전류의 제어에 의하여 동작되기 때문에 표면 전계효과 트랜지스터라고 한다.

게이트 아래에 반전층이 형성될 때 전류는(n형 채널의 소자에 있어서) 드레인에서 소오스로 흐를 수 있다. 본 절에서는 이 채널의 전도도(conductance)를 분석하고 게이트전압 V_G의 함수로서 $I_D - V_D$ 특성을 구하고자 한다. JFET의 경우와 같이 포화상태 이하에서의 이들 특성을 구하고 포화상태 이상에서는 본질적으로 I_D가 일정하게 머물러 있다고 가정한다. 인가된 게이트전압 V_G는 식 (11-27)과 평탄대역을 얻는 데 필요한 전압을 합한 것이다.

$$V_G = V_{FB} - \frac{Q_s}{C_i} + \phi_s \tag{11-37}$$

반도체에 유기된 전하 Q_s는 이동성 전하 Q_n과 공핍영역의 고정된 전하 Q_d로 구성되어 있다. Q_s에 $Q_n + Q_d$를 대입하면 이동성 전하에 대하여 풀 수 있다. 즉,

$$Q_n = - C_i \left[V_G - \left(V_{FB} + \phi_s - \frac{Q_d}{C_i} \right) \right] \tag{11-38}$$

문턱(전압)에서 괄호 속의 항은 식 (11-36)으로부터 $V_G - V_T$로 쓸 수 있다.

전압 V_D가 인가될 때 채널의 각 점 x에서 소오스까지는 전압강하 V_x가 있다. 따라서, 전위 $\phi_s(x)$는 강 반전상태가 이룩되는 데 필요한 것($2\phi_F$)에 전압 V_x를 합한 것이다 즉,

$$Q_n = - C_i \left[V_G - V_{FB} - 2\phi_F - V_x - \frac{1}{C_i} \sqrt{2q\varepsilon_s N_a (2\phi_F + V_x)} \right] \tag{11-39}$$

바이어스 V_x에 따르는 $Q_d(x)$의 변동을 무시하면 식 (11-39)는

$$Q_n(x) = - C_i (V_G - V_T - V_x) \tag{11-40}$$

로 간단하게 할 수 있다. 이 방정식은 점 x에서 채널에 있는 이동성 전하를 말해주는 것이다. 미소한 요소 dx의 전도도(conductance)는 $\mu_n Q_n(x) Z / dx$이다. 여기서 Z는 채널의 깊이, μ_n은 표면(surface) 전자이동도(표면근처의 얇은 영역의 이동도는 몸체물질에서와 같지 않음을 암시하는)이다. 점 x에서

$$I_D dx = \mu_n Z Q_n(x) d V_x \tag{11-41}$$

드레인에서부터 소오스까지 적분하면

$$\begin{aligned} \int_O^L I_D dx &= \mu_n Z C_i \int_{VD}^O (V_G - V_T - V_x) d V_x \\ I_D &= \frac{\mu_n Z C_i}{L} \left[(V_G - V_T) V_D - \frac{1}{2} V_D^{\,2} \right] \end{aligned} \tag{11-42}$$

이 해석에서는 문턱전압 V_T에서 공핍영역의 전하 Q_d는 단순히 드레인전류가 없을 때의 값이다. V_D가 인가될 때 $Q_d(x)$는 V_x의 변화를 반영하기 위하여 상당히 변화하므로 이것은 근사적인 것이 된다. 그러나 식 (11-42)는 V_D의 낮은 값에 대한 드레인전류를 상당히 정확하게 기술하고 있으며, 흔히 그 단순함 때문에 근사적인 설계계산에 쓰인다. 더욱 정확하고 일반적인 식은 $Q_d(x)$의 변화를 포함시켜야 얻을 수 있다. $Q_n(x)$에 식 (11-39)를 써 서 식 (11-41)를 적 분하면

$$I_D = \frac{\mu_n Z C_i}{L} \times \left\{ \left(V_G - V_{FB} - 2\phi_F - \frac{1}{2} V_D \right) V_D - \frac{2}{3} \frac{\sqrt{2\varepsilon_s q N_a}}{C_i} \left[\left(V_D + 2\phi_F \right)^{3/2} - \left(2\phi_F \right)^{3/2} \right] \right\} \quad (11\text{-}43)$$

을 얻는다.

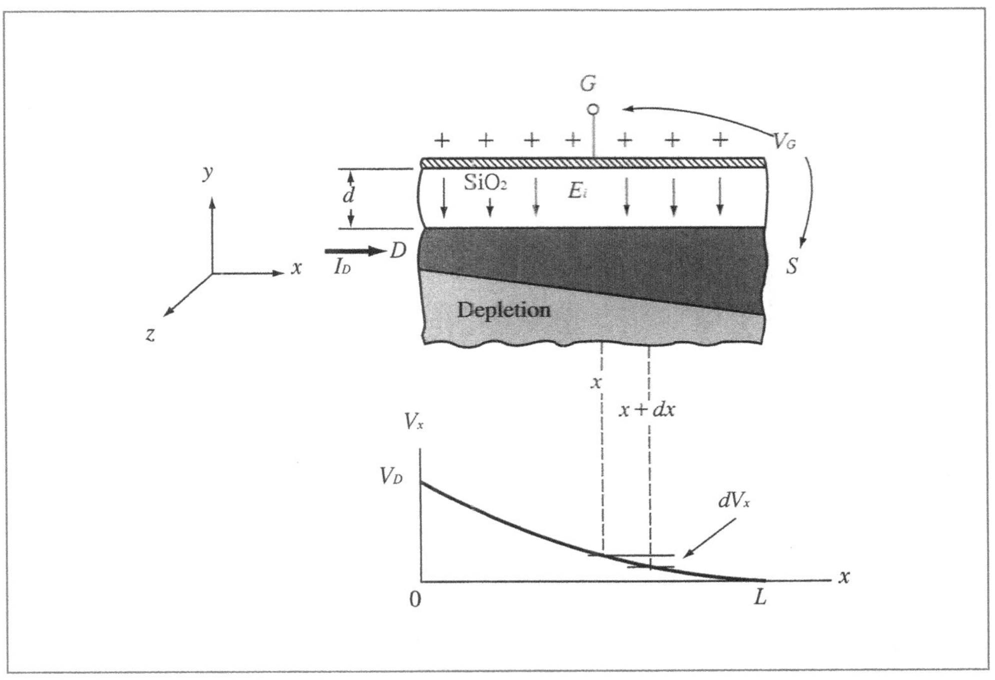

[그림 11-22] 핀치오프 이하로 바이어스된 MOS트랜지스터의 N형 채널영역의 개략도와 전도성 채널에 따른 전압 V_x의 변화

게이트 전압이 문턱전압 이상($V_G > V_T$)이 되면, 낮은 V_D에 대한 드레인 전류는 식 (11-43) 또는 근사적으로 식 (11-42)으로 기술된다. 처음에 이 채널은 본질적으로 선형저항인 것처럼 보이며 그 값은 V_G에 의존한다. 이 선형영역에서 채널의 전도도는 $V_D \ll (V_G - V_T)$일 때의 식 (11-42)으로부터 얻을 수 있다. 즉,

$$g = \frac{\partial I_D}{\partial V_D} \simeq \frac{Z}{L} \mu_n C_i (V_G - V_T) \quad (11\text{-}44)$$

이고 여기서 채널이 존재하기 위하여는 $V_G > V_T$이다.

드레인 전압이 증가함에 따라 드레인 근처에서 산화물을 가로지르는 전압이 감소하며, Q_n 이 더욱 작게 된다. 이 결과 채널은 드레인 끝에서 핀치오프되고 전류는 포화된다. 이 포화조건은 근사적으로

$$V_D(\text{포화}) \simeq V_G - V_T \tag{11-45}$$

로 주어진다. 포화상태에서의 드레인 전류는 보다 큰 드레인전압이 인가될 때 본질적으로 일정하게 유지된다. 식 (11-42)에 식 (11-45)를 대입하면 포화상태에서의 드레인 전류의 근사값으로서

$$I_D(\text{포화}) \simeq \frac{1}{2}\mu_n C_i \frac{Z}{L}(V_G - V_T)^2 = \frac{Z}{2L}\mu_n C_i V_D{}^2(\text{포화}) \tag{11-46}$$

을 얻는다.

포화영역에서의 상호컨덕턴스는 근사적으로 식 (11-46)을 게이트전압에 관하여 미분하면 얻을 수 있다. 즉,

$$g_m(\text{포화}) = \frac{\partial I_D(\text{포화})}{\partial V_G} \simeq \frac{Z}{L}\mu_n C_i (V_G - V_T) \tag{11-47}$$

이 식과 식 (11-44)가 비슷한 것은 사용한 근사방법 때문이다. 보다 주의 깊은 해석은 이 빼줄 항 V_T에서 차이 가 날 것이다.

여기서 제시한 유도는 n형 채널 소자에 근거한 것이다. p형 채널의 증식형 트랜지스터에 대하여는 전압 V_D, V_G및 V_T는 음($-$)이고, 또 전류는 소오스에서 드레인으로 흐른다.

3. 문턱전압의 제어

문턱전압은 MOS트랜지스터를 전도상태 또는 차단상태로 전환시키는 요건을 결정하므로, 소자를 설계하는 데 있어 V_T를 조절할 수 있게 하는 것이 매우 중요하다. 예를 들어, 트랜지스터를 3[V]전지로 구동되는 회로에서 써야 한다면 4[V]의 문턱전압은 받아들일 수 없는 것은 분명하다. 일부 응용은 V_T의 낮은값뿐 아니라 또 회로의 다른 소자들과 어울리도록 정확

하게 제어된 값을 필요로 한다.

식 (11-36)의 모든 항은 어느 정도 제어할 수 있다. 일함수 전위차 Φ_{ms}는 게이트 도체 물질의 선택으로써 결정되며, ϕ_F기판의 도우핑에 따르고 Q_i는 적절한 산화방법과 {100}결정방향으로 성장시킨 S_i를 씀으로써 감소시킬 수 있으며, Q_d는 기판의 도우핑으로 조절할 수 있고, 또 C_i는 절연체의 두께와 유전율에 의존한다. 여기서는 소자제작에 있어 이들 양을 제어하는 몇 가지 방법을 검토하기로 한다.

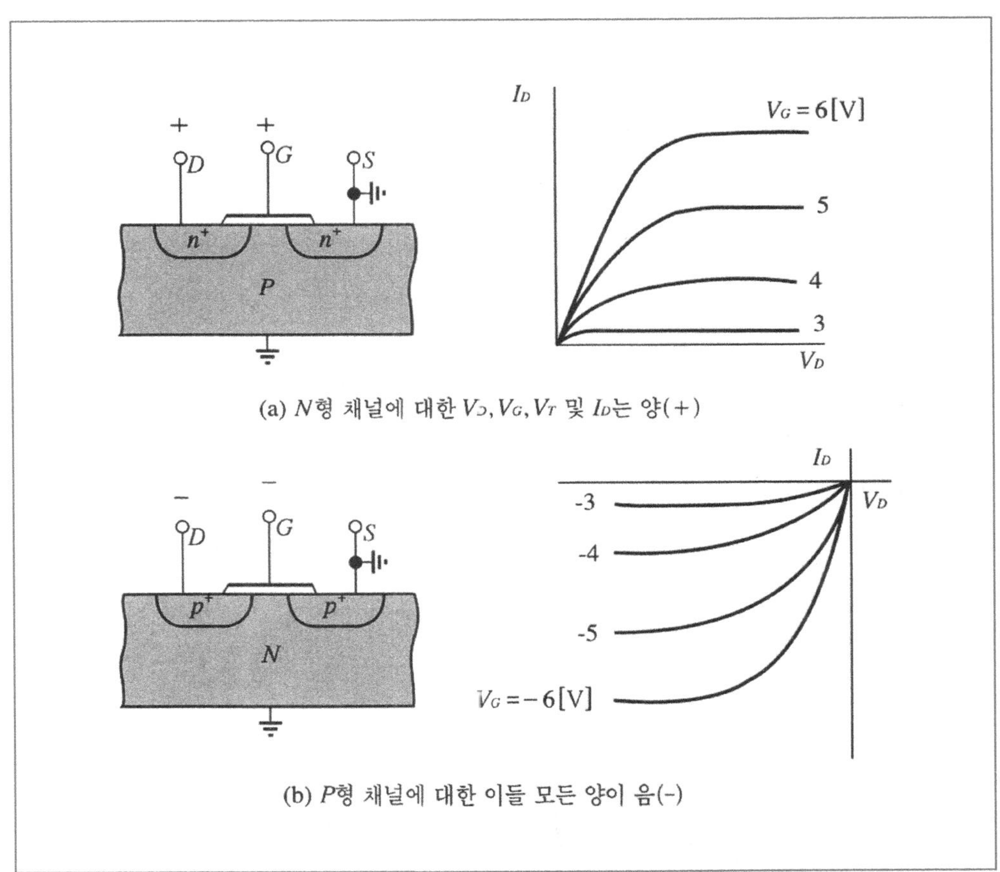

(a) N형 채널에 대한 V_D, V_G, V_T 및 I_D는 양(+)

(b) P형 채널에 대한 이들 모든 양이 음(−)

[그림 11-23] 증식형 트랜지스터에 대한 드레인의 전류–전압 특성

(1) 실리콘 게이트 기법

Φ_{ms}를 감소시키기 위한 직접적인 방법은 A1 대신 게이트전극으로 S_i를 중착시키는 것이다. 실리콘은 실란(silane)반응로 속에서 침착시킬 수 있으며 고농도로 도우핑하여 침착된 S_i은 금속전극의 원하는 성질에 근사시킬 수 있다. 이 침착은 절연층 위에서 생기기 때문에 이로 인하여 생기는 S_i층은 다결정이다.

게이트 도체로서 다결정 S_i를 사용하면(두 물질의 Fermi준위에 따라) Φ_m과 Φ_s 사이의 밀접한 정합이 이루어진다. 이 방법은 부가적인 이점 때문에 집적회로에의 응용에 있어서 매우 매력적인 것으로 되어 있다. A1 게이트와는 달리 S_i게이트 층은 온도로 상승시킬 수 있다. 이로서 소자의 처리공정에서 상당한 융통성이 허용된다.

(2) C_i의 제어

보통 V_T는 낮은 값을 가지는 것이 바람직하므로 식 (11-36)에서의 $C_i = \varepsilon_i/d$를 증가시키기 위하여 게이트 영역에 얇은 산화물층을 사용한다. [그림 11-20]으로부터 C_i는 $-Q_d > Q_i$일 때 p형 채널의 소자에서는 V_T를 덜 음($-$)으로, 그리고 n형 채널의 경우는 덜 양($+$)으로 만드는 것을 알 수 있다. 실제적인 고려에서 게이트의 산화물 두께는 일반적으로 100~1000 [Å] (0.01~0.1[μm])이다. 이두께의 깨끗한 산화물을 얻으려면 소스와 드레인을 형성하는데 확산 마스크로서 사용한 산화물을 게이트영역에서 에칭(etching)하여 제거하고 그리고 새로운 얇은 게이트산화물을 다시 성장시킨다.

트랜지스터의 게이트영역에서는 낮은 문턱전압을 가지는 것이 바람직하지만 소자들 사이의 영역에서는 큰 V_T값이 필요하다. 예를 들어, 여러 개의 트랜지스터가 단일 S_i칩 위에서 상호연결 되어야 할 때의 소자들 사이에서 반전층이 비고의적으로 형성되는 것을 원하지 않는다.

[그림 11-24]는 게이트 산화물이 0.1[μm]인 트랜지스터를 보인 것이다. 이와 같은 두꺼운 산화물층은 화학기상증착(chemical vapor deposition : CVD)(즉, 실란의 산화)으로써 증착시킬 수 있다.

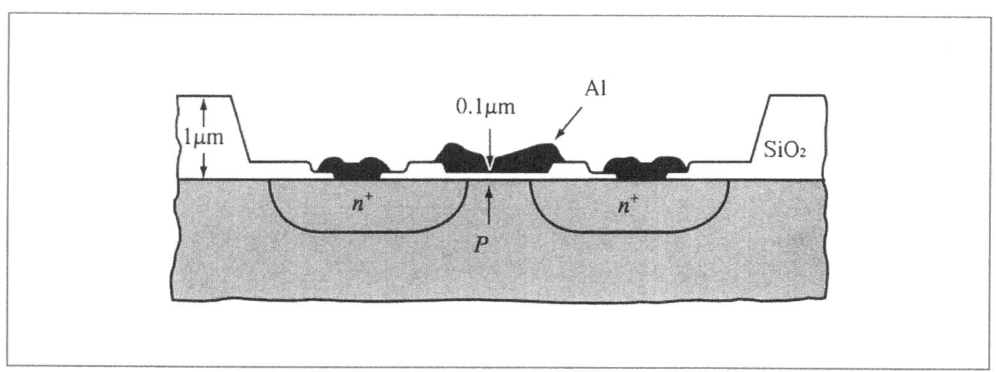

[그림 11-24] V_T 제어를 위한 게이트 영역의 얇은 산화물과 트랜지스터 사이 필드의 두꺼운 산화물

C_i의 값은 또 ε_i를 변화시켜서 제어할 수 있다. 예를 들어, SiO_2가 3.9인데 비하여 Si_3N_4는 양7의 비유전율을 가지고 있다. Si_3N_4로 덮인 SiO_2가 사이에 낀 구조(sandwich structure)는

보다 높은 ε_i와 함께 좋은 Si-SiO_2계면의 성질을 이루어준다. 그러나 산화물-질화물 계면에서 전하가 발생 하는 문제들이 생긴다.

(3) 이온주입에 의한 문턱전압 조절

문턱전압을 제어하는 데 가장 유익한 도구는 이온주입이다. 이 방법으로 매우 정확한 양의 도우핑을 할 수 있으므로 V_T의 정밀한 제어를 유지탈 수 있다. 예를 들어,그림 11-25는 p형 채널소자의 게이트 산화물을 통한 붕소의 주입을 보인 것이며 주입의 첨두값은 S_i표면 바로 아래에서 일어나도록 되어 있다. 음($-$)으로 대전된 붕소 억셉터는 양($+$)의 공핍영역 전하 Q_d효과를 감소시키는 데 도움이 된다. 그 결과 V_T는 덜 음($-$)으로 된다. 비슷하게 하여 n형 채널 트랜지스터의 p형 기판으로의 얕은 붕소의 주입은 증식형 소자에서 요구되는 바와 같이 V_T를 양($+$)으로 만들 수 있다.

이 주입이 큰 에너지로 또는 산화물층을 통하는 대신 노출된 S_i에 행해지면 불순물 분포는 표면 아래로 보다 깊게 놓인다. 이와 같은 경우 본질적으로 Gauss분포인 도우핑 농도 단면분포는 S_i표면에서 첨두값을 가지는 것으로 근사시킬 수 없다. 따라서, 식 (11-36)의 Q_d항에 주는 분포된 전하의 영향을 고려하여야 만다. 이 경우 V_T에 주는 영향의 계산은 더욱 복잡하며 주입의 투여량에 따르는 문턱전압의 편의는 흔히 실험적으로 대신하여 얻어진다.

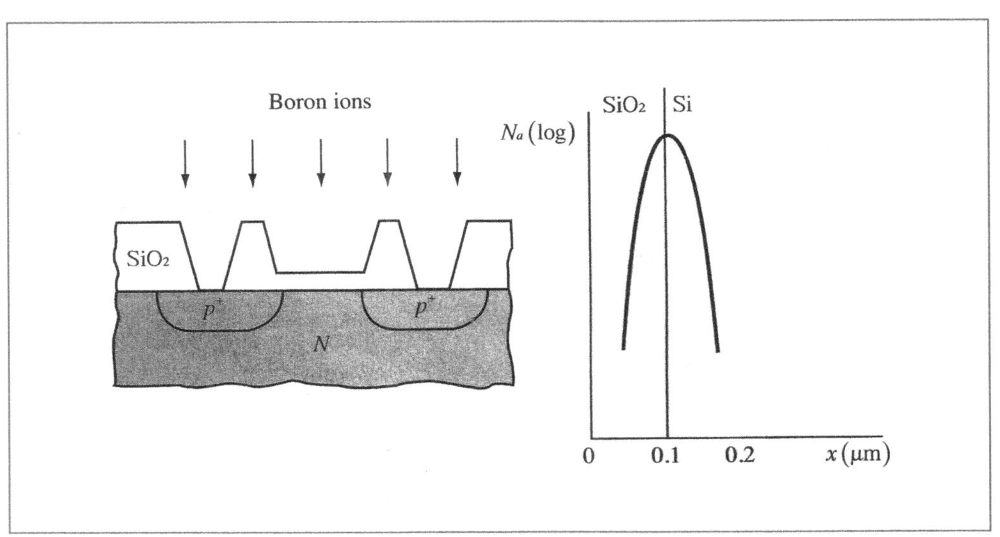

[그림 11-25] 붕소주입에 의한 p형 채널 트랜지스터의 V_T 조정

얕은 V_T조절용의 이온주입에서 요구되는 주입에너지는 낮으며 (50~10[keV])또 비교적 적은 투여량이 필요하다. 대표적인 V_T조절은 각 웨이퍼(wafer)당 약10_s의 주입만이 요구된다.

따라서, 이 과정은 대규모 생산요건과 양립할 수 있는 것이다.

이 주입이 높은 투여량에까지 계속되면 [그림 11-26]에 나타낸 바와 같이 V_T는 0을 지나 공핍양식(depletion mode)의 상태로 이동할 수 있다. 이 능력은 같은 칩 위에 증식형과 공핍형 소자를 통합시킬 수 있게 함으로써 집적회로 설계자에 대해 상당한 융통성을 제공하여 준다. 예를 들어, 공핍형 트랜지스터를 저항 대신 증식형 소자의 부하 소자로 쓸 수 있다.

따라서, MOS트랜지스터의 배열은 IC의 배치로 제작하여 이온주입으로 그 일부는 원하는 증식형의 V_T를 갖게 하고 또 다른 것들은 공핍형의 부하가 되게 할 수 있다.

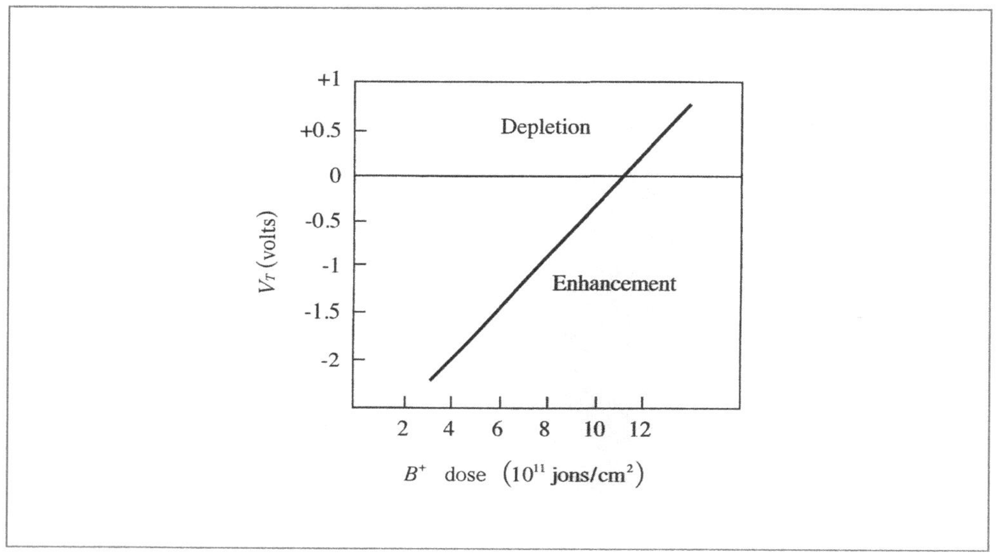

[그림 11-26] 증가된 붕소주입 투여량에 따른 p형 채널 소자에 대한 V_T의 전형적 변화

4. 기판 바이어스의 영향

채널을 따라 흐르는 전류에 대한 식 (11-42)를 유도하는 데 있어 [그림 11-23]에 나타낸 바와 같이 소오스 S는 기판 B에 연결된 것으로 가정하였다. 실제로 S와 B사이에 [그림 11-27]에 나타낸 바와 같이 전압을 인가할 수 있다.

기판과 소오스 사이에 역방향 바이어스를 인가하면(n형 채널의 소자에서는 V_B는 음)공핍 영역은 확장되고 반전상태를 얻는 데 필요한 문턱 게이트전압은 보다 큰 Q_d를 수용하기 위하여 증가되어야 한다. 이 결과에 대한 단순화된 견해는 W가 채널에 따라 균일하게 확장되고 따라서 식 (11-31)은

$$Q'_d = -\left[2\varepsilon_s q N_a (2\phi_F - V_B)^{1/2}\right] \tag{11-48}$$

로 바뀌어야 한다는 것이다. 기판에 대한 바이어스로 인한 문턱전압의 변화는 다음과 같다.

$$\Delta V_T = \frac{\sqrt{2\varepsilon_s q N_a}}{C_i}\left[(2\phi_F - V_B)^{1/2} - (2\phi_F)^{1/2}\right] \tag{11-49}$$

기판의 바이어스 V_B가 $2\phi_F$(전형적으로는 ~0.6[V])보다 훨씬 크면 문턱전압은 V_B로써 지배된다. 즉

$$\Delta V_T \simeq -\frac{\sqrt{2\varepsilon_s q N_a}}{C_i}(-V_B)^{1/2} \quad (n\text{형 채널}) \tag{11-50}$$

여기서 V_B는 n형 채널의 경우는 음(−)일 것이다. 기판바이어스가 증가되면 문턱전압은 더욱 양(+)이 된다. 이 바이어스의 영향은 ΔV_T가 또한 $(N_a)^{1/2}$에 비례하므로 기판의 도우핑 농도가 증가함에 따라 더욱 심하게 된다. p형 채널 소자의 경우 몸체-소오스간 전압 V_B는 역방향 바이어스를 이루기 위하여 양(+)이고 또 $V_B \gg 2\phi_F$일 때 ΔV_T변화는

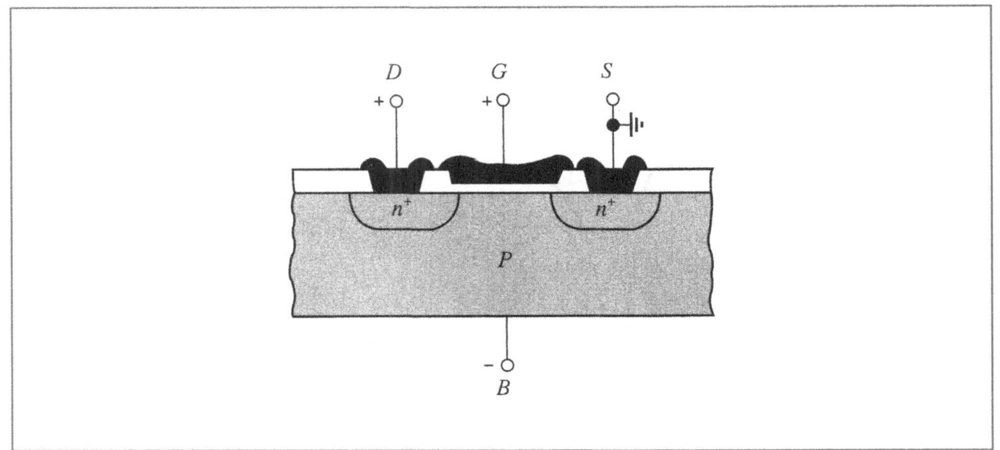

[그림 11-27] 기판에서 소오스로 전압 VB를 인가하여 생긴 기판바이어스 n형 채널에 대하여는 소오스 접합에의 순방향 바이어스를 피하기 위하여 VB는 0 또는 음(−)이어야 한다. p형 채널에 대하여는 VB는 0 또는 양(+)이어야 한다.

$$\Delta V_T \simeq - \frac{\sqrt{2\varepsilon_s q N_a}}{C_i} V_B^{1/2} \quad (p\text{형 채널})$$

(11-51)

이다. 따라서 p형 채널의 문턱전압은 기판의 바이어스와 더불어 더욱 음(−)으로 된다.

이 기판 바이어스효과[또는 몸체효과(body effect)라고도 함]는 어느 형의 소자에 대해서나 V_T를 크게 한다. 이 효과는 아슬아슬하게 중식형으로 되어 있는 소자의 문턱전압($V_T \simeq 0$)을 약간 크고 더욱 다루기 쉬운 값으로 높이기 위하여 이용할 수 있다. 이것은 특히 n형 채널 소자에 대하여는 이점이 될 수 있다. 그러나 이 효과는 각 소오스영역을 기판에 연결하는 것이 실용적이지 못한 MOS집적회로에서는 문제를 나타낼 수 있다. 이들의 경우 몸체효과에 의하여 일어날 수 있는 V_T의 편의를 회로설계에서 고려하여야 한다.

5. 정전용량의 효과와 자기정렬 트랜지스터

MOS트랜지스터의 고주파 동작은 이 소자 여러 부분과 관련된 정전용량들에 의존한다. 게이트영역 자체에 의한 본질적인(진성) MOS정전용량은 본래 문턱전압의 효과를 감안한 [그림 11-16]의 MOS커패시터의 용량이다. 반전영역은 트랜지스터의 소오스와 드레인에 접촉되어 있으므로 고주파에서의 캐리어의 공급은 MOS커패시터에서와 같이 열적 생성으로써 제한되지 않는다.

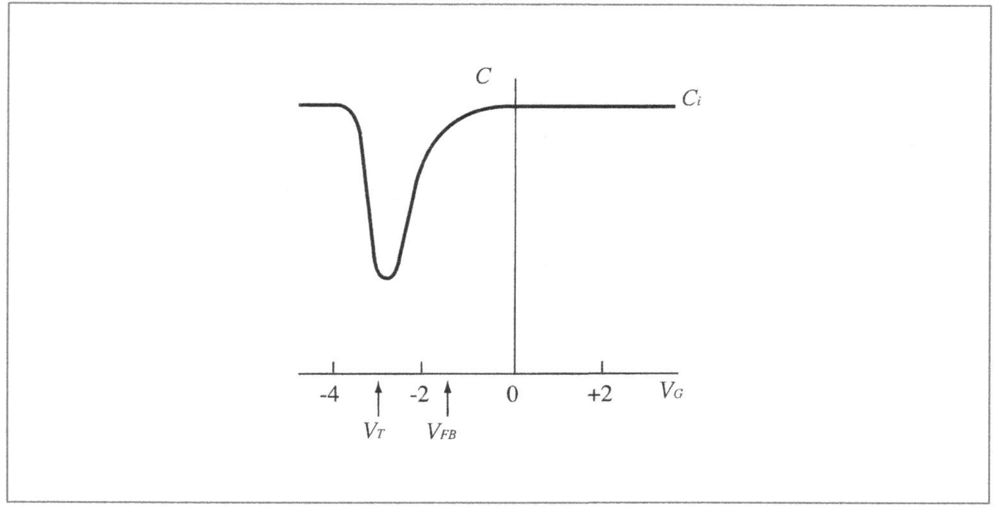

[그림 11-28] $VB = 0$일 때 p형 채널 MOS트랜지스터의 게이트 정전용량–전압특성

따라서, 반전상태로 된 후의 정전용량은 [그림 11-28]에서 보여주고 있는 것처럼 C_i이다. 100 [Å]의 게이트 산화물 두께를 가지는 경우 정전용량은 34.5×10^{-8}[F/cm²]이다.

$L = 1.0$[μm]및 $Z = 5$[μm]인 게이트영역을 가정한다면 게이트 정전용량은 0.017[pF]이다.

이 진성 MOS정전용량에 덧붙여 MOS트랜지스터의 고주파 동작을 제한하는 몇 가지 기생적 정전용량이 있다. 이 정전용량은 종종 MOS게이트의 정전용량과 비등하며 접합부의 전압에 따라 변한다. 따라서, 접합 정전용량은 고주파 또는 고속의 전환 동작에서는 중요하다. 다른 기생적 정전용량은 필드(field) 산화물 위의 금속으로 된 상호연결 부분으로부터 생긴다. 필드산화물은 일반적으로 두껍기 때문에 이 포유정전용량(stray capacitance)은 상당한 금속화 부분이 있는 회로에서 가장 중요하다.

특히 귀찮은 포유정전용량은 소오스 및 드레인과 게이트와의 겹쳐진 부분으로부터 생긴다. 게이트가 소오스와 드레인 확산부분까지 연장되어 있지 않으면 채널이 불완전하게 형성되어 소자는 동작하지 않을 것이다. 이 가능성을 피하기 위하여 표준 A1게이트공정은 소오스와 드레인의 끝부분을 지나는 게이트가 약간 중첩되도록 한다. 이 겹쳐진 부분은 마스크 맞춰찍기(registration)의 공차와 소오스 및 드레인의 확산단계에서 옆 방향으로의 확산에서의 변동을 허용 할 수 있을 정도로 충분히 커야 한다. 이 겹치는 것 때문에 게이트와 소오스 사이 그리고 게이트와 드레인 사이에 기생좀 정전용량이 나타나게 된다. 게이트는 보통 입력이고 드레인은 대표적 회로배치에서는 출력이므로 이 겹쳐진 부분의 정전용량은 고주파에서 입력과 출력 사이의 원치 않는 귀환(feedback)효과를 초래한다[때로는 Miller효과(Miller effect)라고도 함]. 이 문제를 피하기 위하여 자기정렬 게이트(self-aligned gate)영역을 얻기 위한 몇 가지 방법이 개발되고 있다.

게이트의 겹쳐진 부분의 정전용량을 피하기 위한 한 방법은 [그림 11-29] (b)와 같이 소오스와 드레인을 게이트의 끝부분과 합치시키기 위하여 이온주입을 이용하는 것이다. 이 방법에서는 게이트 금속을 게이트와 소오스 및 드레인 확산영역 사이의 거리보다 좁게 만든다. 다음 금속 게이트를 마스크로 사용하여 이온주입을 행하여 소오스와 드레인 영역이 게이트의 끝부분까지 연장하도록 한다. 이 공정은 이온 빔이 본질적으로 표면에 수직으로 도달한다는 사실을 이용하고 있다. 이 자기정렬 게이트 공정의 가장 큰 단점은 주입된 소오스와 드레인의 연장된 부분에서 충분한 전도성을 얻기 위해서 비교적 많은 투여량이 필요하고 방사선 손상에 대한 후속적인 어닐링(annealing)이 필요한 것이다. A1 금속 게이트는 높은 온도로 상승시킬 수 없으므로 어닐링은 500 [℃] 범위에서 이루어져야 한다. 적당한 어닐링이 이루어질 수 있으나 잔류하는 손상이 주입된 영역의 전도도를 감소시킨다.

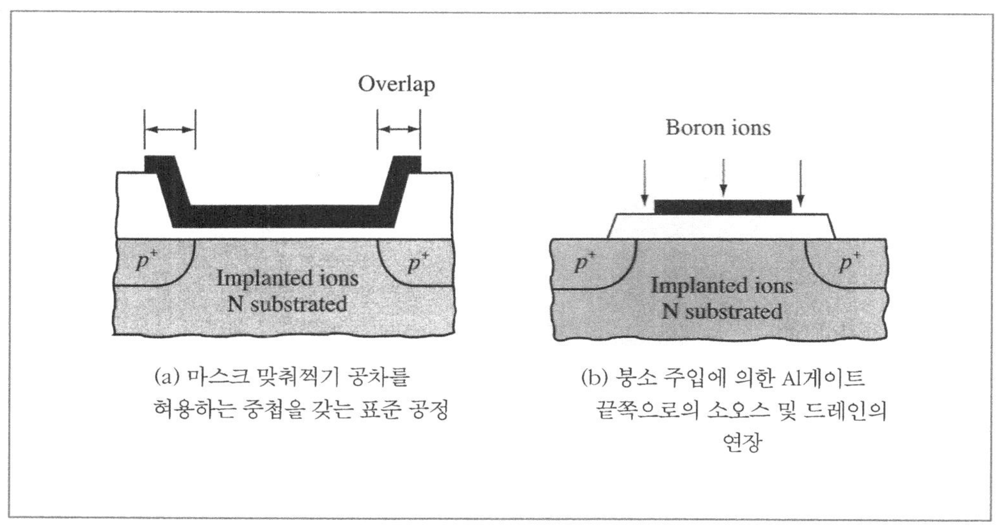

(a) 마스크 맞춰찍기 공차를
허용하는 중첩을 갖는 표준 공정

(b) 붕소 주입에 의한 Al게이트
끝쪽으로의 소오스 및 드레인의
연장

[그림 11-29] 게이트의 중첩된 부분으로 인한 기생적 정전용량의 감소

(3. 문턱전압의 제어)에 기술한 실리콘 게이트의 방법은 상당히 좋은 게이트의 정렬이라는 부가적인 이점을 가지고 있다. 이 공정에서는 [그림 11-30]에서 보여주고 있는 것처럼 다결정 Si게이트 물질을 게이트 산화물 위에 침착시키고 이 Si 박막과 밑에 있는 산화물에 소오스와 드레인 확산을 위한 개구부(window)를 뚫는다. 다결정 Si 고온으로 높일 수 있으므로 게이트를 적당한 곳에 위치시킨 후 소오스와 드레인의 확산을 수행할 수 있다. 이 방법은 두 가지 중요한 이점이 있다. 즉, 게이트 산화물은 성장된 후 즉시 증착된 Si로 뒤덮여지며 이로써 후속되는 공정 동안 그것이 보호된다. 더욱이 게이트의 끝부분은 소오스와 드레인 확산을 위한 개구부를 분명히 구별지어 나타내는 데 도움이 된다. 결과적으로 겹치는 것은 옆방향으로의 확산으로부터 생기는 것뿐이다. 즉. 마스크 맞춰찍기의 공차는 제거된다.

Si게이트 공정의 부가적인 이점은 [그림 11-30] (c)에서 보여 주고 있는 것처럼 증착된 Si을 인접한 소자들에의 상호연결을 위해서도 쓸 수 있다는 것이다. 산화물을 다결정 Si로 덮은 다음 금속화된 다른 층(즉, A1)을 점가시킬 수 있다. 이와 같은 다중층의 상호연결은 복잡한 집적회로의 배치에 있어 매우 유익하다. 게이트-기판 사이의 일함수 차이의 감소, 자기 정렬 게이트의 특색, 대부분의 공정단계 중의 게이트 산화물의 보호 및 다중층 상호연결의 용이성 등 모든 것이 다결정 Si게이트 기법에 대한 눈에 띄는 이점들을 제공하는 것이다.

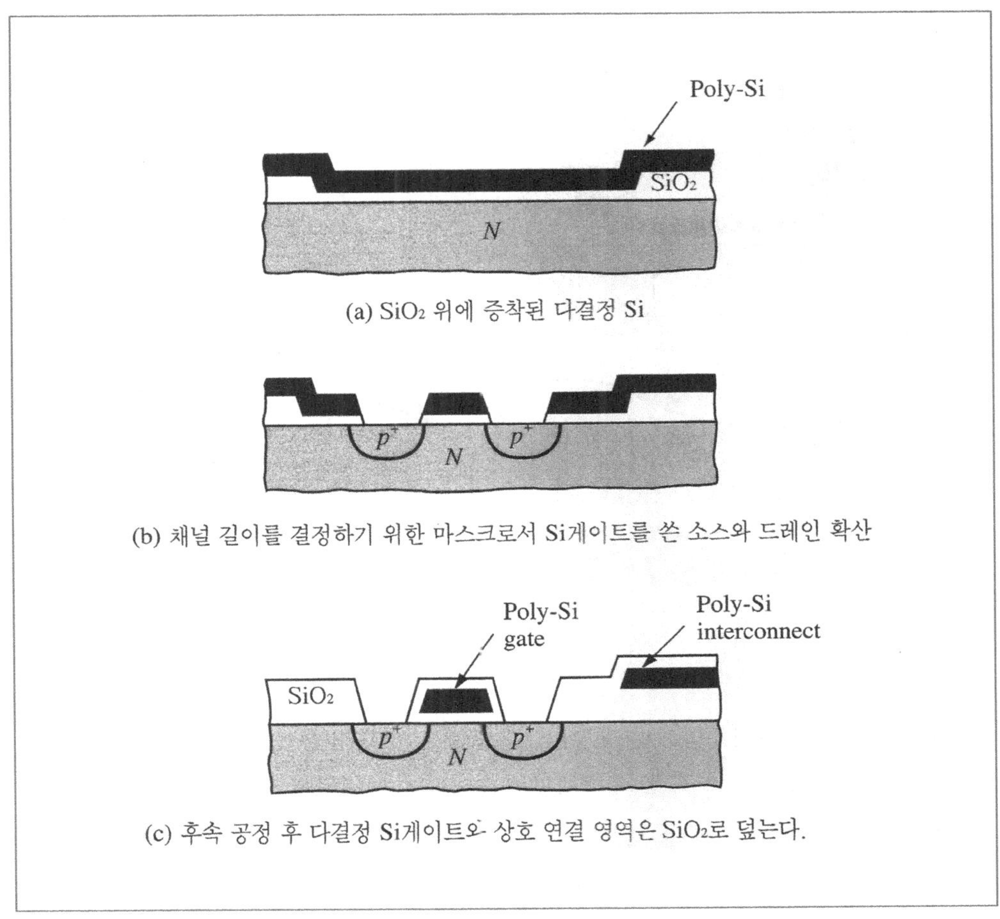

(a) SiO₂ 위에 증착된 다결정 Si

(b) 채널 길이를 결정하기 위한 마스크로서 Si게이트를 쓴 소스와 드레인 확산

(c) 후속 공정 후 다결정 Si게이트와 상호 연결 영역은 SiO₂로 덮는다.

[그림 11-30] 실리콘 게이트 공정

6. 단채널 효과

많은 고속소자와 집적회로에서 요구되듯이 MOS트랜지스터를 매우 작게 만든 때는 포화 상태에서 드레인 부근의 공핍영역의 크기는 [그림 11-31]처럼 그 채널길이에 비등하게 될 수 있다. 이와 같이 될 때 포화전류는 V_D가 증가함에 따라 일정하게 머무르지 않는다. 식 (11-46)을 유도할 때 채널길이 L은 핀치오프상태를 지나서도 드레인 끝에서의 공핍영역의 형성으로써 변화하지 않는다고 가정하였다. 단채널에 대하여는 핀치오프를 넘어 V_D가 증가함에 따라 공핍영역의 확장이 유효 채널길이 L'을 감소하게 한다. I_D(포화)는 식 (11-46)에서 채널길이에 반비례하므로 드레인 공핍영역이 채널 속으로 확대됨에 따라 드레인 전류는 증가한다. 그 결과 I_D(포화)는 일정하게 머물러 있기 보다는 V_D와 더불어 약간 증가한다. 또한 속도포화효과도 단채널 소자에서 발생되기 쉽다.

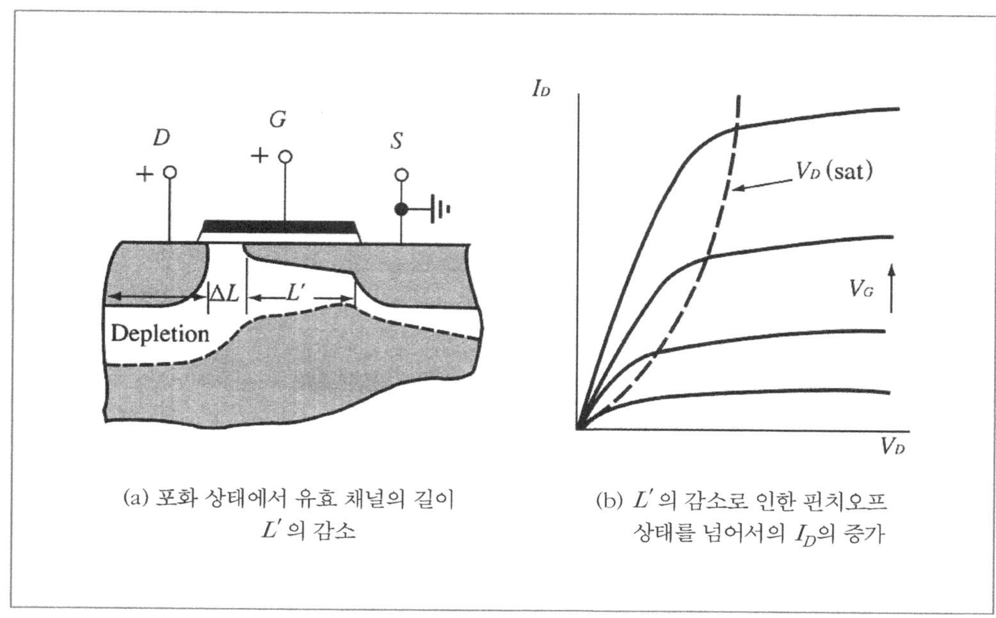

(a) 포화 상태에서 유효 채널의 길이 L'의 감소

(b) L'의 감소로 인한 핀치오프 상태를 넘어서의 I_D의 증가

[그림 11-31] 단채널 효과

MOS소자의 크기가 감소함에 따라 여러 가지 다른 효과가 발생한다. 예를 들어, [그림 11-31]에서 나타내고 있는 바와 같이 단채널 소자에서는 두 접합이 아주 가까이 있으므로 바이어스가 인가되지 않은 상태에서도 소오스와 드레인 공핍층이 채널 속으로 침투할 수 있다. 이 효과는 전하 공유(charge sharing)라 하지만 아마 전하점유(charge hogging)라 해야 한다. 왜냐하면 일반적인 경우 게이트에 의해 제어되어야 할 채널 전하를 소오스와 드레인이 사실상 공유하고 있기 때문이다. 바이어스와 함께 드레인 공핍영역이 증가함에 따라 소오스-채널 접합과 상호작용하여 전위 장벽을 낮추어준다. 이 문제는 드레인 유기 장벽감소(drain-induced barrier lowering ; DIBL)로 알려져 있다. 소오스 접합장벽이 감소할 때 전자는 채널 속으로 쉽게 침투하며, 게이트 전압은 드레인전류를 더 이상 제어할 수 없다.

소오스와 드레인공핍영역의 침투가 극단적인 상태에 이르면 두 공핍영역이 만난다. 이 펀치스루(punch-through)효과는 드레인으로부터 소오스까지의 공핍영역이 연속되도록 한다. 소오스에 주입된 전자는 두 전극 사이의 고전계에 의하여 드레인으로 구동된다. 이 전류를 공간전하제한(space-charge-limited)전류라 하며 V_D^2/L^3에 비례한다.

단채널소자 설계에 의해 악화되는 효과는 문턱전압 이하의 전류(subthres-hold current)인데, 이는 강반전이 형성되기 이전에 채널 속에 일부 전자가 유기되는 사실로부터 발생한다. 문턱전압 이하의 영역에서는 전형적으로 전자의 농도가 낮기 때문에 확산전류(캐리어 경사도에 비례)가 표동 전류(캐리어 농도에 비례)보다 우세할 것이라 예상된다. 채널길이가 매우 짧기 때문에 소오스에서 드레인으로의 이러한 캐리어 확산은 문턱전압 이하에서 소자를 턴 오프(turn off)하는 것을 불가능하게 한다. 이러한 문턱전압 이하의 전류는 앞에서 고려한 바 있는 소오스로부터 전자의 주입 을 증가시키는 DIBL에 의해 더욱 악화된다.

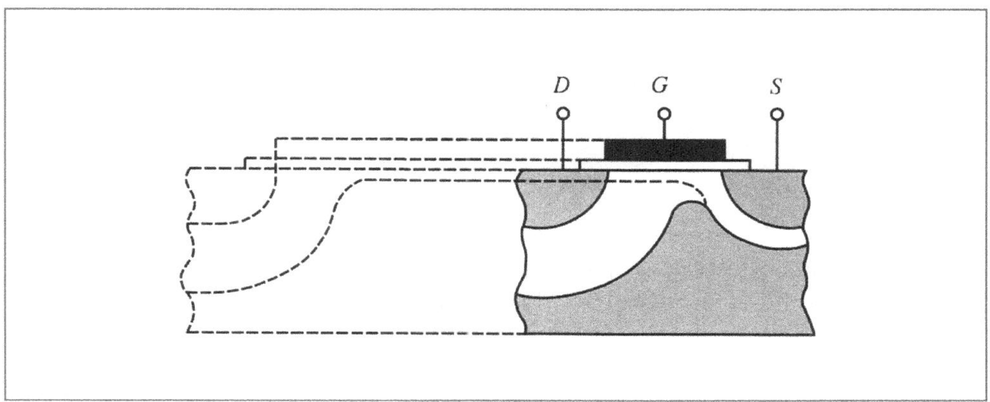

[그림 11-32] 장채널의 경우(점선)로부터 소자의 크기가 감소함에 따라 소오스와 드레인 공핍영역의
채널 속으로의 침투

소자의 전압은 임의의 적은 값으로 줄이기 어렵기 때문에 작은 기하학적 구조에서는 다양한 고온캐리어(hot carrier) 효과가 나타난다. 역방향으로 바이어스된 드레인 접합의 전계는 충돌이 온화(impact ionization)와 캐리어증식을 일으킬 수 있다. 결과적으로 발생한 정공은 기판 전류의 원인이 되며, 일부는 소오스로 움직여서 소오스 장벽을 낮추고 소오스로부터 p형 영역으로의 전자 주입을 초래한다. 실제로 소오스-채널-드레인 사이에는 n-p-n트랜지스터 동작이 발생하여 게이트가 전류의 제어를 하지 못하게 될 수도 있다.

다른 열전자(hot electron)효과는 장벽을 넘어(또는 터널링하여) 산화물 속으로 강력한 전자를 전송하는 것이다. 이러한 전자는 산화물속에서 포획될 수 있으며 여기서 문턱전압과 1-V특성을 변화시킨다. 열전자 효과는 소오스와 드레인 영역의 도우핑을 줄임으로써, 접합의 전계가 적어지게 하여 줄일 수 있다. 그러나 소오스와 드레인 영역의 도우핑을 적게 하는 것은 접촉저항과 다른 문제들로 인해 작은 기하학적 소자와 양립할 수 없다. 저도우핑 드레인(lightly doped drain: LDD)라 하는 유망한 설계방법은 두 가지 도우핑 준위를 이용한다. 즉, 전반적인 소오소와 드레인 영역은 도우핑을 강하게 하고, 채널에 인접한 영역의 도우핑은 약하게 한다. LDD구조는 드레인과 채널 영역사이의 전계를 감소시키고, 따라서 산화물층으로의 주입, 충돌전리 및 다른 열전자 효과를 줄일 수 있다.

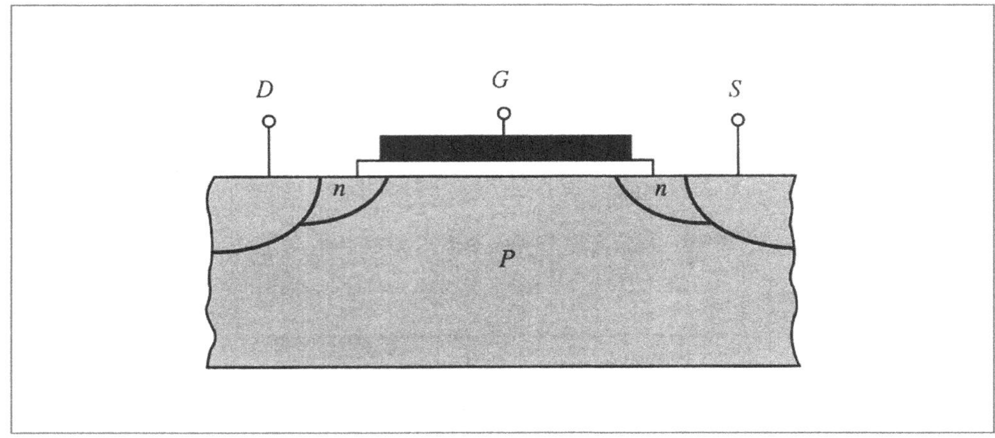

[그림 11-33] 저도우핑드레인(LDD)의 구조. 여기서 채널 근처의 소스와 드레인 영역에서는 전계를 감소시키기 위하여, 보다 저농도의 도우핑을 한다.

11.5 CMOS

주로 디지털 회로에 널리 사용되는 CMOS(complementary MOS)는 중진형 pMOS트랜지스터와 nMOS트랜지스터로 구성된다. CMOS의 기본적 연결 방법은 [그림 11-34]와 같다. 입력은 pMOS와 nMOS트랜지스터의 게이트에 동시에 연결된다.

양(+)의 입력 전압은 pMOS를 오프(off)상태, nMOS를 온(on) 상태로 구동시켜서 출력전압이 0[V]나 되게 하며 입력전압은 pMOS를 온 상태, nMOS를 오프 상태로 구동하석 출력 전압이 $+ V_{DD}$까지 올라가게 한다.

[그림 11-35]는 입출력 전압 사이의 관계를 나타낸다. 입력 전압이 낮아지면 nMOS트랜지스터는 오프상태로 되는 반면에 pMOS트랜지스터는 온 상태로 바이어스되어 출력 전압은 공급전압 $+ V_{DD}$레벨로 나타난다. 입력전압이 증가하면 이 조건은 [그림 11-35]에 나타낸 것 처럼 nMOS트랜지스터를 턴 온 시키기에 충분한 크기의 입력이 될 때까지 존속된다. 그런 후 출력 전압은 pMOS 디바이스가 완전히 온 상태로, nMOS 디바이스는 턴 오프 상태가 되도록 감소되어 마침내 출력 전압은 0[V]로 떨어진다.

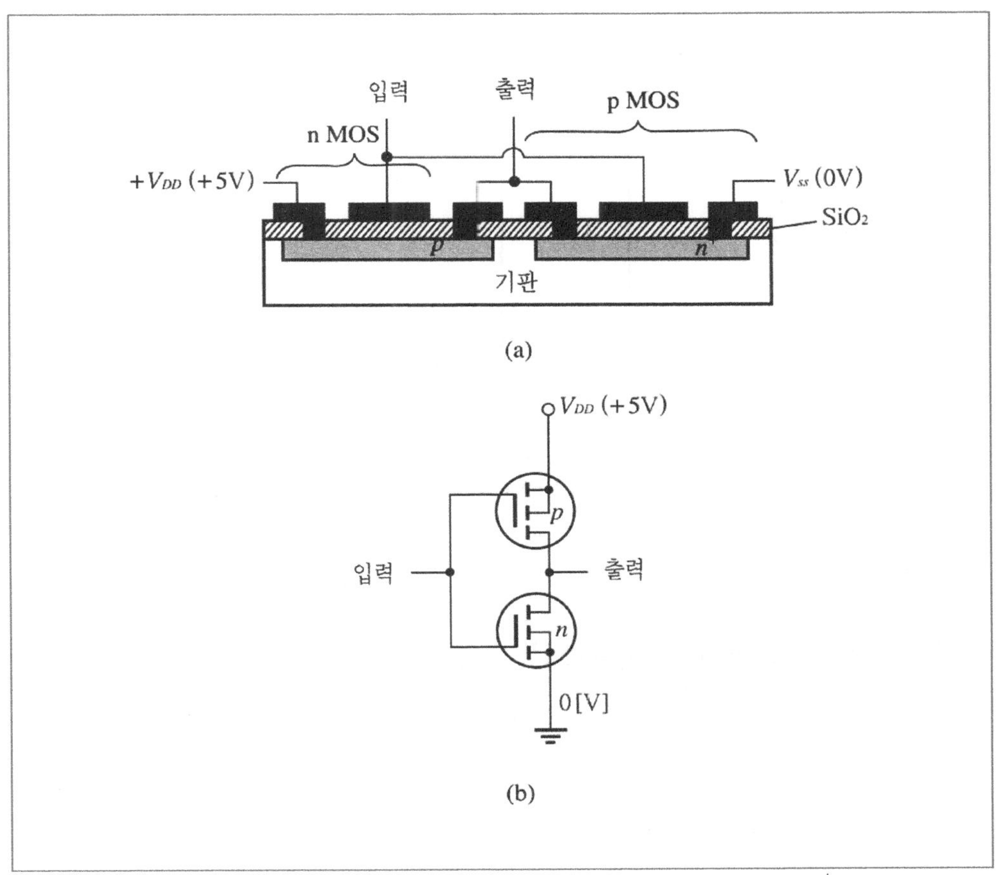

[그림 11-34] 기본적인 CMOS 구조

전압이 $+V_{DD}$에서 0[V]로 떨어지거나 혹은 0[V]에서 $+V_{DD}$로 상승하는 짧은 시간을 제외하고는 pMOS 및 nMOS트랜지스터의 직렬 결합은 한 개의 트랜지스터가 오프이기 때문에 전압 공급 장치로부터 아무런 전류도 흐르지 않게 된다. 그러므로 CMOS회로는 출력이 high가 되거나 또는 low인 상태로서 동작한다. 반면에 전압 공급 장치로부터 high및 low의 출력 레벨 사이에 스위칭이 일어나는 극히 짧은 시간을 제외하고는 아무런 전력도 유도되지 않는다. 즉 한 개의 트랜지스터가 온 되고 다른 하나는 턴 오프되더라도 전체 두 트랜지스터는 항상 턴 온된다는 것을 나타낸다. CMOS 회로의 전력소모는 인가된 신호 주파수가 증가함에 따라 증가하기 때문에 직류 조건하에서 는 사실상 0이다.

CMOS 디바이스는 주로 디지털 회로에 사용되어 전원으로부터 아주 작은 전력을 제공받으면서 0[V]나+5[V]의 출력을 제공할 수 있도록 동작한다. 대부분의 저전력 집적회로는 CMOS 트랜지스터를 사용하여 구성한다.

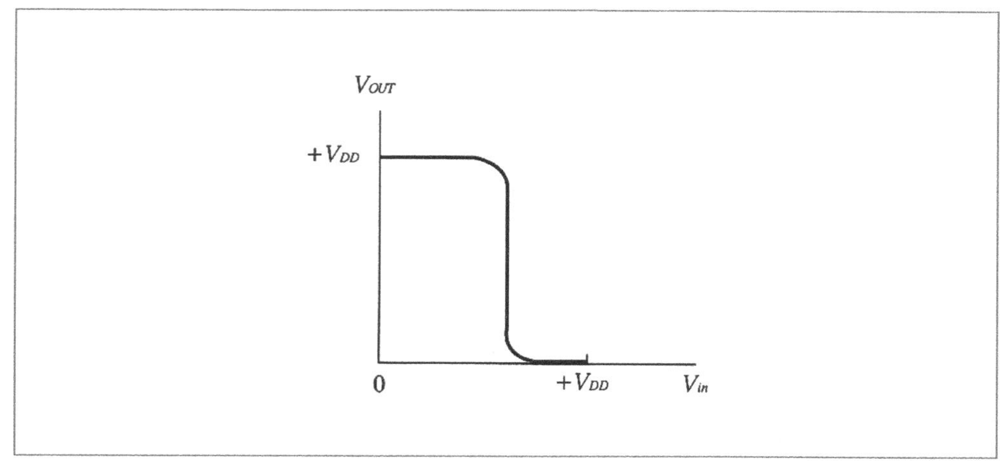

[그림 11-35] CMOS의 입출력 관계

11.6 금속-반도체 전계효과 트랜지스터

접합 전계효과 트랜지스터에 대하여 앞에서 논의한 채널에서의 공핍상태는 p-n접합 대신 역방향으로 바이어스된 Schottky장벽을 써서 이룩할 수 있다. 이렇게 얻어진 소자를 MESFET라 하며 이것은 금속-반도체 접합을사용하고 있다는 것을 가리킨다. 이 소자는 고속 디지털 마이크로파 회로에서 유용한 것이며, Schottky 장벽의 단순성으로 말미암아 정밀한 공차의 기하학적 구조로 제작할 수 있게 된다. Si보다도 큰 이동도와 케리어 포화속도를 가지는 GaAs나 InP와 같은 III-V화합물의 MESFET소자에 대해서는 특히 속도의 이점이 있다.

1. GaAs MESFET

[그림 11-B6]은 간단한 GaAs MESFET를 개략적으로 나타내고 있다. 기판은 도우핑이 되지 않거나 크롬(chromiun)을 도우핑하였으며, 이로 인해 에너지준위가 GaAs 대역 간극의 중앙 근처에 위치하게 된다. Fermi준위가 대역 간극의 중앙 부근에 위치하는 어떠한 경우든 그 결과는 일반적으로 반절연성(semiinsulating) GaAs라 하는 매우 고저항의 물질($\sim 10^8[\Omega\text{-cm}]$)을 얻을 수 있다. 이 비전도성 기판 위에 저농도로 도우핑된 n형 GaAs의 얇은 층을 에피택셜 방식으로 성장시켜 FET의 채널영역을 형성하게 한다. 사진석판공정은 소오스와 드레인의 Ohmic 접촉을 위한 금속(즉, Au-Ge)층과 Schottky 장벽 게이트를 위한 금속(즉. A1)층의 패

턴을 분명하게 나타내게 하는 것으로 이루어져 있다. 이 Schottky 게이트를 역방향으로 바이어스하여 채널을 반 절연성 기판에 이르기까지 공핍상태로 되게 할 수 있고 이로 인한 I-V특성은 JFET소자와 유사하다.

Si대신 GaAs을 사용함으로서 보다 큰 전자의 이동도를 얻을 수 있으며 더욱이 GaAs는 보다 높은 온도에서 동작시킬 수 있다. [그림 11-36]에서는 확산이 전혀 포함되지 않았으므로 정밀한 공차의 기하학적 구조를 이룰 수 있으며 MESFET는 매우 작은 크기로 만들 수 있다. 이들 소자에서 게이트의 길이 $L \leq 1[\mu m]$는 흔히 있는 것이다. 이것은 표동시간과 정전용량을 최소로 유지하여야 하므로 고주파 동작어서는 중요한 것이다.

이온주입을 이용하여 [그림 11-36]의 n형 에피텍셜 성장과 에칭에 의한 분리를 피할 수도 있다.

즉, 반절연성 GaAs기판으로부터 시작하여 표면에 각 트랜지스터영역인 얇은 n형 층을 Si 또는 Se와 같은 VI족의 도우너불순물을 주입시켜 형성시킬 수 있다. 이 주입에서는 방사선손상(radation damage)을 제거하기 위하여 어닐링(annealing : 담금질)이 필요하지만 에피텍셜 성장 과정은 제거된다 완전한 이은주입으로 된 소자나 [그림 11-B6]의 에피텍셜소자에서의 소오스와 드레인접촉은 이들 영역에 한층 더 n^+형의 주입을 함으로써 개선될 것이다. 이온주입된 GaAs MESFET의 간단함과 반절연성 기판으로부터 얻어지는 소자들 사이의 분리로 인해, 이러한 구조는 GaAs집적회로에서 가장 널리 사용되고 있다.

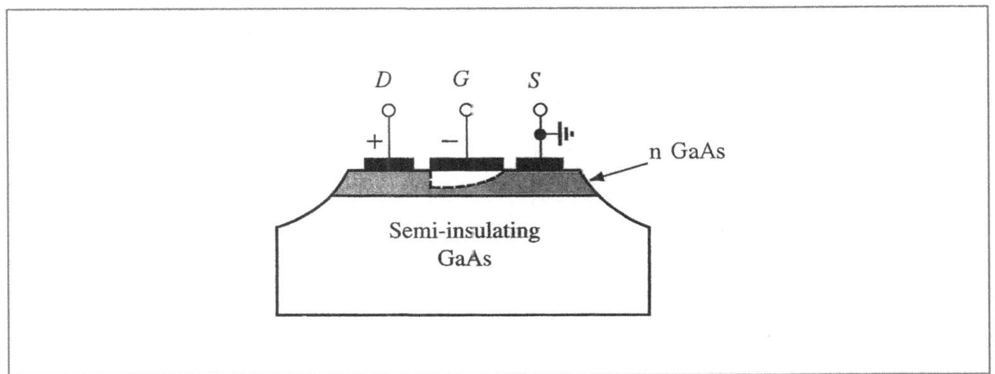

[그림 11-36] 반절연성 기판위에 에피텍셜방식으로 성장시킨 n형 GaAs에 형성한 GaAs MESFET

2. 고전자이동도 트랜지스터

Ⅲ-Ⅴ화합물반도체의 사용과 함께 MESFET가 적절하게 된 이후, 이들 물질에서 이종접합을 이용할 수 있게 하는 에너지대역 간극(energy band gap)공학이 개발되기 시작했다. MESFET에서 상호컨덕턴스를 높게 유지하기 위하여 채널의 전도도는 가능한 한 크게 해야 한다. 채널에서의 도우핑농도, 즉 캐리어농도를 증가시킴으로 인해 채널의 전도도를 증가시킬 수 있음은 명백하다. 그러나 도우핑농도를 증가시키게 되면 이동도의 감소를 초래하는 이온화된 불순물산란 또한 증가한다. 따라서, 도우핑 이외의 수단으로 MESFET의 채널에 높은 전자농도를 생성할 방법이 필요하다. 이 요건에 가장 적합한 방법은 에너지대역 간극이 크고 도우핑된 장벽(즉, A1GaAs)에 의해 제한되는 얇고 도우핑되지 않은 우물(즉, GaAs)을 성장시키는 것이다. 변조도우핑(modulation doping)이라 하는 이 배열은 [그림 11-37] (a)에 나타낸 바와 같이 도우핑된 A1GaAs장벽으로부터 우물로 전자가 떨어지고 그곳에 포획됨으로 인해 전도성 GaAs를 형성하게 된다. 도우너는 GaAs우물에 따른 채널을 가지는 MESFET을 제작하면, 산란이 줄어들어 결과적으로 이동도가 증가하는 것을 이용할 수 있다. 이 효과는 격자산란이 줄어드는 저온에서 특히 강하게 나타난다. 이 소자를 변조도우핑 전계효과 트랜지스터(modulation doped field-effect transistor : MODFET) 또는 고전자 이동도 트랜지스터(high electron moboility transistor : HEMT)라 한다.

[그림 11-37] (a)에서는 A1GaAs/GaAs 계면에서 발생하는 대역의 휨(band-bending)은 나타내지 않았다. 실제로 전자를 포획하기 위해서는 [그림 11-37] (b)에 나타낸 바와 같이 오직 하나의 이종접합이 필요하다. 일반적으로 A1GaAs 층의 도우너는 일부러 계면으로부터 ~ 100 [Å] 정도 분리시킨다. 이 구조를 이용하면 GaAs 채널영역이 자유캐리어를 제공하는 이온화된 불순물과 공간적으로 분리되어 있기 때문에 채널에서 높은 이동도를 유지하면서 높은 전자농도를 얻을 수 있다.

[그림 11-37] (b)에서 A1GaAs의 도우너로부터 생성된 자유전자는 에너지대역 간극이 적은 GaAs층으로 확산하며, 이들은 A1GaAs/GaAs계면의 전위장벽에 의해 되돌아갈 수 없다. 삼각형 형태인 우물 속의 전자는 2차원 전자가스를 형성한다. [그림 11-37] (b)에서 나타낸 바와 같이 단일접합계면에서 $10^{12}[cm^2]$정도의 시트캐리어(sheet carrier) 밀도를 얻을 수 있다.

이온화된 불순물 산란은 전자를 도우너와 분리시킴으로써 매우 감소된다. 또한 매우 높은 2차원 전자가스 밀도로 인한 차폐효과(scrrening effect)는 이온화된 불순물 산란을 더욱 줄인다. 적절히 설계된 구조에서 전자의 전송은 불순물이 없는 중성의 GaAs에서와 거의 같으며, 이동도는 격자산란(lattice scattering)에 의해 제한된다. 그 결과 77[°K]에서는 250,000

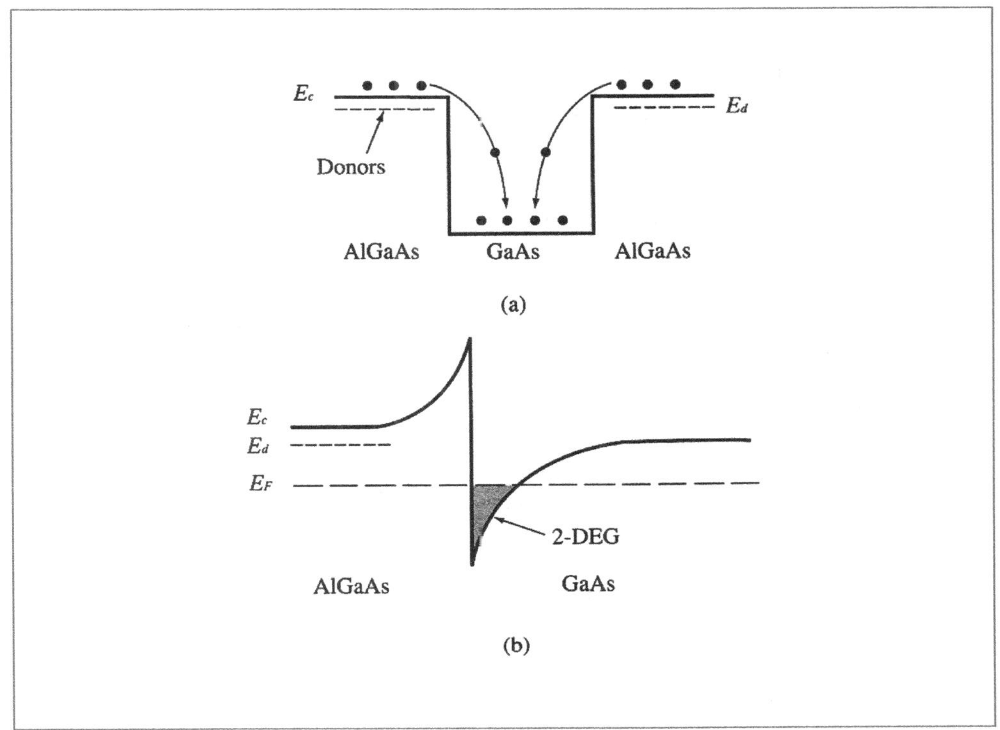

[그림 11-37] (a)변조도우핑에서 전도대만을 나타낸 개략도

$[cm^2/V\text{-}s]$의 이동도를, 4[°K]에서 는 2,000,000$[cm^2/V\text{-}s]$의 이동도를 얻을 수 있다.

HEMT의 이점은 이온화된 불순물 산란을 제거하면서 게이트에 아주 가까운 얇은 층($< 100[Å]$ 두께)에 엄청난 전자밀도($\sim 10^{12}$ cm^2])가 위치하게 할 수 있는 것이다. 정상적 인 동작조건하에서 HEMT의 A1GaAs층은 완전히 공핍되며, 전자는 이종접합에 의해 구속되어 있으므로 소자의 동작은 MOSFET와 아주 흡사하다. Si MOSFET를 능가하는 HEMT의 이점은 GaAs는 Si에 비해 이동도와 최대전자속도가 크고, Si/SiO_2계면에 비해 A1GaAs/GaAs 이종 접합은 평탄한 계면을 얻을 수 있는 것이다. HEMT의 높은 성능은 매우 높은 자단주파수 (cutoff frequeny)와 빠른 액세스(access)시간을 가지는 소자로 나타낼 수 있다.

여기서는 A1GaAs/GaAs 이종접합의 관점에서 HEMT를 설명했지만 InGaAs/ InP계와 같 은 다른 물질도 유망하다. $A1_x Ga1-_x A_s$를 피하게 되는 동기는, $x > 0.2$일 때 전자를 포획하 여 HEMT동작을 손상시키는 DX center라는 깊은 준위의 결함이 존재하는 것이다. 매우 얇은 층이 포함되기 때문에 약간의 격자 부정합이 있는 물질도 슈도모르픽(pseudomophic)의 HEMT를 형성하도록 성장시킬 수 있다. 이러한 계의 예로서는 GaAs층 위에 슈도모르픽으로 InGaAs를 성장시킨 후 A1GaAs를 성장키는 것이다. 이계의 이점은 DX center문제를 피하기 위해 A1 조성비가 충분히 작은 A1GaAs를 이용하여 유용한 대 역불연속을 얻을 수 있다는 것이다.

HEMT 또는 MODFET는 얇은 박판전하에 의해 발생하는 채널에 따라 전도가 일어난다는 사실을 강조하기 위해 2차원 전자가스 FET(two-dimensional electron gas FET ; 2-DEG FET, TEGFET)로 나타내기도 한다. 또한 이 소자는 채널과 분리된 영역에서 도우핑이 일어남을 강조하기 위해 분리도우핑 FET(separately doped FET ; SEDFET)라 부르기도 한다.

3. 단채널 효과

채널 길이가 짧아지는 경우(실제로 $< 1[\mu m]$), JFET와 MESFET의 기본 이론에 여러 가지 수정을 해야 한다. 이러한 단채널효과(short channel effect)는 최근까지도 생소한 것으로 취급되었지만, 현재는 FET소자에서 이러한 효과가 I-V특성을 지배하는 것을 보는 것이 일반화되었다. 예를 들면, $1[\mu m](10^{-4}[cm])$의 채널길이에 1[V]가 인가되는 경우 전계는 10[kV/cm]가 되어 고전계 효과가 발생한다.

속도-전계 곡선에서 간단한 구분적 선형근사(piecewise-linear approximation)는 어떤 임계전계 E_c에 이르기까지는 일정한 이동도(선형) 의존성을 가지는 것으로 그 이상의 전계에서는 일정한 포화속도 V_s를 가지는 것으로 가정하였다. S_i에 대해 보다 좋은 근사는

$$V_d = \frac{\mu E}{1 + \mu E / V_s} \tag{11-52}$$

이며, 여기서 μ는 자전계이동도이다. 이 두 근사는 [그림 11-38] (a)에 나타내었다. 만약 전자가 일정한 포화속도 V_s로 표동하여 채널을 통과한다고 가정하면, 전류는

$$I_D = qn V_s A = q N_d V_s Zh \tag{11-53}$$

의 간단한 형태로 주어지며, 여기서 h는 V_G의 완함수(slow function)이다. 이 경우 포화전류는 포화속도에 따라 결정되며, 채널의 어떤 점에서 공띕층이 만난다는 의미의 진정한 핀치오프를 필요로 하지 않는다. 속도가 포화되는 경우 상호컨덕턴스 g_m은 본질적으로 일정하여, 이동도가 일정한 경우와는 현저히 다르다. 일정한 포화속도가 지배하게 되면 채널이 길고 이동도가 일정한 경우에 V_G에 의존하는 간격에 비해 $I_d - V_d$곡선 사이의 간격이 [그림 11-38] (b)에 보이는 바와 같이 더욱 균일하게 된다.

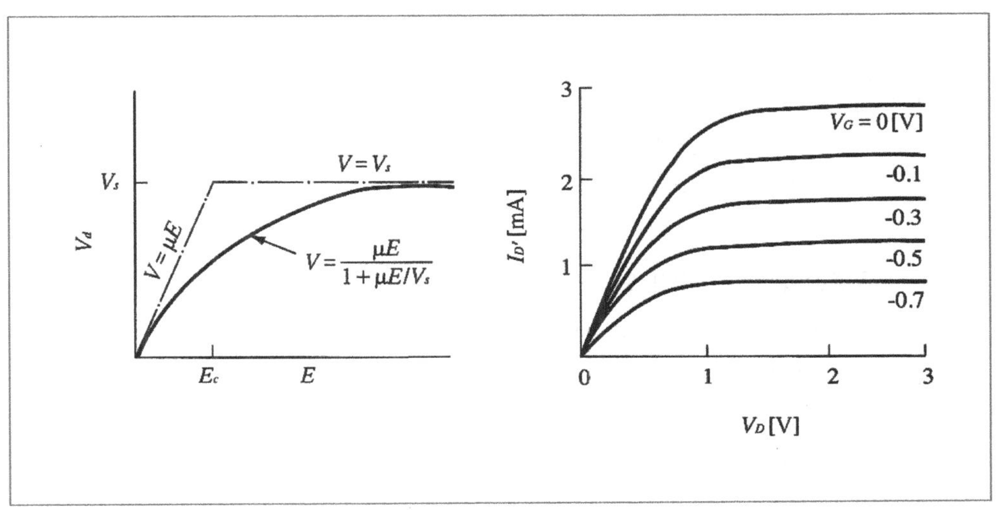

[그림 11-38] 고전계에서 전자속도 포화효과

대부분의 소자는 이동도가 일정한 영역과 속도가 일정한 영역 사이의 중간적 특성을 가지고 동작한다. 전계분포의 세부적인 면에 의존하면 채널영역을 두 가지 극단적인 경우에 의해 지배되는 영역으로 나누거나 식 (11-52)의 근사를 사용할 수 있다.

또 다른 중요한 단채널효과는 핀치오프 이상으로 드레인 전압이 증가함에 따라 유효채널길이가 감소하는 것이다. 채널이 긴 소자의 경우 공핍층의 침투에 의해 생기는 L의 변화는 총채널 길이에 비해 극히 적은 부분이므로 이 효과는 별로 중요하지 않다. 그러나 단채널소자에서는 유효채널길이가 사실상 짧아질 수 있으며, 쌍극성 트랜지스터의 Early효과(베이스폭 변조효과)와 비슷하게 I-V특성의 포화영역이 경사를 가지게 된다.

연 습 문 제

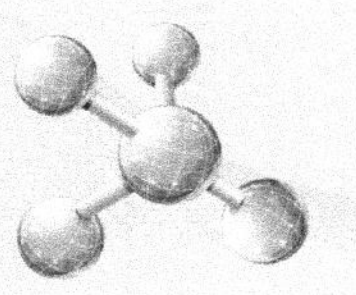

11-1 핀치오프전압 $V_p = -4[V]$, 드레인–소오스 포화전류 $I_{Dss} = 12[mA]$일 때 다음의 게이트–소오스 전압으로부터 n채널 JFET의 드레인 전류를 구하라.

(a) $V_{GS} = 0[V]$

(b) $V_{GS} = -1.2[V]$

(c) $V_{GS} = -2[V]$

11-2 $I_{DSS} = 12[mA]$, $V_p = -4[V]$인 JFET의 전달 컨덕턴스 g_m을 (a) $V_{GS} = 0[V]$ (b) $V_{GS} = -1.5$ [V]에 대하여 계산하라.

11-3 어떤 JFET가 $I_{DSS} = 15[mA]$, $V_{GS(off)} = -5[V]$일 때 $V_{GS} = 0[V]$, $-1[V]$, $-4[V]$에 대한 드레인 전류를 구하라.

11-4 어떤 JFET의 규격표에 다음과 같은 자료가 수록되어 있다. $I_{DSS} = 20[mA]$, $V_{GS(off)} = -8$ [V], $g_{mo} = 5,000[\mu s]$이다. $V_{GS} = -4[V]$에 대한 순방향 전달 컨덕턴스와 I_D를 구하라.

11-5 어떤 JFET는 $V_{GS} = -20[V]$일 때 $I_{GSS} = 1[nA]$이다. 입력저항을 구하라.

11-6 공핍형 MOSFET에서 $I_{DSS} = 12[mA]$, $V_{GS} = -4.5[V]$이고 게이트–소오스 전압 (a) 0[V], (b) −2[V], (c) −3[V]일 때 드레인 전류를 계산하라.

11-7 문턱전압이 2.5[V]인 n채널 증진형 MOSFET에서 게이트–소오스 전압이 (a) $V_{GS} = 2.5$ [V], (b) $V_{GS} = 4[V]$, (c) $V_{GS} = 6[V]$일 때의 전류를 구하라.

11-8 문턱전압이 $V_T = 3[V]$인 n채널 증진형 MOSFET에서 동작점 (a) 6[V], (b) 8[V]에 대한 전달 컨덕턴스의 값을 구하라.

APPENDIX

A.1 희랍문자

대문자	소문자	영문자 발음	대문자	소문자	영문자 발음
A	α	알파(alpha)	N	ν	뉴(nu)
B	β	베타(beta)	$\varXi$	ξ	크사이(xi)
$\varGamma$	γ	감마(gamma)	O	o	오미크론(omicron)
$\varDelta$	δ	델타(delta)	$\varPi$	π	파이(pi)
E	ε	잎실론(epsilon)	P	ρ	로우(rho)
Z	ζ	제타(zeta)	$\varSigma$	σ	시그마(sigma)
H	η	에타(eta)	T	τ	타우(tau)
$\varTheta$	θ	세타(theta)	$\varUpsilon$	υ	업실론(upsilon)
I	ι	이오타(iota)	$\varPhi$	$\phi,\ \varphi$	화이(phi)
K	κ	카파(kappa)	X	χ	캬이(chi)
$\varLambda$	λ	람다(lambda)	$\varPsi$	ψ	프사이(psi)
M	μ	뮤(mu)	$\varOmega$	ω	오메가(omega)

A.2 물리양의 단위

양	MKS 단위	실용 단위에 있어서 CGS 단위
질량 길이	킬로그램 kg 미터 m	그램 $1g = 10^{-3}kg$ 센티미터 $1cm = 10^{-2}m$ 마이크로 $1\mu = 10^{-6}m$ 밀리마이크로 $1m\mu = 10^{-9}m$ 옹스트롬 $1\,Å\,m = 10^{-10}m$
시간	초 sec	
힘	뉴톤 N	다인 $1d = 10^{-5}N$
에너지	주울 J	에르그 $1erg = 10^{-7}J$ 전자볼트 $1eV = 1.602 \times 10^{-19}J$
전력	와트 W	칼로리 $1cal = 4.186J$
전류	암페어 A	

양	MKS 단위	실용 단위에 있어서 CGS 단위
전류밀도	암페어/(미터)^2 A/m^2	암페어/(센티미터)^2 1A/cm^2 = 10^{-4} A/m^2
전압·전위차	볼트 V	
전계	볼트/미터 V/m	볼트/센티미터 1V/cm = 10^{-2}V/m
저항	오옴 Ω	
비저항	오옴·미터 Ωm	오옴·센티미터 1Ωm = 10$^{-2}\Omega$m
이동도	(미터)^2/볼트초 m^2/V·sec	(센티미터)^2/볼트초 1m^2/V·sec = 10^{-4}m^2/V·sec
온도	도 deg °K (절대온도) 도 deg °C (절대온도)	
흡수계수	(미터)$^{-1}$ m^{-1}	(센티미터)$^{-1}$ 1cm^{-1} = 10^2 m^{-1}

A.3 단위의 환산과 배수

1 amprea(A)	= 1C/sec	mega(M)	= $\times 10^6$
1 angstrom unit(Å)	= 10^{-10}m	1 meter(m)	= 39.73in.
1 atmosphere pressure	= 760mmHg	micro(μ)	= $\times 10^{-5}$
1 coulomb (C)	= 1A−sec	1 micron	= 10^{-6}m
1 electron volt (eV)	= 1.60$\times 10^{19}$J	1 mil	= 10^{-3}in.
1 farad(F)	= 1C/V	1 mile	= 5,280ft
1 foot(ft)	= 0.305m		= 1.609km
1 gram−calorie	= 4.185J	milli(m)	= $\times 10^{-3}$
giga(G)	= $\times 10^9$	nano(n)	= $\times 10^{-9}$
1 henry (H)	= 1V−sec/A	1 newton(N)	= 1kg−m/sec^2
1 hertz (Hz)	= 1cycle/sec	Permeability of free space(μ_o)	= $4\pi \times 10^{-7}$H/m
1 inch(in.)	= 2.54cm	Permittivity of free space($\in_o$)	= $(36\pi \times 10^9)^{-1}$F/m
1 joule (J)	= 10^{7}ergs	pico(p)	= $\times 10^{-12}$
	= 1W−sec	1 pund(Ib)	= 453.6g
	= 6.25$\times 10^{18}$eV	1 tesla(T)	= 1Wb/m^2
	= 1N−m		
	= 1C−V		

kilo(K)	$= \times 10^3$	1 ton	$= 2,000\text{lb}$
1 Kilogram(kg)	$= 2.205\text{lb}$	1 volt(V)	$= 1\text{W/A}$
1 Kilometer(km)	$= 0.622\text{mile}$	1 watt(W)	$= 1\text{J/sec}$
1 lumen	$= 0.0016\text{W(at } 0.5\mu)$	1 weber(Wb)	$= 1\text{V}-\text{sec}$
		1 weber per square meter(Wb/m^2)	$= 10^{-4}\text{gauss}$
1 lumen per square foot	$= 1\text{ft}-\text{cadle}$		

A.4 물리량의 단위

상수	표시 기호	상수 값
전자의 전하	e	$1.602 \times 10^{-19}\text{coulomb}$
전자의 정지 질량	m_o	$9.108 \times 10^{-31}\text{kg}$
전자의 비전하	e/m_o	$1.759 \times 10^{11}\text{coulomb/kg}$
전공에서의 광속도	c	$2.998 \times 10^8\text{meter/sec}$
자유공간의 유전율	ϵ_o	$\dfrac{1}{36\pi19^9} = 8.85 \times 10^{22}\dfrac{\text{coulomb}^2}{\neq \text{wton}-\text{meter}^3}$
자유공간의 투자율	μ_o	$4\pi \times 10^{-7} = 1.26 \times 10^{-6}\text{newton/amp}^2$
planck의 상수	h	$6.625 \times 10^{-34}\text{joule}-\text{sec}$
Boltzmann의 상수	k	$1.380 \times 10^{-23}\text{joule/}^{\circ}\text{K} = 8.62 \times 10^{-5}\text{eV}$
기체 상수	R	$8.317 \times 10\text{joule/}^{\circ}\text{K mol}$
Avogadro의 상수	N_A	$6.025 \times 10^{23}\text{/mol}$
원자량당 원자 질량	e/k	$11,600\ ^{\circ}\text{K/V}$
양자의 질량	m_p	$1.67 \times 10^{-27}\text{kg}$

A.5 전기와 자기량의 단위와 단위표기

기호	양	단위	단위표시
F	힘	newton	N
Q	전하, 전기량	coulomb	C
r, R, l	길이	meter	m
ϵ_0, σ	유전율	farad/meter	F/m
E	전계	volt/meter	V/m
ρ	체적전하밀도	caulomb/meter^3	C/m^3
ρ_L	선전하밀도	caulomb/meter	C/m
ρ_s	면전하밀도	caulomb/meter^2	C/m^2
V	전위	volt	V
v	체적, 속도	meter^3, meter/sec	m^3, m/s
D	전속밀도	coulomb/m^2	C/m^2
ϕ	전속, 자속	coulomb, weber	C, Wb
S	면적	meter^2	m^2
W	일, 에너지	joule	J
μ	투자율	henry/meter	H/m
μ_e	전기쌍극자모멘트	coulomb · meter	C · m
μ_m	자기쌍극자모멘트	wber · meter	Wb · m
I	전류	ampere	A
J	전류밀도	ampre/meter^2	A/m^2
R	전기저항	ohm	Ω
G	컨덕턴스	mho, siemens	℧, S
k, σ	도전율	mho, siemens	℧/m, S/m
P	분극도, 전력	coulomb/meter^2, watt	C/m^2, W
χ	전화율, 자화율		
C	정전용량	farad	F

기호	양	단위	단위표시
H	자계	amper/meter, ampere · turns/meter	A/m, AT/m
B	자속밀도	weber/meter^2, tesler	Wb/m^2, T
U	자위	ampere	A
A	벡터퍼텐셜	weber/meter	Wb/m
F	기자력	amper, ampere · turns	A, AT
R	자기저항		AT/Wb
M	자화율	weber/meter^2	Wb/m^2
L	자기인덕턴스	henry	H
M	상호인덕턴스	henry	H
ω	각속도, 입체각	radian/sec, steradian	rad, sr
c	광속	meter/sec	m/s
λ	파장	meter	m
f	주파수	hertz	Hz
P	포인팅벡터	watt/meter^2	W/m^2
η	고유임피던스	ohm	Ω
p	자기상극자능률	weber · meter	Wb · m
v	속도	meter/sec	m/s

A.6 기본 정수

정수	표시 기호	정수 값
빛의 속도	C	$= 2.998 \times 10^{8} \text{m/sec}$
전자의 전하	$-e$	$= -1.602 \times 10^{-19} \text{C}$
전자의 질량	m	$= 9.1085 \times 10^{-31} \text{kg}$
전자의 비전하	$\dfrac{e}{m}$	$= 1.759 \times 10^{11} \text{c/kg}$
양쟈의 질량	m_p	$= 1.672 \times 10^{-27} \text{kg}$
Plank 정수	h	$= 6.625 \times 10^{-34} \text{j} \cdot \text{sec}$
$h/2\pi$	h	$= 1.05 \times 10^{-34} \text{j/deg}$
Boltzmann 정수	k	$= 1.38 \times 10^{-5} \text{eV/deg}$ $= 8.618 \times 10^{-5} \text{eV/deg}$
전공의 유전율	ϵ_o	$= 10^{7}/4\pi c^{2}$ $= 8.854 \times 10^{-12} \text{F/m}$
Rydberg 정수	R	$= \dfrac{me^{4}}{8\epsilon_o^{2}h^{3}c}$ $= 1.907 \times 10^{7} \text{m}^{-1}$
수소의 제1이온화 에너지	E_H	$= \dfrac{me^{4}}{8\epsilon_o^{2}h^{2}} = \text{Rhc}$ $= 2.18 \times 10^{-18} \text{J}$ $= 13.6 \text{eV}$
Bohr의 반경	r	$= \dfrac{h^{2}\epsilon_o}{\pi m_{2}^{2}}$ $= 5.3 \times 10^{-11} \text{m}$ $= 0.53 \text{Å}$
자연대수의 값	ϵ	$= 2.718$

A.7 중요 반도체의 성질

족	물질	결정	융점 (℃)	ΔE_g (eV) 300°K	$\frac{d}{dt}(\Delta E_g)$ ×10⁻⁴ (eV/deg)	굴절율	비유전율	전자이동도 (cm²/V·sec) 300°K	정공이동도 (cm²/V·sec) 300°K	비고
IV	C다이아몬드	다이아몬드형		~5.4	~1.6	2.4		1800	1500	
	Si	다이아몬드형	1420	1.09	−4.0	3.44	11.8	1600	500	
	Ge	다이아몬드형	936	0.66	−4.0	4.0	16	4000	2000	
VI	Se	육방정계	220	1.5	−4	3~4			0.2	정류품/광전지
				~2.2	−10	2.5	~6	0.005	0.1	광전면
IV−IV	SiC	섬아연관형	2700	2.3~3	−3	2.6	10	100	50	정류품/바리스터 전장발광/레이저
III−V	AlSb	섬아연관형	1050	1.62	−4	3.2	11	200	420	
	GaP	섬아연관형	1450	2.25	−5.4	2.9	10	110	75	형광
	GaAs	섬아연관형	~1500 1237	1.39	−4.3	3.3	12.5	8500	420	정류품/에사키 · 다이오드/태양전지 레이저
	GaSb	섬아연관형	712	0.67	−4	3.7	15	4000	1400	
	InP	섬아연관형	1062	1.29	−4.5	3.3	14	4600	150	레이저
	InAs	섬아연관형	942	0.36	−3.5		14.5	3300	460	PEM
	InSb	섬아연관형	525	0.17	−2.9	4.0	17	7800	1000	레이저 발전기/PEM/ 광도전체레이저
II−VI	ZnO	섬아연관형	1975	3.2~3.5		2.0	~10	200	180	전자사진
	ZnS	섬아연관형	1850	3.7	−5	2.3	16.6			형광체
	ZnSe	섬아연관형	~1000	2.8	−7	2.7		100		형광체/광도전체
	ZnTe	섬아연관형	1239	2.15		3		100	50	
	CdS	섬아연관형	~1500	2.4	−5.2	2.4	11.6	250	20	형광체 광조전체
	CdSe	섬아연관형	~1300	1.8	−4.6	2.5				광도전체/형광체
	CdTe	섬아연관형	1090	1.5	−4	2.7	10.7	900	80	
	HgSe	섬아연관형	690	소				~1000		
	HgTe	섬아연관형	670	소				~1000		
VI−VI	PnS	암괴형	1110	0.39	+5	4		600	500	광도전체
	PbSeb	암괴형	1065	0.27	+4	4.6		1400	950	광도전체
	PbTe	암괴형	911	0.33	+4	5.3		2100	840	광도전체
V−VI	Sb₂S₃	사방정계	546	1.7	−10		15		45	광전면
	Bi₂Te₃	능면체정계	573	0.5	−0.9			800	400	열전소자
I−VI	Cu₂O	아준화동형	고온	−2		2.17			50	정류품/광전지
I−V	Cs₃Sb			0.6					412(190℃)	광전관/2차전자방사

※ 에너지 갭 ΔE_x는 온도에 따라 변화하며, 임의의 온도 T에서의 ΔE_x는 다음 식에 의해 산출된다.

$$(\Delta E_x)T = (\Delta E_x)300 - (T-300)\frac{d}{dT}(\Delta E_x)$$

A.8 원소의 주기율표

주기 \ 족	I a	I b	II a	II b	III a	III b	IV a	IV b	V a	V b	VI a	VI b	VII a	VII b	VIII a	VIII	VIII b	O
1	1 **H** 1.008 수소																	2 **He** 4.003 헬륨
2	3 **Li** 6.939 리치움		4 **Be** 9.012 배리리움		5 **B** 10.811 붕소		6 **C** 12.011 탄소		7 **N** 14.007 질소		8 **O** 15.94 산소		9 **F** 18.998 수소					10 **Ne** 20.183 네온
3	11 **Na** 22.900 나트륨		12 **Ma** 24.312 마그네슘		13 **BAl** 26.982 알루미늄		14 **Si** 28.086 규소		15 **P** 30.974 인		16 **S** 32.064 유황		17 **Cl** 35.453 염소					18 **A** 39.948 아르곤
4	19 **K** 39.102 칼륨	29 **Au** 63.54 동	20 **Ca** 40.08 카시움	30 **Zn** 65.37 아연	21 **Sc** 44.956 수간지움	31 **Ga** 69.72 칼륨	22 **Ti** 47.90 치탄	32 **Ge** 72.59 게르마늄	23 **V** 50.942 바나지움	33 **As** 74.92 비소	24 **Cr** 51.996 크롬	34 **Se** 78.96 세렌	25 **Mn** 54.938 망간	35 **Br** 79.91 취소	26 **Fe** 55.847 철	27 **Co** 58.933 코발트	28 **Ni** 58.71 니켈	18 **A** 39.948 아르곤
5	37 **Rb** 85.47 루비지움	47 **Ab** 107.87 은	38 **Sr** 87.62 스트론치움	48 **Cd** 112.40 카드뮴	39 **Y** 88.91 이토리움	49 **In** 114.82 인디움	40 **Zn** 91.22 치루래움	50 **Sn** 118.69 주석	41 **Nb** 92.91 니오비움	51 **Sb** 121.75 안티몬	42 **Mo** 95.94 모리브덴	52 **Te** 127.60 텔루리움	43 **Tc** (99) 테그네치움	53 **I** 126.90 요소	44 **Ru** 101.1 수테니움	45 **Rh** 101.91 로지움	46 **Pb** 106.4 바라지움	54 **Xe** 131.30 크세논
6	5 **Cs** 132.91 세슘	79 **Au** 196.97 금	56 **Ba** 237.34 바륨	80 **Hg** 200.59 수은	57~71 란탄계열	81 **Ti** 204.37 타리움	72 **Hf** 178.49 히후니움	82 **Pb** 207.19 납	73 **Ta** 180.95 탄탈	83 **Bi** 208.98 비스무스	74 **W** 95.94 텅스텐	84 **Po** 127.60 포로니움	75 **Re** (99) 레늄	85 **At** (210) 아스타틴	76 **Os** 190.2 오스뮴	77 **Ir** 192.2 이리듐	78 **Pt** 195.09 백금	86 **Rn** (222) 라돈
7	87 **Fr** (112) 프란슘		88 **Ra** (226) 리듐		89~103 알루미늄													

란탄 계열	57 **La** 138.91 란타늄	58 **Fr** 14012 세륨	59 **Nd** 140.91 프란세디움	60 **Nd** 144.24 네오디뮴	61 **Pm** (147) 프로메티움	62 **Sm** 150.355 사미륨	63 **Lu** 151.96 유리품	64 **Ga** 127.25 가도리늄	65 **Tb** 158.92 테류뮴	66 **Dy** 162.50 디스프로슙	67 **Ho** 164.93 호르뮴	68 **Er** 167.26 에르뮴	69 **Tm** 168.93 투룸	70 **Yb** 173.04 이테르뮴	71 **Lu** 174.97 루테륨
악티늄계열	89 **Ac** (227) 악티뮴	90 **Th** 232.04 토륨	91 **Pa** (231) 프로타티늄	92 **U** 238.03 우라늄	93 **Np** (237) 네프투늄	94 **Pu** (242) 프로튜늄	95 **Am** (243) 아메니슘	96 **Cm** (247) 큐리움	97 **Bk** (249) 메케리움	98 **Cf** (251) 켈리포늄	99 **Es** (254) 아인슈타인늄	100 **Fm** (253) 페르뮴	101 **Md** (256) 멘델레비움	102 **No** (254) 노벨륨	103 **Lw** (257) 라랜슘

원자 번호 / 화학 기호 / 원자량 · 원자병

※ ( )의 숫자는 안정 또는 잘 알려져 있는 동위 원소를 표시함.

INDEX

%

2

A

B

C

D

ㅇ

ㅈ

ㅊ

물리전자공학

1판 1쇄 인쇄 2011년 03월 02일
1판 1쇄 발행 2011년 03월 10일
저   자 연규호
발 행 인 이범만
발 행 처 **21세기사** (제406-00015호)
경기도 파주시 교하읍 산남리 283-10 (413-834)
Tel. 031-942-7861   Fax. 031-942-7864
E-mail : 21cbook@naver.com
Home-page : www.21cbook.co.kr
ISBN 978-89-8468-392-1

정가 21,000원